普通高等教育智能飞行器系列教材
航天科学与工程教材丛书

智能飞行器系统原理

郭建国 郭宗易 赵 斌 许新鹏 张 迪 周 军 编著

科学出版社
北京

内 容 简 介

本书结合当前人工智能算法在飞行器制导控制领域的应用研究，内容具有前沿性、深入性、理论和应用紧密结合等特点。本书在介绍智能飞行器概念与特征的基础上，重点介绍智能飞行器信息获取系统、多约束动态航迹规划算法、目标智能动态分配系统、动态环境下的智能制导控制和多类型编队协同飞行控制系统的理论方法与设计算法，并结合相关的应用场景介绍飞行器在智能动态航迹规划、智能动态分配、博弈制导、智能制导和编队协同智能飞行控制方面的核心范例。

本书可作为高等院校飞行器控制与信息工程专业，探测、制导与控制专业，无人机系统工程专业和人工智能相关专业高年级本科生和研究生的教学用书，也可作为从事精确制导武器总体设计和制导控制系统设计的研发工程师、致力于精确制导技术发展研究的专家以及对相关专业感兴趣的读者的参考用书。

图书在版编目（CIP）数据

智能飞行器系统原理 / 郭建国等编著. -- 北京 : 科学出版社, 2024. 12. --(普通高等教育智能飞行器系列教材)(航天科学与工程教材丛书). --ISBN 978-7-03-080202-6

Ⅰ. V279

中国国家版本馆 CIP 数据核字第 2024D815Q3 号

责任编辑：宋无汗 / 责任校对：崔向琳
责任印制：徐晓晨 / 封面设计：迷底书装

科学出版社 出版
北京东黄城根北街 16 号
邮政编码：100717
http://www.sciencep.com

北京中石油彩色印刷有限责任公司印刷
科学出版社发行 各地新华书店经销
*
2024 年 12 月第 一 版 开本：787×1092 1/16
2024 年 12 月第一次印刷 印张：13 1/2
字数：320 000

定价：80.00 元

（如有印装质量问题，我社负责调换）

“普通高等教育智能飞行器系列教材”编委会

序

星河瑰丽，宇宙浩瀚。从辽阔的天空到广袤的宇宙，人类对飞行、对未知的探索从未停歇。一路走来，探索的路上充满了好奇、勇气和创新。航空航天技术广泛融入了人类生活，成为了推动社会发展、提升国家竞争力的关键力量。面向"航空强国""航天强国"的战略需求，如何培养优秀的拔尖人才十分关键。

"普通高等教育智能飞行器系列教材"的编写是一项非常具有前瞻性和战略意义的工作，旨在适应新时代航空航天领域与智能技术融合发展的趋势，发挥教材在人才培养中的关键作用，牵引带动航空航天领域的核心课程、实践项目、高水平教学团队建设，与新兴智能领域接轨，革新传统航空航天专业学科，加快培养航空航天领域新时代卓越工程科技人才。

该系列教材坚持目标导向、问题导向和效果导向，按照"国防军工精神铸魂、智能飞行器领域优势高校共融、校企协同共建、高层次人才最新科研成果进教材"的思路，构建"工程单位提需求创背景、学校筑基础拔创新、协同提升质量"的教材建设新机制，联合国内航空航天领域著名高校和科研院所成体系规划和建设。系列教材建设团队成功入选了教育部"战略性新兴领域'十四五'高等教育教材体系建设团队"。

在教材建设过程中，持续深化国防军工特色文化内涵，建立了智能航空航天专业知识和课程思政育人同向同行的教材体系；以系列教材的校企共建模式为牵引，全面带动校企课程、实践实训基地建设，加大实验实践设计内容，将实际工程案例纳入教材，指导学生解决实际工程问题、增强动手能力，打通"从专业理论知识到工程实际应用问题解决方案、再到产品落地"的卓越工程师人才培养全流程，有力推动了航空航天教育体系的革新与升级。

希望该系列教材的出版，能够全面引领和促进我国智能飞行器领域的人才培养工作，为该领域的发展注入新的动力和活力，为我国国防科技和航空航天事业发展作出重要贡献！

中国工程院院士　侯晓

前　言

随着人工智能、网络通信和计算机等前沿科学技术的迅速发展，智能飞行器在智能技术赋能下将充分发展和提升当前无人飞行器的生存能力、行为能力和自主能力。因此，智能飞行器将逐渐取代传统的飞行器，成为未来无人飞行器发展的新质力量。

目前，智能飞行器系统的理论方法与技术研究已经成为无人飞行器领域的一个热点课题，在许多国际期刊和会议论文中，每年有大量关于智能飞行器系统方面的文章发表。本书介绍了智能飞行器系统原理，是作者团队多年来在智能飞行器系统方向教学和研究成果的汇集，详细讨论智能算法在无人飞行器上信息感知与处理方面的新方法和新技术。全书共 7 章，由三部分组成。第一部分为第 1 章，简要介绍智能飞行器发展状况、概念与特征，以及智能飞行器系统的总体架构；第二部分为第 2～6 章，结合智能飞行器系统的总体构成，分别介绍智能飞行器信息获取系统、多约束动态航迹规划算法、目标智能动态分配系统、动态环境下的智能制导控制和多类型编队协同飞行控制系统；第三部分为第 7 章，结合具体的应用场景分别介绍飞行器智能动态航迹规划范例、多对多飞行器智能动态分配范例、博弈制导范例、基于近端策略优化算法的智能制导范例和编队协同智能飞行控制范例。

感谢教育部“十四五”战略性新兴领域教材项目对本书出版的资助。在本书撰写过程中，感谢卢晓东副教授，刘泽群、胡冠杰和陆东陈等博士研究生，以及柴锐波、李梦璇、廖晶、陈君等硕士研究生所做的理论分析和仿真试验工作，为本书出版提供了支持。

由于作者水平所限，书中难免存在不足，欢迎读者批评指正。

目　录

第1章

绪　论

智能飞行器的出现和发展得益于近年来人工智能技术的迅猛发展。人工智能是研究、开发用于模拟、延伸和扩展人的智能的理论、方法、技术和应用系统的一门新的技术科学。利用人工智能技术可以生产出一种新的能以与人类智能相似的方式做出反应的智能机器，涉及相关的研究领域较多，如飞行器、机器人、语言识别、图像识别、自然语言处理和专家系统等。对于人工智能的智能程度，分为弱人工智能、强人工智能和超强人工智能。弱人工智能是指专注于且只能解决单个特定领域问题的人工智能；强人工智能是指能够胜任人类所有工作的人工智能；超强人工智能是指在科学创造力、智能和社交能力等每一个方面都比最强人类大脑聪明的人工智能。人工智能具有算力、算法、数据三大要素，其中基础层提供算力支持，通用技术平台解决算法问题，场景化应用挖掘数据价值。

2016 年由谷歌公司研发的以“深度学习”为技术基础的围棋机器人“AlphaGo”战胜以李世石为代表的多位世界顶级围棋高手[1]，举世瞩目，这是机器智能化应用的重要标志。随后智能化应用进一步升级扩展，2016 年 6 月，美国辛辛那提大学通过一场模拟空战，测试了该校开发的名为“ALPHA AI”的人工智能飞行程序。模拟空战中，“ALPHA AI”驾驶 F-15 战机凌厉地碾压了驾驶 F-22 战机的基恩 · 李(Gene Lee)上校。基恩 · 李上校是美国空军退役上校，具有丰富的专业知识和大量空战经验。模拟空战后，上校表示这是他见过的最具侵略性、敏捷性、变化性和可靠性的人工智能[2]。该事件充分展示了人工智能技术对未来飞行器的发展具有重要作用。

自 2016 年 10 月，美国将人工智能发展上升到国家战略层面[3]，全面推进人工智能战略在民用领域和军事领域的应用。

在民用领域，2022 年 11 月美国人工智能研究公司开发推出了人工智能聊天机器人程序，即预训练语言生成模型——ChatGPT，用于展示和测试一个庞大且强大的人工智能系统可以完成的任务。它是一个人工智能系统，经过训练，能够识别从互联网上收集的大量文本中的模式，然后在人的帮助下进一步训练，以提供更有用、更完美的对话。作为一种人工智能的应用，ChatGPT 可以大大提高人们的工作效率和生活便利性。2024 年 2 月美国人工智能研究公司 OpenAI 正式发布的人工智能文生视频模型——Sora，可以根据用户的文本提示创建最长 60 秒的逼真视频，进一步提升了人工智能在理解真实世界场景并与之互动的能力。

在军事领域，2018 年 6 月，美国国防部建立了联合人工智能中心，并在 2018 年 8 月发布的《2017—2042 财年无人系统综合路线图》中将人工智能和机器学习视作提高无人系统自主性的首要支撑因素。《2018 美国国防战略报告》指出，美国国防部将在自主、人工智能、机器学习等方面广泛投入，以获取军事优势[4]。2018 年 12 月，美国国防部出台了《国防部云战略》，强调获取数据和随时处理数据的能力将是确保虚拟世界战争胜利的关键，明确推动国防部朝着企业云环境的方向发展[5]。2020 年，美国国会通过了《军队人工智能法案》，以法律形式确定了人工智能在整个国防领域发展的重要性[6]。2021 年 6 月，美国国防部启动了“人工智能与数据加速计划”，并向美军 11 个联合作战司令部增派“作战数据小组”和“人工智能专家小组”。2021 年 7 月，美国海军也发布了《智能自主系统科技战略》，聚焦无人系统中集成自主、人工智能技术[7]。此外，北大西洋公约组织(NATO)在 2020 年 3 月发布的《科学和技术趋势：2020—2040》中把人工智能归为能对世界产生颠覆性影响的八大技术领域之一[8]。中国也于 2017 年发布了《新一代人工智能发展规划》，提出了人工智能技术发展的战略目标。

伴随着人工智能技术的飞速发展，以机器学习为代表的各种智能方法已不仅应用到飞行器总体设计领域，包括飞行器气动、强度、结构设计等各个方面，极大地优化了设计效率和效果，还延伸到飞行器在飞行过程中对外界信息的自主感知、分析与决策等领域，极大地拓展了飞行器的生存空间。正是以上人工智能技术的快速发展与应用，极大地丰富了智能飞行器的概念。

结合空天地海一体化大数据信息智能化技术的发展，智能无人飞行器就是利用人工智能技术，在无人飞行器的整个飞行过程中，能够充分应用大数据信息的智能化结果，使单个无人飞行器或集群无人飞行器具有态势感知、智能规划、分析决策、智能容错和效能评估等任务执行能力，具有一定仿人的认知和学习能力，能够在复杂生存环境下完成各种任务模式下的飞行任务。

1.1 智能飞行器发展状况

人工智能和无人飞行器的深度融合，使得无人飞行器朝着智能飞行器的方向发展。目前已初步形成的智能无人飞行器主要包括了智能无人机和智能导弹两大类。

1.2.1 智能无人机

最早开发的智能无人机是美国的 X-47B 无人机，如图 1-1 所示。它作为美国海军空中无人战斗平台的验证机，2011 年首飞成功，2013 年实现了航母起降，2015 年实现自主空中加油，连续创造了多个世界第一，成为人类历史上第一架无人干预，由计算机独立操纵，具备监视、情报收集和战场打击能力的多功能军用智能无人飞行器[9]。

此外，美国国防高级研究计划局在 2015 年 9 月开始研发小精灵无人机集群，如图 1-2 所示，通过载机在防区外发射携带侦察或电子战载荷、具备组网与协同功能的无人机蜂群，执行离岸侦察与电子攻击的任务，其最重要的功能是飞机可在空中自主地对无人机集群进行发射和回收。

图 1-1 美国的 X-47B 无人机[10]

图 1-2 美国的小精灵无人机集群[11]

1.2.2 智能导弹

在智能导弹方面，美国首批 AGM-158C 远程反舰导弹[12]，即大名鼎鼎的 LRASM1.0，是一种高度自主型防区外反舰导弹，主要依靠先进的弹载传感器技术和数据处理能力进行目标探测和识别。弹载设备中包含全球定位系统(GPS)接收机、数据链路等，能在无任何中继制导信息支持的情况下进行完全自主导航和末制导。

导弹之间可以采用数据链展开信息交互，即便在 GPS 信号被屏蔽的环境中，依然具有精度较高的导航能力。在飞行过程中，可自主感知威胁，并对威胁自主进行建模，通过实时在线航迹规划以绕过威胁区。在攻击末端，能够通过被动远距离探测目标，剔除虚假目标，完成高价值目标的识别和锁定，进行超低空突防，利用成像导引头完成瞄准点选择，针对目标的薄弱部位进行打击，最终完成打击任务。

欧洲导弹集团的风暴阴影巡航导弹是一种采用隐身设计的远程巡航导弹。与战斧导弹相比，风暴阴影巡航导弹则更具独到之处，它可以通过战斗机靠近目标实施突然攻击，突防能力和机动性更强，通过飞机实施攻击的时间比通过潜艇或水面战舰实施攻击的时间更短。

风暴阴影巡航导弹被认为是世界上第一种隐形巡航导弹，也是当今世界上最“聪明”的巡航导弹，可以完成最危险的任务、击中任何目标。说它“聪明”，是因为导弹系统内采用了大量人工智能技术，可以自动识别目标。风暴阴影巡航导弹运用景象匹配制导方式来取代数字地图的地形匹配方式，使导弹的攻击精度进一步提高。风暴阴影巡航导弹可以带着打击目标的照片，凭借卫星系统的支撑，沿着预定轨道飞行。接近目标时，它会把真正的打击目标同其照片进行比较，如果图像不一致，它就会中止打击，从而可避免打错目标。景象匹配制导方式不仅能使导弹适应起伏不太大的地形变化，还能有效提高导弹的反应时间。

此外，以色列的海上破坏者导弹，如图 1-3 所示，又称破浪者导弹，也是一种先进的智能导弹。该导弹弹身灵巧，以高亚声速飞行，能够在 300 千米的防区外对目标实施精准打击。其弹载计算机具备采用人工智能技术进行学习的能力，能够基于大数据完成场景匹配。它配备先进红外成像导引头，隐蔽性高，抗干扰性强，制导精度高。该导弹能够自主完成目标捕获和识别，在攻击末端具备瞄准点选择的能力，能够在电磁环境较为恶劣和地形环境复杂的条件下准确击中目标。导弹采用数据链技术，支持“人在回路”攻击模式，具备目标毁伤评估能力和目标重定向能力。其能够根据方位角、末端撞击角、攻击时间和攻击位置等要求完成任务规划，可进行超低空地形跟随和掠海飞行，具有隐蔽性高，抗干扰能力强，突防能力强，全天候作战能力等优点。

图 1-3 以色列的海上破坏者导弹[13]

1.2 智能飞行器内涵

智能飞行器是一种新型的飞行器，它采用先进的技术来使飞行更加安全和高效。这种飞行器可以自动驾驶，无需人类干预，能够自主识别飞行路线和躲避障碍物。

智能飞行器最大的特点是具有较高的智能化程度[14]。它采用先进的机器学习算法和人工智能技术来识别环境，自主规划飞行路线，并做出智能决策。这些技术可以使飞行器更加智能、精准和高效，从而提高了飞行的安全性和效率。

另外，智能飞行器还具有较强的自我维护能力。它可以自动检测机身的状态和健康状况，并及时修复和更换损坏的部件，从而保证了飞行的安全性和可靠性。这种自我修复能力在紧急情况下尤为重要，可以保证飞行器在遭遇故障时能够及时自我修复，保障了飞行安全。

智能飞行器的应用范围非常广泛[15-16]。在民用方面，除了可以用作人员运输之外，还可以用于货运、探险、救援和监测等领域。例如，在火山爆发等自然灾害发生时，智能飞行器可以飞行到危险区域进行监测和救援，保障民众的生命安全。同时，智能飞行器还可以用于气象监测、地质勘探、农业测绘等领域，为人们提供更加精准和实用的数据和信息。

在军用方面，导弹武器系统中引入人工智能技术，使导弹具有智能自主感知、决策和执行能力，从而使导弹能更加便捷准确地理解人类的任务指令，具有一定的认知和学习能力。通过感知管理自身状态和战场环境变化，代替人类实时完成中间过程的分析和决策，最终辅助人类完成所赋予的作战使命[17]。

综合以上智能无人飞行器的发展现状，人工智能技术与无人飞行器技术的结合，促进跨域融合，通过人工智能技术催生新型无人飞行器技术发展，推动智能无人飞行器迭代更新[18]。

智能飞行器具有感知、学习、决策等智能特征，是可自主完成预期使命任务的飞行装备。智能飞行器主要具备以下特征：

1) 目标感知探测及识别能力

能够基于目标本身辐射或反射的无线电波、红外信号光等一切可以利用的信息，与机载数据库中信息进行关联比较，确定目标类型、位置和瞄准点，为飞行器制导飞行提供信息。

2) 态势分析判断能力

能够整合飞行器自主探测信息和通过数据链下载的战场信息，评估飞行环境或作战态势，确定飞行环境中出现的状况，包括威胁和目标毁伤情况等。

3) 电子战和智能抗干扰能力

飞行过程中会受到来自环境或敌方的各种形式的干扰，如地海杂波，异常磁场，敌方干扰信息中断、诱骗、欺骗等，智能飞行器必须具备足够的抗干扰能力和一定程度的敌我识别能力。

4) 自身状态监测能力

能够利用分布式传感器对飞行器各分系统工作状态进行监测管理，当在飞行器系统某一分系统出现问题时，应用容错控制、自动修复、系统重构等技术确保导弹武器正常工作。

5) 自主航迹规划能力

能够综合目标信息、作战空间信息、到达目标时间等，自主实时规划并选择具有一定最优意义的飞行航迹，自主避开敌方拦截区，自主机动飞行，实现对指定目标的远程精确打击。

6) 智能目标制导控制能力

能够在飞行中接收上级指令更换打击目标，回传目标毁伤信息，具有根据目标毁伤信息重新确定打击目标等能力。

1.3 智能飞行器系统的总体架构

1.3.1 智能飞行器系统组成

一般情况，智能飞行器系统可由三大部分组成：智能探测系统、智能飞行指挥系统和机载智能分系统。

1.3.1.1 智能探测系统

智能探测系统是通过传感器和卫星等模块来侦察、探测和收集各类飞行环境或战场信息[19]，如红外感应、可见光图像、地形地势、敌方阵地信息等。此系统不仅可以探测预先设定需要被探测的飞行环境或战场信息，还可以根据具体飞行情况实时探测智能飞行指挥系统和机载智能分系统需要的信息。例如，在飞行过程中意外发现战略价值更高的打击目标，就可以对该对象的战场信息进行探测，交由智能飞行指挥系统判断是否更改打击目标。

1.3.1.2 智能飞行指挥系统

智能飞行指挥系统是智能飞行器系统的核心系统，是指挥、控制、通信、计算机、情报、监视和侦察相结合的系统[19]，是由作战人员、指挥体系、通信网络和计算机网络为基础的技术装备有机结合在一起构成的一体化系统，是整个飞行指挥过程的中枢神经。该系统对智能探测系统收集到的信息进行分析、判断、比较，最后自主决策出最优作战模式和每个飞行器的飞行弹道。

1.3.1.3 机载智能分系统

传统飞行器的分系统包含动力、结构、导航、制导、控制、突防和战斗部等系统[19]。机载智能分系统是在传统飞行器分系统上加入人工智能技术，使各个分系统具有较强适应性和自主性，在完成智能飞行指挥系统指令的前提下达到最优作战效果的目的。

1.3.2 智能飞行器系统关键技术

智能飞行器系统基于以上三大部分，同时还具备智能探测系统的智能技术、智能飞行指挥系统的智能技术、机载智能分系统的关键技术和智能通信技术四大类关键技术。

1.3.2.1 智能探测系统的智能技术

1. 飞行环境/战场信息智能感知技术

感知是通过智能探测系统搜集目标周围区域信息、有关敌方兵力部署、行动和其他战场环境信息。此技术共包含两个要素，一个是战场信息智能探测技术；一个是战场态势智能评估技术。

未来飞行器飞行包络的空间区域会更加广阔，故需要飞行环境/战场信息智能感知技术对太空、空中、地面、水下、网络、通信、电气等信息进行探测，并根据系统的实时指令有针对性地对所需信息进行探测，对通过多渠道探测的不同种类情报进行融合，提供飞行环境/战场信息空间地图，这些信息是后续智能分析和决策的基础[19]。美国正在发展新型综合信息感知平台，包含高空持续侦察监视平台、海上广域侦察监视平台、穿透云层的高性能视频监视平台、水下信息环境持续监测平台。此综合信息感知平台就是为了在战争中得到最准确、最有效的战场信息，在战争初始就可以取得主动权。

未来战争一定采用多军种联合作战的复杂作战模式，因此需要战场态势智能评估技术将观测到的战斗力量分布与活动、战场周围区域、敌方作战实体与环境信息、先验意图及敌机动性联系起来。在具体特定背景下结合地形、天文、气候等其他信息，分析战场态势，得到关于敌方兵力结构、使用特点、杀伤力、威胁程度的估计，最终形成战场综合态势图。

2. 目标智能识别技术

目标智能识别是对基于不同传感器得到的目标属性数据所形成的一个组合的目标身份说明。未来海陆空天潜战争中，电磁环境十分恶劣，诱饵干扰异常复杂，目标数量日益增多，机动强度越来越高，单传感器和直接识别技术已经越来越不能满足识别打击目标的要求，因此必须使用目标智能识别的方式进行识别[19]。智能识别是基于多传感器工作的，多传感器系统运用信息融合技术从不同信源综合信息来克服单传感器的缺陷，利用不同传感器的数据互补和冗余，从各自独立的测量空间获取信息，追踪对象的不同特质，从而提供更准确的数据。此外，多类数据和冗余数据还可以自动区分错误信息和诱饵信息，使得飞行器不会被相似目标或诱饵迷惑，在敌方有意提高识别难度的防御技术下智能识别打击目标。因此，多传感器融合的目标智能识别技术是提高作战效能必不可少的技术。美国在研的智能飞行器采用“图像理解”的人工智能技术，已能区分外形和尺寸相同的敌方和己方军用卡车、地空导弹和地地导弹等目标和假目标，这将会成为智能飞行器发展的重要推力。

1.3.2.2 智能飞行指挥系统的智能技术

1) 数据库智能学习技术

数据库智能学习技术是人工智能、机器学习和数据库技术相结合的技术，包含数据库和知识发现，其中知识发现是关键因素。

数据库是大量数据的集合，在智能飞行器系统中，数据库是指战场信息、作战模式、飞行器飞行参数、储备体系等有关作战的所有信息，它包含直接输入的信息，也包含通过知识发现自身内部创造的信息。

知识发现是从大量数据中提取可信的、完整的、有用的并能被人理解的模式的高级处理过程。“模式”可以看成是知识的雏形，经过验证、完善后形成知识。知识发现通过学习某个领域、建立一个目标数据库、数据清理与预处理、数据转换、选定数据挖掘算法、数据挖掘、解释和评价知识这 8 个过程实现从内部数据创新出新知识的过程。

2) 实时智能分析决策技术

实时智能分析决策技术是飞行指挥的核心，一切飞行指令均从这里发出。此技术包含多枚飞行器协同攻击决策、飞行器在线航迹/弹道规划决策这两个功能。

多枚飞行器协同攻击决策是指多枚飞行器为了完成对预定目标的攻击任务，在飞行过程中所采取的协同作战决策。通过对战场信息和态势的感知，利用数据库智能学习与智能计算过程，根据作战目的与限制条件，实时提出作战方案，完成地面阵地智能调配、火力智能分配、飞行器编队飞行最优数量解算、编队飞行模式、编队打击方式等一套完整的对敌攻击策略。此过程是基于非线性、强耦合、时变高阶复杂系统下实时进行智能决策，并优化作战方案的过程。

飞行器在线航迹/弹道规划决策是指依据飞行作战方案，根据飞行器自身属性和实时编队飞行情况，实时完成协同中每枚飞行器的航迹/弹道规划，智能飞行器按照新的航迹/弹道规划结果进行飞行。此过程不仅要满足整体的打击策略，还要考虑每个飞行器实时的飞行参数，因此不仅需要智能探测系统对战场信息进行感知，还需要弹上机载智能分系统对智能飞行作战指挥系统实时反馈各弹飞行工作参数，以便针对每一枚飞行器规划出最优、最合理的航迹/弹道。

1.3.2.3 机载智能分系统的关键技术

机载智能分系统的关键技术包括智能动力技术、智能控制技术、智能结构技术、智能突防技术和智能杀伤技术[19]。

1) 智能动力技术

发动机动力是提供飞行器加速、巡航、爬升、机动飞行所需推力和飞行器姿态、航迹/弹道变化所需辅助动力的装置，是飞行器的重要组成部分。“飞行器研制，动力先行”的经验表明，动力装置的性能很大程度上决定了飞行器的性能。因此，随着海陆空天潜全方位信息化战争概念的发展，对飞行器动力装置大纵深、大空域、大机动的自适应能力的要求越来越高。智能飞行器动力技术能按照飞行器对推力矢量的需求进行能量管理，并具有自适应、自诊断、自修复能力的高可靠动力装置，智能飞行器动力技术还可以根据飞行器爬升、巡航、突防、大机动的需要具有瞬时推力矢量大幅度变化的能力。因此，智能动力技术不仅可以优化飞行器动力系统的功能和作用，而且可以与空气舵互补，提高飞行器的综合控制能力。

2) 智能控制技术

智能控制以控制理论、计算机科学、人工智能、运筹学等学科为基础， 扩展了相关的理论和技术，其中应用较多的有模糊控制、神经网络、专家系统、遗传算法等理论和自适应控制、自组织控制、自学习控制等技术[20]。飞行器的控制系统是一个非线性、时变、多变量、受环境扰动的复杂自动控制系统，机载智能控制除了要保证飞行稳定性以外，还必须具有对多种战场飞行环境的适应性和鲁棒性。因此，飞行器智能飞行控制技术具有以下能力：恶劣环境自适应能力、智能再规划能力、智能规避能力、跟踪高机动目标能力、自修复能力和容错控制能力。智能飞行器控制主要由智能控制器完成，它接收智能探测系统反馈的测量信息，结合飞行器自身飞行参数，作出智能控制决策。

3) 智能结构技术

智能结构技术包含智能材料和变形技术。智能材料具有集执行器与传感器优点于一身的优良独特品质，经过严格的材料力学行为设计，必要的执行机构和控制机构设计，可以在高速飞行时实现自适应变形或者实现基于感知系统的受控变形，在低速飞行时实现受控自主变形[19]。现阶段的智能材料主要有磁致伸缩材料、形状记忆合金压电陶瓷、高分子聚合物和电磁流变材料等不完全智能材料。

智能结构技术旨在实现以下过程：当飞行器在飞行中遇到突发情况时，如隐身技术失效，飞行器头部、机体或者机翼可以做出自适应变形或者受控变形，以改变飞行姿态和飞行轨迹，改变升力和速度，就能有效地躲避或解决突发情况，从而继续打击敌方预定目标。

美国空军支持开展的主动气动弹性机翼技术的飞行试验研究，已经装备了 F/A-18A 试验机并完成了首次飞行。美国国防高级研究计划局、美国国家航空航天局和美国空军等开展了智能翼的研究，展示了形状记忆合金等智能材料的应用潜力。与此同时欧洲也启动了由多个单位合作的“主动气弹飞行器结构(Active Aeroelastic Aircraft Structures，3AS)”计划，将变体飞机的研制列入了研究计划。

4) 智能突防技术

飞行器的突防本质是一个博弈的过程，尽管由于用途、用法不同存在不同的飞行器，但有一点是通用的，即打击目标在设防情况下，飞行器必须具有突防能力，而防御方为了防御来袭飞行器，就必须具有反突防能力[19]。就如同“AlphaGo”在围棋领域取得的碾压式胜利一样，人工智能在博弈方面具有巨大优势，此种优势也将被用于智能突防系统。飞行器突防的核心是推迟防御系统的探测时间，欺骗其识别系统对真目标的识别，或制造复杂多变的战场环境，使处理系统饱和，或使跟踪制导系统产生很大误差，使防御系统无法获得真目标的精确位置信息。因此，智能突防技术将综合自主智能，通过降低飞行器可探测性、加强干扰和抗干扰能力、加大机动飞行能力、提高飞行器飞行速度、提升飞行器智能化突防决策和提高战术使用灵活程度等措施来提高自身突防能力。

5) 智能杀伤技术

智能杀伤技术是指根据打击目标类型、遭遇条件、环境条件和目标要害等的不同，自适应地调整引信起爆方式和启动点位置，改变战斗部的杀伤方式，以达到对目标的最大杀伤效果。采用智能引信技术来对付不同目标，适应超低空地物装置或海面背景和对抗的干扰；采用高效能定向杀伤战斗部或者采取杀伤增强装置合理地进行起爆控制或完全不采用战斗部智能地控制飞行器状态，如动能杀伤器直接碰撞杀伤目标。此技术需要智能引信、智能战斗部、智能安全执行装置、智能抛撒子弹头等技术的支持。

1.3.2.4　智能通信技术

智能通信是智能探测系统、智能飞行指挥系统和机载智能分系统三个系统协同作战的基础，是三个分系统的公用技术[19]。在电磁环境、雷达干扰、地海强杂波、气象杂波和无源箔条杂波等复杂干扰环境下，实现智能飞行器系统内的数据传输和通信就尤为重要。智能通信技术具有大频宽、大时宽、复杂信号内部结构、可调节的特点。大频宽、大时宽可增强通信信号识别的容易程度；复杂信号内部结构可使敌方干扰信号被筛选提出；可调节技术可在具体情况下调节信号频率、功率、结构等属性。此种具有自主智能，能根据战场环境改变自身通信信号的智能通信技术是实现高效可靠通信的关键。

数据链通信单元是飞行器与控制中心之间通信或者飞行器集群之间通信的核心部分，是飞行器高效、精确地进行数据交换的保障。随着无人飞行器的功能越来越丰富，执行的任务越来越复杂，通信数据量随之增加。在通信带宽资源有限的情况下，数据速率在不断提高，因此智能飞行器需要具备一条抗干扰能力强、误码率低、数据速率高的数据链系统。

美国国防部高级研究计划局于 2003 年提出的 XG 计划[19]，可根据环境频谱的变化自适应地改变发射波形。该计划充分体现了智能通信的思想——认知环境频谱，并根据电磁环境智能地产生最佳发射波形，从而实现复杂情况可靠通信的效果。

科技发展驱动战争形态演变，未来将向着大数据、信息化技术发展，利用深度学习技术从海量数据中获取有价值信息，利用人机协作技术提升人与无人系统间的交互能力，增强战场的智能对抗能力。在未来网络化、信息化、智能化的战争模式下，飞行器智能化技术的发展，将使得飞行器技术由精确化向网络化、信息化、智能化等方向发展。

思 考 题

1.1 人工智能的三大要素是什么？

1.2 人工智能发展过程中，出现了哪些机器智能化应用的标志？

1.3 结合当前智能飞行器的发展，请举出你所知道的国内外智能飞行器的例子以及其智能化的具体表现。

1.4 当前智能飞行器的特征有哪些？

1.5 智能飞行器系统具体由哪几个部分组成？它们的功能有哪些？

1.6 智能飞行器有哪几类关键技术？每一类中又含有哪些关键技术？

参 考 文 献

[1] 文谦, 张为华, 武泽平, 等. 人工智能对导弹武器装备发展及未来战争影响[J]. 弹箭与制导学报, 2021, 41(2): 6-9.

[2] 赵振平, 路瑞敏, 王锦程. 智能无人飞行器技术发展与展望[J]. 战术导弹技术, 2017, 38(3): 1-7.

[3] 腾讯研究院, 中国信通院互联网法律研究中心, 腾讯 AI Lab, 等. 人工智能[M]. 北京: 中国人民大学出版社, 2018.

[4] 杨润鑫, 杨龙霄, 丁鑫鑫. 从自主学习技术迭代看未来无人作战[J]. 军事文摘, 2021, 29(23): 7-10.

[5] 胡利平, 梁晓龙, 柏鹏. "算法战"及其在空战领域中的应用[J]. 国防科技, 2020, 43(1): 57-62.

[6] 韩雨, 葛悦涛. 2020 年人工智能领域科技发展综述[J]. 飞航导弹, 2021, 51(4): 1-6.

[7] 韩雨, 韩从英. 2021 年人工智能领域科技发展综述[J]. 战术导弹技术, 2022, 43(2): 42-51.

[8] NATO. Science & technology trends 2020-2040[R]. NATO, 2020.

[9] 裘进浩, 季宏丽, 徐志伟, 等. 智能材料与结构及其在智能飞行器中的应用[J].南京航空航天大学学报, 2022, 54(5): 867-888.

[10] 陈玉洁, 周军. 从 X-47B 到 MQ-25 看无人机及其动力发展[J]. 航空动力, 2020, 3(2): 17-20.

[11] 黄雷. 美军小精灵无人机群项目发展现状综述[J]. 飞航导弹, 2018, 48(7): 44-47.

[12] 杨宁, 吴艳梅. 智能化的新型反舰导弹 LRASM 综述[J]. 军事文摘, 2020, 28(12): 39-43.

[13] 王楠. 探析以色列新型智能化导弹——海上破坏者[J]. 军事文摘, 2021, 29(19): 42-45.

[14] 魏毅寅, 郝明瑞, 范宇. 人工智能技术在宽域飞行器控制中的应用[J]. 宇航学报, 2023, 44(4): 530-537.

[15] 王杰东, 董强健. 无人系统路线图自主性分析[J]. 国防科技, 2021, 44(4): 32-36.

[16] 李霓, 布树辉, 尚柏林, 等. 飞行器智能设计愿景与关键问题[J]. 航空学报, 2021, 42(4): 524752.

[17] 程进, 齐航, 袁健全, 等. 关于导弹武器智能化发展的思考[J]. 航空兵器, 2019, 26(1): 20-24.

[18] 黄旭星, 李爽, 杨彬, 等. 人工智能在航天器制导与控制中的应用综述[J]. 航空学报, 2021, 42(4): 524201.

[19] 槐泽鹏, 佟泽友, 梁雪超, 等. 智能导弹武器系统综述[J]. 导航与控制, 2017, 16(5): 104-112.

[20] 杨新状, 许承东, 李怀建. 智能控制理论在导弹控制中的应用概述[J]. 航空兵器, 2004, 11(2): 23-25.

第 2 章

智能飞行器信息获取系统

随着现代网络技术和人工智能技术的迅速发展，飞行器的信息获取已经由传统的单平台对单目标信息获取，转变为多平台对多目标信息获取，异类多源平台的信息获取成为未来智能飞行器信息获取的来源。其中，包括由通信、侦察、导航、广播、气象等多种轨道、多种功能的异构卫星网络以及空间飞行器和深空网络组成的天基平台的传感器；由各种临近空间平台、民航与各类无人航空飞行器组成的空基平台的传感器；由涵盖地面各种有线网络设施和无线网络设施组成的地基/陆基平台的传感器；由海洋环境(包括海面和深海)感知、海洋信息获取和海洋数据传输部分组成的海基平台的传感器。

为了获取更加精准的目标或飞行环境信息，如图 2-1 所示，天基传感器、空基传感器、地基传感器、海基传感器、飞行器等多源平台会进行组网协同探测和信息融合，最终形成全局优化的统一信息获取体系。

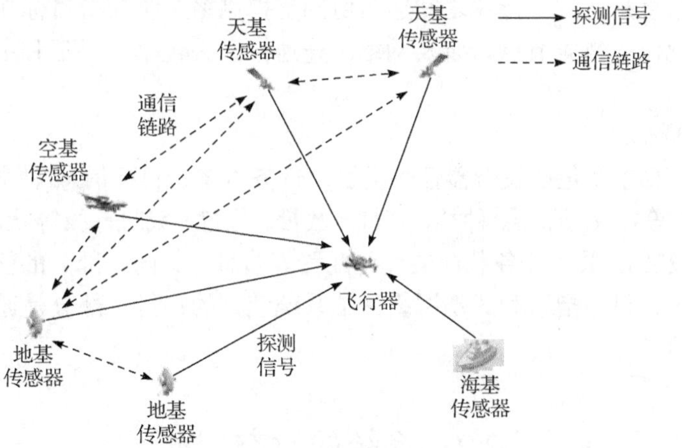

图 2-1　空天地海多传感器协同探测示意图

2.1　信息获取系统组成

根据图 2-1 所给出的空天地海多传感器协同探测示意图，智能飞行器信息获取系统应保证实时准确地提供下列 3 类信息，即局部节点信息、网络特征信息和任务环境信息，如图 2-2 所示。

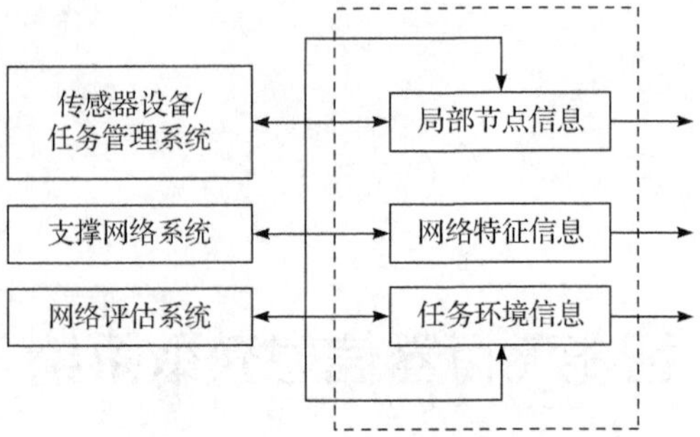

图 2-2　智能飞行器信息获取系统

1. 局部节点信息

局部节点信息，即局部传感器节点信息，就是智能飞行器携带的探测器和自身携带的传感器获取的信息。

(1) 由智能飞行器携带的探测器,如雷达导引头、红外导引头和复合导引头等探测器,所获取的目标信息，包括目标种类、特性、数量、位置和战损状态等信息，以及由相对导航测量装置所测量的相关节点信息。

(2) 由智能飞行器自身携带的传感器,如高度表、加速度计和惯性导航系统等传感器,所感知的飞行器自身的运动信息和任务载荷信息，包括飞行器自身或飞行器编队/组群成员各自的飞行姿态、速度、过载、位置等运动信息，以及导引头、战斗部、引信、电子对抗等任务载荷信息。

2. 网络特征信息

网络特征信息是通过飞行器之间通信协同支撑网络系统获得目标在线信息特性、飞行器网络节点地位、邻居节点，以及网络的连通性、丢包率、时延和更新率等网络健康状态信息。

3. 任务环境信息

任务环境信息主要包括飞行器任务类别、任务方案、目标信息(种类、特性、数量、位置、战损状态等)、威胁信息(种类、特性、数量、位置、威胁等级等状态)、飞行环境(气象、地形、禁飞区等)及其任务载荷的优化配置等信息。其中一部分的任务环境信息是发射前由火控系统、目标指示和毁伤网络评估系统装订的；另一部分是通过支撑网络系统在线动态获得的。

2.2　系统的时空配准

时空配准是智能飞行器信息获取系统能够有效工作的前提,其任务是解决飞行器多传感器和多探测器测量同一对象时会产生时间异步和坐标系不统一而导致无法进行数据融合的问题。其中,时间配准的任务是将关于同一对象的各传感器或探测器不同步的量测信息同步到同一基准时标下;空间配准的任务是进行测量对象坐标系和相关角度的转换[1]。

2.2.1　时空配准的任务

智能飞行器在多传感器和多探测器测量同一对象时，由于各传感器的时间测量系统和空间测量坐标系并不一致，因此在进行数据融合前，需要对多传感器的时间坐标和空间坐标体系进行配准，即时空配准。时空配准任务的主要环节是偏差估计与补偿，其时空配准关系如图 2-3 所示。

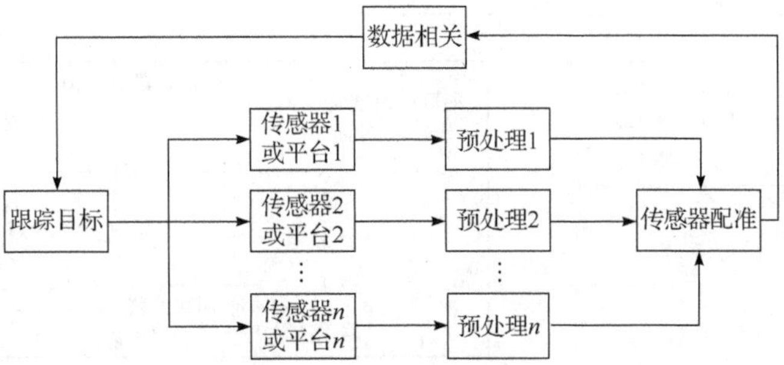

图 2-3　时空配准关系

2.2.2　偏差估计与补偿

偏差估计与补偿借助于多传感器对空间共同对象的量测，对多传感器的偏差进行估计和补偿。

多传感器配准误差的主要来源如下：

(1) 传感器本身的偏差；

(2) 各传感器参考坐标系中测量的方位角、高低角和距离偏差；

(3) 相对于公共坐标系的传感器的位置误差和计时误差。

对传感器探测的目标状态和传感器的系统偏差实施估计和补偿是时空配准的主要目的。

2.2.3　空间配准方法

飞行器空间配准问题可分为平台级和系统级两大类。平台级的空间配准问题是解决单个飞行器或单个平台所携带多个传感器之间的空间配准问题，如一枚飞行器多模复合导引头的空间配准问题等；系统级的空间配准问题是关于多个飞行器或多个平台之间的多个传感器空间配准问题。平台级空间配准和系统级空间配准关系如图 2-4 所示。

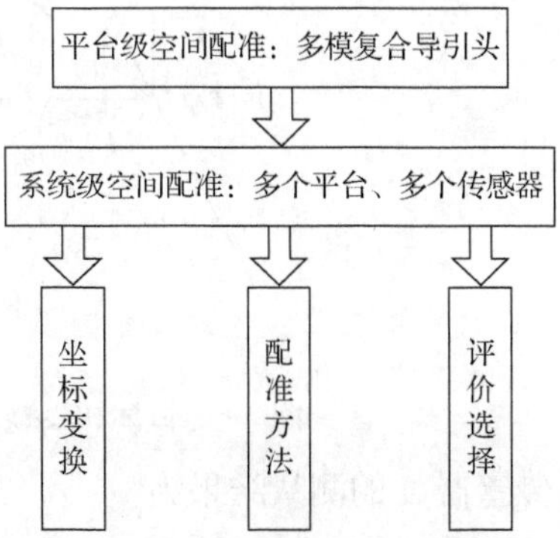

图 2-4　平台级空间配准和系统级空间配准关系

2.2.3.1　平台级空间配准

平台级空间配准的主要任务是将传感器的量测转换到规定的公共坐标系中，这种配准方法在一定条件下可以获得较好的配准效果。但这种配准方法多适用于传感器位置误差为零，或者传感器之间彼此距离接近于零(如传感器位于同一平台内)的情况。通常平台级空间配准的算法如图 2-5 所示，其中 G 为增益调节器。

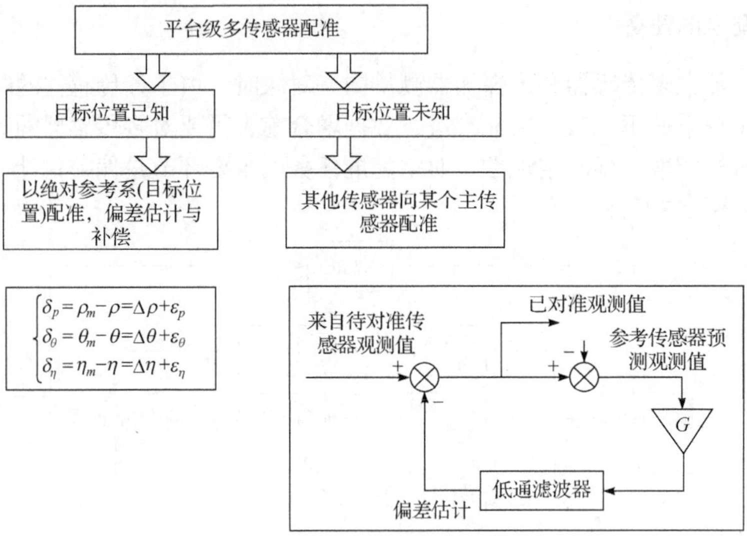

图 2-5 平台级空间配准的算法示意图

2.2.3.2 系统级空间配准

选择适用于空间配准的公共坐标系 $S_0-x_0y_0z_0$，假设传感器 A 位于公共坐标系 $S_0-x_0y_0z_0$ 的原点，传感器 B 位于公共坐标系的点 (x_B,y_B,z_B)。传感器 A 和传感器 B 与同一目标 T_K 在公共坐标系 $S_0-x_0y_0z_0$ 中的位置关系，如图 2-6 所示。本书采用坐标系的相关定义参见文献[1]。

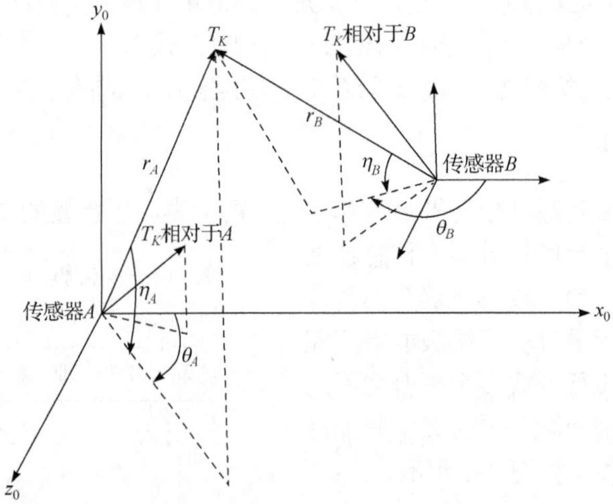

图 2-6 目标和传感器在公共坐标系中的位置关系的示意图

传感器 A 的测量结果为

$$\begin{cases}\dot{x}_{A1}=\left[r_A(k)-\Delta r_A\right]\cos\left[\theta_A(k)-\Delta\theta_A\right]\cos\left[\eta_A(k)-\Delta\eta_A\right]\\ \dot{y}_{A1}=\left[r_A(k)-\Delta r_A\right]\sin\left[\eta_A(k)-\Delta\eta_A\right]\\ \dot{z}_{A1}=\left[r_A(k)-\Delta r_A\right]\sin\left[\theta_A(k)-\Delta\theta_A\right]\cos\left[\eta_A(k)-\Delta\eta_A\right]\end{cases} \tag{2-1}$$

传感器 B 的测量结果为

$$\begin{cases} \dot{x}_{B1} = \left[r_B(k) - \Delta r_B\right]\cos\left[\theta_B(k) - \Delta\theta_B\right]\cos\left[\eta_B(k) - \Delta\eta_B\right] + x_B \\ \dot{y}_{B1} = \left[r_B(k) - \Delta r_B\right]\sin\left[\eta_B(k) - \Delta\eta_B\right] + y_B \\ \dot{z}_{B1} = \left[r_B(k) - \Delta r_B\right]\sin\left[\theta_B(k) - \Delta\theta_B\right]\cos\left[\eta_B(k) - \Delta\eta_B\right] + z_B \end{cases} \tag{2-2}$$

目前有多种应用于系统级多传感器空间配准的方法，下面给出对五种常用方法的分析。

(1) 实时质量控制程序方法是通过平均每个传感器的量测值来计算配准偏差。

(2) 最小二乘法是把空间配准阐述为一般的或无权重的最小二乘问题。

(3) 广义最小二乘法是对最小二乘法的扩展，其每个量测的权重是由测量的方差来决定的。

(4) 三维精确极大似然法(EML)是利用各平台之间空间分布的特点获得传感器之间的配准模型，并在获得的配准模型中加入适当的量测噪声[2]。在此基础上对模型进行一定的简化和转换得到标准的配准方程，配准估计是通过对标准配准方程求最大似然解获得的。

(5) 立体几何投影法是目前常用的传感器配准方法。采用立体几何投影法的优点是减少配准算法的复杂性[2]，而缺点是①立体几何投影法把误差引入区域传感器和区域系统量测；②立体几何投影法扭曲数据。

对于多平台多传感器系统，配准偏差更加突出。这是因为当平台间距离加大时，地球曲率对立体几何投影的影响已不能忽略。基于地心地固坐标系(ECEF)的三维精确极大似然法，它考虑量测噪声的影响。配准估计是通过求地心坐标系的最大似然函数获得的。如图 2-7 所示，给出了系统级的多传感器空间配准的五种常用方法的关系。

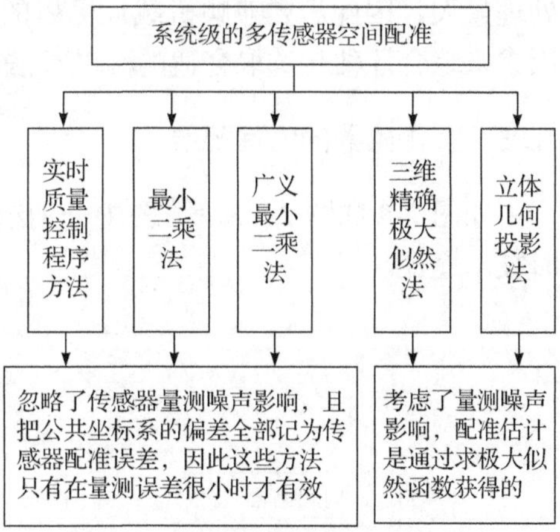

图 2-7　系统级的多传感器空间配准的五种常用方法关系图

2.2.4　空间配准方法评价与选择

正如前面所说，平台级空间配准算法主要适合传感器之间位置误差为零，或者两者距离接近于零的情况。但随着传感器之间距离变大，各种偏差角变化加剧，其配准效果会恶化，甚至不能适用[2]。因此这种配准算法只适用于单平台内的多传感器配准。同时在仿真实验分析中发现，当传感器之间的距离超过 100m 后，配准算法可能无法收敛。因此，上述平台级空间配准算法显然不适用于由仅装备一个单模导引头的导弹成员所组成编队的协同制导。但是，如果编队中有某些导弹成员装备有多模导引头的情况，则可按上述方法先实施平台级空间配准，再向融合中心进行系统级空间配准。

用于多传感器配准处理的三维精确极大似然配准算法估计精度高，适用范围广，可克服最小二乘配准算法中存在的局限性[2]。当多个传感器之间相距较远时，该算法明显优于传统的最小二乘配准算法。这是因为量测数据量的多少对 EML 配准偏差影响不大，这表明该配准算法的一致性。在通常情况下，平台之间的距离对配准结果影响不大。这一点说明该算法可用于多平台间的配准。但是，因为三维精确极大似然配准算法没有考虑大地曲率的影响，所以当平台之间的距离增大到一定程度时，其配准效果变差，甚至失效。

综上所述，三维精确极大似然配准算法对于协同支撑网络的更新率与数据量的要求不是很高，对于成员间距不太大的飞行器编队，该算法的精度和适用性是能够有保证的。

基于地心地固坐标系的三维精确极大似然配准算法不仅对中远距离目标可得到较好的配准精度，而且随着传感器与目标之间的距离增加，该算法仍然可以保持较好的方位角和高低角偏差的配准精度，只是对超远距离目标的斜距偏差会变大，尽管如此，其斜距偏差相比于传感器到目标之间的距离还是要小得多。特别是，通过该算法能够把不同的测量坐标系的量测转化到统一的大地坐标系中，可以得到统一的量测值并便于处理。该算法的不足之处是，数据的处理量比三维精确极大似然配准算法要大，且一致性不如前者好。

地球曲率等影响因素使得基于地心地固坐标系的三维精确极大似然配准算法的数据处理量大，因此需要兼顾机载计算机的性能、多飞行器的间距和协同支撑网络的性能等因素来综合评估与选取合适的配准算法。

2.2.5 多传感器的时间配准

如图 2-8 和图 2-9 所示，图中分别给出了多传感器时间配准的总体框架和多传感器授时技术途径。

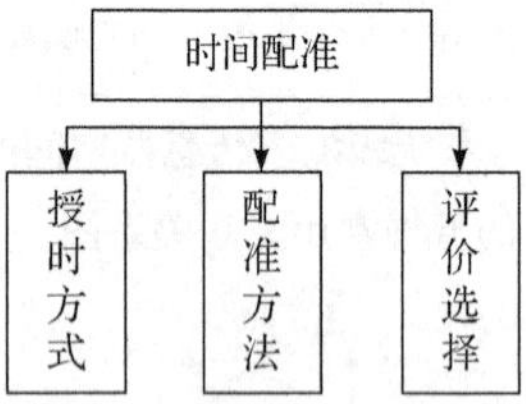

图 2-8 多传感器时间配准的总体框架

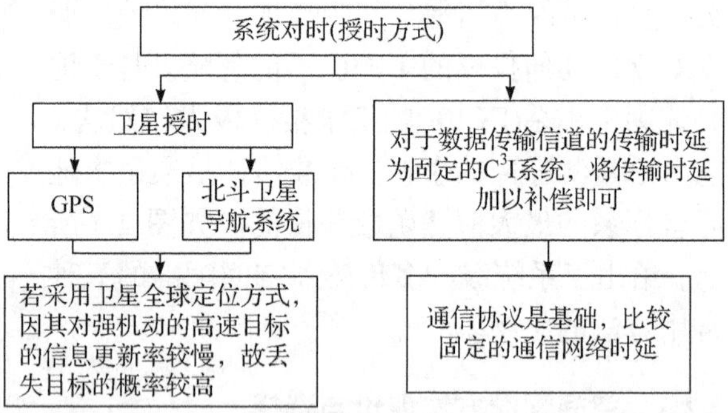

图 2-9 多传感器授时技术途径示意图

关于多传感器授时方式中的系统时间统一方式，根据不同的应用情况，通常有三种[3]：第一种是在平时状态，信息源的工作时钟取国家标准时间；第二种是在战时状态，以指挥中心的时钟为基准，其他各站与指挥中心对时；第三种是在情报综合处理状态，把一个处理周期内各站在不同时刻量测的雷达航迹点统一到同一时刻。这里只考虑后两种，讨论如何解决固定通信时延情况下的两个问题：

(1) 各站传感器的时间基点要保证一样，即“系统对时”问题。

(2) 各传感器采样量测周期不一致，数据采样时刻不能同时处理问题。

指挥中心按照自己的时间在 T_1 时刻发出信息，子平台在平台内部时间 t_1 收到此信息，

该子平台在 t_2 时间给出回复信息，指挥中心在自己的 T_2 时间收到回复信息。假设在同一时刻，子平台显示时间 t 和指挥中心显示时间 T 相差 $\mathrm{d}t$，假定两次通信网络的时延相同，设为 ΔT。因此，只要求出 $\mathrm{d}t$ 和 ΔT 就能完成子平台和指挥中心的对时。以上过程由下列方程组描述：

$$\begin{cases} T_1 + \mathrm{d}t + \Delta T = t_1 \\ t_2 - \mathrm{d}t + \Delta T = T_2 \end{cases} \tag{2-3}$$

则

$$\begin{cases} \mathrm{d}t = \dfrac{1}{2}\left(t_1 + t_2 - T_1 - \Delta T\right) \\ \Delta T = \dfrac{1}{2}\left(t_1 - t_2 - T_1 + T_2\right) \end{cases} \tag{2-4}$$

因此，指挥中心将每次收到的信息加上网络时延补偿，即可实现指挥中心与子平台之间的授时，如图 2-10 所示。

常用的时间配准方法主要有最小二乘时间配准法、内插/外推时间配准方法和基于最大熵推理机的多平台多传感器时间配准方法等，如图 2-11 所示。

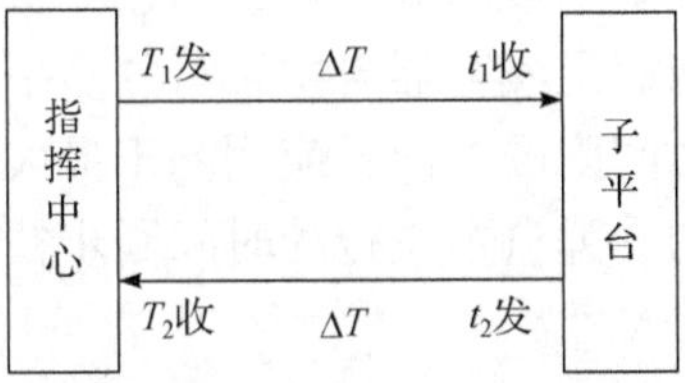

图 2-10　指挥中心与子平台之间的授时示意图

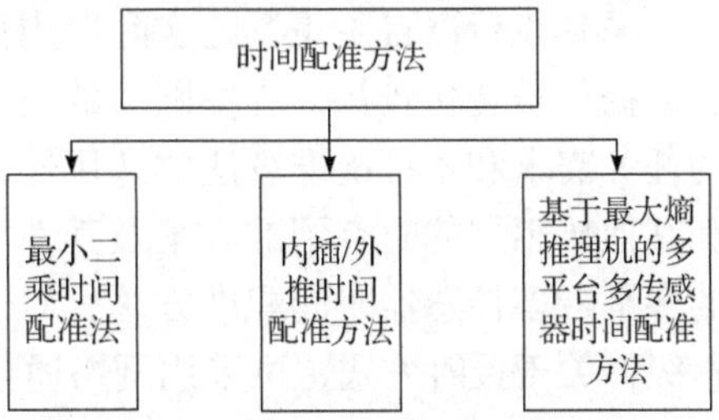

图 2-11　时间配准方法

(1) 最小二乘时间配准法。设有两类传感器，为传感器 A 和传感器 B，这两类传感器的采样周期分别为 T_1 和 T_2，并且两者之比为 n，在传感器 A 连续两次目标状态更新之间，传感器 B 有 n 次测量值。因此可采用最小二乘时间配准法，将传感器 B 这 n 次测量值融合成一个虚拟的测量值，作为 k 时刻传感器 B 的测量值，再和传感器 A 的测量值进行融合，就可以消除由时间偏差引起的对目标状态测量值的不同步，从而消除时间偏差对多传感器数据融合造成的影响。

(2) 内插/外推时间配准方法。此方法认为时间配准就是在同一时间段内，对各传感器采集的目标观测数据进行内插/外推，将高精度观测时间上的数据推算到低精度观测时间点上，以达到两类传感器时间上的同步。

(3) 基于最大熵推理机的多平台多传感器时间配准方法。对于所有满足一定条件限制的概率分布，应该选择具有最大熵的概率分布，也就是选择满足已知限制条件的包含大多数随机输入的解决方案。利用最大熵准则获得输入高速率信号的功率谱密度估计，再通过最小均方估计由采样获得的低速率信号，从而估计出原来的高速率信号。

随着传感器技术的发展和计算能力的提高，每一个传感器平台都具有更高的采样率和传输速率。为了获得高质量的全局传感器信息的融合，需要在平台之间进行高速率的通信。但是由于现代多平台系统的通信链路上的通信越来越繁忙，甚至会出现数据阻塞，这就要求降低数据通信速率，并且能够在较低的通信速率条件下获得高质量的传感器信息的全局融合。减少数据通信速率的一种最直接方法是通过降低采样速率以减少传送数据量，但是降低采样速率就意味着信息量的减少，不过可通过多个不同的低速率传感器采样来弥补。然而，在此情况下，最小二乘时间配准法和内插/外推时间配准方法的适用性就受到限制，而基于最大熵推理机的多平台多传感器时间配准方法则仍可用来解决这类问题。

2.2.6 时间配准方法评价与选择

基于最大熵推理机的多平台多传感器时间配准方法是适用于不同速率的多平台多传感器之间的配准方法，但其依赖于统一坐标量测的前提条件。这种配准方法能够克服传统时间配准方法(最小二乘时间配准法和内插/外推时间配准方法)的缺陷，可直接处理多个不同速率的传感器。特别是，它可以采用具有不同滤波特性的低速率传感器，处理高速变化的信号，这是前面其他方法不能做到的。

尽管如此，这种方法还有许多未解决的问题：①不同类型传感器的传递函数对配准效果的影响；②不同采样速率对配准效果的影响。

考虑到飞行器自主飞行的实际应用情况，如飞行器成员的机动能力较强、马赫数较大、数据信号变化较快、支撑网络的更新率和数据量要求较高等特点，通过分析时空配准的任务需求和各种配准算法的适用性，应合理选取满足飞行器自主飞行的多平台导引头和其他传感器的时空配准方案及其性能要求。在时间配准方面，应用基于最大熵推理机的多平台多传感器时间配准方法，对于中等规模的导弹自主飞行的时间同步精度应在纳秒级；关于授时方式，可采用网络通信时延补偿方式。

2.3 异类多源信息融合方法

2.3.1 异类多源信息融合的结构

异类多源信息融合的本质是将多个不同种类传感器信息进行处理和综合的融合过程。信息融合技术是通过与运动目标的运动状态相适应的数学模型和滤波算法，对来自多个不同传感器系统的量测信息进行预处理、数据关联、状态估计和决策的过程，以得到更加准确的目标状态和信息[4]，典型传感器类型及特点如表 2-1 所示[5]。

表 2-1 典型传感器类型及特点

传感器类型	优点	缺点
地基雷达	跟踪精度较高	作用距离、覆盖范围受限
空基雷达	跟踪精度较高、覆盖范围较广、跟踪时间较长	易受电子干扰
天基光学	跟踪精度高、探测不受电子干扰	无距离量测信息，可观测时间有限

多传感器信息融合估计算法和其所采用的信息融合结构息息相关，如图 2-12 所示，多传感器信息融合结构大致可分为三种[5]：集中式、分布式和混合式，这三种融合结构各有其优缺点。集中式融合结构中融合中心使用所有传感器的原始信息进行融合，相对来说信息没有损失，故其融合结果往往也是最优的。与集中式融合结构不同，分布式融合结构的每个传感器节点或数据节点都有自己的处理器，各节点先将信息进行滤波预处理，然后把结果发送到融合中心。这种方式由于融合中心得到的数据不是原始数据，其估计结果不一定是最优的。混合式融合结构是在集中式融合结构和分布式融合结构的基础上进行综合，各传感器节点或数据节点可以直接将原始数据发送给局部融合中心或预处理之后再发送，其性能介于分布式融合结构和集中式融合结构之间[6-7]。

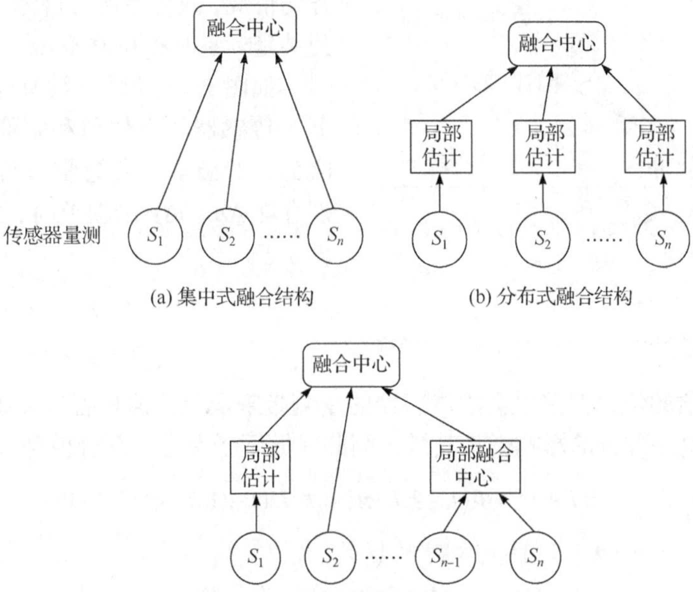

(a) 集中式融合结构　(b) 分布式融合结构

(c) 混合式融合结构

图 2-12　信息融合结构图

集中式融合结构主要有并行滤波、序贯滤波、数据压缩滤波等算法，这些算法主要针对在同一时刻各传感器量测噪声之间互不相关的情形。分布式融合结构有简单凸组合算法、Bar-Shalom-Campo 融合算法、带/不带反馈最优分布式估计融合算法、协方差交叉法、联邦滤波算法和有序加权平均策略法等算法[8]。

2.3.2　传感器空间配准方法与多传感器信息融合方法

代码

2.3.2.1　传感器空间配准方法

在单个传感器滤波过程中，由于只关注目标相对于本传感器平台的信息，空间误差对探测过程不会有太大的影响。但各传感器自身的基准与公共基准之间可能存在初始对准不齐等因素造成的误差，需要对传感器平台的空间误差进行配准，减小传感器空间误差等因素对协同探测系统后续工作的影响。

空间配准算法有很多，如三维精确极大似然估计法等，大多需要在每一时刻利用两个传感器的量测信息计算配准误差，但这些算法给协同探测网络增加了通信负担；或者需要离线配准，无法在线工作，工程实用性不强。然而二阶容积卡尔曼滤波(two-stage cubature Kalman filter，TSCKF)算法，只需在开机初期给定目标的相关信息，之后不用再与其他传感器通信来配准，另外其不仅可以在线估计传感器空间误差，还能同时得到目标信息，大大减少了工作量。因此，本小节采用二阶容积卡尔曼滤波算法对传感器的空间误差进行配准。

1. 传感器空间误差的建模分析

在多传感器协同探测时，因传感器安装存在机械误差或在初始对准阶段存在没有对齐的情况，故传感器对目标的量测在转换到公共坐标系时存在偏差 $\Delta \boldsymbol{z}$ 。

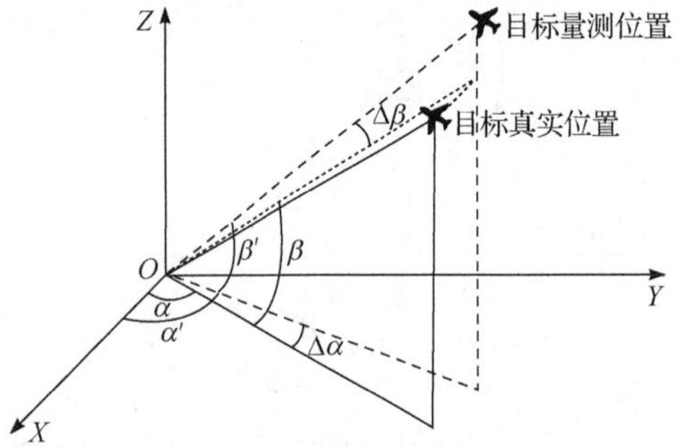

图 2-13 传感器量测误差对目标位置量测的影响

如图 2-13 所示，没有固定偏差的情况下，传感器的方位角和俯仰角的真实量测值为 α 、β 。当传感器方位角和俯仰角分别存在 $\Delta\alpha$ 、$\Delta\beta$ 的误差时，其量测值为 α' 、β' ，则

$$\alpha' = \alpha + \Delta\alpha \tag{2-5}$$

$$\beta' = \beta + \Delta\beta \tag{2-6}$$

另外传感器的位置偏差也会给传感器的量测带来误差，但是若目标相对于传感器的距离特别远，这一部分的影响微乎其微，因此在此不予考虑。系统模型可以表示为

$$\begin{cases} \boldsymbol{x}(k+1) = \boldsymbol{\Phi}(k+1,k)\boldsymbol{x}(k) + \boldsymbol{\Gamma}(k+1,k)\boldsymbol{w}^x(k+1) \\ \boldsymbol{b}(k+1) = \boldsymbol{b}(k) + \boldsymbol{w}^b(k) \\ \boldsymbol{z}(k+1) = \boldsymbol{h}(\boldsymbol{x}(k+1),k+1) + \boldsymbol{b}(k+1) + \boldsymbol{v}(k+1) \end{cases} \tag{2-7}$$

式中，$\boldsymbol{w}^x(k+1)$ 和 $\boldsymbol{w}^b(k)$ 分别表示系统噪声和偏差噪声，且二者互不相关。偏差噪声的误差协方差矩阵为

$$\boldsymbol{E}\left[\boldsymbol{w}^b(k)\left(\boldsymbol{w}^b(k)\right)^{\mathrm{T}}\right] = \boldsymbol{Q}^b(k) \tag{2-8}$$

$\boldsymbol{b}(k)$ 表示传感器固定偏差，对于主动传感器，如雷达等有

$$\boldsymbol{b} = \begin{bmatrix}\Delta R & \Delta\alpha & \Delta\beta\end{bmatrix}^{\mathrm{T}} \tag{2-9}$$

式中，ΔR 表示由于位置误差带来的测距固定偏差，而对于被动传感器，如光学、红外等传感器有

$$\boldsymbol{b} = \begin{bmatrix}\Delta\alpha & \Delta\beta\end{bmatrix}^{\mathrm{T}} \tag{2-10}$$

2. 二阶容积卡尔曼滤波空间配准算法

完成传感器的固定误差来源分析和建模之后，对于传感器的固定偏差可以使用二阶卡尔曼滤波(two-stage Kalman filter，TSKF)算法进行估计和消除。二阶卡尔曼滤波算法进

行状态和偏差估计的基本思想如图 2-14 所示：利用偏差分离原理估计系统状态和偏差。将系统状态分离为两部分，一部分为不受偏差影响的无偏状态 $\bar{\boldsymbol{x}}$；另一部分为系统偏差 $\boldsymbol{b}$。将两部分分别估计后再通过耦合关系合成系统状态的最优估计 $\hat{\boldsymbol{x}}$。该算法能够将增广状态估计法中的高维滤波器转化成两个维数较低的滤波器，解决维数过高带来的数值计算问题[9]。

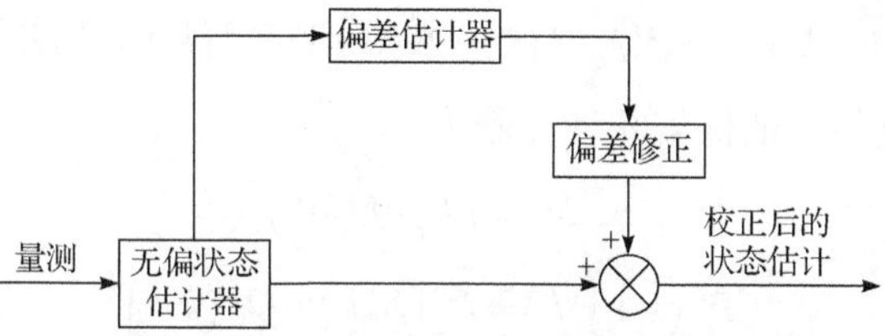

图 2-14　TSKF 空间配准算法结构图

由于传感器的量测方程为非线性函数，一般将其线性化后再代入二阶卡尔曼滤波算法中，这种算法称为二阶扩展卡尔曼滤波算法。从滤波角度来说，容积卡尔曼滤波(CKF)算法比扩展卡尔曼滤波(EKF)算法有更高的精度，因此在二阶扩展卡尔曼滤波算法的框架下，将 EKF 算法部分用 CKF 算法代替可得到二阶容积卡尔曼滤波算法。TSCKF 算法包括四部分：无偏状态估计器、最优偏差估计器、状态和偏差的耦合关系与偏差对系统状态的修正。对于式(2-7)所示的系统模型，TSCKF 算法如下。

无偏状态估计器：

$$\bar{\boldsymbol{P}}(k-1|k-1)=\boldsymbol{S}(k-1|k-1)\boldsymbol{S}^{\mathrm{T}}(k-1|k-1) \tag{2-11}$$

$$\boldsymbol{X}_i(k-1|k-1)=\boldsymbol{S}(k-1|k-1)\xi_i+\hat{\boldsymbol{x}}(k-1|k-1) \tag{2-12}$$

$$\boldsymbol{X}_i^*(k+1|k)=\boldsymbol{f}\left(\boldsymbol{X}_i(k|k)\right)+\boldsymbol{u}(k)\boldsymbol{b}(k|k)-\boldsymbol{\beta}(k+1|k)\boldsymbol{b}(k|k),\quad i=0,1,\cdots,2n \tag{2-13}$$

$$\hat{\bar{\boldsymbol{x}}}(k+1|k)=\frac{1}{2n}\sum_{i=0}^{2n}\boldsymbol{X}_i(k+1|k) \tag{2-14}$$

$$\begin{aligned}\bar{\boldsymbol{P}}(k+1|k)=&\frac{1}{2n}\sum_{i=0}^{2n}\boldsymbol{X}_i(k+1|k)\boldsymbol{X}_i^{\mathrm{T}}(k+1|k)-\hat{\bar{\boldsymbol{x}}}(k+1|k)\hat{\bar{\boldsymbol{x}}}^{\mathrm{T}}(k+1|k)\\&+\boldsymbol{Q}^x(k+1)+\boldsymbol{u}(k)\boldsymbol{P}^b(k|k)\boldsymbol{u}^{\mathrm{T}}(k)-\boldsymbol{\beta}(k+1|k)\boldsymbol{P}^b(k+1|k)\boldsymbol{\beta}^{\mathrm{T}}(k+1|k)\end{aligned} \tag{2-15}$$

$$\bar{\boldsymbol{P}}(k|k-1)=\boldsymbol{S}(k|k-1)\boldsymbol{S}^{\mathrm{T}}(k|k-1) \tag{2-16}$$

$$\boldsymbol{X}_i(k|k-1)=\boldsymbol{S}(k|k-1)\xi_i+\boldsymbol{x}(k|k-1) \tag{2-17}$$

$$\boldsymbol{Z}_i(k+1|k)=\boldsymbol{h}\left(\boldsymbol{X}_i(k+1|k)\right),\quad i=0,1,\cdots,2n \tag{2-18}$$

$$\bar{\boldsymbol{z}}(k+1|k)=\frac{1}{2n}\sum_{i=0}^{2n}\boldsymbol{Z}_i(k+1|k) \tag{2-19}$$

$$\boldsymbol{P}^{zz}(k+1|k)=\frac{1}{2n}\sum_{i=0}^{2n}\boldsymbol{Z}_i(k+1|k)\boldsymbol{Z}_i^{\mathrm{T}}(k+1|k)-\bar{\boldsymbol{z}}(k+1|k)\bar{\boldsymbol{z}}^{\mathrm{T}}(k+1|k)+\boldsymbol{R}(k+1) \tag{2-20}$$

$$\boldsymbol{P}^{xz}(k+1|k)=\frac{1}{2n}\sum_{i=0}^{2n}\boldsymbol{X}_i(k+1|k)\boldsymbol{Z}_i^{\mathrm{T}}(k+1|k)-\hat{\bar{\boldsymbol{x}}}(k+1|k)\bar{\boldsymbol{z}}^{\mathrm{T}}(k+1|k) \tag{2-21}$$

$$\bar{\boldsymbol{K}}(k+1)=\boldsymbol{P}^{xz}(k+1|k)\left[\boldsymbol{P}^{zz}(k+1|k)\right]^{-1} \tag{2-22}$$

$$\hat{\bar{\boldsymbol{x}}}(k+1|k+1)=\hat{\bar{\boldsymbol{x}}}(k+1|k)+\bar{\boldsymbol{K}}(k+1)\left[\boldsymbol{z}(k+1)-\bar{\boldsymbol{z}}(k+1|k)\right] \tag{2-23}$$

$$\bar{\boldsymbol{P}}(k+1|k+1)=\bar{\boldsymbol{P}}(k+1|k)-\bar{\boldsymbol{K}}(k+1)\boldsymbol{P}^{zz}(k+1|k)\bar{\boldsymbol{K}}^{\mathrm{T}}(k+1) \tag{2-24}$$

式中，ξ_i 表示容积点集。最优偏差估计器为

$$\boldsymbol{b}(k+1|k)=\boldsymbol{b}(k|k) \tag{2-25}$$

$$\boldsymbol{P}^b(k+1|k)=\boldsymbol{P}^b(k|k)+\boldsymbol{Q}^b(k+1) \tag{2-26}$$

$$\begin{aligned}\boldsymbol{K}^b(k+1)=\boldsymbol{P}^b(k+1|k)\boldsymbol{L}^{\mathrm{T}}(k+1|k)\big[&\boldsymbol{C}(k+1|k)\bar{\boldsymbol{P}}(k+1|k)\boldsymbol{C}^{\mathrm{T}}(k+1|k)\\&+\boldsymbol{L}(k+1|k)\boldsymbol{P}^b(k+1|k)\boldsymbol{L}^{\mathrm{T}}(k+1|k)+\boldsymbol{R}(k+1)\big]^{-1}\end{aligned} \tag{2-27}$$

$$\boldsymbol{b}(k+1|k+1)=\boldsymbol{b}(k+1|k)+\boldsymbol{K}^b(k+1)\left[\boldsymbol{z}(k+1)-\bar{\boldsymbol{z}}(k+1|k)-\boldsymbol{b}(k+1|k)\right] \tag{2-28}$$

$$\boldsymbol{P}^b(k+1|k+1)=\left[\boldsymbol{I}-\boldsymbol{K}^b(k+1)\boldsymbol{L}(k+1|k)\right]\boldsymbol{P}^b(k+1|k) \tag{2-29}$$

状态和偏差的耦合关系为

$$\boldsymbol{\beta}(k+1|k+1)=\boldsymbol{\beta}(k+1|k)-\bar{\boldsymbol{K}}(k+1)\boldsymbol{L}(k+1|k) \tag{2-30}$$

$$\boldsymbol{\beta}(k+1|k)=\boldsymbol{r}(k)\boldsymbol{P}^b(k|k)\left[\boldsymbol{P}^b(k+1|k)\right]^{-1} \tag{2-31}$$

$$\boldsymbol{L}(k+1|k)=\boldsymbol{F}^s(k)+\boldsymbol{C}(k)\boldsymbol{\beta}(k+1|k) \tag{2-32}$$

$$\boldsymbol{u}(k)=\boldsymbol{\Phi}(k+1,k)\boldsymbol{\beta}(k|k) \tag{2-33}$$

偏差对系统状态的修正为

$$\hat{\boldsymbol{x}}(k+1|k+1)=\hat{\bar{\boldsymbol{x}}}(k+1|k+1)+\boldsymbol{\beta}(k+1|k+1)\boldsymbol{b}(k+1|k+1) \tag{2-34}$$

$$\boldsymbol{P}(k+1|k+1)=\bar{\boldsymbol{P}}(k+1|k+1)+\boldsymbol{\beta}(k+1|k+1)\boldsymbol{P}^b(k+1|k+1)\boldsymbol{\beta}^{\mathrm{T}}(k+1|k+1) \tag{2-35}$$

式中，$\boldsymbol{C}(k)$ 为非线性量测函数 $\boldsymbol{h}(\cdot)$ 对系统状态的偏导数，即

$$\boldsymbol{C}(k)=\partial\boldsymbol{h}/\partial\boldsymbol{x}^{\mathrm{T}} \tag{2-36}$$

因为无偏状态估计器和最优偏差估计器的结构都是卡尔曼滤波器的结构，为防止符号混乱，在符号上加横线表示与无偏状态有关的符号，上标 b 表示与偏差有关的符号，其余符号含义和之前相同。

3. TSCKF 空间配准算法仿真分析

考虑传感器平台测量坐标系，假定目标在 XOY 平面内做角速度 $\omega=0.0105\text{rad/s}$，半径为 30km 的圆周运动，在 Z 轴方向上做周期 $T=600\text{s}$，幅值为 1km 的正弦机动。仿真中传感器使用地基雷达，采样时间 $T=1\text{s}$。仿真实验中设置两个滤波器，一个使用传感器配

准方法，另外一个使用没有传感器配准的二阶容积卡尔曼滤波方法，且都使用同一组传感器量测数据。除滤波方法外，两个滤波器的其他参数都设置相同。雷达传感器的测距噪声为 4km 、测角噪声为 0.2° 。其中传感器角度固定偏差设置为方位角固定偏差 $\Delta\alpha = 5°$ ，俯仰角固定偏差 $\Delta\beta = 4°$ 。传感器存在固定偏差时，对目标状态的估计结果如图 2-15～图 2-19 所示。

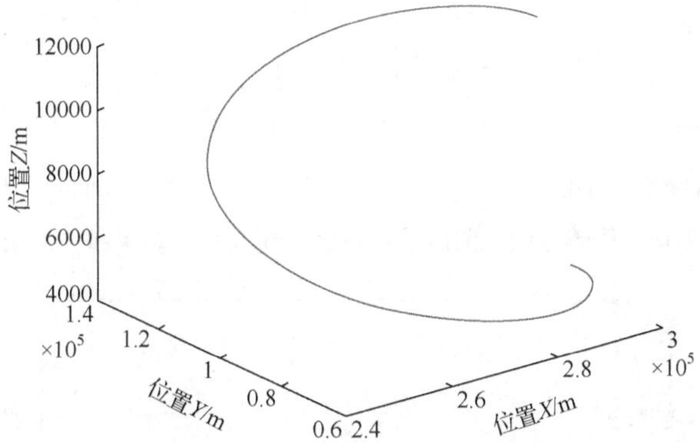

图 2-15　目标运动形式示意图

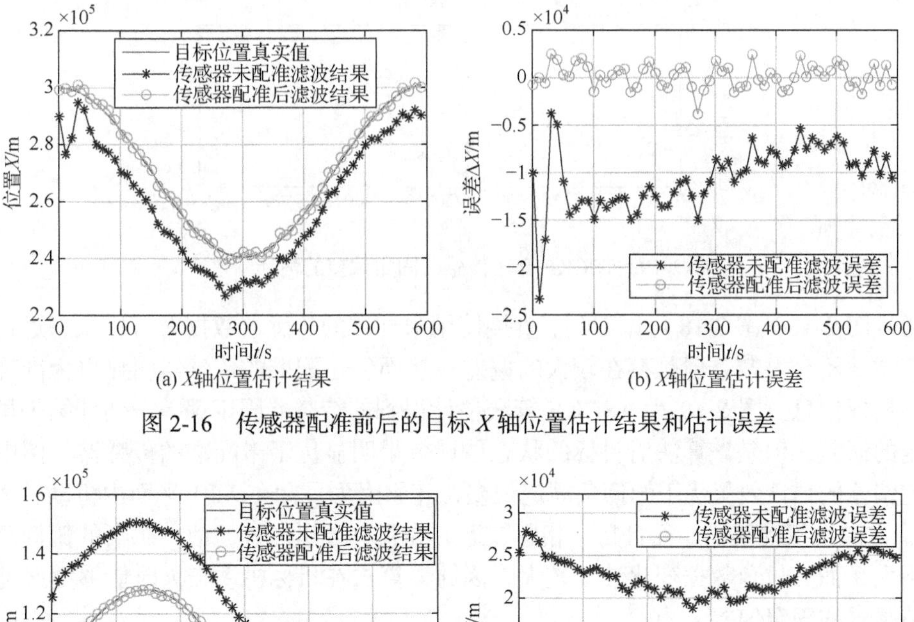

(a) X轴位置估计结果　(b) X轴位置估计误差

图 2-16　传感器配准前后的目标 X 轴位置估计结果和估计误差

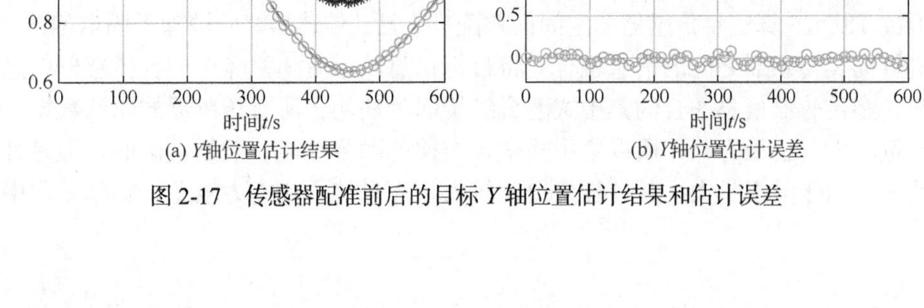

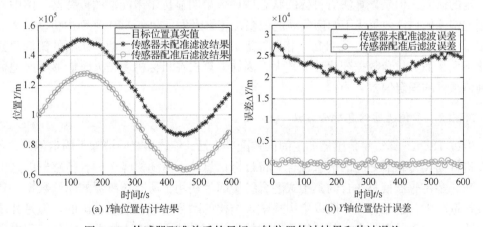

(a) Y轴位置估计结果　(b) Y轴位置估计误差

图 2-17　传感器配准前后的目标 Y 轴位置估计结果和估计误差

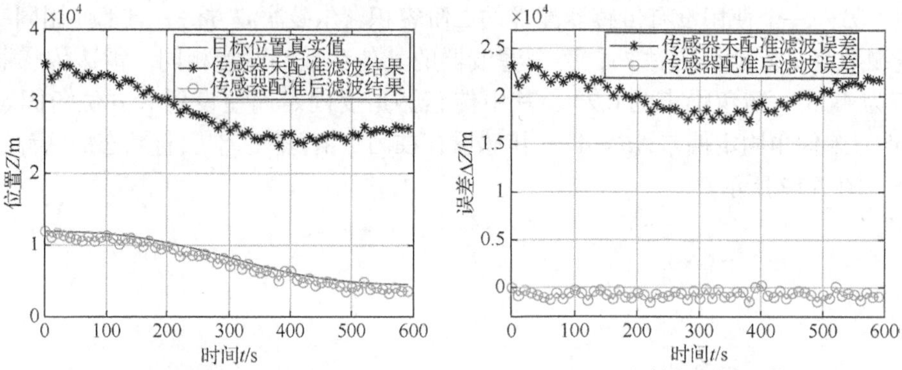

图 2-18　传感器配准前后的目标 Z 轴位置估计结果和估计误差

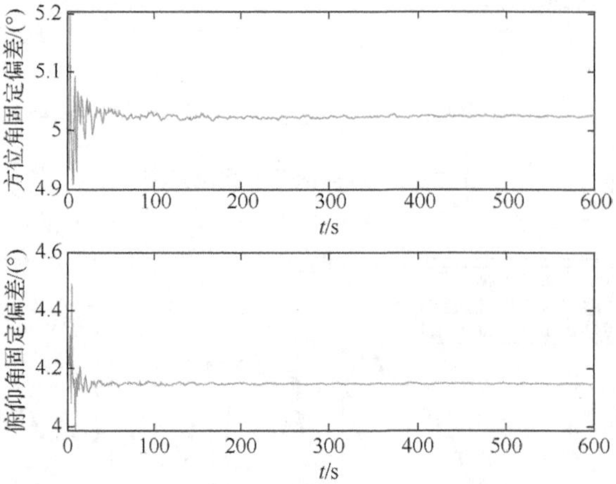

图 2-19　TSCKF 算法传感器固定偏差的估计结果

通过图 2-16～图 2-18 可以看到，直接使用未配准的传感器数据对目标状态进行估计时，其滤波不会发散，但是存在较大的偏差。然而经过配准的传感器明显更为准确地估计得到目标信息。图 2-19 为 TSCKF 算法估计得到的传感器固定偏差，估计结果虽然存在一定的误差，但是该算法对目标的状态估计效果明显优于未配准的传感器。图中方位角固定偏差的估计效果优于俯仰角固定偏差，其原因为目标在 XOY 平面内机动较大，而在 Z 轴方向上机动较小，而且目标相距较远，在几百公里之外，故传感器的俯仰角数据变化不大，而方位角数据变化波动较大，因此该算法在目标机动较大时能够更好地估计得到传感器的固定偏差。

2.3.2.2　多传感器信息融合方法

通过 TSCKF 算法将传感器的空间误差配准之后，传感器之间消除了固定偏差，之后可以进行同类传感器之间的信息融合，将目标信息从带有随机噪声的各传感器信息中提取出来。多传感器信息融合的集中式融合结构因为使用了所有传感器的原始数据，获得的数据量较大，也最完整，所以集中式融合结构的融合性能一般是最优的。但是其缺点也很明显，由于数据量大，其计算量也比较大，而且抗干扰能力较差，实际工程中应用较少。分布式融合结构虽然性能相比于集中式融合结构较差一些，但是其抗干扰能力强，而且经过研究发展，一些分布式信息融合算法的性能接近于集中式信息融合算法，在实际工程中应用较多。混合式融合结构是结合以上两种结构而产生的，融合中心的一部分信息是传感器的原始数据，另一部分信息是传感器处理过的数据。本小节将研究集中式融合结构中的并行滤波算法，分布式融合结构中的简单凸组合算法和改进的有序加权平均策略(IOWA)算法。

1. 并行滤波算法

并行滤波算法是集中式融合结构的一种，其核心思想是将量测矩阵扩维，将不同传感器的信息整合到一起，并在新的量测矩阵基础上得到滤波器算法。

在并行滤波(量测矩阵扩维)算法中，令

$$\boldsymbol{z}(k)=\left[\boldsymbol{z}_1^{\mathrm{T}}(k),\boldsymbol{z}_2^{\mathrm{T}}(k),\cdots,\boldsymbol{z}_N^{\mathrm{T}}(k)\right]^{\mathrm{T}} \tag{2-37}$$

$$\boldsymbol{H}(k)=\left[\boldsymbol{H}_1^{\mathrm{T}}(k),\boldsymbol{H}_2^{\mathrm{T}}(k),\cdots,\boldsymbol{H}_N^{\mathrm{T}}(k)\right]^{\mathrm{T}} \tag{2-38}$$

$$\boldsymbol{v}(k)=\left[\boldsymbol{v}_1^{\mathrm{T}}(k),\boldsymbol{v}_2^{\mathrm{T}}(k),\cdots,\boldsymbol{v}_N^{\mathrm{T}}(k)\right]^{\mathrm{T}} \tag{2-39}$$

式中，$\boldsymbol{z}_N(k)$为传感器N在k时刻的量测；$\boldsymbol{H}_N(k)$为传感器N在k时刻的量测矩阵；$\boldsymbol{v}_N(k)$为传感器N在k时刻的量测噪声。

因此，结合式(2-37)～式(2-39)，融合中心伪(广义)量测方程表示为

$$\boldsymbol{z}(k)=\boldsymbol{H}(k)\boldsymbol{x}(k)+\boldsymbol{v}(k) \tag{2-40}$$

假设各传感器之间量测噪声不相关，有

$$E\left[\boldsymbol{v}(k)\right]=0 \tag{2-41}$$

$$\boldsymbol{R}(k)=\operatorname{cov}\left[\boldsymbol{v}(k),\boldsymbol{v}^{\mathrm{T}}(k)\right]=\operatorname{diag}\left[\boldsymbol{R}_1(k),\boldsymbol{R}_2(k),\cdots,\boldsymbol{R}_N(k)\right] \tag{2-42}$$

$$\operatorname{cov}\left[\boldsymbol{v}(0),\boldsymbol{v}(k)\right]=0,\operatorname{cov}\left[\boldsymbol{w}(j),\boldsymbol{v}(k)\right]=0 \tag{2-43}$$

但本小节中所用到的传感器的量测方程是非线性方程，可根据传感器量测模型，进一步将式(2-38)改写为

$$\boldsymbol{H}\left(\boldsymbol{x}(k),k\right)=\left[\boldsymbol{h}_1\left(\boldsymbol{x}(k),k\right),\boldsymbol{h}_2\left(\boldsymbol{x}(k),k\right),\cdots,\boldsymbol{h}_N\left(\boldsymbol{x}(k),k\right)\right] \tag{2-44}$$

则式(2-40)改写为

$$\boldsymbol{z}(k)=\boldsymbol{H}\left(\boldsymbol{x}(k),k\right)+\boldsymbol{v}(k) \tag{2-45}$$

至此，融合中心得到新的量测方程，考虑目标运动特性，将其统一表示为

$$\boldsymbol{x}(k+1)=\boldsymbol{\Phi}(k+1,k)\boldsymbol{x}(k)+\boldsymbol{\Gamma}(k+1,k)\boldsymbol{w}(k) \tag{2-46}$$

式中，$\boldsymbol{x}(k)$为目标在k时刻的状态向量；$\boldsymbol{\Phi}(k+1,k)$为状态转移矩阵；$\boldsymbol{\Gamma}(k+1,k)$为过程噪声分布矩阵；$\boldsymbol{w}(k)$为均值为零的白噪声序列向量。

因此式(2-45)和式(2-46)组成融合中心的新系统，将其代入容积卡尔曼滤波器中，并结合交互式多模型(IMM)滤波的交互式多模型算法即可得到并行滤波算法下融合中心关

于目标的最优估计。

2. 简单凸组合算法

在分布式滤波算法中，各传感器节点先将传感器量测信息在本地滤波处理，再将处理之后的信息发送到融合中心，因此融合中心得到的是各传感器节点报告的目标信息。

分布式信息融合结构如图 2-20 所示，融合中心收到各传感器节点处理过的信息之后再对其进行融合处理。分布式滤波算法有很多，简单凸组合算法是其中较简单，也是应用较广的一种，其核心思想是利用各子滤波器滤波后的数据进行加权计算，从而得到目标信息。

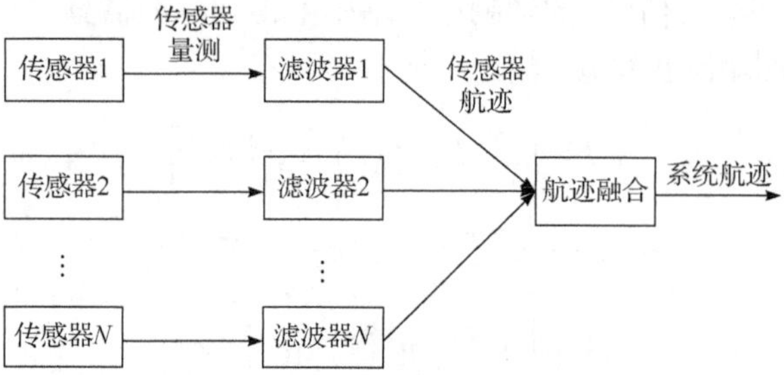

图 2-20　分布式信息融合结构

假设对于同一目标，传感器 i 和 j 的局部估计和相应的误差协方差分别为 $\hat{\boldsymbol{x}}_m(k|k)$ 和 $\boldsymbol{P}_m(k|k)$，$m=i,j$，相应的状态估计误差为[10]

$$\begin{cases}\tilde{\boldsymbol{x}}_i(k|k)=\boldsymbol{x}(k)-\hat{\boldsymbol{x}}_i(k|k)\\ \tilde{\boldsymbol{x}}_j(k|k)=\boldsymbol{x}(k)-\hat{\boldsymbol{x}}_j(k|k)\end{cases}\tag{2-47}$$

且假设 $\tilde{\boldsymbol{x}}_i(k|k)$ 和 $\tilde{\boldsymbol{x}}_j(k|k)$ 相互独立。在卡尔曼滤波器中根据先验知识 $\hat{\boldsymbol{x}}(k-1|k-1)$ 和量测 $\overline{\boldsymbol{z}}(k)$ 获得后验均值 $\hat{\boldsymbol{x}}(k|k)$ 的线性估计方程为

$$\hat{\boldsymbol{x}}(k|k)=\hat{\boldsymbol{x}}(k-1|k-1)+\boldsymbol{P}_{xz}\boldsymbol{P}_{zz}\left(\boldsymbol{z}(k)-\overline{\boldsymbol{z}}(k)\right)\tag{2-48}$$

将传感器 i 的信息看作先验知识 $\boldsymbol{D}_i$，传感器 j 的信息看作量测 $\boldsymbol{D}_j$，则可以得到：

$$\begin{cases}\hat{\boldsymbol{x}}(k|k)\rightarrow E\left(\boldsymbol{x}\,|\,\boldsymbol{D}_i,\boldsymbol{D}_j\right)\\ \hat{\boldsymbol{x}}(k-1|k-1)\rightarrow E\left(\boldsymbol{x}\,|\,\boldsymbol{D}_i\right)=\hat{\boldsymbol{x}}_i(k|k)\\ \boldsymbol{z}(k)\rightarrow\hat{\boldsymbol{x}}_j(k|k)\\ \overline{\boldsymbol{z}}(k)\rightarrow E\left(\hat{\boldsymbol{x}}_j\,|\,\boldsymbol{D}_i\right)=\hat{\boldsymbol{x}}_i(k|k)\end{cases}\tag{2-49}$$

将式(2-49)代入式(2-48)可得

$$\hat{\boldsymbol{x}}(k|k)=\hat{\boldsymbol{x}}_i(k|k)+\boldsymbol{P}_i(k|k)\left[\boldsymbol{P}_i(k|k)+\boldsymbol{P}_j(k|k)\right]^{-1}\left[\hat{\boldsymbol{x}}_j(k|k)-\hat{\boldsymbol{x}}_i(k|k)\right]\tag{2-50}$$

在各传感器局部估计误差互不相关的假设下，对任意两个传感器间信息融合的结果为

$$\begin{aligned}\hat{\boldsymbol{x}}(k|k)=&\left[\boldsymbol{P}_i^{-1}(k|k)+\boldsymbol{P}_j^{-1}(k|k)\right]^{-1}\boldsymbol{P}_i^{-1}(k|k)\hat{\boldsymbol{x}}_i(k|k)\\&+\left[\boldsymbol{P}_i^{-1}(k|k)+\boldsymbol{P}_j^{-1}(k|k)\right]^{-1}\boldsymbol{P}_j^{-1}(k|k)\hat{\boldsymbol{x}}_j(k|k)\end{aligned}\tag{2-51}$$

另外根据线性估计误差协方差矩阵：

$$\boldsymbol{P}_{xx|z}=\boldsymbol{P}_{xx}-\boldsymbol{P}_{xz}\boldsymbol{P}_{zz}^{-1}\boldsymbol{P}_{zx} \tag{2-52}$$

航迹融合下的误差协方差矩阵为

$$\boldsymbol{P}^{-1}(k\,|\,k)=\boldsymbol{P}_i^{-1}(k\,|\,k)+\boldsymbol{P}_j^{-1}(k\,|\,k) \tag{2-53}$$

结合式(2-51)和式(2-53)即可得到两个传感器的简单凸组合算法，将其扩展到 N 个传感器信息融合的情况，则可得到一般情况下的简单凸组合算法：

$$\hat{\boldsymbol{x}}(k\,|\,k)=\left[\sum_{i=1}^{N}\boldsymbol{P}_i^{-1}(k\,|\,k)\right]^{-1}\sum_{i=1}^{N}\boldsymbol{P}_i^{-1}(k\,|\,k)\hat{\boldsymbol{x}}_i(k\,|\,k) \tag{2-54}$$

$$\boldsymbol{P}^{-1}(k\,|\,k)=\sum_{i=1}^{N}\boldsymbol{P}_i^{-1}(k\,|\,k) \tag{2-55}$$

3. IOWA 算法

值得注意的是，在实际应用的系统中存在模型不精确和缺失量测信息等情况，理论误差协方差矩阵 $\boldsymbol{P}(k\,|\,k)$ 不能准确地确定估计的质量。因此在文献[8]中，引入新息向量作为预测系统中非线性和不确定性的标准，并基于新息向量构造新的状态融合估计策略——IOWA。

先定义新息向量如下：

$$\boldsymbol{r}_i(k)=\boldsymbol{y}_i(k)-\boldsymbol{H}_i(k)\hat{\boldsymbol{x}}_i(k\,|\,k) \tag{2-56}$$

式中，$\boldsymbol{r}_i(k)$ 为传感器 i 的新息向量；$\boldsymbol{y}_i(k)$ 为传感器 i 在 k 时刻的量测；$\boldsymbol{H}_i(k)$ 为传感器 i 的量测矩阵。

基于新息向量的真实状态误差协方差矩阵的计算方式如下：

$$\hat{\boldsymbol{C}}_i(k)=\frac{1}{l_{\mathrm{w}}}\sum_{l=1}^{l_{\mathrm{w}}}\boldsymbol{r}_i(k+1-l)\boldsymbol{r}_i^{\mathrm{T}}(k+1-l) \tag{2-57}$$

式中，$\boldsymbol{C}_i(k)$ 为 k 时刻传感器 i 的真实状态误差协方差矩阵；l_{w} 为滑窗长度。

式(2-57)表示用传感器过去一段时间内的新息向量计算误差协方差矩阵，并将误差协方差矩阵相加作为真实状态误差协方差矩阵，以此计算加权矩阵：

$$\boldsymbol{W}_i(k)=\hat{\boldsymbol{C}}_i^{-1}(k\,|\,k)\left(\sum_{j=1}^{N}\hat{\boldsymbol{C}}_j^{-1}(k)\right)^{-1} \tag{2-58}$$

式中，$\boldsymbol{W}_i(k)$ 为融合中心中传感器 i 的估计新息向量在 k 时刻的加权矩阵。

根据加权矩阵和各传感器估计新息，融合中心在 k 时刻的状态信息计算方式如下：

$$\hat{\boldsymbol{x}}(k\,|\,k)=\sum_{i=1}^{N}\boldsymbol{W}_i(k)\hat{\boldsymbol{x}}_i(k\,|\,k) \tag{2-59}$$

如图 2-21 所示，IOWA 算法滑窗长度 $l_{\mathrm{w}}=4$ 。从第 l_{w} 时刻开始，每一时刻的状态估计都由包括该时刻在内的最近 l_{w} 个时刻的新息向量 $\boldsymbol{r}(l)\,(l=k-3,k-2,k-1,k)$ 通过式(2-58)

计算加权矩阵$\boldsymbol{W}(l_{\mathrm{w}})$。$l_{\mathrm{w}}$时刻之前的加权矩阵$\boldsymbol{W}(l)(l<l_{\mathrm{w}})$由已知的新息向量$\boldsymbol{r}(l)(l<l_{\mathrm{w}})$通过式(2-58)计算。一般卡尔曼滤波器中系统误差协方差矩阵$\boldsymbol{P}(k|k)$对观测数据的记忆是无限增长的，但是随着时间的推移，最新的观测量对当前状态的估计最有效，较早的观测量对当前状态的估计贡献较小。因此，通过滑窗的方法还可以避免老旧量测信息对当前时刻状态信息的影响，提高融合精度。另外通过对比 IOWA 算法与简单凸组合算法可看出，IOWA 算法在传感器网络通信中仅需发送新息向量即可，与简单凸组合算法相比，信息量减少，占用的通信时间更少，在一定程度上可降低通信系统的阻塞率。

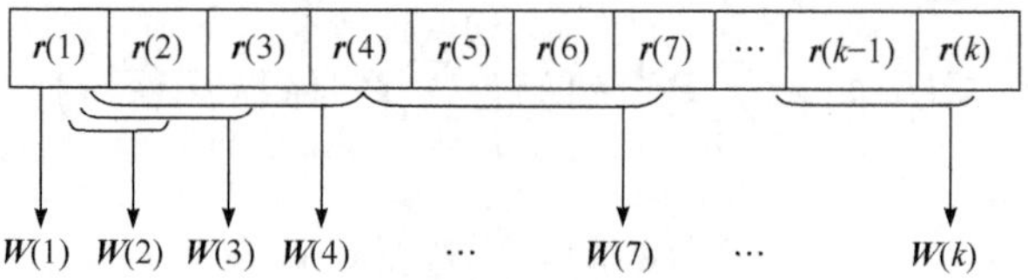

图 2-21　IOWA 算法滑窗示意图

上述方法是在传感器量测方程为线性方程的条件下得到的结果，而且要求量测矩阵为满秩，但是大多数情况下，传感器的量测方程为非线性方程，而且量测数据较少，即使通过求解雅可比矩阵将量测方程线性化也难以满足要求。因此，不能通过原有思路利用量测方程线性化来使用 IOWA 算法。为了解决这个问题，这里采用伪量测方法：

$$\breve{\boldsymbol{y}}_i(k)=\boldsymbol{H}_i(k)\hat{\boldsymbol{x}}(k|k) \tag{2-60}$$

式中，$\breve{\boldsymbol{y}}_i(k)$为通过量测方程构造的传感器$i$在$k$时刻对应$\hat{\boldsymbol{x}}(k|k)$的伪量测；$\boldsymbol{H}_i(k)$为传感器$i$的量测矩阵；$\hat{\boldsymbol{x}}(k|k)$为传感器信息滤波后的状态值。

由式(2-56)可知，IOWA 算法中利用传感器量测值减去滤波后目标信息对应的伪量测值，即式(2-60)构造新的新息向量，也就是说 IOWA 算法利用了不同传感器之间的噪声大小来构造加权因子，即噪声大的传感器得到的估计结果在融合中加权因子较小。

在 IOWA 算法无法直接使用的情况下，基于新息向量的思路，考虑到传感器的量测信息在没有滤波情况下也能得到包含噪声污染的目标信息，将重新构造新息向量。根据三角函数的性质和传感器量测特性，知道量测信息时可以唯一确定目标在传感器量测坐标系的位置，因此在此定义利用量测值求解目标状态信息的反量测方程。根据雷达传感器确定目标位置为

$$\begin{cases}x=r\cos\alpha\cos\beta\\ y=r\sin\alpha\cos\beta\\ z=r\sin\beta\end{cases} \tag{2-61}$$

式中，x为目标在传感器量测坐标系中的X轴位置；y为目标在传感器量测坐标系中的Y轴位置；z为目标在传感器量测坐标系中的Z轴位置。

然而光学传感器的量测量较少，通常为两个光学传感器并行滤波得到目标在其中一个传感器量测坐标系中的位置，因此在此给出两个传感器确定目标位置的方法。这里仅给出目标在传感器 1 量测坐标系中的位置，传感器 2 量测坐标系中的位置确定方法与传感器 1 公式相同：

$$
\begin{cases}
x = \dfrac{y_2 - x_2 \tan\alpha_2}{\tan\alpha_1 - \tan\alpha_2} \\
y = x\tan\alpha_1 \\
z = \sqrt{x^2 + y^2}\tan\beta_1
\end{cases}
\tag{2-62}
$$

式中，y_2 为传感器 2 在传感器 1 量测坐标系中的 Y 轴位置；x_2 为传感器 2 在传感器 1 量测坐标系中的 X 轴位置；α_1 为传感器 1 探测得到的目标方位角；α_2 为传感器 2 探测得到的目标在传感器 1 量测坐标系中的方位角；β_1 为传感器 1 探测得到的目标高低角。

式(2-61)和式(2-62)可用式(2-63)统一表示

$$
\breve{\boldsymbol{x}}_i(k) = h_i^{-1}\left(y_i(k), k\right) \tag{2-63}
$$

式中，$\breve{\boldsymbol{x}}_i(k) = [x, y, z]^{\mathrm{T}}$，为利用传感器 i 的量测信息得到的未经滤波的目标状态；$h_i^{-1}(\cdot)$ 为传感器 i 的反量测函数，即式(2-61)和式(2-62)。

因此，新的新息向量可写成

$$
\boldsymbol{r}_i(k) = \breve{\boldsymbol{x}}_i(k) - \breve{\hat{\boldsymbol{x}}}_i(k \mid k) \tag{2-64}
$$

式中，$\breve{\hat{\boldsymbol{x}}}_i(k \mid k)$ 为目标状态向量中的位置元素，即滤波后的目标各轴上的位置 $[x, y, z]$。

从式(2-62)中不难看出，利用传感器量测信息只能得到目标的位置信息，没有速度、加速度等信息，因此新构造的新息向量通过式(2-57)和式(2-58)计算得到的加权矩阵维数和状态向量维数不等。但是根据目标的建模方式和传感器量测方程，在滤波过程中，其每个轴方向上的速度和加速度信息是从位置信息间接获得。IOWA 算法利用传感器的噪声构造加权因子，式(2-64)构造的未经滤波的目标状态，表示传感器噪声在各轴方向上的大小，由此可利用传感器在各轴方向上的信息量作为该轴目标状态在融合中的加权因子。

4. 仿真试验

1) 主动雷达传感器滤波的仿真分析

假定目标初始位置为 $(300\mathrm{km}, 100\mathrm{km}, 12\mathrm{km})$，目标在前 200s 时向下俯冲，201～400s 在 XOY 平面内做圆周大机动，401～800s 盘旋上升模拟连续机动，800s 之后做匀加速直线运动离开。融合中心设置在传感器 A 处，并以传感器 A 平台的东北天坐标系(ENU)为公共坐标系。传感器 A 为原点，采样频率为 1Hz；传感器 B 坐标为 $(-20\mathrm{km}, 70\mathrm{km}, 0\mathrm{km})$，采样频率为 1Hz；传感器 C 坐标为 $(20\mathrm{km}, -80\mathrm{km}, 0.5\mathrm{km})$，采样频率为 1Hz；传感器 A、B、C 的精度相同，都是测距噪声为 4km，测角噪声为 $0.2°$。IOWA 算法中融合中心滑窗长度为 6 步。匀加速模型(CA)、匀速转弯模型(CT)和“当前”模型的初始概率为 $[0.8, 0.1, 0.1]^{\mathrm{T}}$。

(1) 单个传感器滤波结果如图 2-22～图 2-24 所示。

(2) 不同信息融合算法的目标位置估计结果和估计误差如图 2-25～图 2-27 所示。

从图 2-22～图 2-27 与表 2-2 的仿真结果来看，多传感器协同探测对目标状态的估计精度比单传感器有所提高。多传感器信息融合算法中，并行滤波算法的效果明显优于分布式融合的两种算法。分布式融合算法中，IOWA 算法的估计精度略高于简单凸组合算

法，这是因为在实际情况中，目标在一直运动且比较复杂，于是随着时间的推移，最新的量测信息对当前状态的估计最有效，较早时候的量测信息对当前状态的估计贡献较小。简单凸组合算法通过状态误差协方差矩阵 $\boldsymbol{P}(k|k)$ 来计算本时刻传感器信息融合时的加权因子，在卡尔曼滤波器中，$\boldsymbol{P}(k|k)$ 包含了从滤波开始到目前的所有数据的信息。

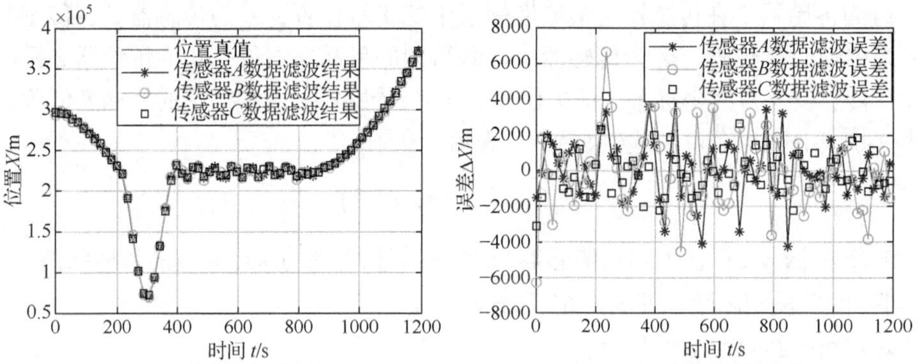

(a) X轴位置估计结果　　(b) X轴位置估计误差

图 2-22　各传感器数据单独滤波 X 轴位置估计结果和估计误差

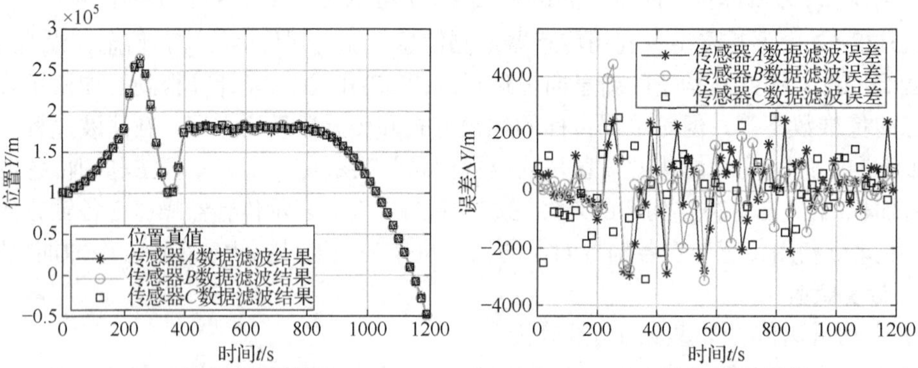

(a) Y轴位置估计结果　　(b) Y轴位置估计误差

图 2-23　各传感器数据单独滤波 Y 轴位置估计结果和估计误差

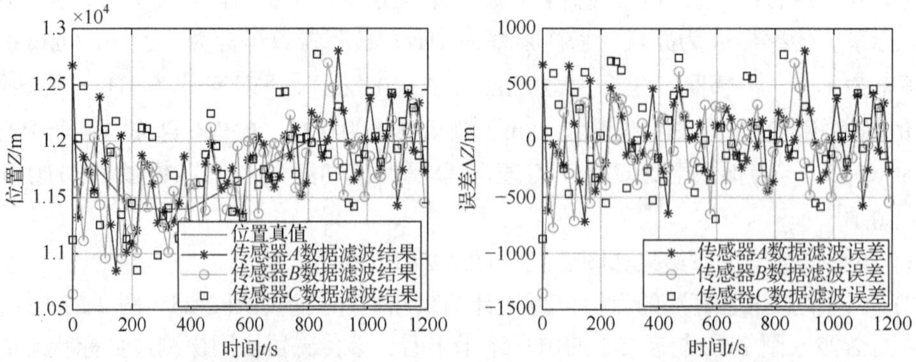

(a) Z轴位置估计结果　　(b) Z轴位置估计误差

图 2-24　各传感器数据单独滤波 Z 轴位置估计结果和估计误差

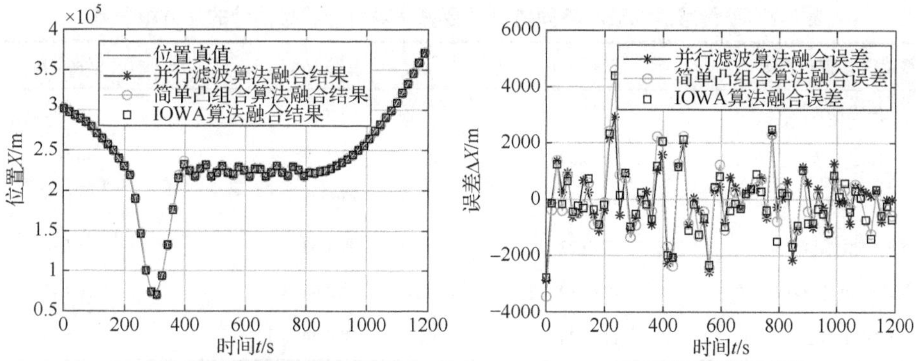

(a) X轴位置估计结果　(b) X轴位置估计误差

图 2-25　不同信息融合算法的目标 X 轴位置估计结果和估计误差

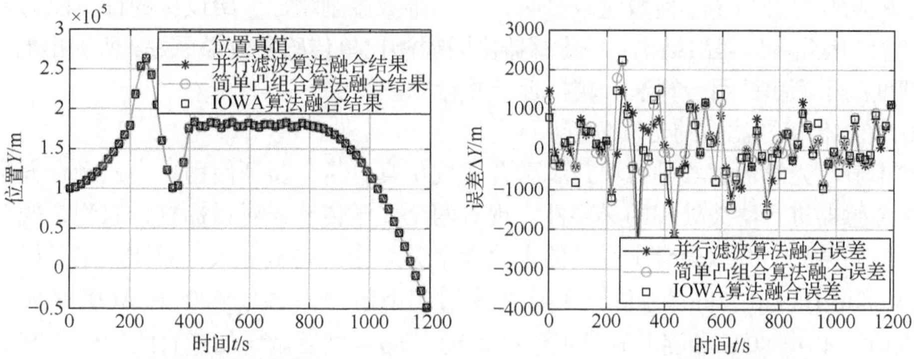

(a) Y轴位置估计结果　(b) Y轴位置估计误差

图 2-26　不同信息融合算法的目标 Y 轴位置估计结果和估计误差

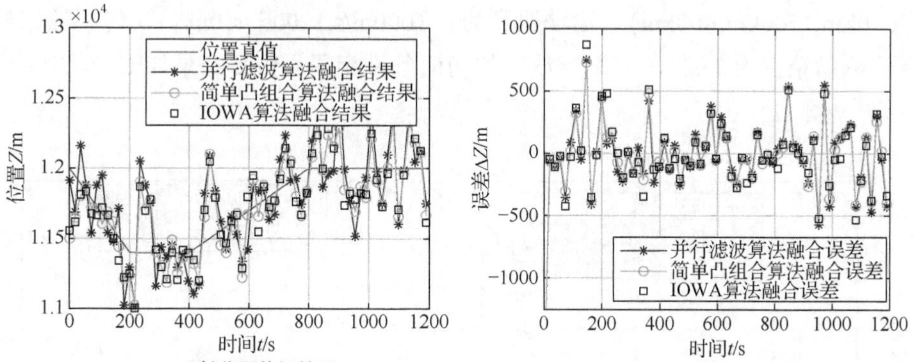

(a) Z轴位置估计结果　(b) Z轴位置估计误差

图 2-27　不同信息融合算法的目标 Z 轴位置估计结果和估计误差

IOWA 算法利用滑窗中的数据构造的真实状态误差协方差矩阵 $\hat{\boldsymbol{C}}_i(k)$ 计算本时刻传感器信息融合时的加权因子，从式(2-57)可知 $\hat{\boldsymbol{C}}_i(k)$ 仅使用了当前时刻之前一段时间内的数据。相比于简单凸组合算法，所提出的 IOWA 算法避免了较早之前，特别是刚开始滤波时的量测信息对估计当前时刻状态信息的影响，提高融合精度。并行滤波算法在每一时刻直

表 2-2 单传感器滤波和不同信息融合算法对目标状态估计的均方根误差

传感器类型/滤波算法	位置 X/m	位置 Y/m	位置 Z/m
传感器 A	1758.16	1366.40	354.42
传感器 B	2046.52	1369.69	362.06
传感器 C	1512.42	1430.73	381.12
并行滤波算法	1089.23	881.68	257.86
简单凸组合算法	1239.32	972.94	263.45
IOWA 算法	1170.34	926.74	284.09

接使用当前时刻的信息进行融合，因此融合效果最佳，但可以看出该算法对信息的实时性要求较高，另外当传感器数量较多时，矩阵维数急剧增加，给设备的计算能力带来一定的考验。因此可以得出结论：多传感器协同探测比单传感器效果更好，所提出的 IOWA 算法精度高于简单凸组合算法，较接近于并行滤波算法。

2) 光学传感器滤波的仿真分析

本小节对光学传感器进行单独和融合滤波仿真分析，验证使用集中式融合方法对多个光学传感器进行滤波处理的必要性。现有两个光学传感器对目标进行探测，融合中心设置在地面某处，并以融合中心处的东北天坐标系为公共坐标系。同样假定目标初始位置为(300km,100km,12km)，目标在前 200s 时向下俯冲，201～400s 在 *XOY* 平面内做圆周大机动，401～800s 盘旋上升模拟连续机动，800s 之后做匀加速直线运动离开。天基光学传感器平台卫星 *A* 的初始坐标为(−1000km,−1000km,350km)，运动速度为(1000m/s,1000m/s,0m/s)，传感器采样周期 $T_3 = 5\text{s}$，测角精度为 0.02°；卫星 *B* 的初始坐标为(1000km,1500km,400km)，运动速度为(−1000m/s,1200m/s,0m/s)，传感器采样周期 $T_3 = 5\text{s}$，测角精度为 0.02°。三个滤波器的初值条件相同，仿真结果如图 2-28～图 2-30 所示。

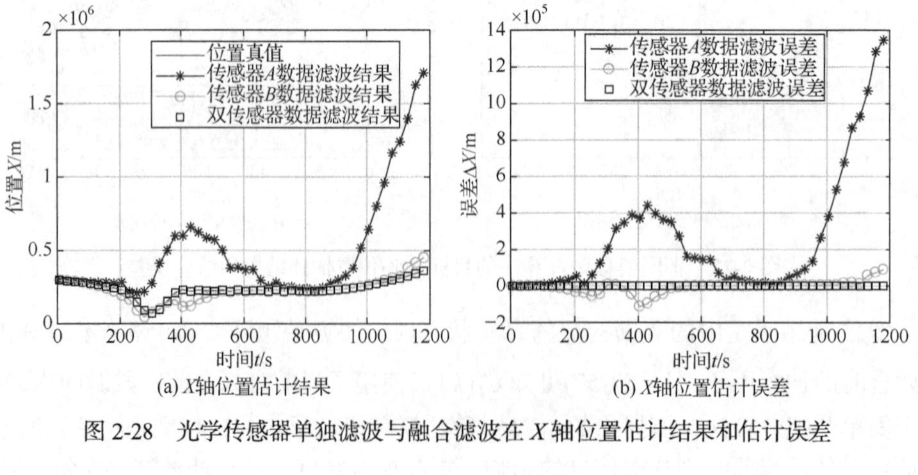

图 2-28 光学传感器单独滤波与融合滤波在 X 轴位置估计结果和估计误差

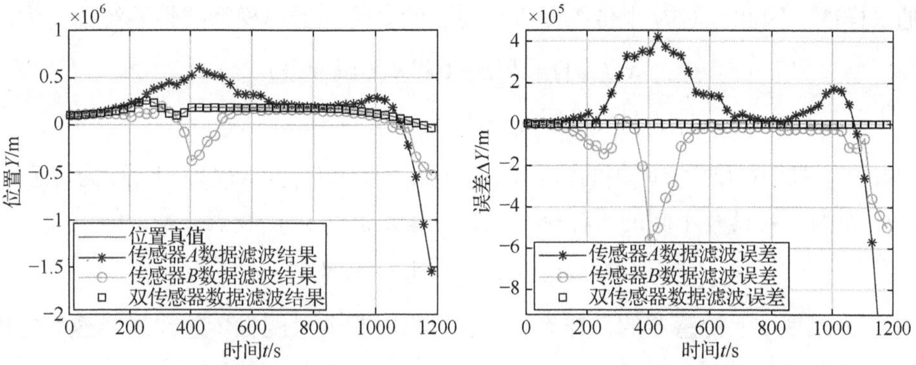

(a) Y轴位置估计结果　　(b) Y轴位置估计误差

图 2-29　光学传感器单独滤波与融合滤波在 Y 轴位置估计结果和估计误差

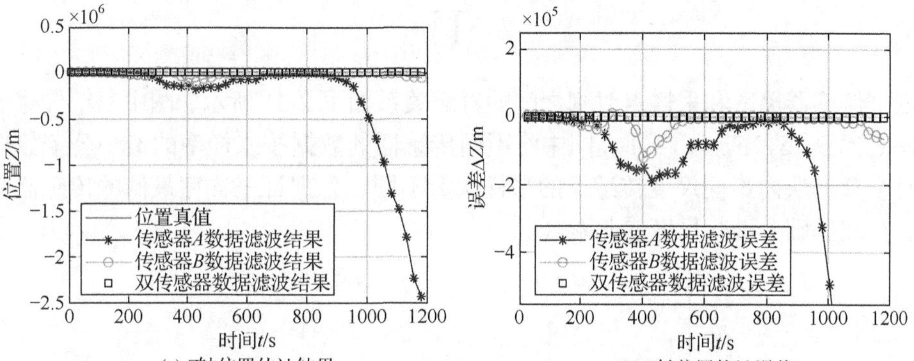

(a) Z轴位置估计结果　　(b) Z轴位置估计误差

图 2-30　光学传感器单独滤波与融合滤波在 Z 轴位置估计结果和估计误差

根据图 2-28～图 2-30 的仿真结果可以看出，由于光学传感器的信息量较少，在仿真条件相同的情况下，仅使用单独一个传感器的信息很难对目标产生准确的估计结果。另外，分布式融合算法都是将多个光学传感器的独自滤波结果加权处理进行融合，而单个光学传感器独自滤波的结果很差，很容易发散；集中式融合算法是使用每个光学传感器的原始信息进行融合。因此，对于多传感器协同探测系统中的光学传感器的信息，使用集中式融合方法进行处理是非常有必要的。

2.3.3　多传感器信息融合中的时间配准方法

代码

在实际工程中，不同传感器由于工作方式与探测原理的不同，对目标的采样速率可能是不同的，因此本小节考虑通过多尺度理论研究不同采样速率传感器间的信息融合方法，即异步融合方法。

2.3.3.1　异类多传感器间异步融合方法

1. 多尺度递归状态融合估计算法

首先将不同传感器的采样率按照从高到低排列，用 i 表示，同时不同的采样率也表示不同的尺度。具有最高采样率的传感器 1 对应于最细尺度，最粗尺度上的传感器 N 具有

最低的采样率。因此，对 N 个传感器进行观测的多传感器单模型线性系统描述为

$$\boldsymbol{x}(k+1)=\boldsymbol{\Phi}(k+1,k)\boldsymbol{x}(k)+\boldsymbol{w}(k) \tag{2-65}$$

$$z_i(k_i)=\boldsymbol{H}(k_i)\boldsymbol{x}_i(k_i)+\boldsymbol{v}_i(k_i),\quad i=1,2,\cdots,N \tag{2-66}$$

式中，$\boldsymbol{x}(k)$ 为最细尺度上 k 时刻的状态变量，且 $k_1=k,\boldsymbol{x}_1(k_1)=\boldsymbol{x}(k)$；下标 i 为传感器尺度。

N 个观测序列具有不同的采样率，且采样率之间呈正整数倍关系，即

$$S_j=n_{j+1}S_{j+1},\quad j=1,2,\cdots,N-1 \tag{2-67}$$

式中，S_j 为尺度 j 上传感器的采样率；n_{j+1} 为相邻两个尺度上传感器采样速率之比，为已知的正整数。

因此，最细尺度上传感器的数据可分为长度为 l_b 的数据块。l_b 的计算方式如下：

$$l_\mathrm{b}=\prod_{j=2}^{N}n_j \tag{2-68}$$

三个传感器尺度和采样点时刻之间的对应关系如图 2-31 所示，图中三个传感器之间采样率之比 $S_1:S_2:S_3=6:3:1$。图中将不同传感器的数据按采样率的最小公倍数进行分块，每个数据块内不同尺度传感器的采样次数不同，且保证采样率最低的传感器有一次采样，在此基础上进行尺度递归融合。

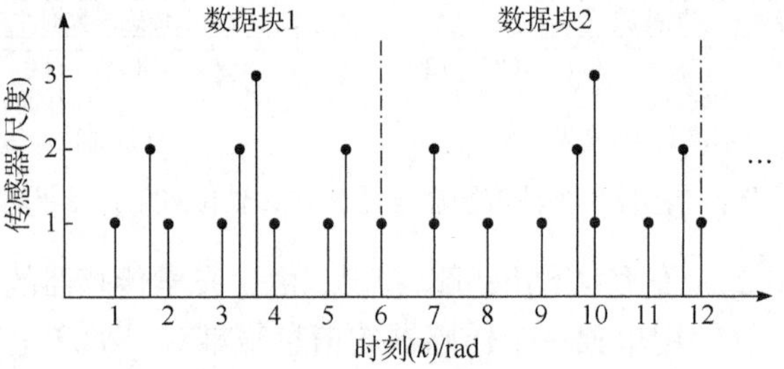

图 2-31 多传感器异步多速率采样示意图

引理 2-1[11] 利用多尺度系统理论，较粗尺度 i 上的状态可以用较细尺度 $i-1$ 上状态的低通滤波或滑动平均近似。因此，可假设：

$$\boldsymbol{x}_i(k_i)=\frac{1}{n_i}\left[\sum_{m=0}^{n_i-1}\boldsymbol{\Phi}_{i-1}^{m}(k,k-1)\right]\boldsymbol{x}_{i-1}\left[n_i(k_i-1)+1\right] \tag{2-69}$$

那么 $i(2\leqslant i\leqslant N)$ 尺度上的状态空间模型为

$$\boldsymbol{x}_i(k_i+1)=\boldsymbol{\Phi}_i(k_i+1,k_i)\boldsymbol{x}_i(k_i)+\boldsymbol{w}_i(k_i) \tag{2-70}$$

$$z_i(k_i)=\boldsymbol{H}_i(k_i)\boldsymbol{x}_i(k_i)+\boldsymbol{v}_i(k_i) \tag{2-71}$$

式中，$\boldsymbol{w}_i(k_i)$ 和 $\boldsymbol{v}_i(k_i)$ 是互不相关零均值的高斯白噪声序列，满足：

$$E\left[\boldsymbol{w}_i(k_i)\boldsymbol{w}_i^\mathrm{T}(l_i)\right]=\boldsymbol{Q}_i\delta_{k_il_i} \tag{2-72}$$

$$E\left[\boldsymbol{v}_i(k_i)\boldsymbol{v}_j^\mathrm{T}(l_j)\right]=\boldsymbol{R}_i\delta_{ij}\delta_{k_il_i} \tag{2-73}$$

和

$$\boldsymbol{\Phi}_i\left(k_i+1,k_i\right)=\boldsymbol{\Phi}_{i-1}^{n_i}\left(k_i+1,k_i\right) \tag{2-74}$$

$$\boldsymbol{Q}_i=\frac{1}{n_i^2}\left[\sum_{m=0}^{n_i-1}\boldsymbol{\Phi}_{i-1}^m\left(k+1,k\right)\right]\sum_{m=0}^{n_i-1}\left[\boldsymbol{\Phi}_{i-1}^m\left(k+1,k\right)\boldsymbol{Q}_{i-1}\boldsymbol{\Phi}_{i-1}^{m,\mathrm{T}}\left(k+1,k\right)\right]\left[\sum_{m=0}^{n_i-1}\boldsymbol{\Phi}_{i-1}^m\left(k+1,k\right)\right]^{\mathrm{T}} \tag{2-75}$$

式中，$\boldsymbol{\Phi}_{i-1}^{m,\mathrm{T}}\left(k+1,k\right)$表示矩阵$\boldsymbol{\Phi}_{i-1}^m\left(k+1,k\right)$的转置。

根据引理 2-1 中建立的多尺度模型(2-70)和模型(2-71)，综合各尺度上的信息对目标信息进行递归融合，可得到在最细尺度1上基于全局信息的融合估计结果。先定义两个信息量：

$$\boldsymbol{z}_1^{k_i}(i)=\left\{\boldsymbol{z}_i(1),\boldsymbol{z}_i(2),\cdots,\boldsymbol{z}_i(k_i)\right\} \tag{2-76}$$

$$\overline{\boldsymbol{z}}_1^{k_i}(i)=\left\{\boldsymbol{z}_1^{k/\left(n_{i-1}n_{i-2}\cdots n_j\right)}(j),j=i+1,i+2,\cdots,N\right\} \tag{2-77}$$

式中，$\boldsymbol{z}_1^{k_i}(i)$为传感器$i$观测到的第1个到第$k_i$个量测值；$\boldsymbol{z}_1^{k/\left(n_{i-1}n_{i-2}\cdots n_j\right)}(j)$为由传感器$j\left(j=i+1,i+2,\cdots,N\right)$观测到的第1个到第$\left[\dfrac{k}{n_{i-1}n_{i-2}\cdots n_j}\right]$个量测值，$[a]$为不大于$a$的最大正整数。

由此结合引理 2-1 可得到异步多速率多传感器信息融合算法。

引理 2-2[11]　对任意$k=1,2,\cdots$，若已知尺度i上目标状态$\boldsymbol{x}_i\left(k_i\right)$基于量测信息$\boldsymbol{z}_1^{k_i}(i)$、$\overline{\boldsymbol{z}}_1^{k_i}(i)$的线性无偏估计值$\hat{\boldsymbol{x}}_i\left(k_i\mid k_i\right)$和相应的估计误差协方差矩阵$\boldsymbol{P}_i\left(k_i\mid k_i\right)$，则在尺度$i-1\quad(i=2,3,\cdots,N)$上：

(1) 基于观测信息$\boldsymbol{z}_1^q(i-1)$和$\overline{\boldsymbol{z}}_1^q(i-1)$，$\boldsymbol{x}_{i-1}(q)\left(q\triangleq n_i\left(k_i-1\right)+1\right)$的线性无偏估计值和估计误差协方差矩阵分别为

$$\hat{\boldsymbol{x}}_{i-1}(q\mid q)=\boldsymbol{\alpha}_1(i-1,q)\hat{\boldsymbol{x}}_{i-1|i-1}(q\mid q)+\boldsymbol{\alpha}_2(i-1,q)\hat{\boldsymbol{x}}_{i-1|i}(q\mid q) \tag{2-78}$$

$$\boldsymbol{P}_{i-1}(q\mid q)=\boldsymbol{P}_{i-1|i}^{-1}(q\mid q)+\boldsymbol{P}_{i-1|i-1}^{-1}(q\mid q) \tag{2-79}$$

(2) 基于观测信息$\boldsymbol{z}_1^l(i-1)$和$\overline{\boldsymbol{z}}_1^l(i-1)$，$\boldsymbol{x}_{i-1}(l)\left(n_i\left(k_i-1\right)+1<l<n_ik_i\right)$的线性无偏估计值和估计误差协方差矩阵分别为

$$\hat{\boldsymbol{x}}_{i-1}(l\mid l)=\hat{\boldsymbol{x}}_{i-1}(l\mid l-1)+\boldsymbol{K}_{i-1}(l)\left[\boldsymbol{z}_{i-1}(l)-\boldsymbol{H}_{i-1}(l)\hat{\boldsymbol{x}}_{i-1}(l-1\mid l-1)\right] \tag{2-80}$$

$$\boldsymbol{P}_{i-1}(l\mid l)=\left[\boldsymbol{I}-\boldsymbol{K}_{i-1}(l)\boldsymbol{H}_{i-1}(l)\right]\boldsymbol{P}_{i-1}(l\mid l-1) \tag{2-81}$$

式中，

$$\boldsymbol{\alpha}_1(i-1,q)=\boldsymbol{P}_{i-1|i}(q\mid q)\left[\boldsymbol{P}_{i-1|i}(q\mid q)+\boldsymbol{P}_{i-1|i-1}(q\mid q)\right]^{-1} \tag{2-82}$$

$$\boldsymbol{\alpha}_2(i-1,q)=\boldsymbol{I}-\boldsymbol{\alpha}_1(q-1,q) \tag{2-83}$$

$$\hat{\boldsymbol{x}}_{i-1|i}(q\mid q)=n_i\left[\sum_{m=0}^{n_i-1}\boldsymbol{\Phi}_{i-1}^m\left(k+1,k\right)\right]^{-1}\hat{\boldsymbol{x}}_i\left(k_i\mid k_i\right) \tag{2-84}$$

$$P_{i-1|i}(q|q)=n_i^2\left[\sum_{m=0}^{n_i-1}\boldsymbol{\Phi}_{i-1}^m(k+1,k)\right]^{-1}P_i(k_i|k_i)\left[\sum_{m=0}^{n_i-1}\boldsymbol{\Phi}_{i-1}^m(k+1,k)\right]^{\mathrm{T}} \tag{2-85}$$

$$\hat{\boldsymbol{x}}_{i-1|i-1}(q|q)=\hat{\boldsymbol{x}}_{i-1}(q|q-1)+\boldsymbol{K}_{i-1}(q)\left[\boldsymbol{z}_{i-1}(q)-\boldsymbol{H}_{i-1}(q)\hat{\boldsymbol{x}}_{i-1}(q|q-1)\right] \tag{2-86}$$

$$\boldsymbol{P}_{i-1|i-1}(q|q)=\left[\boldsymbol{I}-\boldsymbol{K}_{i-1}(q)\boldsymbol{H}_{i-1}(q)\right]\boldsymbol{P}_{i-1}(q|q-1) \tag{2-87}$$

对 $s=q,l$ 有

$$\hat{\boldsymbol{x}}_{i-1}(s|s-1)=\boldsymbol{\Phi}_{i-1}(s)\hat{\boldsymbol{x}}_{i-1}(s-1|s-1) \tag{2-88}$$

$$\boldsymbol{P}_{i-1}(s|s-1)=\boldsymbol{\Phi}_{i-1}(s,s-1)\boldsymbol{P}_{i-1}(s-1|s-1)\boldsymbol{\Phi}_{i-1}^{\mathrm{T}}(s,s-1)+\boldsymbol{Q}_{i-1}(s) \tag{2-89}$$

$$\boldsymbol{K}_{i-1}(s)=\boldsymbol{P}_{i-1}(s|s-1)\boldsymbol{H}_{i-1}^{\mathrm{T}}(s)\left[\boldsymbol{H}_{i-1}(s)\boldsymbol{P}_{i-1}(s|s-1)\boldsymbol{H}_{i-1}^{\mathrm{T}}(s)+\boldsymbol{R}_{i-1}(s)\right]^{-1} \tag{2-90}$$

当尺度从 $N,N-1,\cdots$ 递归到最后 $i=2$，可得 $\hat{\boldsymbol{x}}_1(k_1|k_1)$ 和 $\boldsymbol{P}_1(k_1|k_1)$，则它们为 $\boldsymbol{x}_1(k_1)$ 的最优融合估计值。因为 $\boldsymbol{x}(k)=\boldsymbol{x}_1(k_1)$，令 $\hat{\boldsymbol{x}}_r(k|k)=\hat{\boldsymbol{x}}_1(k_1|k_1)$，$\boldsymbol{P}_r(k|k)=\boldsymbol{P}_1(k_1|k_1)$，所以可得 $\hat{\boldsymbol{x}}_r(k|k)$、$\boldsymbol{P}_r(k|k)$ 为状态 $\boldsymbol{x}(k)$ 在最细尺度上获得的沿着尺度融合 N 个传感器的观测信息的结果。

若将采样率之比，即式(2-67)替换为

$$S_1=n_jS_j,\quad 1<j\leqslant N \tag{2-91}$$

则上述算法可以推广到任意不同采样率的多传感器信息融合问题中。

如图 2-32 所示，上述算法可以理解为将不同尺度上的传感器信息逐步和上一个尺度上的传感器信息进行融合，即当粗尺度上的数据到来之后，与比此尺度稍细尺度上的数据进行融合，逐步递归最终得到最细尺度上的目标信息。需要注意的是，每个尺度上的信息都只和上一个尺度上在这一时刻之前的信息进行融合，并不是和最新的信息融合，因此该算法存在一定的滞后性。

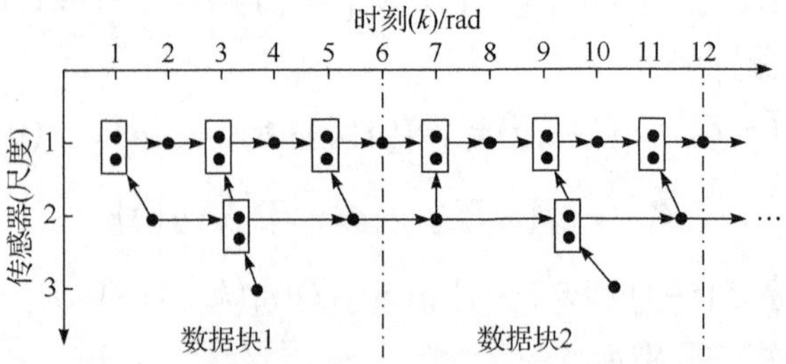

图 2-32 递归融合估计算法流程图

2. 基于 IOWA 的多尺度异步融合算法

基于多尺度理论的状态融合算法对多传感器异步信息可以进行融合，但是上述算法针对的是线性系统，且要求相邻两个尺度间的采样率之比需为正整数倍的关系，另外相邻尺度之间迭代融合，最粗尺度上数据重复参与计算且存在滞后性。因此，本小节将对此算法进行改进，解决上述算法数据重复利用和滞后性的问题，并将其推广到非线性系统的情况中。

在引理 2-2 中提出，若是不同尺度的采样率与最细尺度采样率之比为正整数，即除最细尺度传感器外，不再考虑其余传感器间的采样率之比的情况下，上述算法也可以推广使用。因此，根据式(2-91)和引理 2-1 重新建立多尺度异步融合算法模型，当不同尺度上的信息到达融合中心后，令其和最细尺度上的最新信息进行融合，跳过该尺度和最细尺度之间尺度上的信息，这样不同尺度上的信息在融合中心只使用一次。

IOWA 信息融合算法基于滑窗计算加权矩阵的方法和数据块方法相似，都是将数据划分为不同的区间并在区间内对信息进行融合处理，因此考虑将二者结合利用滑窗存储数据的特性解决尺度递归状态融合估计算法的滞后性。根据式(2-68)，知道不同尺度上传感器的采样率之后即可计算得到每个数据块的长度 l_{b}，令 $l_{\mathrm{w}}=l_{\mathrm{b}}$，即滑窗的长度等于每个数据块的长度。当较粗尺度上的数据到达融合中心后，利用卡尔曼滤波器中的预测外推，令其参与下个融合时刻的融合即可解决尺度递归状态融合算法的滞后性，具体过程如图 2-33 所示。

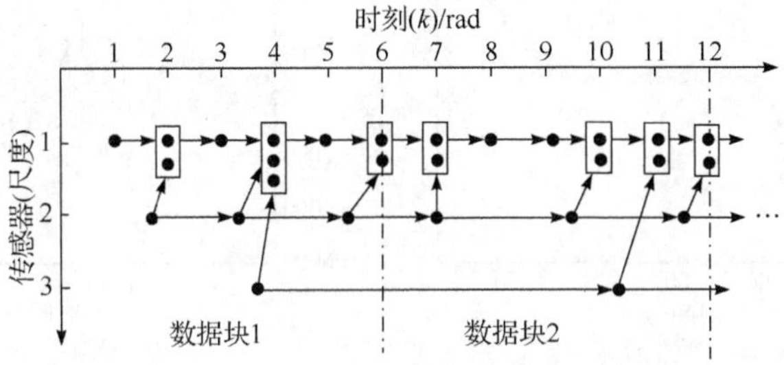

图 2-33　改进的递归融合估计算法流程图

因此，融合中心在每一个数据融合时刻参与融合的信息量为 $m(1\leqslant m\leqslant N)$，对于式(2-65)和式(2-66)组成的系统，根据 IOWA 信息融合算法，式(2-78)改写为

$$\hat{\boldsymbol{x}}\ (q\,|\,q)=\sum_{i=1}^{m}\boldsymbol{\alpha}_i(i,q)\hat{\boldsymbol{x}}_{i|i}(q\,|\,q) \tag{2-92}$$

$$q=n_i(k_i-1)+1 \tag{2-93}$$

$$\boldsymbol{\alpha}_i(i,q)=\boldsymbol{C}_i^{-1}(q)\left[\sum_{i=1}^{m}\boldsymbol{C}_i^{-1}(q)\right]^{-1} \tag{2-94}$$

式中，n_i 表示尺度 i 上的采样率与尺度1的采样率之比；$\hat{\boldsymbol{x}}_{i|i}(q\,|\,q)$ 表示在这一时刻尺度 i 上有新信息到来，且滤波后的值；$\boldsymbol{C}_i\,(q)$ 表示 $\hat{\boldsymbol{x}}_{i|i}(q\,|\,q)$ 的加权矩阵，通过数据块内尺度 i 所有信息的新息向量得到，其计算方式为

$$\boldsymbol{C}_i(q)=\frac{1}{n_i}\sum_{l=1}^{n_i}\boldsymbol{r}_i(q-l)\boldsymbol{r}_i^{\mathrm{T}}(q-l) \tag{2-95}$$

引理 2-2 中每个尺度上的信息都是通过线性卡尔曼滤波器滤波得到的，但在实际情况中，量测方程可能是非线性方程，因此可以用本章中的容积卡尔曼滤波器对各尺度上的传感器信息进行滤波处理。

3. 多速度传感器异步融合仿真分析

同样假定目标初始位置为(300km,100km,12km)，目标前 200s 向下俯冲，201～400s 在 XOY 平面内做圆周大机动，401～800s 盘旋上升模拟连续机动，800s 之后做匀加速直线运动离开。传感器为两个地基雷达和一个空基雷达。融合中心设置在传感器 A 处，并

以传感器 A 平台东北天坐标系(ENU)为公共坐标系。传感器 A 坐标为原点，采样频率为 1Hz，测距噪声为 4km，测角噪声为 0.2°；传感器 B 坐标为 $(-20\text{km},70\text{km},0\text{km})$，采样频率为 0.5Hz，测距噪声为 2km，测角噪声为 0.2°；传感器 C 坐标为 $(20\text{km},-80\text{km},0\text{km})$，采样频率为 0.2Hz，测距噪声为 2km，测角噪声为 0.1°。由传感器的特性可得每个数据块的长度为 10，因此算法中融合中心滑窗长度也设置为 10。运动模型使用模型集为 CA、CT 和“当前”模型的交互式多模型，初始模型概率为 $[0.8,0.1,0.1]^{\mathrm{T}}$。仿真结果如图 2-34～图 2-36 所示。

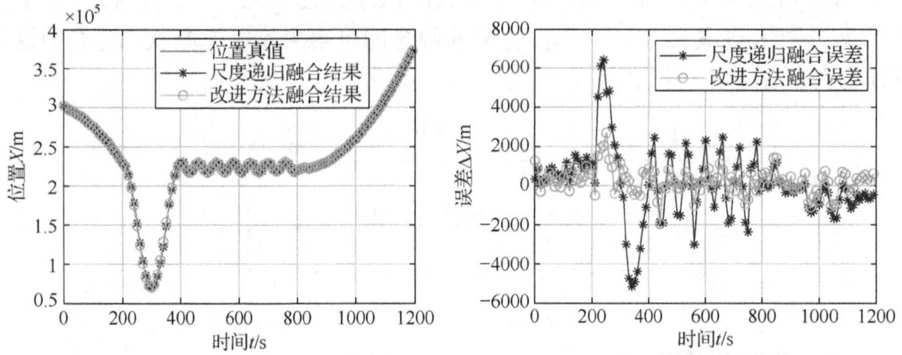

(a) X轴位置估计结果　　(b) X轴位置估计误差

图 2-34　X 轴位置估计结果和估计误差

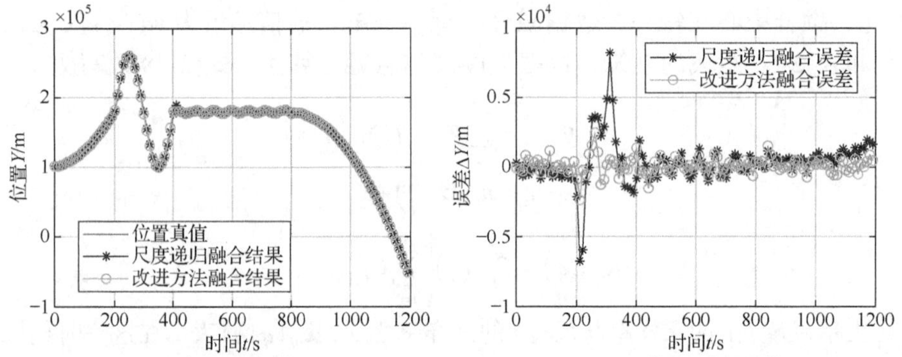

(a) Y轴位置估计结果　　(b) Y轴位置估计误差

图 2-35　Y 轴位置估计结果和估计误差

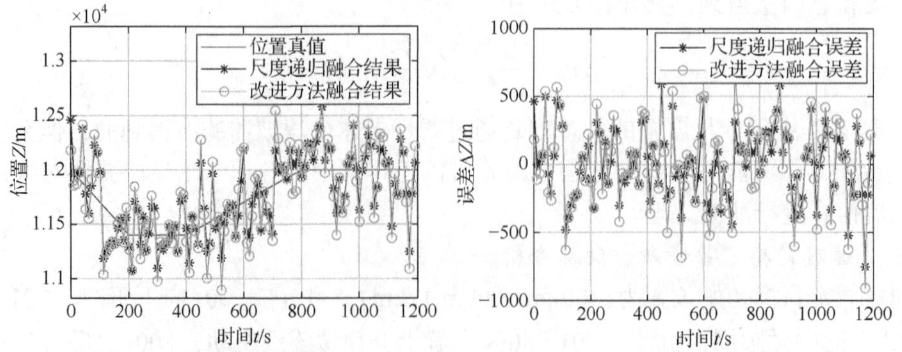

(a) Z轴位置估计结果　　(b) Z轴位置估计误差

图 2-36　Z 轴位置估计结果和估计误差

在图 2-34～图 2-36 中，由于 X 轴和 Y 轴机动较为频繁，故传感器采样频率对状态估计影响较大，Z 轴机动较小，因此采样频率对状态估计影响较小。在 201～400s 这段时间内，目标在进行圆周大机动，尺度递归融合估计方法对较粗尺度上的数据和较细尺度上的数据上一时刻的数据进行估计融合存在明显滞后，可以看出这段时间内的估计效果比较差，而改进方法解决了滞后性，得到了较好的融合结果。根据表 2-3 所示的仿真结果可以看出，改进的异步时间配准方法可以有效提高估计融合精度，更重要的是，改进的异步时间配准方法不受相邻两个尺度间融合进而递归的约束，增加了融合中心结构的灵活性，并且有效改善了尺度递归融合估计方法估计滞后的缺点。

表 2-3　不同异步融合估计方法结果的均方根误差

三个轴的位置	尺度递归融合估计方法	改进方法
位置 X/m	1833.9	716.23
位置 Y/m	1642.1	616.82
位置 Z/m	251.78	314.13

2.3.3.2　传感器网络中时间延迟配准方法研究

除异类传感器异步融合问题外，多传感器协同探测系统中还有通信延迟、丢包等与通信网络有关的时间问题。在多传感器组网进行协同探测的过程中，无论采取哪种形式的信息融合结构，都可能会遇到传感器的信息到融合中心时出现时间延迟的情况。这是因为协同探测系统中传感器之间距离较远、通信距离较长引起延迟问题；又或者同一时刻融合中心只与一个节点通信，而同时到达的另一节点信息无法及时接收出现延迟问题。由于各传感器在开机时要进行空间配准，会先和位于融合中心的传感器进行通信得到参考信息，在此过程中会得到融合中心的时间基准，故可以忽略各传感器开机时间不同造成的影响，同时通过给信息添加时间戳可以有效地识别信息的时间。因此，本小节将仅考虑通信网络中各传感器节点信息到达融合中心的时间延迟，对出现延迟的情况进行分析，再针对不同情况研究解决方法。

1. 传感器时间延迟情形分析

以传感器 A 可能出现时间延迟、传感器 B 正常通信来分析每一时刻传感器网络中的信息到达情况。

如图 2-37 所示，图中融合中心的时间基准以小圆点表示，即在这一时刻融合中心将各传感器节点的信息融合。传感器 A 处理之后的数据用矩形来表示，传感器 B 处理之后的数据用三角形表示，数据指向融合中心的圆点表示传感器的数据在融合中心处理之前已及时到达，在圆点之后表示因为某些原因传感器的信息未能及时到达。排除通信网络瘫痪的情况，融合中心在每一时刻都应该至少接收到一个传感器节点的信息。

由图 2-37 可知，传感器信息到达融合中心的时刻分为四种情况。

第一种情况表示两个传感器节点的信息全部按时到达融合中心，并且融合中心可以正常处理此信息。这种情况是传感器网络协同探测过程中的一般正常情况。

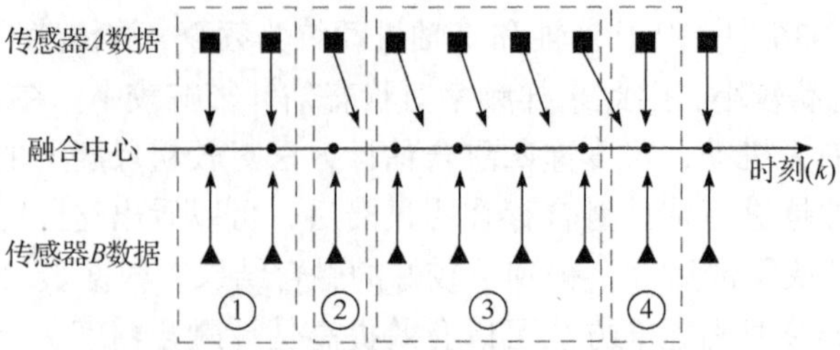

图 2-37 传感器网络中信息到达融合中心时间示意图

第二种情况表示传感器 A 的信息因为网络延迟等原因未能按时到达融合中心，但是传感器 B 的信息按时到达融合中心，即融合中心只收到部分传感器的信息。这种情况表示部分传感器信息出现时间延迟，且融合中心的信息量较少。

第三种情况表示传感器 A 的上一时刻延迟信息到达融合中心，但是本时刻的信息还是未能按时到达；传感器 B 的信息按时到达融合中心。这种情况下融合中心虽然收到全部传感器的信息，但是部分信息为时延信息。

第四种情况表示传感器 A 上一时刻的信息和本时刻的信息全部到达融合中心；传感器 B 的信息按时到达融合中心。这种情况下，融合中心接收到包括之前时延信息的全部信息，且比正常情况下的信息量多。

综上所述，从融合中心的角度来看，其接收到的信息可以划分为各传感器节点上一时刻的延迟信息或本时刻的信息，或者没有接收到信息。

2. 基于 IOWA 的时间延迟补偿方法

根据传感器信息到达融合中心的各种情况，对于第一种情况，融合中心可以正常对信息融合处理得到目标信息，将不再讨论。本小节将针对出现时间延迟的各种情况进行研究，解决传感器节点信息的时间延迟问题。

当融合中心本时刻未接收到传感器 i 的信息或接收到传感器 i 上一时刻的延迟信息 $\hat{\boldsymbol{x}}_i(k-1|k-1)$ 时，虽然传感器 i 本时刻的信息丢失，但是上一时刻的信息存在，因此可以使用传感器 i 上一时刻的估计值 $\hat{\boldsymbol{x}}_i(k-1|k-1)$ 预测本时刻传感器 i 的信息来代替本时刻信息进行融合估计，即

$$\hat{\boldsymbol{x}}_i(k|k-1)=\boldsymbol{\Phi}_i(k,k-1)\hat{\boldsymbol{x}}_i(k-1|k-1) \tag{2-96}$$

式中，$\hat{\boldsymbol{x}}_i(k|k-1)$ 为传感器 i 基于上一时刻的信息得到的本时刻估计值；$\boldsymbol{\Phi}_i(k,k-1)$ 为传感器 i 在 $k-1$ 时刻的当前运动状态转移矩阵。

虽然在信息出现延迟时刻都使用上一时刻信息的预测信息参与融合估计，但却是两种情况下的融合估计：一种情况是本时刻没有新信息量；另一种情况是有新信息量，但是新信息是上一时刻的延迟信息。

对于时间延迟中第二种情况，由于没有新信息量出现，则将此时的新信息向量定义为零向量，即

$$\boldsymbol{r}_i(k|k-1)=\boldsymbol{0} \tag{2-97}$$

式中，$\boldsymbol{r}_i(k|k-1)$ 为传感器 i 这一时刻的新信息向量；$\boldsymbol{0}$ 为与 $\boldsymbol{r}_i(k|k-1)$ 具有相同行数和列数的零矩阵。

在 IOWA 融合算法中，加权矩阵的计算方式是根据滑窗内一段时间的新信息向量计算生成的，故零向量的引入并不会引起求逆计算的错误。另外根据卡尔曼滤波算法的思想，零向量表示此刻由于没有传感器新信息的引入，也不会带来新的误差，经过 IOWA 融合算法求逆计算之后，理论上为较大的加权系数，即更相信此刻的预测值。

对于时间延迟中第三种情况，虽然新信息为过时信息，但是融合中心引入了新信息，所以用延迟信息的新信息向量代替本时刻的新信息向量，即

$$\boldsymbol{r}_i(k \mid k-1) = \boldsymbol{r}_i(k-1 \mid k-1) \tag{2-98}$$

式中，$\boldsymbol{r}_i(k-1 \mid k-1)$ 为传感器 i 上一时刻的新信息向量。

对于第四种情况，当融合中心本时刻同时接收到传感器 i 上一时刻的时延信息 $\hat{\boldsymbol{x}}_i(k-1 \mid k-1)$ 和本时刻的信息 $\hat{\boldsymbol{x}}_i(k \mid k)$ 时，融合中心的信息量增加。在对信息处理之前，先介绍一个引理。

引理 2-3[11]　对任意正整数 $k = 1,2,\cdots$，融合任意 $L(1 \leqslant L \leqslant N)$ 个传感器，可得 $\boldsymbol{x}(k)$ 的估计值 $\boldsymbol{x}^L(k)$ 和估计误差协方差矩阵 $\boldsymbol{P}^L(k \mid k)$，则有

$$\mathrm{tr}\boldsymbol{P}^N(k \mid k) \leqslant \min\left\{\mathrm{tr}\boldsymbol{P}^j(k \mid k), j = 1,2,\cdots,N-1\right\} \tag{2-99}$$

式中，$\mathrm{tr}\boldsymbol{P}$ 为 $\boldsymbol{P}$ 矩阵的迹，即状态估计误差的大小。

根据引理 2-3 可知，当增加传感器的信息，估计误差协方差矩阵的迹有可能减小，即所利用的信息越多，估计效果越好。因此，应尽可能利用融合中心接收到的信息，在同时收到同一个传感器 i 本时刻信息 $\hat{\boldsymbol{x}}_i(k \mid k)$ 和上一时刻信息 $\hat{\boldsymbol{x}}_i(k-1 \mid k-1)$ 时，可以将其看作两个传感器的信息进行融合，实现时间延迟情况到正常情况的平稳过渡。

当融合中心同时接收到同一个传感器的两个信息时，将两个信息分为两种情况讨论。首先，对于上一时刻信息 $\hat{\boldsymbol{x}}_i(k-1 \mid k-1)$ 可以按第三种情况处理，即有时间延迟情况发生且接收到的信息为延迟信息。

如图 2-38 所示，根据 IOWA 算法，注意到传感器 i 在 k 时刻信息按时到来并整理之后，滑窗中的信息量完整，和没有时间延迟时的滑窗中的数据结构相同，因此可以按照未出现传感器时间延迟的正常情况处理。此时融合中心临时增加一个传感器节点，其信息为传感器 i 在 k 时刻的信息 $\hat{\boldsymbol{x}}_i(k \mid k)$，滑窗中的新信息向量在第三种情况的基础上添加本时刻的新信息向量 $\boldsymbol{r}_i(k \mid k)$，此时滑窗中的新信息向量正好和正常没有出现时间延迟时的情况相同。

时刻	$k-n$	$k-n+1$	$k-n+2$	…	$k-1$	k
融合中心	$\hat{\boldsymbol{x}}_{k-n}^i$ $\boldsymbol{r}_{k-n}^i$		$\hat{\boldsymbol{x}}_{k-n+1}^i$ $\boldsymbol{r}_{k-n+1}^i$	…	$\hat{\boldsymbol{x}}_{k-2}^i$ $\boldsymbol{r}_{k-2}^i$	$\hat{\boldsymbol{x}}_{k-1}^i$ $\hat{\boldsymbol{x}}_k^i$ $\boldsymbol{r}_{k-1}^i$ $\boldsymbol{r}_k^i$

⇩

融合中心	$\hat{\boldsymbol{x}}_{k-n}^i$ $\boldsymbol{r}_{k-n}^i$	$\hat{\boldsymbol{x}}_{k-n+1}^i$ $\boldsymbol{r}_{k-n+1}^i$	$\hat{\boldsymbol{x}}_{k-n+2}^i$ $\boldsymbol{r}_{k-n+2}^i$	…	$\hat{\boldsymbol{x}}_{k-1}^i$ $\boldsymbol{r}_{k-1}^i$	$\hat{\boldsymbol{x}}_k^i$ $\boldsymbol{r}_k^i$

图 2-38　融合中心接收到传感器 i 两个时刻信息时滑窗中的信息

下标表示该信息的时刻，上标表示传感器 i

综上所述，当部分传感器出现时间延迟时，每时刻融合中心对传感器信息融合处理过程如图 2-39 所示。

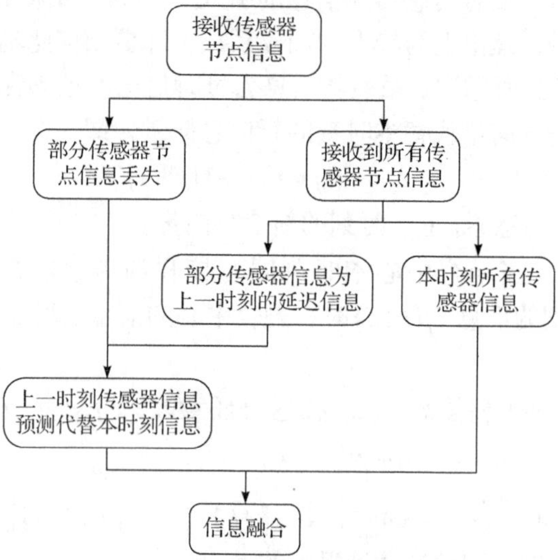

图 2-39 每时刻融合中心对传感器信息融合处理过程

如图 2-39 所示，融合中心在每时刻进行融合之前，先根据设计好的融合结构检查每个传感器节点是否有信息以及是否为当前时刻的信息。如果没有接收到某个传感器的信息，则利用在融合中心临时存储的上一时刻该节点的信息进行预测，暂时代替本时刻信息进行融合。若本时刻传感器节点到达融合中心的信息为上一时刻的信息，即延迟信息，同样将新接收到的延迟信息预测代替本时刻的信息。但是融合时和前者的加权因子计算不同，本时刻没有接收到信息时用式(2-96)计算加权因子，而接收到信息时用式(2-64)来计算。若本时刻接收到本时刻该传感器的信息，则按正常融合流程进行融合计算即可。该方法也可以处理传感器数据丢包的情况，当传感器的数据丢包后，这一时刻根据第二种情况处理，随后随着时间的推移，滑窗中这一时刻的新信息向量被剔除出加权系数的计算范围，也就消除了对信息融合的影响。

2.3.3.3 多传感器信息融合中时间延迟配准仿真分析

设目标初始位置为$(300\text{km},100\text{km},12\text{km})$，前 200s 向下俯冲，201～400s 在 XOY 平面内做圆周大机动，401～800s 盘旋上升模拟连续机动，800s 之后做匀加速直线运动离开。传感器为两个地基雷达(实际中地基雷达间的延迟较小，在此仅做假设验证算法的有效性)，且都在东北天坐标系下对目标进行观测。融合中心设置在传感器 A 处，并以传感器 A 平台东北天坐标系(ENU)为公共坐标系。传感器 A 在公共坐标系中为原点，传感器 B 的坐标为$(-20\text{km},70\text{km},0\text{km})$，采样频率相同，都是1Hz，传感器 A 和 B 的精度相同，都是测距噪声为 4km，测角噪声为 0.2°。传感器 C 的坐标为$(20\text{km},-80\text{km},0.5\text{km})$，采样频率为1Hz，测距噪声为3km，测角噪声为0.2°。算法中融合中心滑窗长度为 6 步。

两个滤波器的其他初始仿真条件都相同，均使用交互式多模型和 CKF。

(1) 当传感器信息延迟率为 0.3 时，仿真结果如图 2-40～图 2-42 所示。

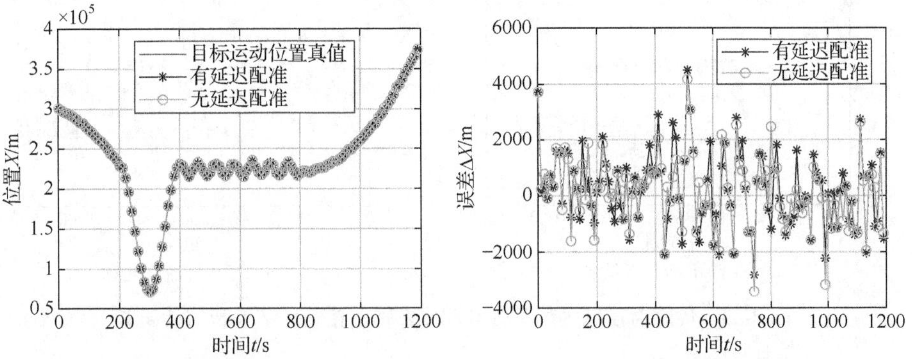

(a) X轴位置估计结果　　(b) X轴位置估计误差

图 2-40　传感器信息延迟率为 0.3 时 X 轴位置估计结果和估计误差

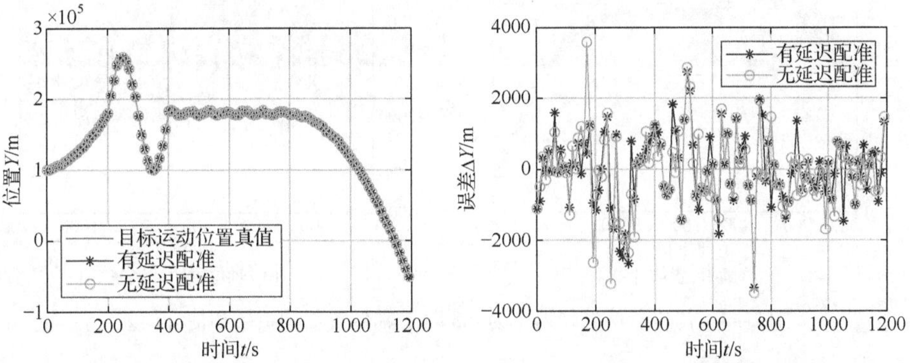

(a) Y轴位置估计结果　　(b) Y轴位置估计误差

图 2-41　传感器信息延迟率为 0.3 时 Y 轴位置估计结果和估计误差

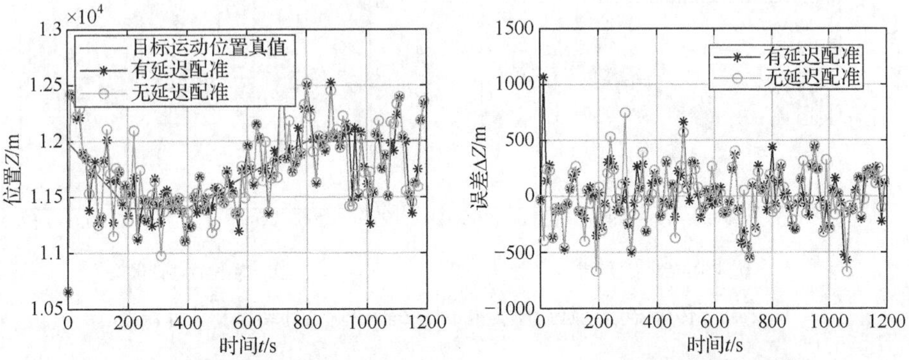

(a) Z轴位置估计结果　　(b) Z轴位置估计误差

图 2-42　传感器信息延迟率为 0.3 时 Z 轴位置估计结果和估计误差

(2) 当传感器信息延迟率为 0.8 时，仿真结果如图 2-43～图 2-45 所示。

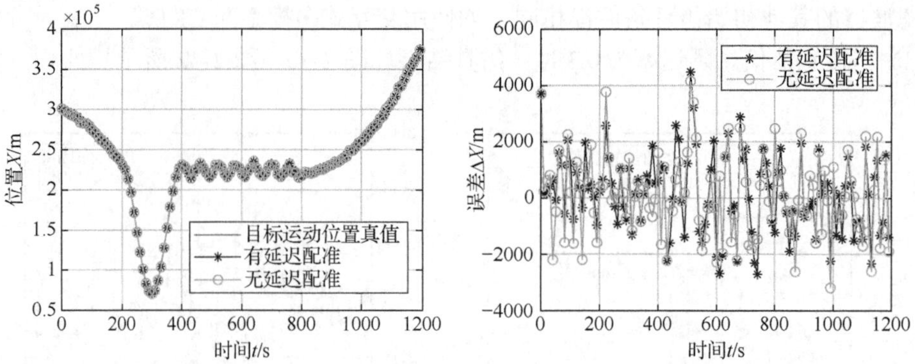

(a) X轴位置估计结果　　(b) X轴位置估计误差

图 2-43　传感器信息延迟率为 0.8 时 X 轴位置估计结果和估计误差

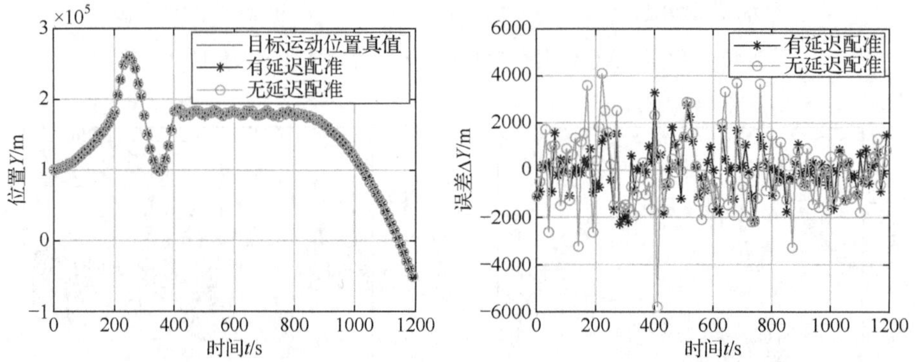

(a) Y轴位置估计结果　　(b) Y轴位置估计误差

图 2-44　传感器信息延迟率为 0.8 时 Y 轴位置估计结果和估计误差

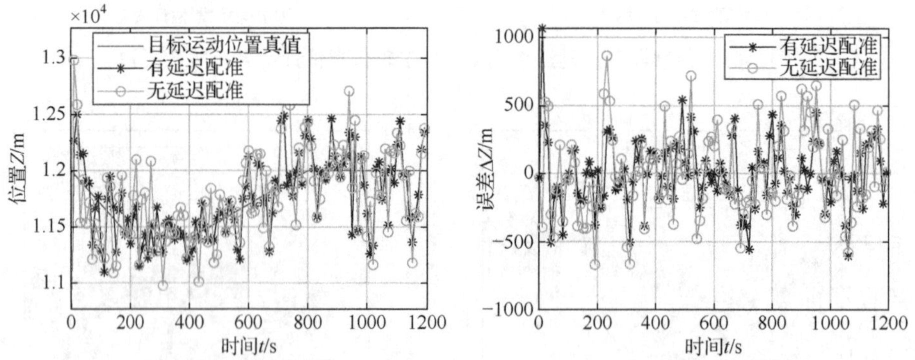

(a) Z轴位置估计结果　　(b) Z轴位置估计误差

图 2-45　传感器信息延迟率为 0.8 时 Z 轴位置估计结果和估计误差

根据表 2-4 所示的仿真结果可知，当传感器信息到达融合中心出现延迟时，若不加以处理，会影响融合中心的估计精度，而且延迟率越高时，融合中心的估计精度越差。使用传感器时间延迟配准方法可以有效消除时间延迟对探测系统的影响，提高融合估计精度。

表 2-4　传感器不同延迟率下融合估计的均方根误差

三个轴的位置	延迟率为 0.3		延迟率为 0.8	
	有延迟配准	无延迟配准	有延迟配准	无延迟配准
位置 X/m	1277.53	1359.24	1413.36	1671.32
位置 Y/m	1010.40	1081.93	1018.7	1577.5
位置 Z/m	245.39	246.16	246.8	316.35

思　考　题

2.1　智能飞行器信息获取有哪些来源？请画出空天地海多传感器协同探测的结构图。

2.2　针对空天地海多传感器协同探测，智能飞行器获取到的是哪几类信息？请画出智能飞行器信息获取系统的结构图。

2.3　智能飞行器进行时空配准时要考虑哪些问题？

2.4　多传感器信息融合可分为几种结构？它们有哪些特点？

2.5　分布式融合结构中有哪些融合算法？

2.6　二阶容积卡尔曼滤波算法由哪几部分组成？

2.7　集中式融合结构和分布式融合结构中相关滤波算法的设计思想有什么不同？

2.8　请写出异步多速率多传感器信息融合算法的步骤。

2.9　针对传感器网络中时间延迟问题，画出每时刻融合中心对传感器信息融合处理过程的结构图。

参 考 文 献

[1] 吴森堂. 导弹自主编队协同制导控制技术[M]. 北京: 国防工业出版社, 2015.

[2] 李教. 多平台多传感器多源信息融合系统时空配准及性能评估研究[D]. 西安: 西北工业大学, 2003.

[3] 许骏马. 空天地一体化环境下的多机协同多目标攻击决策技术[D]. 南京: 南京航空航天大学, 2009.

[4] 王琪龙. 基于异类传感器信息融合的目标跟踪理论与方法研究[D]. 北京: 北京交通大学, 2017.

[5] 柴锐波. 混合异类多源协同探测信息融合方法研究[D]. 西安: 西北工业大学, 2019.

[6] TIAN T, SUN S L, LIN H L. Distributed fusion filter for multi-sensor systems with finite-step correlated noises[J]. Information Fusion, 2019, 46: 128-140.

[7] SUN S L. Distributed optimal linear fusion estimators[J]. Information Fusion, 2020, 63: 56-73.

[8] KORDESTAIN M, DEHGHANI M, MOSHIRI B, et al. A new fusion estimation method for multi-rate multi-sensor systems with missing measurements[J]. IEEE Access, 2020, 8: 47522-47532.

[9] WANG H, NIU Z Y. Two-stage cubature Kalman filtering fusion algorithms for nonlinear systems[C]. 2019 Chinese Control Conference, Guangzhou, China, 2019: 3634-3638.

[10] 韩崇昭, 朱洪艳, 段战胜. 多源信息融合[M]. 北京: 清华大学出版社, 2006.

[11] 闫莉萍, 夏元清, 刘宝生,等. 多传感器最优估计理论及其应用[M]. 北京: 科学出版社, 2015.

第 3 章

多约束动态航迹规划算法

3.1 飞行器多约束航迹规划

3.1.1 飞行器航迹规划任务

近年来，随着视觉感知技术、空间定位技术、路径规划算法、智能控制技术等不断发展和成熟，各类智能飞行器设备，如工业机器人、智能飞行器、四足机器人等得到广泛研究，并应用在军事、物流、交通等各个领域中[1]。其中，智能飞行器因其具有操作灵活、智能化程度高和可以越过地形障碍等特性，被应用在军事作战、工业制造、交通运输等各个领域[2]。在物流运输方面，智能飞行器应用在物流配送任务上，降低了时间与人力成本。在军事作战方面，智能飞行器用于近距离探测敌方信息，甚至直接对敌方目标进行攻击。智能飞行器任务是否成功很大程度上依赖于高效的智能飞行器规划算法。

任务规划是智能飞行器系统应用的顶层设计，是针对任务所处环境态势、任务需求和自身特性而提出的一种综合调度方式[3]。在智能飞行器和任务之间建立合理的映射关系并保持机体与机体之间合理的协同配合，是在场景先验信息支撑下，在应用环境、任务需求和单元能力约束下，充分考虑执行过程中的不确定因素，量化当前条件下的可行资源配置与完成概率的关系，建立包含飞行器配置、任务映射关系、执行时间表和任务路径等在内的详尽任务执行方案，并能够根据任务执行过程变化及时对任务方案进行调整，在正常情况下高效完成各项任务，并在强对抗情况下最大限度地执行任务[4]。

目前，智能飞行器任务规划算法的研究方向主要分为联合规划和分层规划。联合规划的研究思路是直接对原问题进行求解[5]，如通过智能算法，逐步优化任务执行方案，或通过多智能体每次输出智能飞行器下一步行动方式，逐步得到完整的任务执行方案。分层规划的研究思路是将任务规划问题分解为任务分配和航迹规划，这里任务分配问题不做过多介绍，重点研究任务分配之后的多约束航迹规划算法。任务分配完成后，各个飞行器需执行对应的单个或多个目标任务，通过航迹规划获得所需航迹，到达指定目标点，完成对应任务。

飞行器的航迹规划是指在综合考虑飞行器飞行油耗、威胁、飞行区域和自身物理条件限制等因素的前提下，为飞行器在飞行区域内规划出从初始点到目标点最优或者满意的飞行航迹，其本质是一个多约束的目标优化问题。对飞行器任务航迹规划研究主要集中在模型建立和求解优化算法两个方面。

在下文中首先建立了多约束航迹规划模型，在此基础上，考虑航迹实时性，将航迹规划分为离线航迹规划和动态在线航迹规划。在离线航迹规划中介绍群智能优化算法，在动态在线航迹规划中，介绍两种动态航迹规划算法。

3.1.2　飞行器多约束航迹规划模型与算法

3.1.2.1　航迹规划模型建立

1) 环境建模

为研究智能飞行器航迹规划问题，首先需要建立三维数字地图，该地图通常包括基准地形、障碍区域和威胁区域的信息[6]。

基准地形采用山峰函数[7]进行模拟，如式(3-1)所示：

$$Z(x,y)=\sum_{i=1}^{N}h_i\exp\left[-\left(\frac{x-x_{oi}}{x_{si}}\right)^2-\left(\frac{y-y_{oi}}{y_{si}}\right)^2\right] \tag{3-1}$$

式中，$Z(x,y)$为坐标点(x,y)处的高度值；N为山峰的数量；h_i为任务空间中第i座山的高度；x_{oi}、y_{oi}为坐标位置；x_{si}、y_{si}分别为其在x、y轴方向的坡度向量。为便于分析，对飞行器设置一个安全高度h_{safe}，当飞行器飞行高度小于该处地形的高度h与安全高度h_{safe}之和时，将该节点的高度设为$(h_{\text{safe}}+h)$。

障碍区域通过圆柱体模拟[8]，如式(3-2)所示：

$$L_i(x_{zi},y_{zi},z_{zi})=\begin{cases}\sum\limits_i(x-x_{zi})^2+(y-y_{zi})^2=R_{zi}^2\\ z_{zi}\in[0,z_z]\end{cases} \tag{3-2}$$

式中，$L_i(x_{zi},y_{zi},z_{zi})$表示第$i$个圆柱体；$(x_{zi},y_{zi})$、$z_z$、$R_{zi}$分别表示其中心点坐标、高度和半径。

电磁干扰区域、禁飞区域和敌方探测区域等通常被视为威胁区域，可采用球模型进行建模[9]，本小节选用雷达探测区域作为威胁区域，如式(3-3)所示：

$$W_i(x_{li},y_{li},z_{li})=\left\{\sum_i(x-x_{li})^2+(y-y_{li})^2+(z-z_{li})^2\leqslant R_{li}^2\right\} \tag{3-3}$$

式中，$W_i(x_{li},y_{li},z_{li})$为第$i$个雷达的探测区域；$(x_{li},y_{li},z_{li})$为雷达所在位置；$R_{li}$为雷达探测半径。

2) 航迹适应度函数

航迹评价函数或适应度函数是判断航迹优劣的标准[10]。适应度函数可以计算出航迹的代价，用于比较不同航迹的代价值以判断航迹品质的优劣。本小节综合权衡了航程、雷达威胁、障碍物碰撞和高度变化 4 项因素对航迹适应度函数建模：

$$F=\varphi_{\text{L}}f_{\text{L}}+\varphi_{\text{M}}f_{\text{M}}+\varphi_{\text{C}}f_{\text{C}}+\varphi_{\text{H}}f_{\text{H}} \tag{3-4}$$

式中，F 表示航迹代价；f_L 表示航程代价；f_M 表示雷达威胁代价；f_C 表示障碍物碰撞代价；f_H 表示高度变化代价；φ_L、φ_M、φ_C、φ_H 为常数，代表不同成本的权重值，其比例与无人机执行的任务有关。

3) 航程代价

航程是评价航迹质量的重要指标之一，考虑到飞行器的能源供应是有限的，航程越短，耗时耗能越少，对飞行器越有利。假设航程节点数量为 n，经插值法平滑后整个航程由 N 个节点组成，(x_i, y_i, z_i) 和 $(x_{i+1}, y_{i+1}, z_{i+1})$ 分别表示第 i 个节点与相邻下一节点的三维坐标，则航程代价可表示为

$$f_L = \sum_{i=1}^{N-1} \sqrt{(x_{i+1} - x_i)^2 + (y_{i+1} - y_i)^2 + (z_{i+1} - z_i)^2} \tag{3-5}$$

4) 高度变化代价

为防止与山体或其他障碍物发生碰撞，同时躲避雷达搜索，飞行器必须升高或降低高度，但是反复升降也可能危及飞行器的安全。因此，有必要对高度变化进行约束，航迹高度的方差可以描述飞行高度的稳定性，将其作为高度变化代价：

$$f_H = \sqrt{\frac{1}{N}\sum_{i=1}^{N}\left(z_i - \frac{1}{N}\sum_{k=1}^{N} z_k\right)^2} \tag{3-6}$$

式中，N 是航迹点总数量；z_k 是第 k 个航迹点处的高度值。

5) 雷达威胁代价

若飞行器进入雷达探测范围，则可能会被敌方发现，甚至遭受攻击。因此，飞行器需要和雷达保持一定距离，二者相隔的空间越长，被检测到的概率就越小。雷达威胁代价可表示为

$$f_M = \sum_{k=1}^{M}\sum_{l=1}^{N} B_{k,l} \tag{3-7}$$

式中，M 表示雷达总数量；N 表示航迹平滑后的节点总数量；$B_{k,l} = \begin{cases} \left(\dfrac{\delta}{D_{k,l}}\right)^4, & D_{k,l} \leqslant T_l \\ 0, & D_{k,l} > T_l \end{cases}$，$\delta$ 表示雷达强度，T_l 表示第 l 个威胁半径，$D_{k,l}$ 表示航迹点 (x_k, y_k, z_k) 与雷达中心 (x_{lk}, y_{lk}, z_{lk}) 之间的距离，如式(3-8)所示：

$$D_{k,l} = \sqrt{(x_k - x_{lk})^2 + (y_k - y_{lk})^2 + (z_k - z_{lk})^2} \tag{3-8}$$

6) 障碍物碰撞代价

当飞行器飞行高度低于障碍物高度且距离障碍物中心点的距离小于障碍物的半径时，将发生碰撞。为使航迹点和障碍物保持一定距离，需求出障碍物碰撞代价：

$$f_C = \sum_{i=1}^{T}\sum_{j=1}^{N} C_{i,j}, \quad C_{i,j} < R_{\text{obsi}} \tag{3-9}$$

式中，$C_{i,j}=\begin{cases}\sqrt{(x_i-x_j)^2+(y_i-y_j)^2}, z_i\leqslant z_j\\0, \quad z_i>z_j\end{cases}$，表示第 i 个障碍物和第 j 个航迹点之间的距离；T 表示障碍物的个数；N 表示航迹平滑后的节点总数量；R_{obsi} 表示障碍物的半径。

除上述常用代价函数外，还存在针对某些飞行器的特定约束，如飞行转角约束，受发动机性能限制的爬升、俯冲角约束，对于这些特定约束，可将其作为适应度函数中的一个加权项进行处理，不再赘述。

3.1.2.2　离线航迹规划

离线航迹规划算法可以分为动态规划法、导数相关法、最优控制理论、智能算法等。在动态规划法方面有 A^*算法和 D^*算法等[11-12]。其中，A^*算法是经典的静态规划算法，D^*算法则发展出一种基于智能体之间信息交流与交互的多 Agent 动态规划算法，该算法已成功应用于军事领域。就导数相关法而言，主要包括最速下降法、牛顿法和共轭梯度法。谌海云等[13]为了解决人工势场法容易陷入局部极小点且目标无法到达这一难题，提出“沿着目标方向作 90°运动”，以摆脱局部极小点的影响，并最终利用回归搜索法对航迹作进一步全局优化。最优控制理论包括数学规划法和图论法。张博渊等[14]利用可自适应选点自适应伪谱法，把智能飞行器编队航迹优化控制问题转化为一个非线性规划问题来解决。以上这 3 种算法都是传统算法的一部分，随规模的扩大、维数的增加易造成求解效率不高等问题。智能算法包括启发式算法与群智能算法两类。针对多目标优化问题，常用的群智能算法有蚁群优化算法、遗传优化算法和粒子群优化算法。蚁群优化算法采用正反馈调节机制，具有强大的全局搜索能力，同时蚁群优化算法具有很强的自适应性和鲁棒性，但容易陷入局部最优。遗传优化算法也是一种全局寻优算法，但其存在搜索效率低、易早熟收敛等缺点。粒子群优化算法在解决全局目标求解问题时，容易陷入局部极值，全局探索性能差。

针对航迹规划过程中突现的障碍物或威胁区问题，很多学者对实时动态航迹规划问题进行了研究。

3.1.2.3　在线滚动航迹规划

线上实时动态航迹规划多是以滚动时域控制或者规划速度快的局部航迹规划方法为主。

在线滚动航迹规划能够有效地避开突显障碍物、动态障碍物等，但是由于对一些可视化技术和智能体技术的要求较高，因此在实际应用时存在着一些难题。常用的线上实时滚动航迹规划方法有滚动窗口优化法、人工势场法、快速扩展随机树算法等。

滚动窗口优化法[15]是基于预测控制理论的一种次优方法。它通过飞行器自身的传感器实时感知周围局部环境信息，从而建立滚动窗口，并对窗口内的动态障碍进行预测，制定下一步的飞行策略。随着滚动窗口的推进，不断取得新的环境信息，从而在滚动中实现优化与反馈的结合。该方法具有计算量小、实时性高的优点，非常适合用于求解在线路径规划问题。

人工势场法是一种在局部航迹规划中广泛使用的方法。其基本原理是将飞行器视为粒子，它的运动由来自障碍物斥力和目标点引力所组成的合力控制，具有良好的动态特性，能够快速响应动态环境的变化，但也会出现局部极小值和在目标点附近振荡的现象[16]。

快速扩展随机树(RRT)算法又称为快速搜索随机树法[17]。该算法基于空间采样，在不需要预处理的情况下，能够快速扩展节点，通过搜索未知区域来适应当前环境信息，具有更好的优化效率和适用性[18]。RRT 算法能很好地应用于高维搜索或动态障碍环境搜索。但传统 RRT 算法在搜索过程中未考虑航迹的综合成本，节点扩展具有随机性，无法获得最优解。

3.2 航迹规划的群智能优化算法

航迹规划问题已成为智能飞行器技术领域的重要研究内容之一。该问题的主要目的是根据任务要求和飞行约束条件搜索从起点到目标点的最优航迹，在这一过程中，智能飞行器可能会面对复杂地形威胁、火力威胁和雷达扫描威胁等障碍。航迹规划算法的主要任务是搜索一条连接起点和目标点的可行路线，该路线需要符合飞行任务要求且是智能飞行器可跟随飞行的。智能飞行器的三维航迹规划问题可以被定义为一个非确定性多项式(non-deterministic polynomial，NP)问题。通常，当 NP 问题的规模较小时，可利用穷举法或隐穷举法在解空间搜索，进行全局寻优。然而，面对航迹规划这类数学模型十分复杂、涉及参数和约束条件众多的大规模组合优化问题时，采用穷举法需要耗费巨大的时间代价，这是令人难以接受的。因此，针对复杂的航迹规划问题，研究者提出了许多行之有效的航迹规划算法，如以下几种常用群智能优化算法：①粒子群优化算法；②蚁群优化算法；③遗传优化算法。

3.2.1 粒子群优化算法

代码

3.2.1.1 算法介绍

粒子群优化(particle swarm optimization，PSO)算法由 Kennedy 和 Eberhart 提出，根据研究鸟群体在自然界中寻找食物的过程中所表现出来的特征而进行设计的一种适用于群体智能优化的算法[19-20]。通过对自然界中各种鸟类群体觅食行为特性的研究，观察到一个群体在其觅食过程中始终处于相对统一的区域范围内，不同的个体之间保持着较为稳定的位置和距离，使得整个群体能够向某个特定的方向进行稳定移动，具有较高的统一性和较强的智能性。因此，学者根据这一行为特性进一步研究，发现在一个鸟群体中通常都会存在一个中心，群体的中心逐渐向目标点进行移动，群体的中心在移动过程中会不时地解散，从而形成新的中心群体，同时也存在较多个体逐渐向群体中心靠拢的现象。由此，学者推断群体在觅食过程中，不同个体之间存在着某种沟通交流和信息传递的方式。首先，每个个体在飞行过程中会积累一定的经验，个体在后续飞行过程中可以根据自身积累的经验做出选择判断，对应粒子群优化算法中的个体最优位置。然后，在不同个体之间可以将自身积累的经验进行共享，不同个体可以参考其他个体的飞行经验对自己的飞行路线进行修正规划，以此做出更好的选择，这一机制对应该算法中的全局最优点。因此，群体在觅食过程中始终存在着不同个体之间的信息交流与传递，进而形成群体意识。个体与群体意识相互影响使得整个群体向着最优的目标前进，学者根据这种群体间自发的共享学习机制，设计出粒子群优化算法。

3.2.1.2　粒子群优化算法的航迹规划

采用粒子群优化算法进行航迹规划时，每个粒子都代表一条航迹。算法初始化时，首先在航迹搜索区域中生成原始种群。总体中的每个粒子都代表了优化目标的潜在可行航迹。每个更新粒子通过其最优解的位置、速度和对目标函数的适应度来评估和表示其全局寻优质量。通过目标函数评估每个更新粒子的适应度，获得的适应度可以表示单个粒子的求解质量，即航迹规划质量。在迭代中更新粒子的速度和位置时主要基于两个最优解，一个是每一个粒子记录的个体最优解 bestP；另一个是当前所有粒子中记录的全局最优解 bestG。粒子在目标搜索区域中，每次更新都必须根据 bestP 和 bestG 来更新粒子的速度和位置。粒子每次迭代都会得到新的解，将粒子迭代后的新适应度与个体最优解和全局最优解进行比较，并进一步检查粒子是否需要更新 bestP 和 bestG。然后根据算法进一步更新粒子的速度和位置，直到其更新的次数增加并达到预先设置的有效值或适应度收敛到最优解。算法的主要内容如下：假设在群体三维的航迹搜索空间内，存在 N 个粒子群体组成 $\boldsymbol{x}=[x_1,x_2,x_3,\cdots,x_N]^{\mathrm{T}}$，该粒子群体中每一个粒子的位置可以表示为 $\boldsymbol{x}_i=[x_{i1},x_{i2},x_{i3},\cdots,x_{iN}]^{\mathrm{T}}$，每一个粒子的移动速度可以表示为 $\boldsymbol{v}_i=[v_{i1},v_{i2},v_{i3},\cdots,v_{iN}]^{\mathrm{T}}$，每一个粒子的 bestP 可以表示为 $\boldsymbol{p}_i=[p_{i1},p_{i2},p_{i3},\cdots,p_{iN}]^{\mathrm{T}}$，粒子群体中的 bestG 可以表示为 $\boldsymbol{p}_g=[p_{g1},p_{g2},p_{g3},\cdots,p_{gN}]^{\mathrm{T}}$。粒子群中每个粒子可以根据 bestP 和 bestG 更新自己的速度和位置，具体更新方法如式(3-10)和式(3-11)所示：

$$\boldsymbol{v}_{id}^{t+1}=\omega\boldsymbol{v}_{id}^{t}+c_1r_1\left(\boldsymbol{p}_{id}-\boldsymbol{x}_{id}^{t}\right)+c_2r_2\left(\boldsymbol{p}_{gd}-\boldsymbol{x}_{id}^{t}\right) \tag{3-10}$$

$$\boldsymbol{x}_{id}^{t+1}=\boldsymbol{x}_{id}^{t}+\boldsymbol{v}_{id}^{t+1} \tag{3-11}$$

式中，t 表示第 t 次粒子更新；$\boldsymbol{p}_{id}$ 表示每个更新粒子当前的 bestP；$\boldsymbol{p}_{gd}$ 表示粒子群体的 bestG；$\boldsymbol{v}_{id}^{t+1}$ 表示第 $t+1$ 次更新过程中粒子 i 更新后的速度；$\boldsymbol{x}_{id}^{t+1}$ 表示第 $t+1$ 次迭代过程中粒子 i 更新后的位置；ω 表示惯性因子；c_1 和 c_2 表示学习因子；r_1 和 r_2 表示分布在[0,1]上的随机数。另外，根据 c_1 和 c_2 更新粒子速度时，存在粒子速度较大的情况，造成粒子速度过快脱离最优航迹搜索区域，为了使粒子速度保持在一定范围内，考虑设置速度的极大值 $v_{\max}$，因此对式(3-10)中任意 $\boldsymbol{v}_{id}^{t+1}$ 满足 $\left\|\boldsymbol{v}_{id}^{t}\right\|\leqslant v_{1\max}$。

3.2.1.3　粒子群优化算法的航迹规划流程

根据粒子群优化算法进行初始化，具体算法执行如下。

步骤一：进行地形建模。利用三维栅格法对地形进行建模，建立基准地形和威胁区地形的模型，进而转化成数字化地图，方便航迹的寻优。

步骤二：对粒子群优化算法初始化。设定航迹规划的起始点和目标点，初始粒子总数 N，最大迭代次数 T，学习因子 c_1 和 c_2，完成初始化参数设置。

步骤三：适应度计算。确定航迹评价函数，根据评价函数求出各粒子在航迹规划区域内的适应度。

步骤四：更新 bestP。根据求解得到的粒子适应度和 bestP 进行比较，对 bestP 进行更新。

步骤五：更新 bestG。根据求解得到的粒子适应度和 bestG 进行比较，对 bestG 进行更新。

步骤六：更新速度和位置。根据式(3-10)对群体中粒子的速度进行更新，根据式(3-11)对粒子的位置进行更新，得到更新后的航迹。

步骤七：循环条件检查。根据评价函数值或最大迭代次数判断是否符合循环终止要求，符合条件时结束规划，否则转到步骤三继续执行。粒子群优化算法航迹规划流程图如图 3-1 所示。

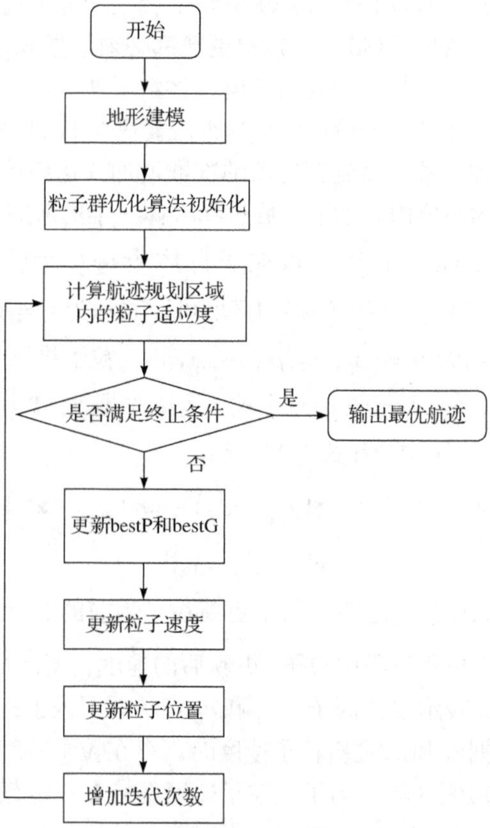

图 3-1 粒子群优化算法航迹规划流程图

3.2.1.4 算法的参数

在粒子群进行航迹优化中，算法具体的参数设定是决定算法寻优性能的重要条件。下面主要介绍不同参数对算法的影响。

(1) 粒子总数。粒子群优化算法的主要内容是通过粒子仿真解决问题的所有的有效解，因此粒子的数量控制在合理范围内对算法的性能起到至关重要的作用。当粒子群体偏小时，粒子无法探索到全部的航迹搜索区域，导致航迹探索区域的寻优能力相对较低，容易陷入局部极值的问题，使得粒子群优化算法的收敛速度较慢。当算法的粒子群体偏大时，会出现导致算法迭代复杂的问题，增大了粒子群优化算法的计算量，使得其运行的效率较低。

(2) 学习因子。粒子群优化算法中粒子的迭代主要根据 bestP 和 bestG 对粒子的速度和位置进行更新，因此学习因子就是用来参考 bestP 和 bestG 对粒子更新的权重系数。根据式(3-10)可得，学习因子 c_1 用来参考粒子 bestP，学习因子 c_2 用来参考粒子 bestG。当 c_1 和 c_2 取值较小时，粒子几乎不具备学习能力，会聚集于局部空间内无法找到最优解。当 c_1 和 c_2 取值较大时，粒子受个体或全局的影响较大，会加速向局部或全局最优航迹移动。当 c_1 为零时，表示粒子不具备自主探索能力，探索性较差。粒子会跟随 bestG 快速移动到对应的航迹规划目标区域，由于其搜索性能较差，容易使群体落入局部极值。当 c_2 为零，表示群体内粒子之间没有信息学习与交换，全局搜索性能较差。粒子会跟随 bestP 更新自身位置，探索性较强。但由于缺少粒子之间相互的沟通学习能力，使得算法收敛较慢，无法找到全局最优解，通常粒子群优化算法学习因子 c_1 和 c_2 取值相同。

(3) 惯性权重。惯性权重对算法的性能有较大的影响。惯性权重用于影响粒子的速度变化，在算法的迭代早期阶段，对总体粒子的种类有更高的要求，增大权值以加快粒子速度的变化可以提高个体的全局探索性能。在算法之后的更新中，粒子聚集到相对密集的航迹区域，减小权值以降低粒子速度的变化程度，增强了个体的局部探索性能，并将总体收敛到最优航迹空间区域。

(4) 最大迭代次数和终止条件。粒子群优化算法通过一定数量的更新逐渐收敛到最优航迹附近，在探索最优航迹时具有随机性，通常设定一个满足算法迭代需求的最大迭代次数作为迭代终止条件。在解决一些目标明确的问题时，可以设定具体终止条件结束算法迭代。

3.2.1.5　算法优缺点

算法的优点：算法的参数设置简单，算法结构清晰，适合于解决各种目标优化问题，算法具有实现全局信息共享的功能，可以有效地帮助优化目标函数。算法的缺点：在解决全局目标求解问题时，容易陷入局部极值，收敛速度较快，全局探索性能差。算法参数设置对算法结果有较大的影响，特定参数对目标问题不具有普适性。

3.2.1.6　基于粒子群优化算法的航迹规划仿真

假设飞行器航迹规划空间为 1000m×1000m×800m，包含 6 座山峰，1 个固定雷达威胁区和 1 个固定障碍物威胁区。其中，山峰的参数是随机生成，固定雷达威胁区以球域表示，固定障碍物威胁区用圆柱区域表示。威胁区参数如表 3-1 所示。

表 3-1　威胁区参数

名称	坐标	半径
固定雷达威胁区	(500m,500m,200m)	50m
固定障碍物威胁区	(200m,200m,100m)	50m

航迹规划的起点为(0m,0m,0m)，终点为(1000m,1000m,400m)。粒子群总数 N=50，最大迭代次数 $T_{\max}=50$，惯性因子 $\omega=1.2$，学习因子 $c_1=c_2=2$，粒子每个方向最大速度为100m/s。航迹评价函数为航程最短，即适应度函数取航程最短。给出仿真结果，如图 3-2和图 3-3 所示。

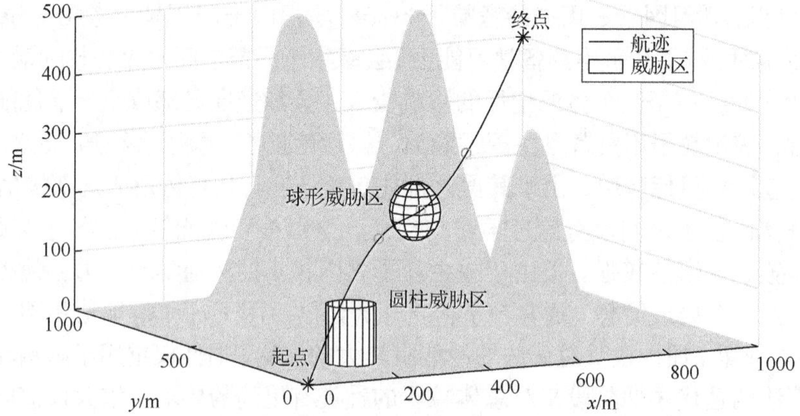

图 3-2　航程最短粒子群优化算法航迹规划

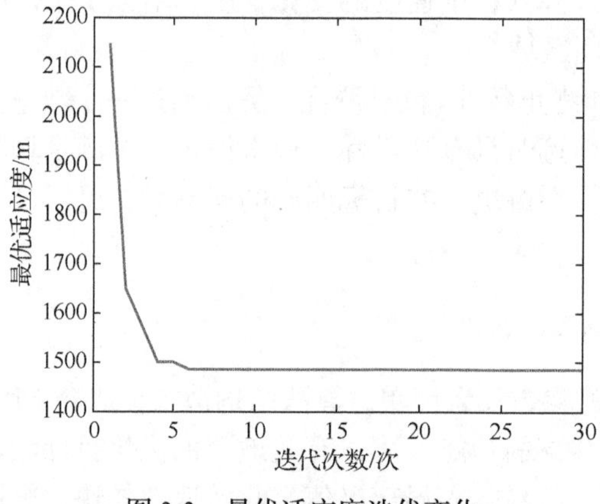

图 3-3　最优适应度迭代变化

由仿真结果分析可知，采用粒子群优化算法进行航迹规划可以规避固定雷达威胁区和固定障碍物威胁区，使航迹评价函数最小，即航程最短。在迭代 30 次左右找到航程最短的航迹，最短航程为 1500m。

3.2.2 蚁群优化算法

代码

3.2.2.1 算法基本原理

蚁群优化算法的思想在 1992 年被提出，它是一种群智能优化算法[21]。通过生物学的研究，确定蚂蚁是采用信息素的交流方式，并以此方式在整个蚁群系统中相互合作。在蚂蚁觅食时，经过的路径会留下一定含量的化学物质，即信息素。信息素含量的差异会影响个体蚂蚁选择不同路径的概率。路径上信息素含量越高，蚂蚁选择此条路径的概率越大。如图 3-4 所示，当蚂蚁遇到障碍物时，初始蚂蚁会等概率选择不同的路径。然而，在相同时间内，较短路径会有更多的蚂蚁经过，进而释放更多的信息素。这导致蚂蚁会选择路径更短的方向爬行。通过这种方式，最佳路径上的信息素含量逐渐增多，较长或不受欢迎的路径上的信息素含量逐渐减少。这为新蚂蚁提供了更清晰的引导，进而形成了一个积极正反馈调节[22]。

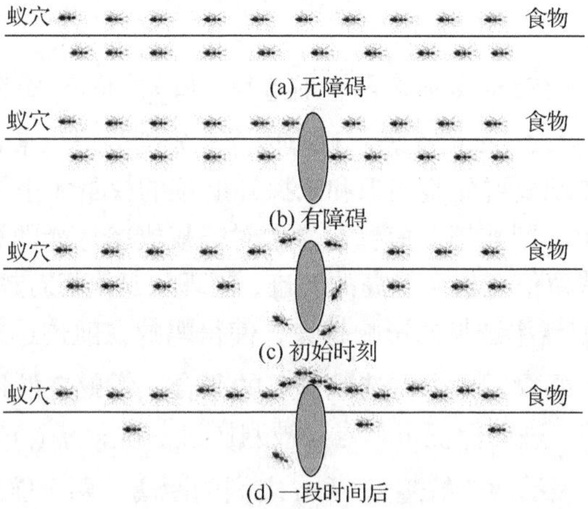

图 3-4　蚁群觅食行径图

蚁群优化算法通过将复杂问题转化为图论表示的模型，并在其中设置一组蚂蚁来寻找从起始点到目标点的最优路径。在寻优过程中，每只蚂蚁会释放一定含量的信息素，这种信息素含量会随着时间推移逐渐蒸发[23]。蚂蚁常常依据概率性规则选择路径，该规则是指蚂蚁会根据路径上信息素含量和启发式算法计算概率分布，并以一定的概率选择某条路径直到寻得最优路径。

综上所述，蚁群优化算法在每次迭代后，会不断增加较短路径上的信息素含量，同时为避免算法过早陷入局部最优，增加了信息素挥发措施。这样在正负反馈的调节下，蚁群优化算法能够有效地规划出最优路径。

3.2.2.2　蚁群优化算法的航迹规划

经过对蚁群觅食过程的研究，蚁群优化算法这种仿生智能算法需要将生物群体行为转化为数学模型，以便对航迹规划问题进行优化。在寻找最短航迹的过程中，蚂蚁利用了多种规则。在算法的初期，不同航迹上的信息素含量相等，导致蚂蚁在当前点选择下一航迹的概率是相等的。随着蚂蚁寻优的进行，各航迹上的信息素含量不断叠加且无上限，为控制信息素含量的平衡，算法需遵从信息素挥发原则。此外，蚁群优化算法还遵循禁忌表的规则，在选择下一个航迹点时要优先排除已经遍历的航迹点[24]。该算法主要由两部分组成，即转移概率的计算和信息素的更新。蚂蚁航迹寻优时，通过计算转移概率 $p_{ij}^{k}(t)$ 的数值，然后按照比例选择法的规则选择下一节点，直至到达目标点并计算航迹距离，转移概率的表达式如式(3-12)和式(3-13)所示：

$$p_{ij}^k(t)=\begin{cases}\dfrac{\left[\tau_{ij}(t)\right]^\alpha\left[\eta_{ij}(t)\right]^\beta}{\sum\limits_{S\subset\text{allowed}_k}\left[\tau_{is}(t)\right]^\alpha\left[\eta_{is}(t)\right]^\beta}, & j\in\text{allowed}_k\\ 0, & \text{其他}\end{cases} \tag{3-12}$$

$$\eta_{ij}(t)=\frac{1}{d_{ij}} \tag{3-13}$$

式中，$p_{ij}^k(t)$表示蚂蚁k在t时刻通过两个航迹点i和j之间的概率；$\tau_{ij}(t)$表示两个航迹点i和j之间的信息素含量；α和β表示权重因子，分别为信息素含量和启发函数在概率选择中的重要程度，体现蚁群先验知识和未探知航迹的权重大小，α值和β值的大小是相对的，α值相对越大，则航迹上信息素含量对蚂蚁概率选择的影响越大，使得蚂蚁在航迹选择时更倾向于残留信息素含量高的航迹，同理，β值相对越大，则两个航迹点i和j之间的距离d_{ij}对蚂蚁概率选择的影响越大，使得蚂蚁在航迹选择时更倾向于距离较短的航迹；allowed_k表示蚂蚁下一个待选航迹点的集合，蚂蚁在航迹寻优时会将经过的航迹点从allowed_k中剔除，进而保证每个点只被遍历过一次；$\eta_{ij}(t)$表示启发函数，其值由式(3-13)计算可得；d_{ij}表示两个航迹点i和j之间的距离，两个航迹点之间的距离越大，对应的启发函数的值越小，进而导致蚂蚁选择该航迹的概率越小[25]，计算公式如式(3-14)所示：

$$d_{ij}=\sqrt{\left(x_j-x_i\right)^2+\left(y_j-y_i\right)^2+\left(z_j-z_i\right)^2} \tag{3-14}$$

式中，$\left(x_i,y_i,z_i\right)$为当前航迹点的坐标值；$\left(x_j,y_j,z_j\right)$为待选航迹点的坐标值。该启发信息的设置有利于蚂蚁选取距离较短的航迹点。

为了实现正反馈调节，蚂蚁在完成一次迭代循环后，即当所有蚂蚁寻找到一条从出发点到目标点的航迹后，会在航迹上释放一定含量的信息素来进行全局信息素更新[26]。信息素更新公式如式(3-15)所示：

$$\tau_{ij}(t+1)=(1-\rho)\tau_{ij}(t)+\Delta\tau_{ij}(t) \tag{3-15}$$

式中，$\tau_{ij}(t+1)$表示航迹上的信息素含量；$\rho\in(0,1)$，表示航迹上信息素的挥发系数；$\Delta\tau_{ij}(t)$表示t时刻信息素含量的增量和，其表达式如式(3-16)所示：

$$\Delta\tau_{ij}(t)=\sum_{k=1}^{m}\Delta\tau_{ij}^k(t) \tag{3-16}$$

式中，$\Delta\tau_{ij}^k(t)$表示第k只蚂蚁在航迹点i至航迹点j路径上释放的信息素含量。根据蚂蚁信息素更新方式的不同，学者提出了三种不同的更新模型，具体如下。

(1) 蚁周(ant-cycle)模型，表达式如式(3-17)所示：

$$\Delta\tau_{ij}^k(t)=\begin{cases}Q/L_k, & \text{第}k\text{只蚂蚁经过}(i,j)\\ 0, & \text{其他}\end{cases} \tag{3-17}$$

式中，Q为信息素强度且设为常数，表示蚂蚁寻找一次航迹所释放信息素的总量；L_k为

第 k 只蚂蚁完成迭代后走过的航迹长度。

(2) 蚁量(ant-quantity)模型，表达式如式(3-18)所示：

$$\Delta\tau_{ij}^{k}(t)=\begin{cases}Q/d_{ij}, & 第k只蚂蚁经过(i,j)\\0, & 其他\end{cases} \tag{3-18}$$

式中，d_{ij} 表示航迹点 i 和航迹点 j 之间的距离。由式(3-18)可知，航迹上释放信息素含量的多少和两个航迹点之间的距离成反比例关系，节点之间的距离越近，蚂蚁释放的信息素含量越大，反之越小。

(3) 蚁密(ant-density)模型，表达式如式(3-19)所示：

$$\Delta\tau_{ij}^{k}(t)=\begin{cases}Q, & 第k只蚂蚁经过(i,j)\\0, & 其他\end{cases} \tag{3-19}$$

由式(3-19)可知，在该模型中，所有蚂蚁释放的信息素强度都是相同的。

通过三种模型的对比可知，蚁周模型只与搜索航迹长度有关，蚁量模型只与航迹点 i 到航迹点 j 之间距离有关，而蚁密模型的信息素含量一直为定值。在信息素更新方面，蚁周模型是在全部蚂蚁完成一次完整的航迹搜索后，对所有航迹进行全局的信息素更新，蚁量模型和蚁密模型则是在蚂蚁每移动一步后就会局部更新其经过航迹的信息素含量。总之，蚁周模型因为具有全局性强的特点，在解决旅行推销员问题时具有一定优势[27]。

航迹评价函数体现无人机航迹规划的优劣程度。本小节设计基于航程距离代价、海拔代价和转角代价的航迹评价函数，表达式如式(3-20)所示：

$$F=\omega_D F_D+\omega_H F_H+\omega_\theta F_\theta \tag{3-20}$$

式中，ω_D 、ω_H 和 ω_θ 分别为航程、海拔和转角代价的权重因子。航程距离代价函数为

$$F_D=\sum_{i=1}^{N}D_i \tag{3-21}$$

式中，D_i 为第 i 条航段的长度；N 为航段的个数。海拔代价函数为

$$F_H=\sum_{i=1}^{N}H_i \tag{3-22}$$

式中，H_i 为第 i 条航段的海拔。转角代价函数为

$$F_\theta=\sum_{i=1}^{N}\tan\left|\theta_i\right| \tag{3-23}$$

式中，θ_i 为第 i 条航段与前一条航段的夹角。上述评价指标兼顾了航程、海拔和转角，能够引导蚂蚁选择出长度较短、海拔起伏较缓和转动角度较小的最优航迹。

3.2.2.3　蚁群优化算法的优缺点

1) 蚁群优化算法的优点

蚁群优化算法进行路径规划时采用正反馈调节机制，其优点主要有以下几个方面：首先，该算法具有强大的全局搜索能力，可以在搜索空间内找到全局最优解。其次，蚁群

优化算法具有很强的自适应性和鲁棒性，可以根据环境自适应调整搜索策略和参数。再次，蚁群优化算法还具有高效的并行性，能够实现并行搜索。最后，蚁群优化算法具有很好的融合性，可以和其他算法相融合，发挥各自的优势，进而克服单一算法的局限性。

2) 蚁群优化算法的缺点

蚁群优化算法的缺点主要包括以下几点：首先，算法容易陷入局部最优解，蚁群优化算法经过一定次数的迭代后，蚂蚁们往往会集中搜索某一航迹区域，而放弃探索其他可能的航迹，从而导致算法无法跳出局部最优解[28]。其次，该算法对参数设置较为敏感，航迹规划的效果很大程度上取决于参数的设定值。最后，该算法的计算复杂度较高，在复杂环境时需要进行大量的计算，搜索时间较长，无法在短时间内获得最优解。

3.2.2.4 蚁群优化算法的航迹规划流程

根据以上蚁群优化算法的原理，如图 3-5 所示，蚁群优化算法航迹规划的流程如下。

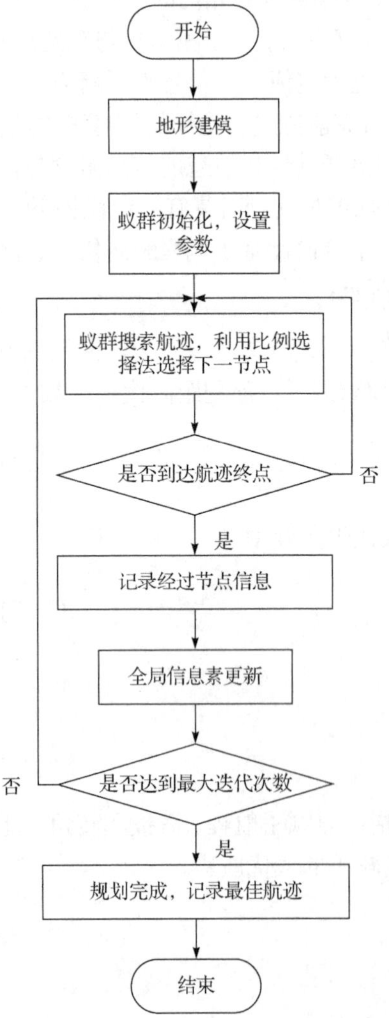

图 3-5　蚁群优化算法航迹规划流程图

步骤一：地形建模。地形建模和粒子群优化算法的相同。

步骤二：蚁群初始化。设定航迹规划的起始点和目标点，设置蚁群的个数 m、最大迭代次数 N_{max}、信息素挥发系数 ρ 的大小和启发因子等相关参数。

步骤三：蚁群搜索航迹。通过计算转移概率数值，按照比例选择法的规则选择下一节点。

步骤四：判断是否到达航迹终点。若完成，则计算航迹长度并保留最佳评价值，然后将此保留的最佳评价值与历史最佳评价值进行比较，如果更优，则替换为历史最佳评价值，并记录航迹信息。

步骤五：全局信息素更新。蚂蚁每完成一次迭代，都要对航迹上的信息素含量进行更新。

步骤六：判断是否达到最大迭代次数。若当前算法的迭代次数小于设定的最大迭代次数，则继续完成下一步的迭代。否则，迭代完成，停止循环。

3.2.2.5 蚁群优化算法的航迹规划仿真

设置飞行器三维环境对应 21km×21km×4km 的真实环境，评价函数选取航程最短[29]，给定仿真参数如下：蚂蚁种群个数为 10，信息素衰减系数为 0.2，迭代次数为 100 次。仿真结果如图 3-6 和图 3-7 所示。在复杂三维山地场景下，蚁群优化算法可以在迭代次数范围内快速规划出一条由起始点到目标点的航迹。最短航程为 36km，在迭代第 46 次达到最优。

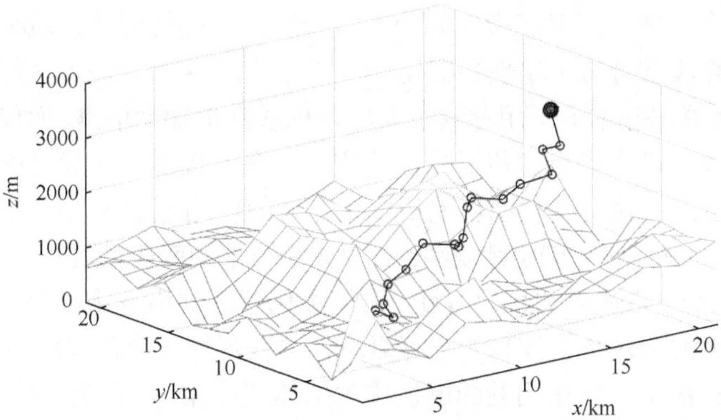

图 3-6 航程最短蚁群优化算法航迹规划

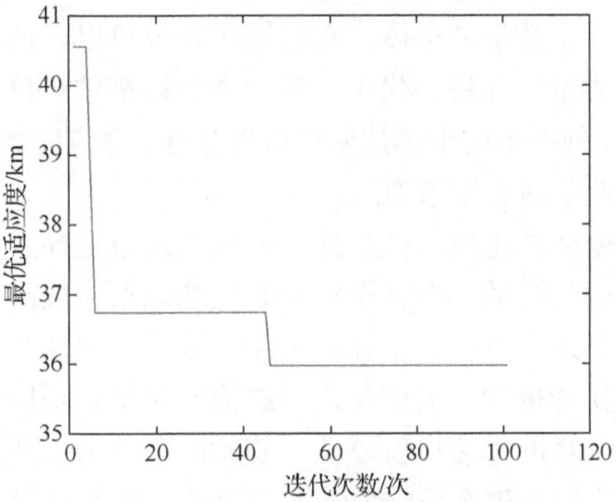

图 3-7 最优适应度迭代变化

3.2.3 遗传优化算法

代码

3.2.3.1 遗传优化算法简介

遗传优化算法是一类借鉴生物界的进化规律(适者生存、优胜劣汰 的遗传机制)演化而来的随机优化搜索方法。它由美国的 Holland 教授于 1975 年提出，其主要特点是直接对结构对象进行操作，不存在求导和函数连续性的限定；具有内在的并行性和更好的全局寻优能力；采用概率化的寻优方法，自适应地调整搜索方向，不需要确定的规则。遗传优化算法的这些性质，已被人们广泛地应用于组合优化、机器学习、信号处理、自适应控制和人工生命等领域，是现代智能计算中的关键技术[30]。

遗传优化算法是计算数学中用于解决最优化的搜索算法，是进化算法的一种，借鉴了进化生物学中的一些现象而发展起来的，这些现象包括遗传、突变、自然选择和杂交等。

遗传优化算法具有以下几方面的特点。

(1) 遗传优化算法从问题解的串集开始搜索，而不是从单个解开始。这是遗传优化算法与传统优化算法的最大区别。传统优化算法是从单个初始值迭代求最优解的，容易误入局部最优解。遗传优化算法从串集开始搜索，覆盖面大，利于全局择优。

(2) 许多传统搜索算法是单点搜索算法，容易陷入局部的最优解。遗传优化算法同时处理群体中的多个个体，即对搜索空间中的多个解同时进行评估，减少了陷入局部最优解的风险，同时算法本身易于实现并行化。

(3) 遗传优化算法基本上不用搜索空间的知识或其他辅助信息，而仅用适应度函数值来评估个体，在此基础上进行遗传操作。适应度函数不仅不受连续可微的约束，而且其定义域可以任意设定。这一特点使得遗传优化算法的应用范围大大扩展。

(4) 遗传优化算法不采用确定性规则，而是采用概率的变迁规则来确定其搜索方向。

(5) 具有自组织、自适应和自学习性。遗传优化算法利用进化过程获得的信息自行组织搜索，适应度大的个体具有较高的生存概率，并获得更适应环境的基因结构。

在遗传优化算法中，优化问题的解被称为个体(染色体)，它表示一个变量序列(基因串)，序列中的每一位都称为基因。个体一般被表达为简单的字符串或数字串，不过也有其他的依赖于特殊问题的表示方法，这一过程称为编码。

算法首先随机生成一定数量的个体，有时操作者也可以对这个随机产生过程进行干预，以提高初始种群的质量。在每一代中，每一个个体都被评价，并通过计算适应度函数得到一个适应度数值。种群中的个体按照适应度排序，适应度高的在前面。这里的“高”是相对于初始种群的“低”适应度来说的。

随后，产生下一代个体并组成种群。这个过程是通过选择、交叉和变异完成的。选择是根据新个体的适应度进行的，但并不意味着完全以适应度高低作为导向，而是以概率选择的方式。单纯选择适应度高的个体将可能导致算法快速收敛到局部最优解而非全局最优解，称为早熟。作为折中，遗传优化算法依据原则：适应度越高，被选择的机会越高；适应度越低，被选择的机会也就越低。初始的数据可以通过这样的选择过程组成一个相对优化的群体。之后，被选择的个体进入交叉、变异过程。

交叉运算中算法对两个相互配对的个体依据交叉概率按某种方式相互交换其部分基因，从而形成两个新的个体。交叉运算是遗传优化算法区别于其他进化算法的重要特征，它在遗传优化算法中起关键作用，是产生新个体的主要方法。

然后变异运算依据变异概率将个体编码串中的某些基因值用其他基因值来替换，从而形成一个新的个体。遗传优化算法中的变异运算是产生新个体的辅助方法，它决定了遗传优化算法的局部搜索能力，同时保持种群的多样性。交叉运算和变异运算的相互配合，共同完成对搜索空间的全局搜索和局部搜索。

由于最好的个体总是更多地被选择去产生下一代，而适应度低的个体逐渐被淘汰，因此，经过上述一系列的过程，产生的新一代个体不同于初始的一代，并一代一代向增加整体适应度的方向发展。这样的过程不断重复，直到满足终止条件为止。

3.2.3.2 遗传优化算法改进及发展

随着应用领域的扩展，遗传优化算法的研究出现了以下几个引人注目的新动向。

(1) 基于遗传优化算法的机器学习，这一新的研究课题把遗传优化算法从离散的搜索空间的优化搜索算法扩展到具有独特规则生成功能的崭新的机器学习算法。这一新的学习机制为解决人工智能中知识获取和知识优化精练的瓶颈难题带来了希望。

(2) 遗传优化算法正和神经网络、模糊推理与混沌理论等其他智能计算方法相互渗透和结合，这对未来发展新的智能优化算法具有重要的意义。

(3) 并行处理的遗传优化算法的研究十分活跃。这一研究不仅对遗传优化算法本身的发展，而且对新一代智能计算机体系结构的研究都是十分重要的。

(4) 遗传优化算法和另一个称为人工生命的崭新研究领域正不断渗透。人工生命指用计算机模拟自然界丰富多彩的生命现象，其中生物的自适应、进化和免疫等现象是人工生命的重要研究对象，遗传优化算法在这方面将会发挥一定的作用。

(5) 遗传优化算法和进化规划(evolution programming，EP)与进化策略(evolution strategy，ES)等进化计算理论日益结合。EP 和 ES 几乎是和遗传优化算法同时独立发展起来的，同遗传优化算法一样，它们也是模拟自然界生物进化机制的智能计算方法，既同遗传优化算法具有相同之处，也有各自的特点。目前，这三者之间的比较研究和彼此结合的探讨正逐渐成为热点。

3.2.3.3　遗传优化算法的航迹规划

1. 遗传优化算法航迹规划的优势

飞行器离线三维航迹规划是一个多目标优化问题，在优化过程中既需要考虑各种威胁约束，又需要考虑飞行器自身物理性能约束，且规划空间复杂，既要保证规划过程的全局性、实时性，又要保证规划结果的准确性。因此，在进行飞行器离线三维航迹规划算法选择的过程中，需要综合考察算法各方面的性能。遗传优化算法相较于其他规划算法来说具有以下优势[31]：

(1) 全局最优性。遗传优化算法迭代优化的基本单位是整个种群，范围是整个搜索空间，因此不易陷入局部最优，具有全局最优性。

(2) 自适应搜索。遗传优化算法在进行离线三维航迹搜索过程中，可以自动进行种群迭代优化，使种群中的个体朝着适应度高的方向发展。

(3) 渐进寻优。遗传优化算法的每一次交叉、变异、选择操作，都会淘汰掉种群中的劣势个体，留下优秀个体，使得种群能够在一次次的迭代中不断进化，直到得到最优解。

(4) 并行式搜索。遗传优化算法的每一次进化过程针对的都是整个种群中的所有个体，因此可以通过并行操作提高计算效率，降低算法的时间复杂度。

(5) 通用性。遗传优化算法不依赖复杂的收敛依据，只需先对问题进行编码，然后比较个体适应度函数的值进行迭代优化，就可以得到全局最优解，适用于求解较复杂问题。

(6) 搜索过程具有方向性。遗传优化算法在进行迭代优化过程中，是以适应度函数的值为依据，使结果有方向性地不断逼近最优解。离线三维航迹规划问题搜索空间复杂，且具有多个约束条件，不适合采用直接求解方法。遗传优化算法相较于传统规划算法具有全局最优性，且能通过并发控制使种群较快收敛得到最优解。除此之外，实际的规划环境往往具有不确定性，遗传优化算法能够通过调整遗传算子的参数取值，灵活适应不同的离线三维航迹规划环境。因此，选取遗传优化算法进行飞行器的离线三维航迹规划。

2. 基因编码

基因编码方式的选取决定了种群中个体的表达方式[32]，同时也直接影响了算法的收敛速度和结果的准确性。常用的基因编码方式包括二进制编码、序列编码和实数编码等。

其中，二进制编码虽然解码方便、较易实现，但不能够展现航迹规划问题的原始形式，局部搜索效率低；序列编码中的基因用整数表示，适用于解决组合优化问题；实数编码中的基因表现形式与航迹规划问题的原始形式类似，编码表达更加准确，适用于求解航迹规划问题。因此，选取实数编码方式进行基因编码。

编码过程中一条染色体代表一条备选航迹，图 3-8 为一条染色体示意图，染色体中的基因表示该条航迹中航迹点的空间坐标信息，航迹中的航迹点包括起点、中间航迹点和目标点。这里 $S(x_s, y_s, z_s)$ 表示航迹起点，$G(x_g, y_g, z_g)$ 表示航迹目标点，$R_i(x_i, y_i, z_i)$ 表示第 i 个中间航迹点，共包含 N 个中间航迹点。确定合适的编码方式之后，需要根据编码方式完成种群初始化。本小节通过在整个三维规划空间中进行随机大规模采样，来保证规划的全局性和种群中的基因多样性。采样节点作为航迹点(基因)，相邻航迹点相互连接生成备选航迹(染色体)。其中，相邻航迹点是指两个航迹点连接之后形成的航迹朝着目标点的方向前进，不会朝起点后退。为了避免形成后退航迹，可以计算每个航迹点与起点的距离 L_i，来判断航迹点的先后顺序。经过随机采样之后，生成大量备选航迹，完成种群初始化。

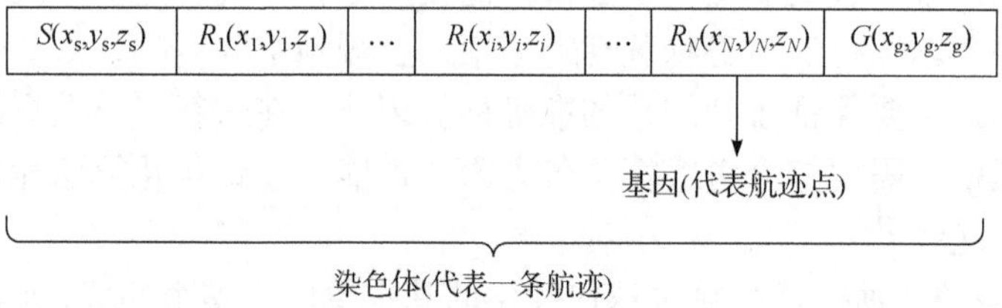

图 3-8　一条染色体示意图

3. 面向多目标的适应度函数设计

选取合适的基因编码方式，进行种群初始化后，下一步要确定个体的适应度评价指标，即选取合适的适应度函数。适应度函数的设计是遗传优化算法的关键问题，适应度值可以作为种群中个体进行优劣判断的依据，以便筛选出优良个体。如果适应度函数设计不当，会造成算法早熟或者后期进化缓慢，陷入局部最优。因此，要谨慎选取适应度函数。由于飞行器的离线三维航迹规划是一个多目标优化问题，因此适应度函数设计过程中需要考虑多个约束条件。这里的多个约束条件既包括转弯角、俯仰角、航迹长度等飞行器自身物理性能约束，又包括雷达、防空武器等动静态威胁约束。飞行器离线三维航迹规划的目标是得到一条满足规划目标的最优航迹，该条航迹既要保证飞行器的安全性，又要保证飞行效率。因此，离线三维航迹规划的适应度函数如式(3-24)所示：

$$W = \xi_L W_L + \xi_H W_H + \xi_E W_E + \xi_T W_T \tag{3-24}$$

式中，W 表示飞行器航迹综合代价，在航迹规划问题中，适应度函数又称为航迹代价函数；W_L 表示油耗代价；W_H 表示高度代价；W_E 表示飞行器物理性能约束代价；W_T 表示威胁代价；ξ_L、ξ_H、ξ_E、ξ_T 表示各种航迹代价所占的权重系数。

在飞行器综合代价函数中，各个代价变量通常存在巨大的数量级差异，因此需要对各代价的数量级进行归一化处理，使其具有同样的灵敏度。以油耗代价 W_L 为例，归一后

的结果 W_L' 如式(3-25)所示：

$$W_L' = \frac{W_L - \min(W_L)}{\max(W_L) - \min(W_L)} \tag{3-25}$$

式中，W_L 为当前航迹的油耗代价。将所有代价变量进行归一化后的适应度函数 W' 如式(3-26)所示：

$$W' = \xi_L W_L' + \xi_H W_H' + \xi_E W_E' + \xi_T W_T' \tag{3-26}$$

式中，W_L' 、W_H' 、W_E' 、W_T' 为所有代价变量进行归一化后的结果。

1) 油耗代价

降低飞行器飞行过程中的油耗代价，有利于避免飞行器中途因携带油量不足而中断任务，从而保障飞行器飞行任务的顺利执行。飞行器的油耗代价与航迹长度和飞行速度有关，假设飞行器飞行速度恒定，则油耗与航迹长度成正比，如式(3-27)所示：

$$W_L = C_L L \tag{3-27}$$

式中，W_L 表示飞行器的油耗代价；L 表示航迹长度；C_L 表示两者间的比例系数，并且 L 通过式(3-28)计算：

$$L = \sum_{k=1}^{N+1} l_k \tag{3-28}$$

式中，l_k 表示分段航迹长度，并且可以通过式(3-29)计算：

$$l_k = \sqrt{(x_{i+1} - x_i)^2 + (y_{i+1} - y_i)^2 + (z_{i+1} - z_i)^2} \tag{3-29}$$

式中，(x_i, y_i, z_i) 和 $(x_{i+1}, y_{i+1}, z_{i+1})$ 表示相邻两个航迹点的坐标。

2) 高度代价

飞行器飞行过程中为了避免被敌方各种威胁发现，可以借助地形进行隐蔽飞行。也就是说，飞行器飞行高度越高，航迹代价越大，越容易受到敌方威胁的侦察和攻击；反之，航迹代价越小，飞行器越安全。因此，要尽可能降低飞行高度。假设飞行器在航迹段 i 上的平均高度为 H_i ，则整条航迹的总高度代价 W_H 可由式(3-30)求得

$$W_H = \sum_{i=1}^{n} H_i \tag{3-30}$$

式中，H_i 表示第 i 个航迹段的平均高度；n 表示整条航迹的航迹段个数。

3) 飞行器物理性能约束代价

离线三维航迹规划过程中的飞行器物理性能约束包括最大转弯角约束、最大俯仰角约束、最小航迹段长度约束和最大航程约束，这些约束与飞行器自身的性能有关，是保证飞行器飞行任务顺利执行必不可少的重要条件。飞行器物理性能约束代价函数 W_E 如式(3-31)所示：

$$W_E = 1 - (1 - W_{1\min})(1 - W_\alpha)(1 - W_\beta)(1 - W_{1\max}) \tag{3-31}$$

式中，$W_{1\min}$、W_{α}、W_{β}、$W_{1\max}$ 分别用来判断航迹段长度、转弯角、俯仰角、航程约束是否满足最小航迹段长度、最大转弯角、最大俯仰角、最大航程约束。当满足约束条件时，它们的取值为 0，飞行器物理性能约束代价为 0；只要有一项不满足约束条件，飞行器物理性能约束代价为 1。也就是说，航迹必须满足所有的性能约束条件，才能保证飞行器顺利飞行。

4) 威胁代价

飞行器离线三维航迹规划的威胁代价包括雷达、干扰设备、防空武器等静态威胁代价和侦察机、歼击机等动态威胁代价。飞行器沿着当前航迹飞行过程中，所有时刻的动静态威胁代价 W_T 如式(3-32)所示：

$$W_T = \sum_{t=0}^{T}\left[1-\prod_{i=1}^{N}\left(1-p_{t,i}\right)Q_t\right] \tag{3-32}$$

式中，T 表示飞行器沿着备选航迹飞行的总时间；$p_{t,i}$ 表示飞行器沿该条航迹飞行过程中 t 时刻第 i 个静态威胁对飞行器的威胁概率，假设存在 N 个静态威胁；Q_t 表示 t 时刻潜在动态威胁对飞行器的威胁概率。已知 t 时刻飞行器所在的位置坐标，将其代入潜在动态威胁巡逻概率预测矩阵中，可求得该点的潜在动态威胁概率 Q_t。

环境中设置的静态威胁包括雷达、干扰设备和防空武器，根据它们各自的威胁区域建模以及飞行器与静态威胁的相对距离，可求得 t 时刻各个静态威胁对飞行器的威胁概率，分别用 $p_{t,l}$、$p_{t,g}$、$p_{t,f}$ 表示。因此，又可表示为

$$W_T = \sum_{t=0}^{T}\left[1-\left(1-p_{t,l}\right)\left(1-p_{t,g}\right)\left(1-p_{t,f}\right)Q_t\right] \tag{3-33}$$

4. 遗传操作算子设计

确定了适应度函数之后，接下来需要对种群实施选择、交叉、变异等遗传操作，这是一个优胜劣汰的过程。遗传操作使得种群在不断地迭代进化中舍弃劣势个体，保存优势个体，直到问题的解随着进化代数地增加渐进收敛到最优解。本小节通过结合航迹规划问题的特点选取合适的遗传操作算子，使算法更加适用于求解编码复杂的离线三维航迹规划问题。

1) 选择操作

选择操作的作用是在得到种群中所有个体的适应度值之后，采用某种规则选择种群中的较优个体遗传到子代，以便保存种群中的优良基因，并加快算法收敛。选择操作不会使种群中产生新的个体，也不会改变现有个体的适应度大小。它只是基于所有个体的适应度值，挑选一定量的适应度最优的个体遗传到子代，形成新的种群，进行下一次迭代优化操作。也就是说，通过选择操作可以优化种群的平均适应度值。常用的选择操作算子包括比例选择、随机竞争选择和最佳保留选择等。其中，比例选择使算法不易陷入局部最优，而且能够保证优胜劣汰原则，适用于离线三维航迹规划问题。因此，选取比例选择作为离线规划阶段的选择操作算子。在比例选择中，轮盘被划分为几个不同面积大小的扇形区域，转动轮盘，指针停下时指向的区域是随机的。因此，所有区域都有机

会被选中，但是面积大的区域被选中的概率相对较高。这一特点保证了遗传优化算法的全局最优性，且又能保证优胜劣汰的进化准则。这里的扇形面积大小对应了遗传优化算法中个体的适应度值大小，比例选择的具体操作步骤如下。

步骤一：设种群大小为 M，个体的适应度值分别为 W_1、W_2、…、W_M，根据适应度值得到个体的遗传概率 p_i 为

$$p_i = W_i \Big/ \sum_{j=1}^{M} W_j \tag{3-34}$$

步骤二：为了便于计算，对每个个体的遗传概率进行归一化处理，得

$$q_i = \sum_{j=1}^{i} p_j M \tag{3-35}$$

式中，q_i 为个体遗传概率 p_i 归一化之后的结果，q_i 的值处于 $[0,1]$ 区间。

步骤三：对个体进行归一化操作之后，在 $[0,1]$ 区间产生一个随机数 r，根据 r 在区间内的位置选择被遗传到下一代的个体。

步骤四：若次数达到种群大小 M，退出选择操作；否则，返回步骤三。

2) 交叉操作

交叉操作是指将种群中的两个个体相互配对，然后以一定规则互相交换一部分基因，最终会使种群中产生新的个体。交叉操作具体分为三个步骤：首先将种群中的所有个体进行两两配对；其次依据制定好的规则从两个配对个体的染色体中选取交叉点；最后按照交叉概率交换两条染色体交叉点处的基因，产生新的个体。将交叉操作映射到离线三维航迹规划问题，是指将两条备选航迹进行配对，然后选取交叉点，交换两条航迹的部分航迹点，得到新航迹。

常用的交叉操作算子包括均匀交叉、单点交叉和多点交叉等。本小节采用的交叉操作算子是多点交叉，即在两个配对个体的染色体中随机选取多个基因点互相交换，产生两个全新的染色体。如图 3-9 所示，染色体 A、B 分别来自两条已配对备选三维航迹，S、G 分别代表起点和目标点，剩余的为中间航迹点，随机选取一部分航迹点作为交叉点，以交叉概率 P_c 进行航迹点交换，产生两条新航迹。

3) 变异操作

变异操作是指以较小的概率，对染色体进行基因扰动，改变其中的一个或多个基因点。变异操作可以加快算法局部的搜索速度，将变异后得到的新个体与原个体做对比，保存适应度高的那一个，使个体逐渐趋于最优解。同时，经过变异之后的个体会具备新的基因结构，有利于提高种群中的基因多样性，防止种群发生早熟。将遗传优化算法中的交叉操作与变异操作相结合，实现对规划空间的搜索。

从离线三维航迹规划的角度，变异操作是指改变航迹中的航迹点三维坐标，产生新的航迹。如图 3-10 所示，原染色体代表一条完整的三维航迹，随机改变该条航迹中某个航迹点的坐标，得到一条新航迹。然后，比较原航迹与新航迹的适应度大小，保留适应度高的那条，淘汰适应度低的，完成变异操作。

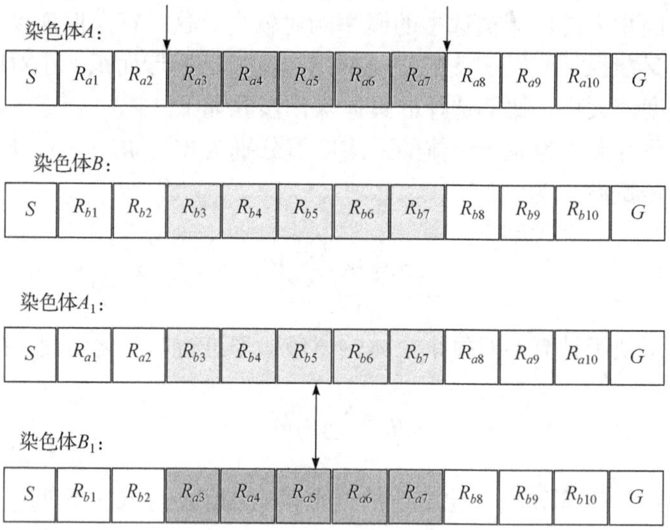

图 3-9　交叉操作示意图

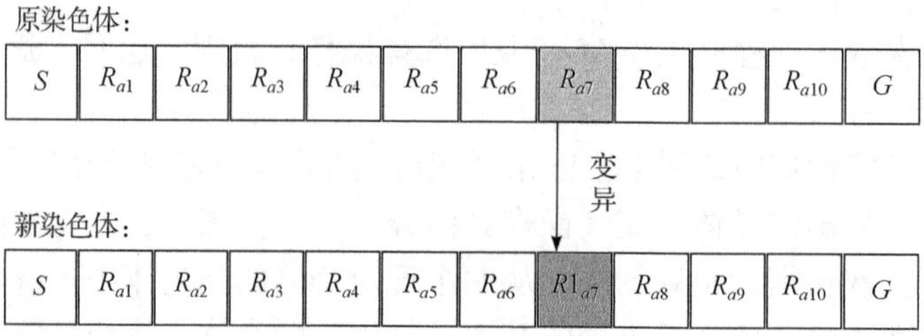

图 3-10　变异操作示意图

3.2.3.4　遗传优化算法的航迹规划流程

如图 3-11 所示的利用遗传优化算法进行离线三维航迹规划的操作流程图，大致流程介绍如下：

(1) 输入数据和设置参数。包括个体遗传概率、最大迭代优化次数、种群大小等。

(2) 进行基因编码，产生满足条件的初始种群。选取合适的基因编码方式，产生初始种群时航迹起始点与目标点坐标固定不变，并赋予种群中所有个体，其余航迹点随机初始化。

(3) 计算个体适应度值。设计合适的个体适应度函数，使其能够反映每条航迹的优劣，并计算每条航迹个体的适应度值。

(4) 判断航迹是否满足迭代终止条件。如果发现航迹满足迭代终止条件或达到设置好的最大迭代次数，则结束航迹规划，得到最优航迹；否则，返回步骤(3)，继续迭代优化。

(5) 执行选择、交叉、变异操作。相关操作参数已在第一阶段设置好，执行完选择、交叉、变异操作之后会得到优化后的新的种群。

综上所述，使用遗传优化算法进行飞行器离线三维航迹规划包含三个关键步骤：①选择合适的编码方式，进行基因编码，产生初始种群；②设计适应度函数，评价种群中个体间的优劣；③设计选择、交叉、变异操作算子，进行种群的迭代优化，筛选最优解。

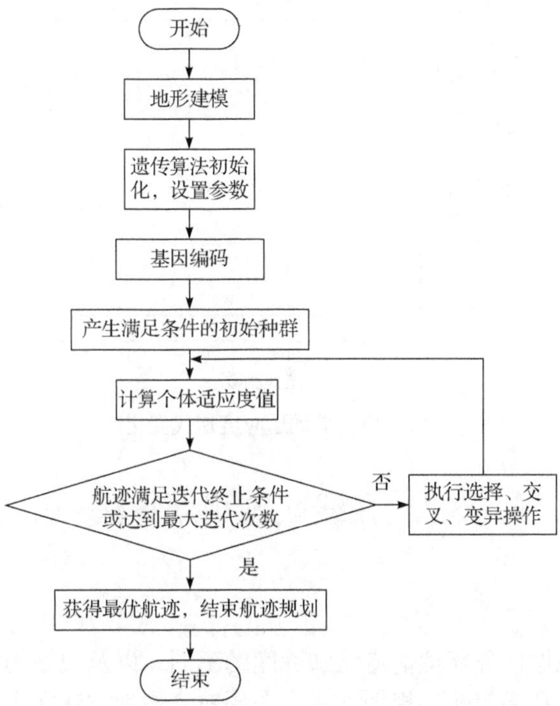

图 3-11　遗传优化算法离线三维航迹规划流程图

3.2.3.5　遗传优化算法下的航迹规划仿真

航迹规划仿真初始条件和粒子群优化算法的条件相同，航迹优化起点为(0m,0m,0m)，终点为(1000m,1000m,400m)。染色体总数 N=50，最大迭代次数 $T_{\max}$ =50，染色体长度为 10，选择概率为 0.5，交叉概率为 0.8，变异概率为 0.2，航迹评价函数为航程最短，即适应度函数取航程最短。仿真结果如图 3-12 和图 3-13 所示。

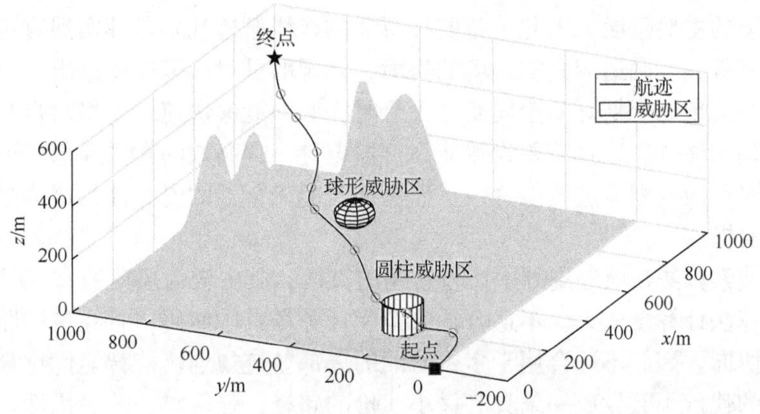

图 3-12　航程最短遗传优化算法航迹规划

由仿真结果分析可知，采用遗传优化算法进行航迹规划能够在很好规避雷达威胁区和障碍物威胁区的情况下，使航迹评价函数最小，即航程最短。在迭代 45 次左右找到航程最短的航迹，最短航程为 1634m，满足最大迭代次数。

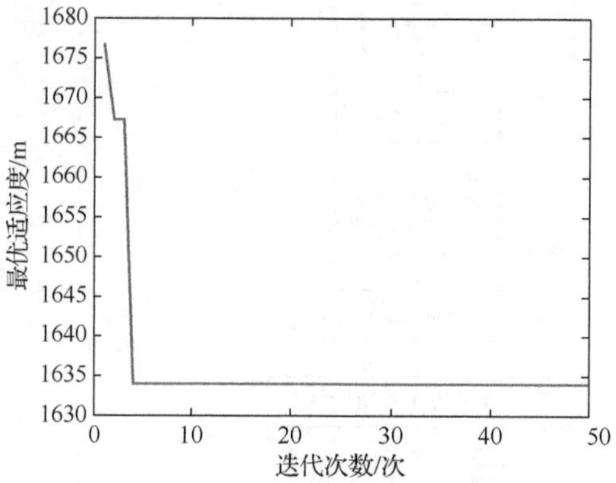

图 3-13　最优适应度迭代变化

3.3　在线航迹规划算法

3.3.1　优化算法

航迹规划方法根据任务环境信息已知程度的不同，以及规划的实时性需求，可以分为全局航迹规划方法和局部航迹规划方法。全局航迹规划方法在大任务空间中仍然存在计算时间长、计算开销大等问题，使得它无法满足实时性和动态避障的需求，而局部航迹规划方法无法利用全局信息，从而易陷入局部最优解，存在可能无法达到终点的缺陷。

先根据部分已知的环境信息，采用智能优化方法离线进行全局航迹规划，得到相对最优的航迹。然后智能飞行器在沿该航迹飞行时，实时监测周围环境，若出现未知障碍物，则采用局部航迹规划方法在线进行重新规划航迹，以达到实时动态避障的目的。

在目前日益复杂的应用需求中，智能飞行器所处的任务环境瞬息万变，充满着未知性和动态性。当战场态势发生变化时，能够快速规划出适应新环境的航迹，是应对不确定性任务环境的主要手段。因此，智能飞行器的在线航迹规划是其实现真正自主化飞行的基础，是有效、准确适应真实环境的保障，体现的是对环境变化做出反应的能力。当智能飞行器沿着预先规划好的全局航迹飞行时，必须能够快速绕过将对自身产生威胁的未知障碍或动态障碍。这就需要为智能飞行器设计一种高效的在线局部航迹规划策略，使之具有随时重新规划航迹的能力，从而保证智能飞行器的安全性，这也是任务能够被成功执行的前提。

启发式搜索算法是航迹规划中比较常用的算法，其中较为经典的有 D^*算法和 A^*算法。但这类算法计算量较大，不适合在大范围任务场景中使用，且在扩展路径时难以考虑多机间的协同，因此不适合用于多机协同的局部航迹规划。群智能优化算法通常是基于预先确定的代价函数生成一条具有最小代价的路径，强调航迹的最优性。大多数群智能优化算法虽然能够有效地利用全局信息寻求最优解，但是存在求解过程复杂、计算量大、迭代周期过长的缺点。因此，大部分群智能优化算法由于不能满足实时性要求而很难单独用于求解局部航迹规划问题。但粒子群优化算法因为其收敛速度快，所以可用于航迹的在线规划。在 3.3.2 小节中将给出一种在线粒子群航迹优化方法。

人工势场法是一种较为常见的在线航迹规划方法，飞行器在飞行过程中将受到来自障碍物的斥力和来自目标的引力，这两种力所产生的合力期望能够使无人机绕过威胁而飞往目标所在位置。虽然这种方法具有非常好的实时性和较小的计算量，但当斥力和引力相互抵消，合力为 0 时，将导致飞行器无法顺利到达目标。同时由于未考虑飞行器的性能约束，可能使得规划的航迹是不可飞行的。

3.3.2　在线航迹优化

3.3.2.1　基于粒子群算法的在线航迹规划

本小节采用一种三维航迹的分层航迹规划策略，所设计的分层航迹规划策略由上层水平航迹规划和下层飞行高度规划组成，如图 3-14 所示。上层水平航迹规划模块采用粒子群优化算法。下层飞行高度规划模块根据地形数据、威胁区和上层规划的水平航迹进一步规划出水平航迹对应的飞行高度，飞行高度规划问题被建模为二次规划问题。

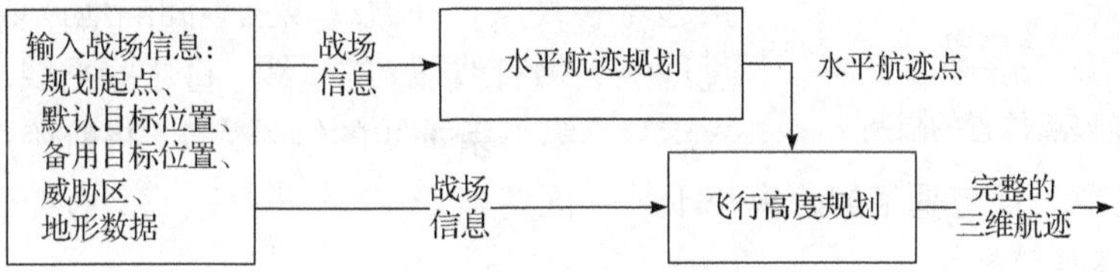

图 3-14　分层航迹规划策略示意图

1. 水平航迹规划

在水平航迹规划中采用标准粒子群优化算法，标准粒子群优化算法原理及航迹优化流程同 3.2.1 小节，不再赘述。下面重点介绍适应度函数及相关限制条件。

1) 水平航迹规划的适应度函数

适应度函数选为航迹代价和约束违背代价的加权：

$$F(T)=C(T)+H(T) \tag{3-36}$$

式中，T 为由折线段表示的飞行航迹；$C(T)$ 为航迹代价；$H(T)$ 为约束违背代价。

其中，航迹代价的计算方式如式(3-37)所示：

$$C(T)=w_l\sum_{i=1}^{N}l_i^2+w_h\sum_{j=1}^{m}h_j^2+w_T\sum_{k=1}^{n}\sum_{j=1}^{m}\frac{1}{d_0+d\left(P_j,O_k\right)} \tag{3-37}$$

式中，P_j 为在水平航迹上提取的航迹点；w_l 为航段长度代价系数；l_i 为第 i 航段的长度；N 为航段个数；w_h 为飞行高度代价系数；h_j 为航迹点 P_j 对应的地形高度；m 为在水平航迹上等间距采集的航迹点的个数；w_T 为威胁区代价系数；n 为威胁区个数；d_0 为固定常数；O_k 为威胁区圆心位置；d 为两点之间的距离。

约束违背代价的计算方式如式(3-38)所示：

$$H(T)=w_1g\left(\sum_{i=1}^{N}l_i-l_{\mathrm{m}}\right)+w_2\sum_{i=1}^{N-1}g\left(\psi_i-\psi_{\mathrm{m}}\right)+w_3\sum_{i=1}^{N-1}g\left(2l_{\mathrm{turn}}+l_s-l_i\right) \tag{3-38}$$

式中，w_1 为剩余航程约束违背代价系数；l_i 为第 i 航段的长度；l_{m} 为飞行器剩余航程；w_2 为最大水平转角约束违背代价系数；ψ_i 为航迹点 P_i 处对应的转角；ψ_{m} 为航段间最大转角；w_3 为最小航段长度约束违背代价系数；l_{turn} 为转弯所需长度；l_s 为连续两次转弯之间的最小直飞路径。函数 $g(x)$ 的定义如式(3-39)所示：

$$g(x)=\begin{cases}0, & x\leqslant 0\\ x, & x>0\end{cases} \tag{3-39}$$

式中，x 表示某一实数。

2) 航迹点位置的限制

若不对航迹点进一步施加约束，可能会导致收敛速度十分缓慢，非常容易陷入局部最优，因此对各个航迹点的位置变化施加一定约束以加快收敛，主要方式如下：

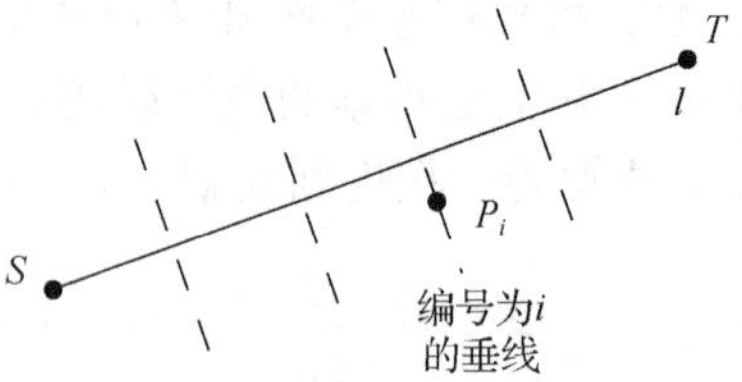

图 3-15　航迹点位置的限制

如图 3-15 所示，在二维空间中用一条直线段 l 连接起点和终点，在直线段上等间隔地选取 $N-1$ 个点，过这些点做直线段 l 的垂线，将这些垂线从起点开始顺次编号，第一条垂线的编号为 1。将航迹点 P_i 限制在编号为 i 的垂线上，且与垂足的距离小于某一固定值 D。

2. 飞行高度规划

假设现在已经获得如图 3-15 所示的水平航迹，当获得水平航迹后，需要进一步规划水平航迹上每一点对应的飞行高度。

在水平路径上按照一定间隔 Δs 提取 m 个航迹点，其中 P_1 是起点，P_N 是终点。h_i 表示第 i 个航迹点对应的飞行高度，在一条路径上采集的所有航迹点对应的飞行高度形成了一个向量 $\boldsymbol{H}=\left[h_1,h_2,\cdots,h_n\right]^{\mathrm{T}}$，此为飞行高度规划问题的决策变量。

1) 代价函数

将飞行高度的平方和和飞行高度三阶差分的平方的加权作为代价函数。前者保证飞行高度尽量低，后者保证跟踪此航迹所需的纵向加速度随时间变化较为平缓。因此，考虑的代价函数为

$$\boldsymbol{J}=\boldsymbol{H}^{\mathrm{T}}\left(\boldsymbol{I}+\omega_a\boldsymbol{U}^{\mathrm{T}}\boldsymbol{U}\right)\boldsymbol{H} \tag{3-40}$$

式中，$\boldsymbol{H}$ 为决策变量的向量形式，$\boldsymbol{H}=\left[h_1,h_2,\cdots,h_n\right]^{\mathrm{T}}$；$\boldsymbol{I}$ 为 n 阶单位矩阵；ω_a 为系数，标量；$\boldsymbol{U}$ 为 $(n-3)\times n$ 阶矩阵。

其中，矩阵 $\boldsymbol{U}$ 的第 i 行的元素如下：

$$\boldsymbol{u}_i=\left[\boldsymbol{0}_{1\times(i-1)},-1,3,-3,1,\boldsymbol{0}_{1\times(n-i-3)}\right],\quad i=1,2,\cdots,n-2 \tag{3-41}$$

式中，$\boldsymbol{0}_{p\times q}$ 为元素均为 0 的 $p\times q$ 矩阵。

2) 约束条件

(1) 飞行高度约束。

飞行器不能低于巡航高度和地形高度的加和，同时再加上升限因素的影响，每个航

迹点对应的飞行高度受到如下约束：

$$h_t + h_c \leqslant h_i \leqslant h_{max}, \quad i = 1, 2, \cdots, n \tag{3-42}$$

式中，h_t 为地形高度；h_c 为巡航高度；h_i 为第 i 个航迹点对应的飞行高度。

(2) 最大爬升角约束。

最大爬升角约束为飞行器最大爬升角和最大俯冲角的限制，相邻的航迹点之间应该满足：

$$\alpha_d \leqslant \arctan\left[\left(h_{i+1} - h_i\right)/\Delta s\right] \leqslant \alpha_c, \quad i = 1, 2, \cdots, n-1 \tag{3-43}$$

式中，α_d 为最大俯冲角；α_c 为最大爬升角。

(3) 法向加速度限制。

巡航过程中，飞行器的弹道倾角一般较小，因此通过高度的二阶差分得到法向加速度的近似值，进而将飞行高度变化受到法向加速度限制的情况表达出来：

$$-a_{max} \leqslant \frac{h_{i+1} - 2h_i + h_{i-1}}{\Delta T^2} \leqslant a_{max} \tag{3-44}$$

式中，h_i 为飞行器飞行到航迹点 P_i 上方时的飞行高度；ΔT 为飞行器通过两个航迹点之间水平路径所需时间；a_{max} 为最大法向加速度的最大值。

至此，本小节将飞行高度规划问题建模为凸二次规划问题，凸二次规划问题是一种已经被研究得十分成熟的优化问题，采用拉格朗日(Lagrange)方法、内点法、信赖域反射算法等都可以快速求解。

3. *动态航迹规划*

当飞行器沿着预先规划好的全局航迹飞行时，可能会遭遇突增威胁或障碍，此时就需要进行航迹重规划对其进行规避。

航迹重规划的流程：①选取航迹重规划起点与终点；②航迹重规划。

1) 选取航迹重规划起点与终点

(1) 起点 S' 的选取。

假设完成航迹重规划所需时间为 ΔT，飞行器飞行速度为 V，重规划起点 S' 在飞行器前方航迹上距当前位置 $\Delta T \cdot V + \Delta d$ 处作为重规划起点(Δd 为保证充足的重规划时间而设定的某一固定值)。

(2) 终点 T' 的选取。

重规划终点选在原航迹上突增威胁与目标点之间距离突增威胁较远的位置。

2) 航迹重规划

当航迹重规划的起点和终点确定之后，采用本小节基于粒子群优化算法的三维航迹规划方法进行航迹重规划，同时需考虑突增威胁区的影响，对其进行动态规避。

4. *动态航迹规划仿真*

仿真场景的设置如下：飞行器航迹规划的起点位于(0km,0km,0.1km)，终点位于(100km,100km,0.1km)，动态航迹规划威胁区参数如表 3-2 所示。

表 3-2　动态航迹规划威胁区参数表

参数	威胁区 1	威胁区 2	威胁区 3	威胁区 4
中心位置/km	(70,70,0)	(15,45,0)	(50,20,0)	(40,60,0)
影响半径/km	15	10	18	12

通过采用基于粒子群优化算法的在线航迹规划方法，可以得到图 3-16 中实线的原航迹，突增威胁中心位置位于(40km,60km,0km)，影响半径为 12km。利用重规划策略进行航迹重规划。航迹重规划的起点和终点分别位于(30km,42km,0.1km)和(51km,74km,0.1km)，所得结果为图 3-16 中点划线所示重规划航迹。仿真结果表明，该粒子群优化算法可以有效规避威胁区，快速生成重规划航迹。

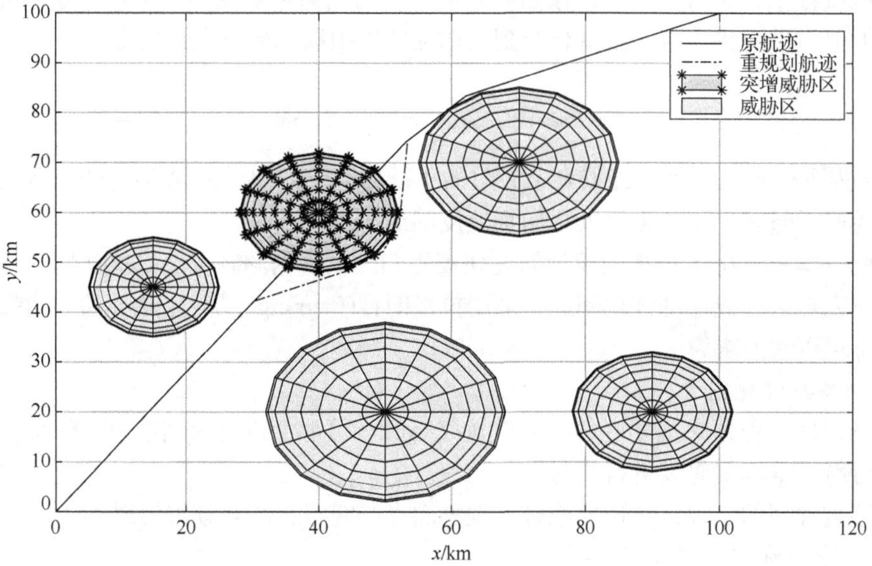

图 3-16　突增威胁规避(二维图)

3.3.2.2　人工势场法动态航迹规划

代码

1. 人工势场法航迹规划原理

人工势场法由 Khatib 于 1986 年提出，其核心原理是将飞行器飞行区域建模成虚拟势力场[33]。该方法将飞行器、障碍物和目标点视为质点，飞行器受到虚拟势力场的作用并沿着势能下降的方向前进，进而找到目标点完成路径规划。如图 3-17 所示，飞行器所受的虚拟势力场是由引力势场和斥力势场叠加而成，其中引力势场由目标点产生，方向由飞行器指向目标点，斥力势场由障碍物产生，方向由障碍物指向飞行器。

如图 3-18 所示，在飞行器的飞行环境中(下文飞行器用无人机(UAV)代替)，目标点会对其产生引力，这种引力的大小只取决于无人机和目标点两者之间的距离，距离越远，引力越大，反之越小。当无人机进入障碍物的影响范围后，障碍物会对其产生斥力，这种斥力的大小只取决于无人机和障碍物两者之间的距离，距离越近，斥力越大，反之越小。在引力势场和斥力势场叠加的作用下，无人机沿着虚拟势力场的负梯度逐渐移动，直到抵达目标点。

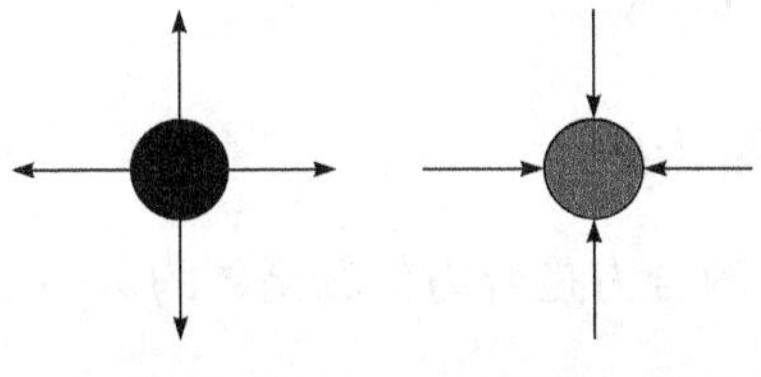

图 3-17　人工势场受力示意图

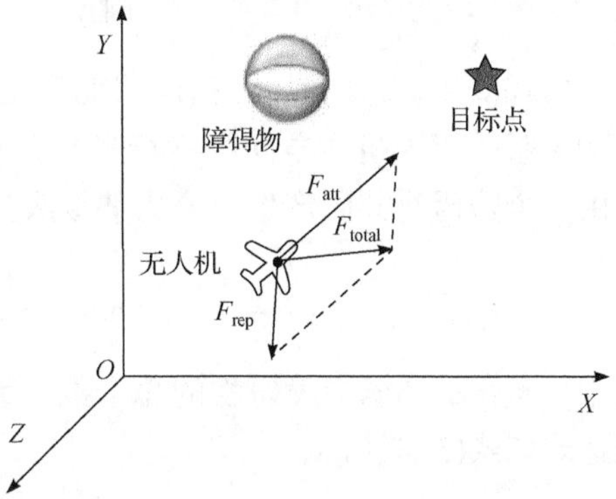

图 3-18　无人机在势力场中受力图

2. 人工势场法数学模型

1) 引力势场函数数学模型

引力势场主要由无人机和目标点的距离关系确定，两者关系式如式(3-45)所示：

$$U_{att}(q)=0.5k_{att}d^2(q,q_g) \tag{3-45}$$

式中，$U_{att}(q)$表示无人机当前位置的引力势场；k_{att}表示引力势场增益系数；q表示无人机当前位置；q_g表示目标点位置；$d(q,q_g)$表示无人机到目标点的距离。

无人机受到目标点的吸引作用，其大小通常由引力势场函数的负梯度表示，方向由无人机当前位置指向目标点位置[34]。引力$F_{att}(q)$的表达式如式(3-46)所示：

$$F_{att}(q)=-\nabla U_{att}(q)=-k_{att}d(q,q_g) \tag{3-46}$$

由式(3-46)可知，引力指向势能变化率最大的方向。该引力的大小只与$d(q,q_g)$成正比例关系。

2) 斥力势场函数数学模型

当无人机飞行至障碍物的影响范围时，斥力势场主要由无人机和障碍物的距离关系确定，两者的关系式如下式所示：

$$U_{rep}(q)=\begin{cases}0.5k_{rep}\left[\dfrac{1}{d(q,q_0)}-\dfrac{1}{d_0}\right]^2, & d(q,q_0)\leqslant d_0\\ 0, & d(q,q_0)>d_0\end{cases} \tag{3-47}$$

式中，$U_{rep}(q)$表示无人机当前位置的斥力势场；k_{rep}表示斥力势场增益系数；q_0表示障碍物的位置；$d(q,q_0)$表示 UAV 当前位置到障碍物的距离；d_0表示障碍物对 UAV 产生影响的最大范围。

无人机受到障碍物的排斥作用，其大小通常由斥力势场函数的负梯度表示，方向由障碍物位置指向无人机当前位置。斥力$F_{rep}(q)$的表达式如下式所示：

$$F_{\mathrm{rep}}(q)=-\nabla U_{\mathrm{rep}}(q)=\begin{cases}k_{\mathrm{rep}}\left[\dfrac{1}{d(q,q_0)}-\dfrac{1}{d_0}\right]\dfrac{1}{d^2(q,q_0)}, & d(q,q_0)\leqslant d_0\\ 0, & d(q,q_0)>d_0\end{cases} \tag{3-48}$$

由式(3-48)可知，斥力指向势能变化率最大的方向。该斥力的大小只与$d(q,q_0)$成反比例关系。无人机在空间中飞行时，会受到引力势场和斥力势场的共同作用，斥力势场可由多个障碍物共同产生。合力势场表达式如式(3-49)所示：

$$U_{\mathrm{total}}=U_{\mathrm{att}}(q)+\sum_{i=1}^{n}U_{\mathrm{rep}}(q) \tag{3-49}$$

式中，n表示环境中障碍物的总个数。无人机所受的合力是合力势场函数的负梯度，其表达式如式(3-50)所示：

$$F_{\mathrm{total}}=F_{\mathrm{att}}(q)+\sum_{i=1}^{n}F_{\mathrm{rep}}(q) \tag{3-50}$$

3. 人工势场法优缺点

人工势场法具有规划速度快、局部规划效果好和对环境适应性强等优点，在路径规划中被广泛应用。尽管人工势场法在无人机航迹规划中具有一定的优势，但存在目标不可达和易陷入局部极小值的两大问题。

如图3-19所示，当目标点附近有障碍物影响时，随着无人机不断向目标点运动，逐渐进入障碍物影响的范围之内，此时引力逐渐减小而斥力逐渐增大，进而出现无人机所受斥力大于引力的情况，导致无人机远离目标点。当无人机远离目标点时，引力逐渐增大而斥力逐渐减小，进而出现无人机所受引力大于斥力的情况，最终导致无人机飞向目标点。因此，当目标点附近有障碍物影响时，无人机会在目标点附近来回摆动，无法到达目标点。

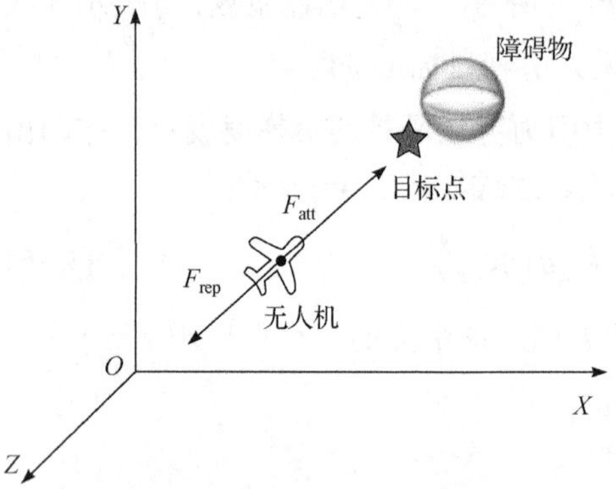

图3-19 目标不可达示意图

无人机在复杂或特殊的飞行环境中可能会出现引力与斥力大小相等，方向相反的情况，导致无人机在非目标点处所受合力为零，陷入局部极小值。为了清晰地表示人工势场法局部极小值问题，本小节从两方面进行阐述。当目标点、障碍物和无人机三者共线并且障碍物位于目标点和无人机之间时，会发生无人机受到来自目标点的引力和来自障碍物的斥力的大小相等、方向相反的情况。如图3-20所示，这种情况使环境中非目标点位置合力为零，无人机无法飞行到目标点。

当无人机飞行环境中存在多个障碍物时，无人机在势场中所受的斥力大小和方向是由多个障碍物对无人机的斥力叠加而成的。如图3-21所示，在这种情况下，会出现无人机所受来自目标点的引力和来自多个障碍物叠加后的斥力大小相等、方向相反的情况，即无人机在非目标点处出现极小值点的情况，导致UAV无法到达目标点，从而陷入局部极小值。

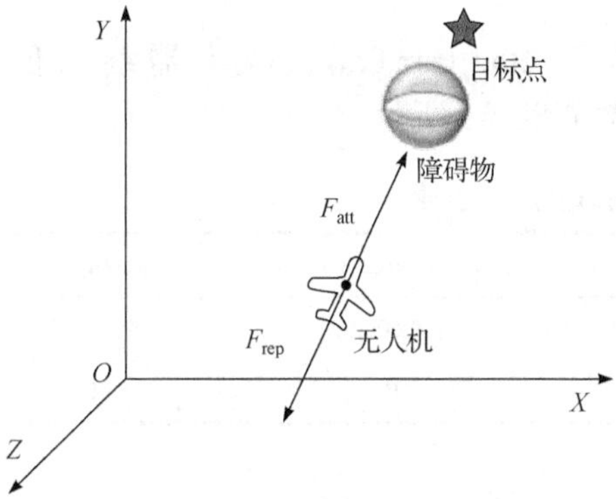

图 3-20　第一种局部极小值示意图

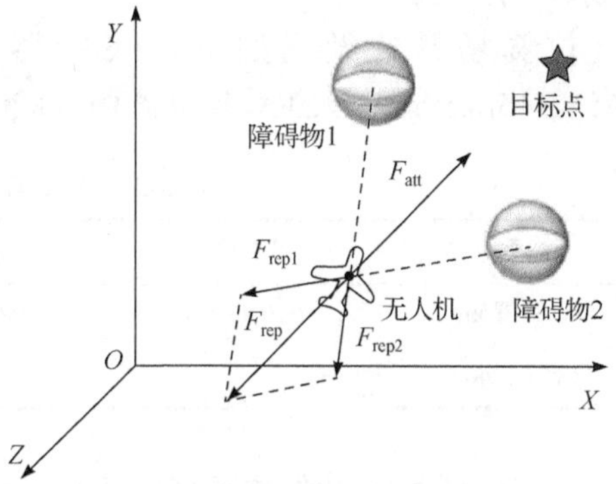

图 3-21　第二种局部极小值示意图

4. 人工势场法航迹规划流程

人工势场法航迹规划流程如图 3-22 所示，用于无人机航迹规划的步骤如下。

步骤一：先进行无人机用于路径规划的环境建模。

步骤二：在环境建模完成的基础上，对引力势场系数 k_{att}、斥力势场增益系数 k_{rep}、障碍物位置 q_0 和障碍物对无人机产生影响的最大范围 d_0 等进行参数设置，同时设置环境中起始点、目标点和障碍物信息。

步骤三：分别计算无人机在当前节点受到目标点对UAV产生的引力和障碍物对UAV 产生的斥力的大小和方向。

步骤四：在步骤三的基础上计算无人机在当前位置所受合力的大小和方向。

步骤五：无人机根据合力进行下一步的移动。

步骤六：对无人机是否到达目标点进行判断，若是，则路径规划完成并记录路径信息；否则，返回到步骤三。

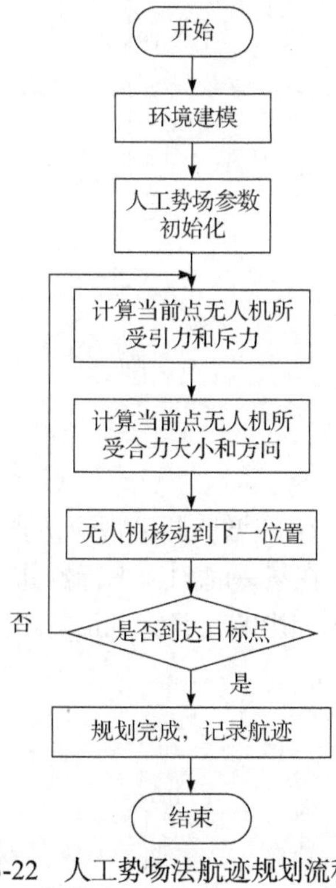

图 3-22　人工势场法航迹规划流程图

5. 人工势场航迹重规划及仿真

当飞行器沿着预先规划好的全局航迹飞行时，可能会遭遇突增威胁或障碍，此时就需要进行航迹重规划对其进行规避，或者可能因执行任务发生变化导致航迹目标点变化，这时也需对航迹进行重规划。

首先采用人工势场法进行全局航迹规划，生成全局航迹，若在某一时刻目标航迹点发生变化或探测到突增威胁区，则进行航迹重规划。对于突增威胁区的规避，重规划策略一般有两种，一种是取原航迹上距离突增威胁区一定距离的前方点为起点，航迹上突增威胁区后方的点为终点，在这一段航迹上进行重规划；另一种是取航迹上突增威胁区前方点为起点，终点取原来终点，直接进行后半程的航迹规划。考虑到航迹目标点发生变化，同时结合人工势场法规划速度快、效率高的特点，在采用人工势场法进行航迹重规划时使用策略二。

仿真场景的设置如下：飞行器起点位于(10m,10m,0m)，飞行器终点位于(165m,115m,50m)，人工势场动态仿真威胁区参数如表 3-3 所示。

表 3-3 人工势场动态仿真威胁区参数

参数	威胁区 1	威胁区 2	威胁区 3	威胁区 4
中心位置/km	(70,30,30)	(110,110,40)	(40,60,20)	(140,80,40)
影响半径/km	7	10	10	16

1) 运动目标变化航迹重规划仿真

在某一时刻，飞行器执行任务发生改变，目标航迹点发生变化，航迹终点变为(165m,75m,50m)，采用人工势场法进行航迹重规划，仿真如图 3-23 所示。

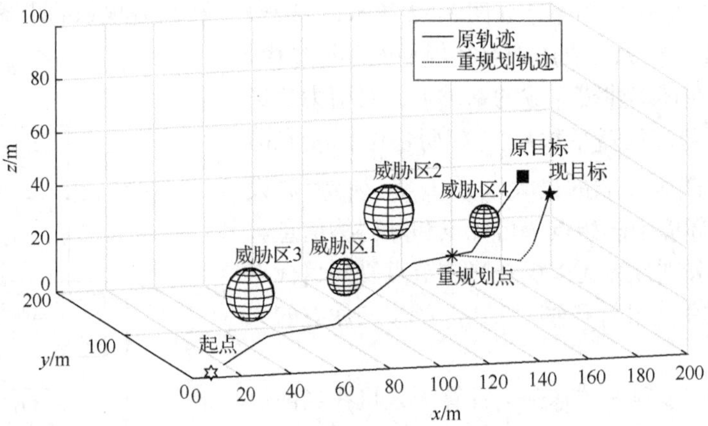

图 3-23 人工势场目标变化航迹重规划

2) 突增威胁区规避仿真

在某一时刻，飞行器前方航迹处突增新的威胁区，突增威胁区中心位于(100m, 75m, 20m)，影响半径为 6m，采用人工势场法进行航迹重规划，仿真结果如图 3-24 所示。

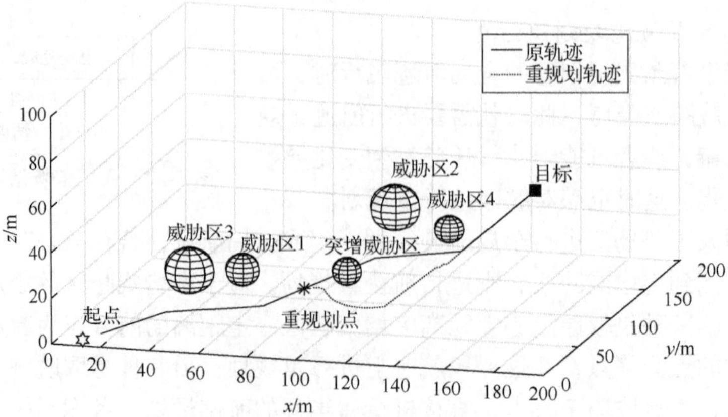

图 3-24 突增威胁区航迹重规划

由图 3-23 可知，在目标航迹点发生变化时，人工势场法可以在短时间内快速重规划出无人机到达新目标点的航迹。由图 3-24 可知，当无人机原航迹前方突增威胁区时，人工势场法可以快速进行航迹重规划，规划出新航迹到达原目标点。

思　考　题

3.1　飞行器多约束航迹规划建模中，适应度函数考虑哪些代价？

3.2　阐述粒子群优化算法进行飞行器航迹规划设计思路，并画出粒子群优化算法进行飞行器航迹规划的流程图。

3.3　粒子群优化算法进行飞行器航迹规划时，考虑哪些参数？这些参数具体对优化算法有哪些作用？

3.4　阐述蚁群优化算法进行飞行器航迹规划设计思路，并画出蚁群优化算法进行飞行器航迹规划的流程图。

3.5　蚁群优化算法进行飞行器航迹规划时，具体考虑了哪些更新模型？

3.6　阐述遗传优化算法进行飞行器航迹规划设计思路，并画出遗传优化算法进行飞行器航迹规划的流程图。

3.7　针对飞行器航迹规划，对比说明粒子群优化算法、蚁群优化算法和遗传优化算法的优缺点。

3.8　请画出粒子群优化算法应用于飞行器在线航迹规划上的分层规划的结构图。

3.9　相比飞行器离线航迹规划，飞行器动态在线规划需要考虑哪些问题？

3.10　请画出人工势场法进行飞行器动态航迹规划的流程图。

3.11　写出人工势场法所建立的引力函数和斥力函数的数学模型。

参 考 文 献

[1] 代琪，何兵，李明，等.基于强化学习的多无人机任务分配方法研究[C].2021 年无人系统高峰论坛论文集，长沙，2021: 53-58.

[2] 刘希阳. 多无人机协同路径规划方法研究[D]. 哈尔滨：哈尔滨工业大学, 2021.

[3] 刘正元，吴元清，李艳洲，等. 多无人机群任务规划和编队飞行的综述和展望[J]. 指挥与控制学报, 2023, 9(6): 623-636.

[4] 王建峰，贾高伟，郭正，等. 多无人机协同任务规划方法研究综述[J/OL]. 系统工程与电子技术. [2023-04-19]. https://kns.cnki.net/kcms/detail/11.2422.TN.20230419.1331.010.html.

[5] 李明哲,马琼敏,伍国华.基于强化学习的无人机集群动态任务规划算法[J].系统仿真技术,2023,19(3):193-204.

[6] 巫茜,罗金彪,顾晓群,等.基于改进 PSO 的无人机三维航迹规划优化算法[J].兵器装备工程学报,2021,42(8):233-238.

[7] 熊华捷，蔚保国，何成龙. 基于改进粒子群算法的 UAV 航迹规划方法[J].计算机测量与控制, 2020, 28(2) : 144-147.

[8] 于鸿达，王从庆，贾峰，等. 一种基于差分进化混合粒子群算法的多无人机航迹规划[J].电光与控制, 2018, 25(5) :22-25, 45.

[9] 陈都，孟秀云. 基于粒子群算法的无人机航迹规划与仿真研究[C]. 第二十届中国系统仿真技术及其应用学术年会论文集，乌鲁木齐, 2019: 5-10.

[10] 张海阔，孟秀云. 基于改进粒子群算法的无人机航迹规划[J]. 飞行力学, 2024, 42(2): 29-35.

[11] FU B, CHEN L, ZHOU Y T, et al. An improved A* algorithm for the industrial robot path planning with high success rate and short length[J].Robotics & Autonomous Systems, 2018,21:106.

[12] SUN X X, YEOH W, KOENIG S. Moving target D* Lite[C]. Proceedings of the International Joint Conference on Autonomous Agents and Multiagent Systems, Toronto, 2010: 67-74.
[13] 谌海云, 陈华胄, 刘强. 基于改进人工势场法的多无人机三维编队路径规划[J]. 系统仿真学报,2020,32(3):414-420.
[14] 张博渊, 宗群, 鲁瀚辰,等.基于 hp 自适应伪谱法的四旋翼无人机编队轨迹优化[J]. 中国科学:技术科学,2017, 47(3):239-248.
[15] 丛岩峰. 基于滚动优化原理的路径规划方法研究[D].长春:吉林大学,2007.
[16] QI B K, LI M Q, YANG Y, et al. Research on UAV path planning obstacle avoidance algorithm based on improved artificial potential field method[C].2021 2nd International conference on internet of Things, Artificial Intelligence and Mechanical Automation , Hangzhou, 2021: 012060.
[17] GUO J, XIA W, HU X X, et al. Feedback RRT* algorithm for UAV path planning in a hostile environment[J]. Computers & Industrial Engineering,2022, 174: 108771.
[18] 崔挺, 李俨, 张明庄. 基于改进 RRT 算法的无人机航迹规划[J]. 电子设计工程, 2013, 21(12): 50-53.
[19] 陈华毅. 基于智能优化算法的多无人机协同航迹规划研究[D]. 徐州: 中国矿业大学, 2020.
[20] 唐卓. 面向动态战场环境的多无人机任务规划算法研究[D]. 成都: 电子科技大学,2023.
[21] 胡荟, 蔡秀珊. 机器人三维路径规划问题的一种改进蚁群算法[J].计算机工程与科学, 2012, 34(11): 153-157.
[22] 宋宇, 顾海蛟, 程超. 基于改进蚁群算法的无人机航迹规划研究[J]. 现代电子技术, 2022, 45(4): 123-127.
[23] 张楠楠, 姜文刚, 窦刚. 改进蚁群算法在 UAV 三维路径规划中的研究[J]. 计算机工程与应用, 2019, 55(11): 265-270.
[24] LI J, XIA Y, LI B, et al. A pseudo-dynamic search ant colony optimization algorithm with improved negative feedback mechanism[J]. Cognitive Systems Research, 2020,62:19-24.
[25] 赵冬梅, 周波, 宋阳, 等.基于改进蚁群算法的无人机三维航迹规划研究[J].计算机与数字工程, 2022, 50(6): 1246-1251.
[26] 杨宏飞. 基于改进蚁群和人工势场法的无人机三维航迹规划方法[D]. 保定: 河北大学, 2023.
[27] 张博. 基于改进蚁群算法的无人机航迹规划研究[D]. 西安: 西安科技大学, 2019.
[28] LIU H, ZHANG N, LI Q. UAV path planning based on an improved ant colony algorithm[C].2021 4th International Conference on Intelligent Autonomous Systems, Wuhan, 2021: 357-360.
[29] 焦阳. 基于改进蚁群算法的无人机三维路径规划研究[J]. 舰船电子工程, 2019, 39(3): 41-45.
[30] 王玥, 张克, 孙鑫. 无人飞行器任务规划技术[M]. 北京: 国防工业出版社, 2015.
[31] 贾广芝. 基于遗传算法和稀疏 A*算法的无人机三维航迹规划研究[D]. 南京: 南京邮电大学, 2017.
[32] 周畅. 面向动态威胁的无人机多目标三维航迹规划[D]. 大连: 大连理工大学, 2021.
[33] DU Y S, ZHANG X J, NIE Z L. A real-time collision avoidance strategy in dynamic airspace based on dynamic artificial potential field algorithm[J]. IEEE Access, 2019, 7: 169469-169479.
[34] 郭一聪, 刘小雄, 章卫国, 等. 基于改进势场法的无人机三维路径规划方法[J]. 西北工业大学学报, 2020, 38(5): 977-986.

第 4 章

目标智能动态分配系统

现代空中防御作战呈现出信息化、体系化、智能化的特点[1]，表现为交战双方在高动态的复杂态势下进行群体间的对抗。面对复杂动态变化的战场环境，多个拦截器之间相互配合并共享信息，从而实现对多个来袭目标的协同拦截[2]。在多对多协同拦截过程中，高效的目标分配方案能有效提升协同作战效能，在整体上使消耗的能量最少并达到最佳的拦截杀伤效果，因而对多拦截器的优化配置具有重要意义[3]。

目标分配作为一类经典的武器目标分配(weapon target assignment，WTA)问题，通常采用数学规划、博弈论、动态规划等方法进行建模[4]，并结合精确或近似算法进行求解[5]。在目标分配建模中，需要基于目标威胁度、自身价值、拦截难度对交战态势进行评估。但是现有的评估方式大多注重对目标的态势进行分析[6]，忽视了多拦截器对多目标的拦截能力，而缺乏对多目标拦截能力的评估，可能导致分配结果超出拦截器能力范围。因此，需要开发一种基于交战态势评估的建模方法，以全面评估目标威胁程度和拦截有效程度。

目标分配模型的建立是为了服务于最优分配方案的求解。对于这种非线性组合优化问题，通常采用枚举法保证精确的最优解。但受计算量和收敛速度的影响，枚举法难以达到高时效性。随着计算机技术的发展，多种受生物启发的种群迭代搜索算法被用于解决目标分配问题[7-8]。郑书坚等[9]基于灰狼优化算法进行改进，采用自适应调整策略提升收敛速度，实现多目标拦截的协同任务分配。为了解决多导弹的动态 WTA 问题，刘攀等[10]通过离散分段建模并考虑转火时间窗等约束，提出了一种改进的粒子群优化算法。现有启发式优化算法虽然可以有效处理动态 WTA 问题，但受限于特定场景和自学习能力的缺乏，仍无法满足根据复杂多变的交战态势进行智能动态分配的需求[11]。

人工智能技术的革新，催生了深度学习、强化学习等在交战智能决策方面的重大突破[11-13]。龙腾等[14]构建了基于神经网络的武器目标智能分配框架，通过神经网络预测实现了准确高效分配，也使计算成本降低。考虑到交战态势的影响，基于环境给出的反馈来决定行为的强化学习方法更加适用于多对多拦截场景，它将 WTA 问题转化为马尔可夫决策过程，经过广泛训练后的智能体具有独立决策、快速处理大量数据和基于交战态势智能分配目标的能力。现有目标分配研究已初步与 Q 学习算法[15]、Actor-Critic 算法[16]、深度学习算法[17]等进行结合，并取得了一定的效果。

鉴于强化学习在促进复杂交战中的智能目标分配、提高目标分配优化能力方面具有巨大潜力[18]，注意到多对多拦截的状态空间相当巨大，因此需要进一步解决 Q 学习在离散空间维数爆炸的问题。深度 Q 网络(deep Q network, DQN)算法中的深度神经网络可以有效解决 Q 值在不同状态之间的泛化问题，该算法采用深度神经网络拟合 Q 值函数，并使用 Q 学习更新规则来迭代 Q 值函数，表现出对目标分配这一动态离散决策问题的良好应用效果[19-20]。针对多对多拦截交战中动态目标分配问题[21]，基于 DQN 算法设计目标分配策略，实现了高动态复杂交战态势下的目标最优动态分配，有效提升了多对多拦截效能。

4.1 多目标分配规划

4.1.1 多目标分配问题

多对多拦截目标交战场景如图 4-1 所示。在多对多的交战场景下，拦截方希望用最小的代价拦截所有目标，而来袭目标将进行机动以躲避拦截。在如此复杂多变的交战态势下，为了提升多拦截器的拦截效能，需要根据态势评估来动态调整目标分配，以适应高动态复杂的战场环境。在目标分配的过程中，分配方案根据攻防态势的变化不断更新，直至多拦截器完成对多目标的拦截。

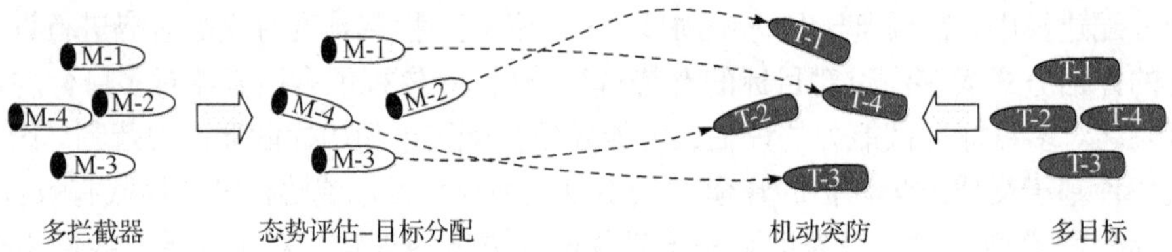

图 4-1 多对多拦截目标交战场景

所要解决的问题主要有两部分，一是对多对多拦截的态势进行全面、合理评估；二是设计智能的目标分配方法，支持分配方案的动态快速生成。在开展研究之前，进行以下多对多拦截场景假设：

(1) 拦截器数量不少于目标数量，每个拦截器的能力是相同的，彼此共享数据；

(2) 每个拦截器只能拦截一个目标，每个目标可以分配给任意一种拦截器。

对于 m 个拦截器拦截 n 个目标的场景，给出基于交战态势评估的目标分配模型如下：

$$\max F(D)=\sum_{i}^{m}\sum_{j}^{n}D_{i\to j}\cdot W_{ij}\cdot P_{ij} \tag{4-1}$$

式中，$D_{i\to j}$ 为拦截器的目标分配方案，当分配第 i 个拦截器拦截第 j 个目标时取 1，否则取 0；W_{ij} 为第 j 个目标对第 i 个拦截器的威胁程度；P_{ij} 为第 i 个拦截器拦截第 j 个目标的拦截有效程度。

每种目标分配方案 $D_{i\to j}$ 都可求出适应度函数 $F(D)$，当 $F(D)$ 最大时，对应的目标分配方案即为最优分配方案。以下介绍目标分配模型中的两种态势评估指标。

4.1.2 目标威胁程度

目标与拦截器的威胁度关系如图 4-2 所示。目标威胁程度主要取决于目标相对于拦截器的距离 R_{ij}、目标速度 $V_{\mathrm{T}j}$、目标速度方向与相对距离连线之间的夹角 η_j、目标的法向加速度 $A_{\mathrm{T}j}$。

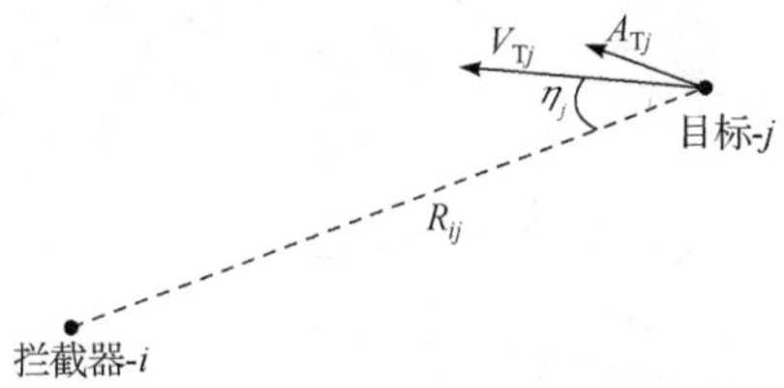

图 4-2 目标与拦截器的威胁度关系

考虑到目标威胁程度受多因素的影响，采用以下加权形式来定义目标威胁程度，即为

$$W_{ij}=\lambda_1 u_1\left(R_{ij}\right)+\lambda_2 u_2\left(V_{\mathrm{T}j}\right)+\lambda_3 u_3\left(\eta_j\right)+\lambda_4 u_4\left(A_{\mathrm{T}j}\right) \tag{4-2}$$

式中，λ_1、λ_2、λ_3、λ_4 为根据实际战场态势选取的权重因子，且满足 $\lambda_1+\lambda_2+\lambda_3+\lambda_4=1$。各威胁函数定义如下：

目标相对于拦截器的距离 R_{ij} 越小，目标威胁程度越大，定义距离威胁函数为

$$u_1\left(R_{ij}\right)=\begin{cases}1, & R_{ij}\leqslant a_1\\ \dfrac{b_1-R_{ij}}{b_1-a_1}, & a_1<R_{ij}\leqslant b_1\\ 0, & R_{ij}>b_1\end{cases} \tag{4-3}$$

式中，a_1、b_1 分别为在当前时刻所有目标与各拦截器的距离中选取的上下限。

相同质量目标的速度 $V_{\mathrm{T}j}$ 越大，目标的动能就越大，因此目标威胁程度也就越大。由于动能是速度平方的函数，定义速度大小威胁函数为

$$u_2\left(V_{\mathrm{T}j}\right)=\begin{cases}0, & V_{\mathrm{T}j}\leqslant a_2\\ \dfrac{V_{\mathrm{T}j}^2-a_2^2}{b_2^2-a_2^2}, & a_2<V_{\mathrm{T}j}\leqslant b_2\\ 1, & V_{\mathrm{T}j}>b_2\end{cases} \tag{4-4}$$

式中，a_2、b_2 分别为当前时刻所有目标速度中选取的上下限。

目标速度方向与相对距离连线之间的夹角 η_j 越小，其速度在攻击方向的分量越大，则目标威胁程度越大，定义速度方向威胁函数为

$$u_3\left(\eta_j\right)=\cos\eta_j \tag{4-5}$$

目标的法向加速度 $A_{\mathrm{T}j}$ 越强，目标威胁程度越高。定义 g 为当地重力加速度，则目标的法向加速度威胁函数为

$$u_4\left(A_{\mathrm{T}j}\right)=\begin{cases}\log_{g+1}\left(1-A_{\mathrm{T}j}\right), & -g<A_{\mathrm{T}j}\leqslant 0\\ \log_{g+1}\left(1+A_{\mathrm{T}j}\right), & 0<A_{\mathrm{T}j}\leqslant g\\ 1, & \left|A_{\mathrm{T}j}\right|>g\end{cases} \tag{4-6}$$

4.1.3 拦截有效程度

首先引入交战双方飞行能力域的概念，飞行能力域是反映拦截器或目标最大机动能

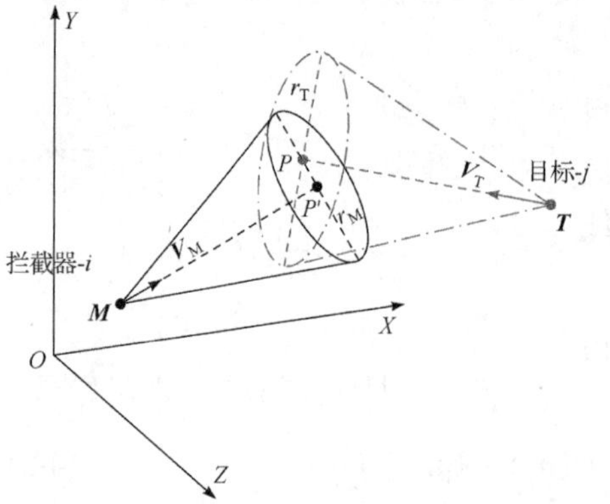

图 4-3　目标与拦截器的飞行能力域关系

力所覆盖的空间区域，该空间区域是以速度向量为中心的有限曲面空间锥，空间锥的母线表示各自的能力边界。将拦截器和目标在期望拦截时刻 t_f 到达空间锥的底面圆定义为可达域，其半径分别为 r_M 和 r_T。在交战场景中建立直角坐标系，目标与拦截器的飞行能力域关系如图 4-3 所示，P 和 P' 分别是目标和拦截器在期望拦截时刻 t_f 的非机动位置。

接下来给出拦截有效程度的计算方法。已知拦截器和目标的初始坐标向量分别为 $\boldsymbol{M}=(x_{M0},y_{M0},z_{M0})$ 和 $\boldsymbol{T}=(x_{T0},y_{T0},z_{T0})$，则其在期望拦截时刻 t_f 的坐标向量为

$$\begin{cases}\boldsymbol{P}_M=\boldsymbol{M}+\boldsymbol{V}_M t_f\\ \boldsymbol{P}_T=\boldsymbol{T}+\boldsymbol{V}_T t_f\end{cases}\tag{4-7}$$

式中，$\boldsymbol{V}_M=(V_{Mx},V_{My},V_{Mz})$；$\boldsymbol{V}_T=(V_{Tx},V_{Ty},V_{Tz})$。

P 和 P' 在底面圆上，两点连线与 $\boldsymbol{V}_M$ 正交，可以得到 $(\boldsymbol{P}_M-\boldsymbol{P}_T)\cdot\boldsymbol{V}_M=0$，则期望拦截时刻 t_f 的表达式为

$$t_f=\frac{(x_{M0}-x_{T0})V_{Mx}+(y_{M0}-y_{T0})V_{My}+(z_{M0}-z_{T0})V_{Mz}}{(V_{Tx}-V_{Mx})V_{Mx}+(V_{Ty}-V_{My})V_{My}+(V_{Tz}-V_{Mz})V_{Mz}}\tag{4-8}$$

已知拦截器或目标在任意时刻 t 的最大加速度为 $A_{max}(t)$，可达域半径为

$$r=\int_0^{t_f}\int_0^{t}A_{max}(\tau)\mathrm{d}\tau\mathrm{d}t\tag{4-9}$$

将拦截器或目标的具体参数代入式(4-9)中，可以得到可达域半径 r_M 或 r_T。

通常情况下，拦截器与目标速度方向不平行，可达域也不在同一平面，需要将目标飞行能力域的底面圆投影到拦截器飞行能力域的底面圆所在平面上，此时双方可达域关系如图 4-4 所示。图中拦截器可达域是以 P' 为中心，半径为 r_M 的圆，目标可达域是以 P 为中心，长半轴为 a_T，短半轴为 b_T 的椭圆。以圆和椭圆的重叠部分面积占圆面积的比例作为评判拦截器拦截有效程度的指标。

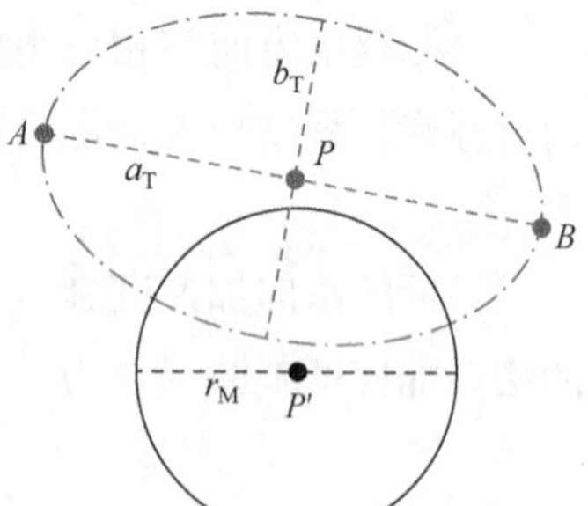

图 4-4　拦截器与目标可达域关系

椭圆长半轴 a_T 与短半轴 b_T 的值记为

$$a_T=r_T,b_T=r_T\cos(\boldsymbol{V}_M,\boldsymbol{V}_T)\tag{4-10}$$

拦截器的可达域与目标的可达域有两个交点，这两个交点即为椭圆长轴的两个端点 A 和 B。求下列联立方程的两个解，即为 A 和 B 两个点的坐标：

$$\begin{cases} V_{\mathrm{M}x}\left(x-P_x'\right)+V_{\mathrm{M}y}\left(y-P_y'\right)+V_{\mathrm{M}z}\left(z-P_z'\right)=0 \\ V_{\mathrm{T}x}\left(x-P_x\right)+V_{\mathrm{T}y}\left(y-P_y\right)+V_{\mathrm{T}z}\left(z-P_z\right)=0 \\ \left(x-P_x\right)^2+\left(y-P_y\right)^2+\left(z-P_z\right)^2=r_{\mathrm{T}}^2 \end{cases} \tag{4-11}$$

将 t_{f} 代入式(4-7)中，可以得到 $\boldsymbol{P}=\left(P_x,P_y,P_z\right)$ 和 $\boldsymbol{P}'=\left(P_x',P_y',P_z'\right)$ 的坐标值，进一步可以求得两点之间的距离 $\left|\boldsymbol{d}_{PP'}\right|$（$\boldsymbol{d}_{PP'}$ 为点 P 到点 P' 的向量)，式(4-11)可以计算出点 A 到点 B 的向量 $\boldsymbol{d}_{AB}$ 及其模值。

为了方便求圆与椭圆重叠部分面积，建立新的坐标系，以椭圆中心 P 为原点，x 轴正方向为 $\boldsymbol{d}_{AB}$ 方向，则圆中心的坐标 P' 计算方法为

$$x_{P'}=\left|\boldsymbol{d}_{PP'}\right|\cos\left(\boldsymbol{d}_{AB},\boldsymbol{d}_{PP'}\right),y_{P'}=\left|\boldsymbol{d}_{PP'}\right|\sin\left(\boldsymbol{d}_{AB},\boldsymbol{d}_{PP'}\right) \tag{4-12}$$

将式(4-10)和式(4-12)代入式(4-11)，得到圆与椭圆的方程分别为

$$\left(x-x_{P'}\right)^2+\left(y-y_{P'}\right)^2=r_{\mathrm{M}}^2 \tag{4-13}$$

$$\frac{x^2}{a_{\mathrm{T}}^2}+\frac{y^2}{b_{\mathrm{T}}^2}=1 \tag{4-14}$$

将式(4-13)和式(4-14)联立求解，若方程无解，则考虑圆和椭圆是不重合或是包含关系；若方程有一个解，则考虑圆与椭圆是内切或是外切；若方程有两个及以上的解，则圆与椭圆部分重合。对以上这些情况讨论如下。

(1) 当圆和椭圆没有交点或只有一个交点 $N_i(i=1,2)$ 时，如图 4-5 所示，若圆心 $P_i'(i=1,2)$ 在椭圆内，则重叠部分面积 $S=\pi r_{\mathrm{M}}^2$；若圆心 $P_i'(i=1,2)$ 不在椭圆内，则重叠部分面积 $S=0$。

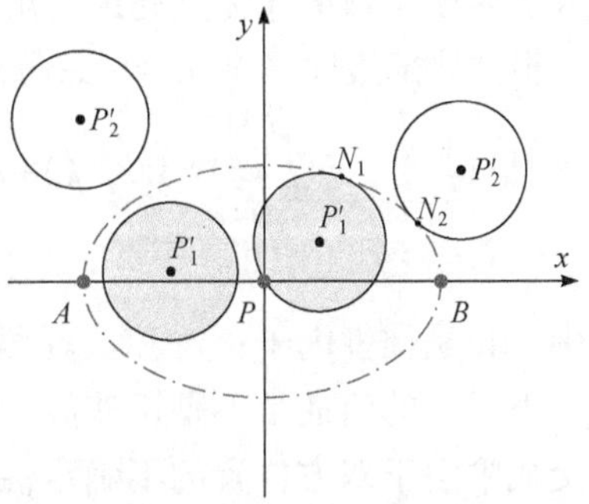

图 4-5　圆和椭圆没有交点或只有一个交点

(2) 当圆和椭圆有两个交点时，如图 4-6 所示。若圆心 P' 在椭圆内，则重叠部分面积近似为钝角扇形 $P'NQ$ 面积和三角形 $P'NQ$ 面积之和：$S\approx S_{扇P'NQ}+S_{\triangle P'NQ}$；若圆心 P' 不在椭圆内，则重叠部分面积近似为钝角扇形 $P'NQ$ 面积和三角形 $P'NQ$ 面积之差：$S\approx S_{扇P'NQ}-S_{\triangle P'NQ}$。

(3) 当圆和椭圆有三个交点时，如图 4-7 所示。重叠部分面积近似为扇形 $P'NQ$、三角形 MNP' 和三角形 $MP'Q$ 面积之和，即 $S\approx S_{扇P'NQ}+S_{\triangle MNP'}+S_{\triangle MP'Q}$。

根据以上的几种情况，以圆和椭圆的重叠面积占圆面积的比例作为评估拦截有效程度的指标。对于多对多拦截的场景，第 i 个拦截器拦截第 j 个目标的拦截有效程度可以表示为

$$P_{ij}=S_{ij}/S_i \tag{4-15}$$

式中，S_{ij} 表示第 i 个拦截器拦截第 j 个目标时求得的重叠部分面积；S_i 表示第 i 个拦截器飞行能力域底面圆面积。

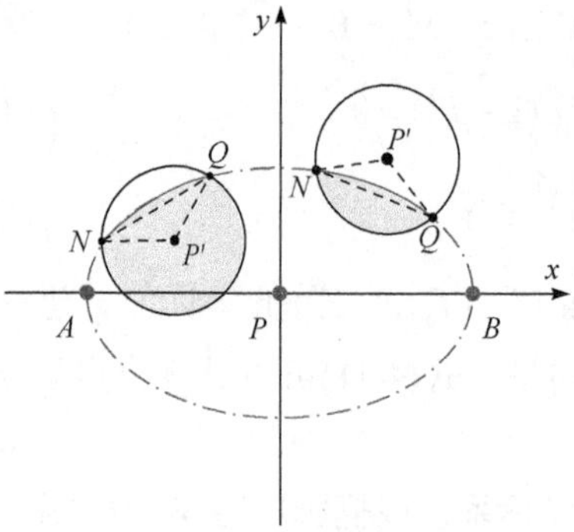

图 4-6 圆和椭圆有两个交点

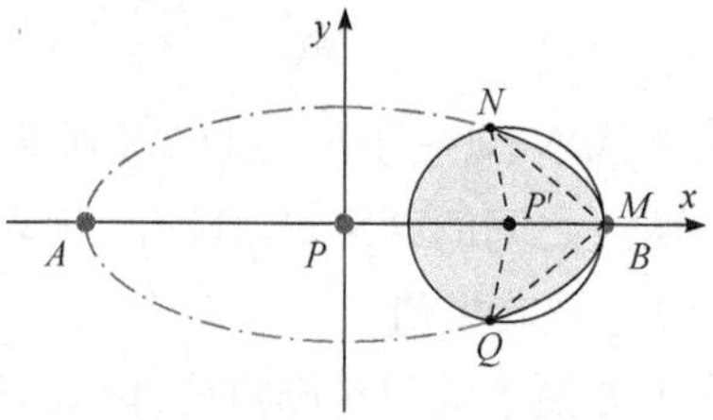

图 4-7 圆和椭圆有三个交点

4.2 目标分配智能算法

4.2.1 基于粒子群优化的目标分配算法

利用粒子群优化算法求解多目标分配问题的方法是将整个粒子群集合视为拦截器的目标分配方案集合，粒子在迭代后得到的最大适应度函数值为局部最优解，所有粒子的最大适应度函数值作为全局最优解。

根据局部最优解 P_i 和全局最优解 P_g 以及当前状态，粒子的速度和位置更新公式分别为

$$V_i(k+1)=wV_i(k)+c_1r_1\left[P_i(k)-X_i(k)\right]+c_2r_2\left[P_g(k)-X_i(k)\right] \tag{4-16}$$

$$X_i(k+1)=V_i(k+1)+X_i(k) \tag{4-17}$$

式中，w 是惯性因子；c_1 和 c_2 是学习因子；r_1 和 r_2 是 0～1 的随机数。

由于 V_i 的值通常不是正整数，X_i 表示目标的编号，因此需要对 X_i 取整数并做限制。在交战中由于双方位置的不确定性，各拦截器的拦截范围内可能只存在部分目标，此部分目标的编号集合为 M_i，该集合的最大值为 $M_{\max}$，最小值为 $M_{\min}$。因此，需要对 PSO 算法中的粒子位置做如下修改：

$$X_i(k+1)=\begin{cases} M_{\max}, & X_i(k+1)\notin M_i 且 X_i(k+1)>M_{\max} \\ M_{\min}, & X_i(k+1)\notin M_i 且 X_i(k+1)<M_{\min} \\ X_i(k+1), & 其他 \end{cases} \tag{4-18}$$

基于 PSO 算法的多目标分配流程图如图 4-8 所示，目标分配都需要基于战场环境进行多目标分配规划，再由 PSO 算法求解出目标分配方案。完成多拦截器的目标分配后，需重新进行战场态势评估，计算多目标的威胁程度，若小于生存阈值，则判定该目标被拦截，否则仍将继续作为待拦截目标，由此更新多目标和多拦截器双方数量。直到多目标或多拦截器任一方数量为零时，多目标分配过程停止。

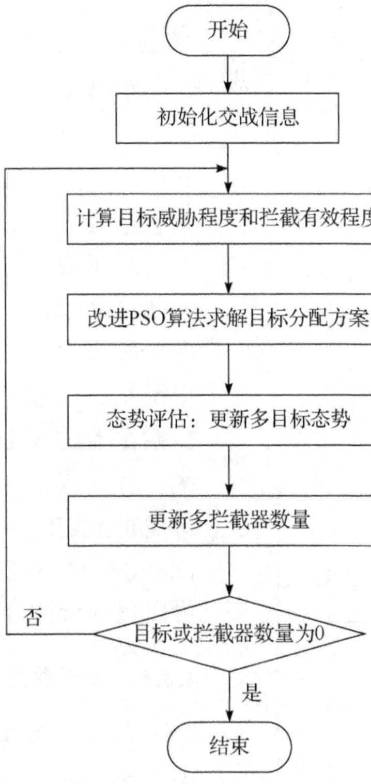

图 4-8　基于 PSO 算法的多目标分配流程图

4.2.2　基于蚁群优化的目标分配算法

蚁群优化算法也被广泛用于求解离散优化问题，因此也适合解决武器目标分配问题。蚁群优化算法中的蚂蚁代表拦截器，路径节点代表目标，一条路径代表一个目标分配方案，将目标分配的候选方案集合转化为蚁群的候选路径图。设第 i 个拦截器分配第 j 个目标的转移概率为

$$p_{ij}(k)=\begin{cases}\dfrac{\left[\tau_{ij}(k)\right]^{\alpha}\cdot\left[\eta_{ij}(k)\right]^{\beta}}{\sum\limits_{s\in\Omega}\left[\tau_{is}(k)\right]^{\alpha}\cdot\left[\eta_{is}(k)\right]^{\beta}}, & j\in\Omega\\ 0, & j\notin\Omega\end{cases}\tag{4-19}$$

式中，Ω 为多拦截器可分配的目标编号集合；τ_{ij} 为拦截器 i 到目标 j 的信息素；η_{ij} 为启发函数；α 为信息启发式因子；β 为期望启发式因子。

拦截器-目标之间的信息素会随着时间的流逝逐渐挥发，所有蚂蚁巡回一次后，信息素进行全局更新，计算公式为

$$\tau_{ij}(k+1)=(1-\rho)\cdot\tau_{ij}(k)+\eta_{ij}\cdot\Delta\tau_{ij}\tag{4-20}$$

式中，ρ 为信息素挥发因子；$\Delta\tau_{ij}=\sum\limits_{l=1}^{m}\Delta\tau_{ij,l}$，为 m 只蚂蚁分泌在第 i 个拦截器到第 j 个目标之间的信息素总增量，且

$$\Delta\tau_{ij}=\begin{cases}\eta_{ij}\dfrac{\tau_{\max}-(I-i+1)(\tau_{\max}-\tau_{\min})}{(I-1)(\tau_{\max}+\tau_{\min})/2}, & X_{ij}=1\\0, & X_{ij}=0\end{cases}\tag{4-21}$$

式中，I 为拦截器总数；$\tau_{\max}$、$\tau_{\min}$ 分别为信息素最大、最小更新常数。

基于蚁群优化算法的多目标分配流程图如图 4-9 所示。蚂蚁按照拦截器编号顺序依次分配多目标，视作遍历一条路径。拦截器根据状态转移概率选择目标，要求所选目标在拦截器的攻击范围内，将已分配过的目标编号存入集合，然后考虑还未分配的目标，避免重复访问。若所有目标都已经分配了拦截器，拦截器也都进行了分配，则清空集合，可以重新分配合适的目标。

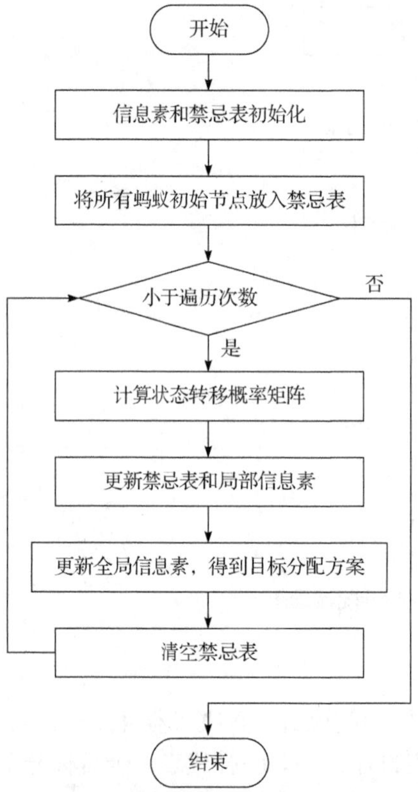

图 4-9　基于蚁群优化算法的多目标分配流程图

4.2.3　基于深度 Q 网络的目标分配算法

在多拦截器拦截多个目标的任务场景中，考虑到多对多拦截目标分配是一个动态离散决策的过程，传统的优化算法只适合解决小规模离散动作空间的问题，因此传统的基于有限离散状态/动作集和奖励值矩阵的强化学习方法难以应用在此场景中。为解决这一问题，需要神经网络既有对当前情景的感知能力，又有对后续动作的决策能力。因此，同时具有感知能力和决策能力的深度强化学习方法成为解决这一问题的可能途径。

考虑到拦截任务的结果可以用拦截器脱靶量、拦截成功率等指标衡量，于是可以采用基于奖励/价值函数的深度强化学习方法。基于价值函数的深度强化学习的典型代表是深度 Q 网络，这种方法用深度卷积神经网络拟合价值函数，一般是 Q 函数。网络的输入为原始场景数据，输出为在这种场景下执行各种动作时所能得到的 Q 函数的极大值。算法用深度卷积神经网络来拟合 Q 函数，这个网络称为 Q 网络。网络的输入为经过处理后的场景状态数据，输出为在这种状态下执行各种动作的 Q 函数值。深度 Q 网络结构如图 4-10 所示。

深度 Q 网络可以通过执行动作来生成样本。实现时，给定一个状态，用当前的神经网络进行预测，得到所有动作的 Q 函数，然后按照策略选择一个动作执行，得到下一个状态和回报值，以此构造训练样本。

确定网络结构和损失函数之后，剩下的就是神经网络的训练，与普通的有监督学习不同，这里的训练样本是通过不停地执行动作而动态生成的。为了解决训练样本之间存

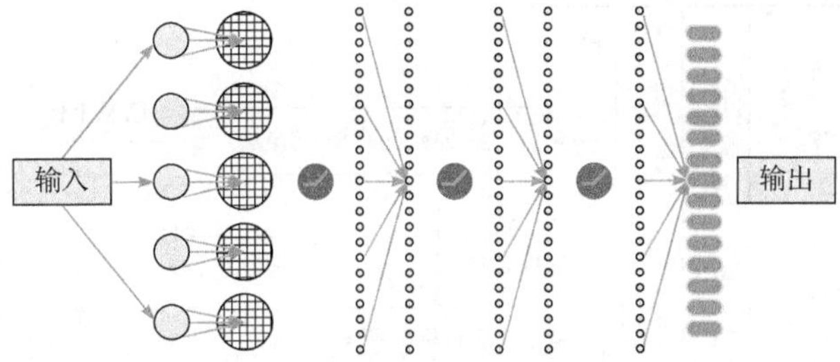

图 4-10　深度 Q 网络结构示意图

在的相关性，以及样本的概率分布不固定的问题，采用了经验回放机制，具体做法是，先把执行动作构造的训练样本存储到一个大的集合中，在训练深度 Q 网络时，每次从这个集合中随机抽取出部分样本作为训练样本，以此打破样本之间的相关性，或在场景中加入随机因素，以此解决训练样本趋同的问题。对拦截场景而言，这样的随机因素可以是目标的飞行轨迹、目标的机动方式等，通过设置这些随机因素，可以避免网络在学习时向单一决策结果收敛的问题。

一旦训练出了神经网络，便可以得到适用范围内要执行的动作，可通过使用 Q 函数值和贪心策略来实现。当前 Q 网络的值在训练时每次都迭代更新，而目标网络则周期性地从当前 Q 网络同步过来，每多次迭代执行一次拷贝。在训练初期网络累积了足够多的随机动作和结果后，将开始尝试进行非随机动作决策。在累积非随机动作决策的过程中，将继续更新网络中的各个权值。通过适当的奖励函数对训练样本中的结果值进行更新，引导网络的权值向能输出更高奖励函数值的方向修正，最终实现网络决策结果向需要的方向上收敛。

4.3　动态多目标分配方法

多目标分配问题是一个动态的决策过程，需要实时考虑目标运动、打击时间和武器转火时间，以及前一阶段的多拦截器和多目标之间的攻防态势对下一阶段的多目标分配方案产生的影响。动态多目标分配系统的决策过程如图 4-11 所示，在第一阶段，进行多目标分配规划，给多拦截器分配目标；在第二阶段，将前一阶段的攻防态势信息作为已知参数，再次进行多目标分配规划，给出新的多目标分配方案；循环往复，直至满足终止条件。

在每个阶段开始多目标分配之前，都要对上次目标分配结果进行评价，并要结合当前双方新的态势评估信息。多目标分配的阶段间隔时间必须满足多拦截器转火时间窗约束条件，即拦截器在执行当前分配方案时需要经过一定时间完成武器转火，之后才能参与下一次多目标分配。设 t_s 为某一拦截器开始拦截目标的时间，Δt 为转火时间，t_e 为该拦截器可以重新分配目标的时间，则转火时间窗约束表示为 $t_e \geqslant t_s + \Delta t$ 。

4.3.1　基于 DQN 的决策过程设计

将多对多拦截的动态多目标分配问题中各个阶段描述成强化学习中的马尔可夫决策

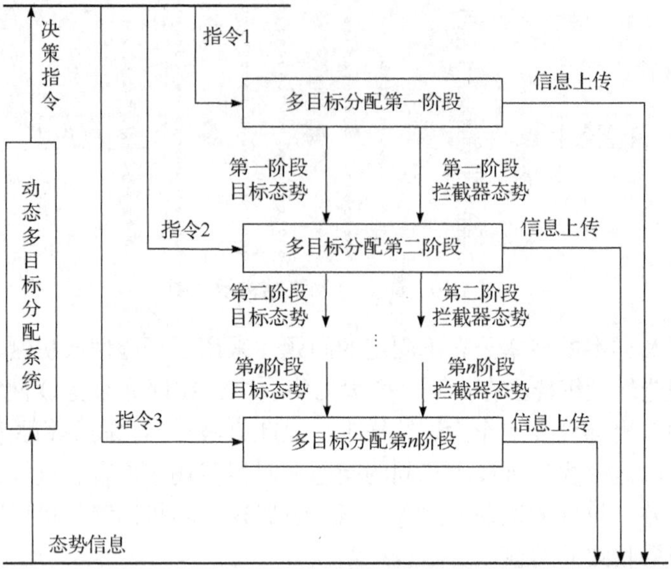

图 4-11 动态多目标分配系统的决策过程

过程，其中包括状态空间 s 、动作空间 a 、奖励函数 re 和神经网络的设计。

1) 状态空间设计

针对多拦截器每阶段决策生成的目标分配方案，通过式(4-1)可以求出该分配方案对应的适应度函数，将状态空间设计为当前轮次 t 的适应度函数值，当前轮次 t 的状态表示如下：

$$s_t = F_t(D) \tag{4-22}$$

2) 动作空间设计

动作空间是指目标分配方案 $D_{i\to j}$ ，即每个拦截器从 n 个目标中选取编号 j 所组成的矩阵，该矩阵每一列从左往右依次对应 1～m 编号的拦截器。在设计 DQN 的动作空间时，需要对所有目标实现全覆盖，因此要满足选取的分配方案中包含目标全部编号的条件，这些分配方案即为动作空间，当前轮次 t 的动作表示如下：

$$a_t = \left\{D_{i\to j} \middle| \left\{\begin{bmatrix} D_{1\to j} & D_{2\to j} & \cdots & D_{m\to j}\end{bmatrix}\right\} \cap \{1,2,\cdots,n\} = \{1,2,\cdots,n\}\right\} \tag{4-23}$$

3) 奖励函数设计

奖励函数用来判断动作执行的有效性，判定标准为当前状态接近期望适应度函数 F_{d} 的程度， F_{d} 的设计根据对抗双方数量决定，如果当前状态比前一轮更接近，那么得到正的奖励 r_+ ，否则得到惩罚 r_- 。因此，当前轮次 t 的奖励函数设计为

$$\mathrm{re}_t = \begin{cases} r_+\left|F(D) - F_{\mathrm{d}}\right|, & s_t \geqslant s_{t-1} \\ r_-\left|F(D) - F_{\mathrm{d}}\right|, & s_t < s_{t-1} \end{cases} \tag{4-24}$$

式中， $r_+ = 3$ ； $r_- = -3$ 。

4) 神经网络设计

DQN 算法构建了两个神经网络，即 Q 网络和目标网络。它们均为包含两层全连接人

工神经网络的多隐层前馈神经网络，每层神经元数量均为64，并采用线性整流单元(ReLU)作为激活函数。Q 网络利用神经网络拟合 Q 表，解决了 Q 学习中状态维数过高时产生的“维数灾难”问题。在训练的过程中，Q 网络会一直更新，并通过延后更新的目标网络计算目标 Q 值，这极大地提高了网络训练的稳定性和收敛性。

4.3.2　基于 DQN 的动态多目标分配系统

根据决策过程设计并构建的基于 DQN 的动态多目标分配系统如图 4-12 所示。在智能体与环境交互的过程中，每轮次智能体都能从环境中获得奖励，而 DQN 的目标是找到一个最优的策略，使智能体在整个过程中的累计奖励最大。

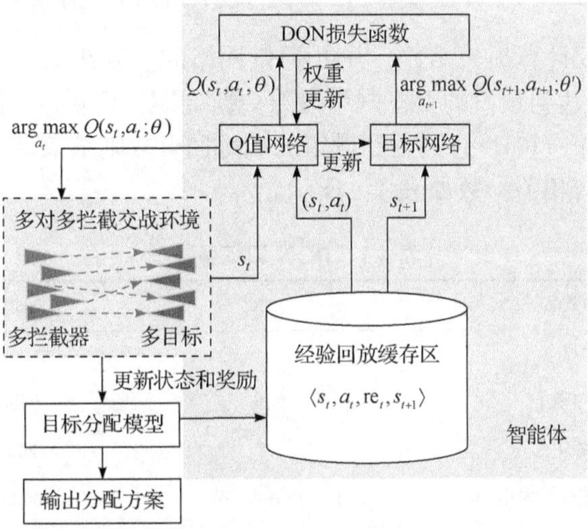

图 4-12　基于 DQN 的动态多目标分配系统

Q 值函数用来评价当前策略的累计奖励值，更新规则为

$$Q(s_t,a_t)=Q(s_t,a_t)+\alpha\left[\mathrm{re}_t+\gamma\max_{a_{t+1}}Q(s_{t+1},a_{t+1})-Q(s_t,a_t)\right] \tag{4-25}$$

式中，α 为学习率；γ 为折扣因子。

Q 网络和目标网络的网络参数初始权重相同，Q 网络的参数 θ 在训练的过程中会一直利用损失函数式(4-26)和反向传播算法更新，而目标网络的参数 θ' 不会一直更新，每隔若干决策步后才将 Q 网络的参数复制到目标网络更新 θ' 。DQN 损失函数如下：

$$L_{\mathrm{Loss}}=\left[\mathrm{re}_t+\max_{a_{t+1}}Q(s_{t+1},a_{t+1};\theta')-Q(s_t,a_t;\theta)\right]^2 \tag{4-26}$$

Q 网络动作空间的选取策略是 ε-greedy 策略，它可以保证 DQN 在动作空间探索和训练效率之间取得平衡[21]。另外，引入经验回放机制使网络更新时输入的数据符合独立同分布，并打破了数据间的相关性。基于 DQN 的动态多目标分配系统的训练流程如下：

(1) 初始化经验池，设置经验池的大小为 N；

(2) 初始化 Q 网络的参数 θ 和目标网络的参数 θ'，并令 $\theta'=\theta$；

(3) 初始化对抗场景，得到初始状态 s_0 ，并令 $s_t = s_0$ ；

(4) 在当前状态 s_t 下根据 ε -greedy 策略选择动作 a_t ；

(5) 执行动作 a_t ，得到下一时刻的状态 s_{t+1} ，并从环境中获得奖励值 re_t ；

(6) 将样本 $\langle s_t, a_t, \mathrm{re}_t, s_{t+1} \rangle$ 存储在经验池中；

(7) 当经验池中的样本数超过设定采样的样本数时，从经验池中随机选择一批样本 $\langle s_t, a_t, \mathrm{re}_t, s_{t+1} \rangle$ ；

(8) Q 网络根据当前状态 s_t 与执行动作 a_t 计算得到 $Q(s_t, a_t)$ ；

(9) 目标网络基于下一时刻的状态 s_{t+1} 计算得到 $\max\limits_{a_{t+1}} Q(s_{t+1}, a_{t+1})$ ；

(10) 若 s_{t+1} 为终止状态，目标值为 $y_t = \mathrm{re}_t$ ，否则目标值为 $y_t = \mathrm{re}_t + \gamma \max\limits_{a_{t+1}} Q(s_{t+1}, a_{t+1})$ ；

(11) 根据式(4-26)计算损失函数，并更新 Q 网络的参数 θ ；

(12) 当时间步数达到预设的目标网络参数更新周期，更新目标网络的参数 θ' ；

(13) 重复步骤(3)～(12)，直到达到设定的训练回合数则结束训练。

训练 DQN 的所有相关参数如表 4-1 所示。

表 4-1 DQN 训练参数

参数名	取值
学习率	0.001
折扣因子	0.99
训练轮次	200
经验回放缓存区大小/rad	100000
单批次数据容量/rad	128

4.3.3 仿真试验

为了验证基于 DQN 的动态多目标分配系统的有效性，本小节搭建了多对多拦截交战的仿真场景。拦截器个数 $m = 5$ ，目标个数 $n = 5$ 。目标威胁度权重因子为 $\lambda_1 = 0.4$ ， $\lambda_2 = 0.1$ ， $\lambda_3 = 0.2$ ， $\lambda_4 = 0.3$ 。多拦截器的速度均为 250m/s，多目标的速度均为 200m/s，其余仿真设置如表 4-2 所示。

表 4-2 多拦截器和多目标仿真设置

拦截器编号	初始位置/m	目标编号	初始位置/m	目标机动情况/(m/s^2)
M-1	(0,800,0)	T-1	(5000,1000,60)	$\begin{cases} A_{\mathrm{Ty}} = -0.6\sin(0.1t) \\ A_{\mathrm{Tz}} = -0.6\cos(0.1t) \end{cases}$
M-2	(0,900,100)	T-2	(5000,1061,35)	$\begin{cases} A_{\mathrm{Ty}} = -1.1\sin(0.15t+1.05) \\ A_{\mathrm{Tz}} = -1.1\cos(0.15t+1.05) \end{cases}$
M-3	(0,1200,50)	T-3	(5000,1069,−40)	$\begin{cases} A_{\mathrm{Ty}} = -1.6\sin(0.2t+2.09) \\ A_{\mathrm{Tz}} = -1.6\cos(0.2t+2.09) \end{cases}$

续表

拦截器编号	初始位置/m	目标编号	初始位置/m	目标机动情况/(m/s²)
M-4	(0,1100, −50)	T-4	(5000,1000, −90)	$\begin{cases} A_{Ty} = -2.3\sin(0.25t + 3.14) \\ A_{Tz} = -2.3\cos(0.25t + 3.14) \end{cases}$
M-5	(0,1000, −100)	T-5	(5000,913, −50)	$\begin{cases} A_{Ty} = -3\sin(0.3t + 4.19) \\ A_{Tz} = -3\cos(0.3t + 4.19) \end{cases}$

在以上多对多拦截的交战场景下，多拦截器采用比例导引法，比例系数为 3，每阶段(每隔 2s)开展一次基于 DQN 的目标分配训练，训练奖励结果如图 4-13～图 4-16 所示。在多对多拦截接近的过程中，随着训练时间的增加，训练的收敛速度逐渐提高，最终收敛到 20 轮，同时平均奖励也在不断增加，说明分配的方案趋向最优。

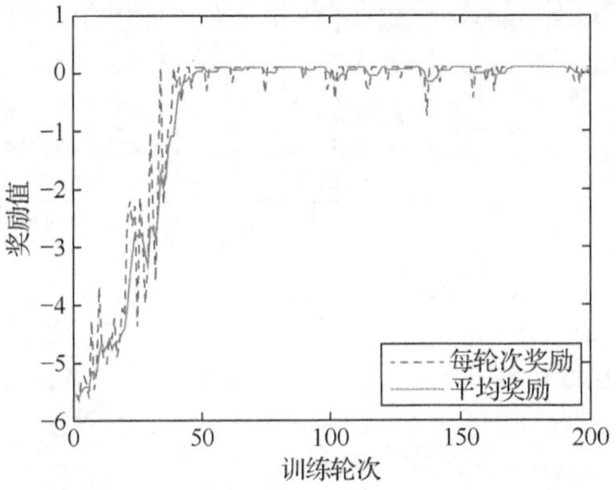

图 4-13　2s 训练奖励结果

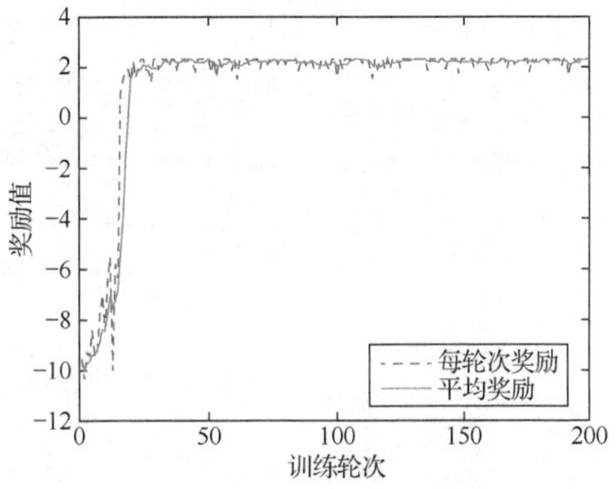

图 4-14　4s 训练奖励结果

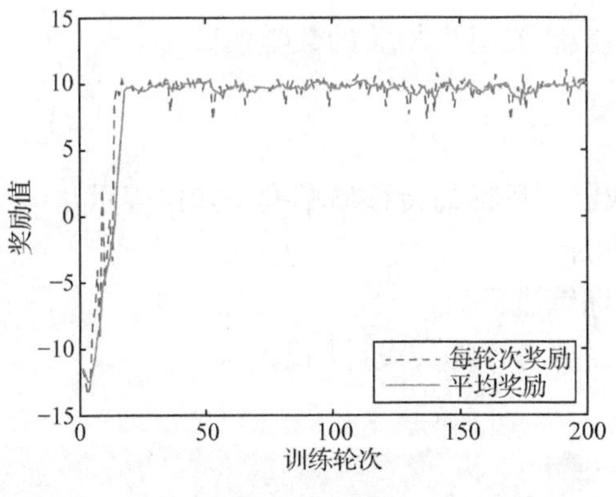

图 4-15　6s 训练奖励结果

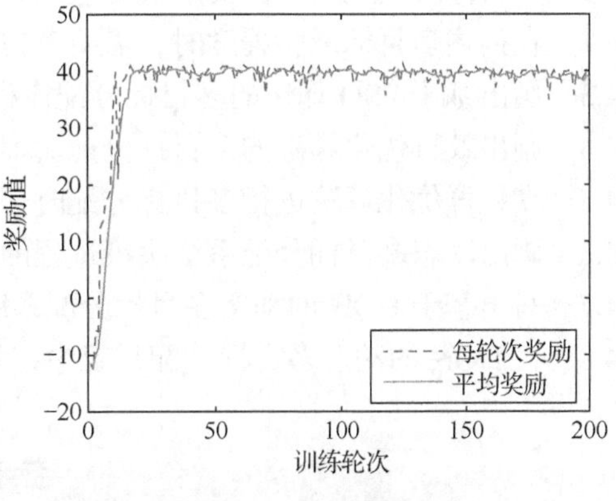

图 4-16　8s 训练奖励结果

对于动态多目标分配系统的每阶段结果，拦截器与目标分配方案如表 4-3 所示。分配方案中从左到右每一位代表 1～5 号拦截器所要拦截的目标编号。

表 4-3 拦截器与目标分配方案

分配阶段 t_e	2s	4s	6s	8s
分配方案	[5,1,2,3,4]	[5,1,2,3,4]	[4,3,1,2,5]	[4,3,1,2,5]

基于以上训练好的智能体，用于实际拦截场景，其三维拦截轨迹如图 4-17 所示。可以看出通过目标分配，多拦截器对多目标进行了准确拦截，说明基于 DQN 的动态多目标分配系统是有效的。

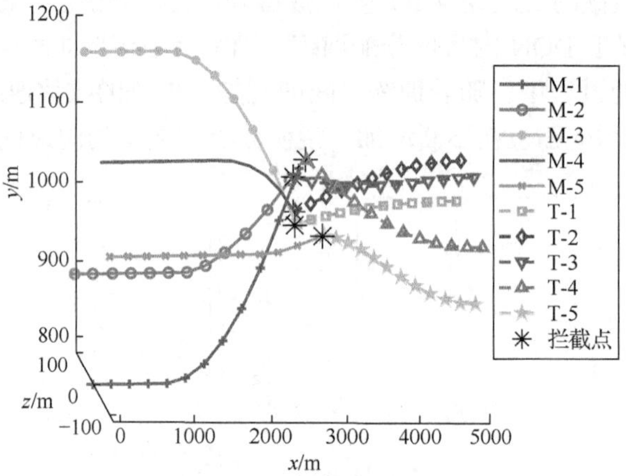

图 4-17 三维拦截轨迹

思 考 题

4.1 多目标分配规划具体要解决哪些问题?

4.2 在描述多目标威胁程度时，需要考虑哪些威胁？写出相关的数学模型。

4.3 画出基于 PSO 算法的多目标分配流程图。

4.4 画出蚁群优化算法的多目标分配流程图。

4.5 在蚁群优化算法进行多目标分配时，拦截器和目标的转移概率模型如何表示?

4.6 画出动态多目标分配系统决策过程的结构图。

4.7 写出基于 DQN 的动态多目标分配系统的训练流程。

4.8 在 DQN 的动态多目标分配系统中，具体需要考虑哪些设计问题?

参 考 文 献

[1] GUO J G, HU G J, GUO Z Y, et al. Evaluation model, intelligent assignment, and cooperative interception in multimissile and multitarget engagement[J]. IEEE Transactions on Aerospace and Electronic Systems, 2022, 58(4): 3104-3115.

[2] 魏明英, 崔正达, 李运迁. 多弹协同拦截综述与展望[J]. 航空学报, 2020, 41(S1): 29-36.

[3] CHEN Z Y, YU J L, DONG X W, et al. Three-dimensional cooperative guidance strategy and guidance law for intercepting highly maneuvering target[J]. Chinese Journal of Aeronautics, 2021, 34(5): 485-495.

[4] WEISS M, SHALUMOV V, SHIMA T. Minimum effort pursuit guidance with multiple delayed engagement decisions[J]. Journal of Guidance Control and Dynamics, 2022, 45(7): 1310-1319.

[5] CHANG X N, SHI J M, LUO Z H, et al. Adaptive large neighborhood search algorithm for multi-stage weapon target assignment problem[J]. Computers & Industrial Engineering, 2023, 181: 109303.

[6] 李梦杰, 常雪凝, 石建迈, 等. 武器目标分配问题研究进展: 模型、算法与应用[J]. 系统工程与电子技术, 2023, 45(4): 1049-1071.

[7] 吴诗辉, 贾军, 鲍然, 等. 面向集群对抗的多弹协同目标分配模型与仿真分析[J]. 空天防御, 2021, 4(3): 1-9.

[8] 邹子缘, 陈琪锋. 基于决策树搜索的空间飞行器集群对抗目标分配方法[J]. 航空学报, 2022, 43(S1): 78-88.

[9] 郑书坚, 赵文杰, 钟永建, 等. 面向多目标拦截问题的协同任务分配方法研究[J]. 空天防御, 2021, 4(3): 55-64.

[10] 刘攀, 徐胜利, 张迪, 等. 基于粒子群优化的多导弹动态武器目标分配算法[J]. 南京航空航天大学学报, 2023, 55(1): 108-115.

[11] 刘凯, 徐骋. 多飞行器协同拦截目标分配算法及制导律研究综述[J]. 战术导弹技术, 2022, 22(4): 90-97.

[12] 文永明, 石晓荣, 黄雪梅, 等. 一种无人机集群对抗多耦合任务智能决策方法[J]. 宇航学报, 2021, 42(4): 504-512.

[13] WANG T, FU L Y, WEI Z X, et al. Unmanned ground weapon target assignment based on deep Q-learning network with an improved multi-objective artificial bee colony algorithm[J]. Engineering Applications of Artificial Intelligence, 2022, 117: 105612.

[14] 龙腾, 刘震宇, 史人赫, 等. 基于神经网络的防空武器目标智能分配方法[J]. 空天防御, 2021, 4(1): 1-7.

[15] LUO W L, LU J H, LIU K X, et al. Learning-based policy optimization for adversarial missile-target assignment[J]. IEEE Transactions on Systems, Man, and Cybernetics: Systems, 2022, 52(7): 4426-4437.

[16] 朱建文, 赵长见, 李小平, 等. 基于强化学习的集群多目标分配与智能决策方法[J]. 兵工学报, 2021, 42(9): 2040-2048.

[17] 马悦, 吴琳, 许霄. 基于多智能体强化学习的协同目标分配[J]. 系统工程与电子技术, 2023, 45(9): 2793-2801.

[18] 肖友刚, 金升成, 毛晓, 等. 基于深度强化学习的舰船导弹目标分配方法[J]. 控制理论与应用, 2024, 41(6): 990-998.

[19] 俊伟, 方峰, 彭冬亮, 等. 融合多属性决策和深度 Q 值网络的反导火力分配方法[J]. 电子与信息学报, 2022, 44(11): 3833-3841.

[20] DU Y, LI J Q, LI C D, et al. A reinforcement learning approach for flexible job shop scheduling problem with crane transportation and setup times[J]. IEEE Transactions on Neural Networks and Learning Systems, 2022, 35(4): 5695-5709.

[21] 郭建国, 胡冠杰, 许新鹏, 等. 基于强化学习的多对多拦截目标分配方法[J]. 空天防御, 2024, 7(1): 24-31.

第 5 章

动态环境下的智能制导控制

5.1 多目标优化下的博弈制导方法

博弈制导的理论最早由 Isaacs[1]提出。20 世纪 80 年代至 90 年代初期，随着博弈论在多领域的不断发展和完善，研究者开始将博弈论引入飞行器制导领域，博弈制导[2-5]的理论框架逐渐建立。博弈制导的概念并非局限于对手与对手之间的竞争，更是一种综合性的智能控制范式，博弈理论和制导控制理论的有机结合提供了一种有效框架来分析多方参与、相互竞争或合作的决策过程。将博弈理论引入飞行器制导研究能够更精准地构建阵营对抗态势，综合考虑敌方信息制定制导策略，在不同信息优势下获取最优制导策略，实现对战场的全局把控。

20 世纪末，面向不同目标、不同环境的博弈制导系统设计需求，研究者开始将博弈制导应用于实际问题，逐渐深入研究博弈模型的构建和求解方法[6-8]。博弈制导的本质是一种考虑敌我双方行为和反应的制导方法，其所追求的不仅是单一飞行器的最优控制策略，更是在复杂、动态环境下实现多智能体之间的协同与对抗。这种博弈思维的引入，使得飞行器能够更为智能地应对诸如多体协同打击等复杂情境。通过分析博弈策略，飞行器能够在动态变化的环境中做出实时决策，提高任务执行的适应性和鲁棒性。

21 世纪初期，随着对多智能体系统研究的兴起，博弈制导开始更多地与多智能体系统理论相结合[9-13]。这使得研究者能够更全面地考虑拦截器与目标以及其他智能体间的相互作用。近年来，随着强化学习和深度学习的兴起，一些研究开始探索这些方法在博弈制导中的应用，包括使用强化学习算法优化导弹的制导策略，以适应复杂和动态的战场环境。

5.1.1 多目标优化制导问题

在面向实际问题及多样化任务需求时，通常需要考虑过载约束、剩余时间约束、终端角度约束和末速最大约束等多种约束条件。在进行制导律设计时，需综合以上多个指标并进行优化处理，由于经典制导方法应用场景受限，博弈制导无疑是解决多约束问题下的一种有效方法。

1) 过载约束问题

过载约束涉及拦截器在机动过程中所承受的最大加速度或过载限制。由于拦截器需要进行高速机动以追踪目标，因此过载约束对于确保拦截器结构完整性和避免过早失效至关重要。在博弈制导问题中，需要设计算法在满足过载约束的同时，最大化拦截效果。受物理结构和动力系统的限制，飞行器的可用过载并不能满足所有的制导指令需求，因此在进行制导律设计时，需要考虑过载约束问题。目前在飞行器博弈制导中，过载约束问题的研究主要包括两个方向：一是以过载二次型积分形式为性能函数的能量最优问题，也被称为过载“软约束”问题；二是严格保证过载不超限的“硬约束”问题。在博弈制导中的微分博弈模型能够有效解决各种约束问题，针对“软约束”问题，借助最优控制理论求得微分博弈模型的纳什均衡解，但这往往存在小区间内的过载发散问题，因此过载“硬约束”问题的研究非常重要。目前大多数研究者通过施加饱和控制来避免过载超限问题，很少从根本上将过载约束考虑进制导律的设计中。文献[14]提出一种带有时变加速度限制的微分博弈制导律；文献[15]和[16]提出一种考虑加速度过载约束的组合线性二次型制导律，采用分段思想，在制导初段预先将状态约束到一个奇异博弈空间，在该博弈空间能够保证飞行器在实现末制导打击的同时，制导指令不超出可用过载。

2) 剩余时间约束问题

剩余时间约束是指拦截器在执行任务时可用的剩余时间。这通常与拦截器的燃料消耗或任务需求有关。在导弹制导和空间交会等场景中，通过估算目标到达时间(剩余飞行时间)来调整制导策略，以提高制导的效率和准确性。剩余时间约束多用于协同制导问题，要求飞行器在同一时刻到达目标位移，以实现对目标的围捕，达到协同效果；剩余时间约束也可用于优化制导算法，确保飞行器能在最短时间内击中目标，有助于减少目标逃逸概率，同时提高制导系统对快速变化情况的适应能力。近年来，研究者通过引入时间优化模型或偏置项来满足剩余时间的约束。文献[17]在最优导引律中引入时变修正项，实现了对导弹飞行时间的准确控制。文献[18]基于二维制导模型，在小角度假设下推导了剩余飞行时间的估算模型，通过构造时间误差和滑模面，设计了一种无奇异点的时间约束末制导律，能够控制导弹以期望的攻击时间击中目标点，并通过设计附加项解决制导律的控制奇异问题。文献[19]针对空空导弹期望时间拦截强机动目标问题，提出一种不依赖剩余时间估计的新型攻击时间约束滑模制导律。文献[20]结合一致性算法设计分布式制导律，并基于李雅普诺夫稳定性理论证明系统在有限时间收敛，可以实现同时打击。

3) 终端角度约束问题

终端角度约束是指制导武器在攻击末段应达到的特定攻击角度，保证最优探测效果的同时达到最大杀伤效果。终端角度约束制导方法由 Kim 等[21]提出，目前针对终端角度约束的制导律已有很多研究，主要包括：基于比例导引，如偏置比例导引[22-23]；基于现代控制理论，如最优控制理论[24]、自适应变结构控制理论[25-26]等；基于几何曲线[27]、优化理论和协同打击[28]等其他类型的制导方法。有关终端角度约束的研究大多针对地面固定目标或匀加速直线运动目标，未考虑目标机动情况。

微分博弈制导律能在击中目标的同时满足特定的性能需求，适用于解决机动目标下的终端角度约束问题。文献[29]基于线性高斯伪谱模型预测控制(LGPMPC)方法，结合了线性正交最优控制、模型预测控制和高斯伪谱法，解决了具有二次性能指标和硬终端约束的非线性最优控制问题，但耗时较长。Shaferman 等 [30]考虑了终端角度约束问题，按照目标机动是否已知，分别推导了微分博弈制导律和最优制导律，在目标机动时也具有较好的打击效果，但该方法假定导弹机动不受限制。文献[31]和[32]沿用 Shaferman 等的思想，推导出一个偏置的最优制导律，所提出的制导律适合于拦截高速机动的目标，并且在临近终点时需要较小的制导指令，可以成功避免指令饱和，但参数选取是一大难点。

4) 末速最大约束问题

末速最大约束是指为确保在拦截点能够实现精确的制导，拦截器在接近目标时的最大速度限制。高末速可以增强穿透力和破坏力，提升攻击的有效性，末速最大约束用于确保制导武器在接近目标时保持较高速度，这对于打击高机动性目标尤为关键。研究者通过改善推进系统和优化飞行轨迹来实现高末速。在博弈制导中，可建立控制量与末速度间的映射关系，将末速度作为终端约束引入性能指标，然后借助博弈模型进行求解。

在制导问题中，为适应复杂环境并满足多种任务需求，需综合考虑以上约束问题，形成一个多目标优化问题。

5.1.2 一对一追逃博弈模型

博弈制导模型的基本要素包括参与者、策略、收益、信息四个方面，根据实际制导场景对四要素进行定义。

参与者是指参与博弈且拥有决策权的各方阵营。根据攻防场景，将各飞行器按照目的进行阵营划分，从对抗角度来看，一对一攻防场景可划分为追击方和逃逸方，多飞行器对抗场景按战场态势分为攻击方和防御方，其中多飞行器对抗场景下往往蕴含着协同合作，可建模为合作博弈模型。

一局博弈中每个参与者的完整博弈行动方案称为参与者的策略。制导问题的本质为得到一种满足各种约束需求的制导律，主要分为两类：一是根据制导需求，考虑各种约束条件进行制导律设计，即微分博弈问题；二是在已有的机动策略库中通过比较分析，选取一种最优的制导律，多建立为矩阵博弈问题。此外，在一对一攻防博弈中，双方策略一般为完全对抗策略，多体对抗的策略设计中往往需要考虑相同阵营间的协同合作问题。

收益是指一局博弈结束时的结果，一般为包含参与者博弈策略的函数，用于评价博弈策略的好坏。博弈制导模型中的得失一般为以控制指令和状态为变量的性能函数，用以表征控制策略的优劣程度。性能函数的设计需要考虑实际制导问题中的各种约束条件和制导性能，包括脱靶量、角度误差等终端约束和带有控制量和误差积分形式的过程约束。

信息为博弈各参与者对其他参与者的信息掌握程度，博弈制导中的信息主要包括动力学模型、控制执行机构、机动策略和表征收益的性能函数等。一般情况下，对各阵营间飞行器建立相同的动力学模型，并假定具有理想的控制执行机构，结合状态转移矩阵用零控脱靶量建立当前状态下制导策略与收益的映射关系。

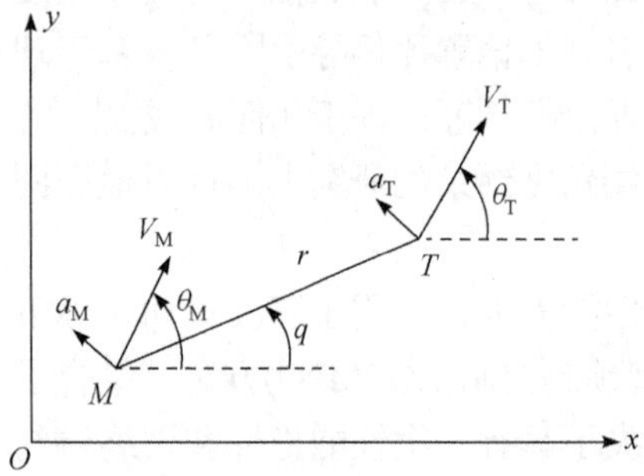

图 5-1　一对一攻防二维交战平面

5.1.2.1 运动学模型

针对一对一攻防对抗场景建立博弈制导模型，首先建立动力学模型，二维交战平面如图 5-1 所示。

图 5-1 中，V_{M} 为拦截弹速度，V_{T} 为目标弹速度，a_{M} 拦截弹法向加速度，a_{T} 为目标弹法向加速度，θ_{M} 为拦截弹速度角，θ_{T} 为目标弹速度角，r 为拦截弹和目标弹相对距离，q 为相对视线角。

忽略地球引力影响，拦截弹与目标弹之间的运动学方程为

$$\dot{r}=V_{\mathrm{T}}\cos(\theta_{\mathrm{T}}-q)-V_{\mathrm{M}}\cos(\theta_{\mathrm{M}}-q) \tag{5-1}$$

$$r\dot{q}=-V_{\mathrm{T}}\sin(\theta_{\mathrm{T}}-q)+V_{\mathrm{M}}\sin(\theta_{\mathrm{M}}-q) \tag{5-2}$$

$$\begin{cases}\dot{\theta}_{\mathrm{M}}=a_{\mathrm{M}}/V_{\mathrm{M}}\\ \dot{\theta}_{\mathrm{T}}=a_{\mathrm{T}}/V_{\mathrm{T}}\\ \dot{a}_{\mathrm{T}}=(w_{\mathrm{T}}-a_{\mathrm{T}})/\tau\\ \dot{a}_{\mathrm{M}}=0\end{cases} \tag{5-3}$$

式中，τ 为目标弹的时间常数，假定拦截弹具有理想的任意阶动力学模型如下：

$$\begin{cases}\dot{x}_{\mathrm{M}}=\boldsymbol{A}_{\mathrm{M}}x_{\mathrm{M}}+\boldsymbol{B}_{\mathrm{M}}u_{\mathrm{M}}\\ \dot{\theta}_{\mathrm{M}}=a_{\mathrm{M}}/V_{\mathrm{M}}\\ a_{\mathrm{M}}=\boldsymbol{C}_{\mathrm{M}}x_{\mathrm{M}}+d_{\mathrm{M}}u_{\mathrm{M}}\end{cases} \tag{5-4}$$

式中，$\boldsymbol{A}_{\mathrm{M}}$、$\boldsymbol{B}_{\mathrm{M}}$、$\boldsymbol{C}_{\mathrm{M}}$ 和 d_{M} 分别为系统矩阵、输入矩阵、输出矩阵和前馈系数。

选取状态向量 $\boldsymbol{x}=\begin{bmatrix}y & \dot{y} & a_{\mathrm{T}} & \theta_{\mathrm{T}}-\theta_{\mathrm{M}}\end{bmatrix}^{\mathrm{T}}$，线性化处理后得

$$\begin{cases}\dot{x}_1=x_2\\ \dot{x}_2=a_{\mathrm{T}}\cos\gamma_{\mathrm{T0}}-a_{\mathrm{M}}\cos\gamma_{\mathrm{M0}}\\ \dot{x}_3=(w_{\mathrm{T}}-a_{\mathrm{T}})/\tau_{\mathrm{T}}\\ \dot{x}_4=a_{\mathrm{T}}/V_{\mathrm{T}}+a_{\mathrm{M}}/V_{\mathrm{M}}\end{cases} \tag{5-5}$$

博弈制导数学模型矩阵形式为

$$\dot{\boldsymbol{x}}=\boldsymbol{A}\boldsymbol{x}+\boldsymbol{B}u_{\mathrm{M}}+\boldsymbol{C}w_{\mathrm{T}} \tag{5-6}$$

式中，

$$\boldsymbol{A}=\begin{bmatrix}0 & 1 & 0 & 0\\ 0 & 0 & \cos\gamma_{\mathrm{T0}} & 0\\ 0 & 0 & -1/\tau_{\mathrm{T}} & 0\\ 0 & 0 & 1/V_{\mathrm{T}} & 0\end{bmatrix},\boldsymbol{B}=\begin{bmatrix}0\\ -\cos\gamma_{\mathrm{M0}}\\ 0\\ 1/V_{\mathrm{M}}\end{bmatrix},\boldsymbol{C}=\begin{bmatrix}0\\ 0\\ 1/\tau_{\mathrm{T}}\\ 0\end{bmatrix}$$

5.1.2.2　多目标优化约束

根据实际研究背景和任务需求的不同，可进行不同形式性能指标的设计。

(1) 对于单目标优化问题，通常以脱靶量为性能指标，性能函数为

$$J=\left|x_1(t_{\mathrm{f}})\right| \tag{5-7}$$

(2) 随着对拦截弹飞行性能的要求不断提升，在脱靶量约束的基础上又引入过载约束，性能函数多为

$$J=\frac{k_1}{2}x_1^2\left(t_{\mathrm{f}}\right)+\frac{k_2}{2}\int_0^{t_{\mathrm{f}}}\left(u^2-\mu^2w^2\right)\mathrm{d}t \tag{5-8}$$

在式(5-8)指标下的微分博弈制导律相较于式(5-7)指标下得到了优化，飞行轨迹更平缓，很大程度上降低了能量消耗。

(3) 根据对目标打击任务的需求，终端角度约束也被引入性能函数，可得

$$J=\frac{k_1}{2}x_1^2\left(t_{\mathrm{f}}\right)+\frac{k_2}{2}\left[x_4\left(t_{\mathrm{f}}\right)-\theta_{\mathrm{f}}\right]^2+\frac{k_3}{2}\int_0^{t_{\mathrm{f}}}\left(u^2-\mu^2w^2\right)\mathrm{d}t \tag{5-9}$$

式(5-6)为系统模型，式(5-9)为性能函数，由此构成了多目标优化博弈制导问题。性能函数前两项为终端型性能指标，分别代表脱靶量约束和终端角度约束；第三项是积分型性能指标，为过载约束，u、w为双方机动策略，μ为目标机动能力加权系数，一般取为双方过载比。

5.1.2.3 博弈制导模型

综合系统模型(5-6)和多目标优化约束式(5-7)～式(5-9)下的博弈问题，完成了一对一追逃博弈制导模型的建立，双方通过选取博弈策略，分别使得性能函数达到极大或极小：

$$\begin{cases}u^*=\min\limits_{u\in U}J(u,w)\\ w^*=\max\limits_{w\in W}J(u,w)\end{cases} \tag{5-10}$$

结合博弈相关理论，进行纳什均衡解$\left(u^*,w^*\right)$的求取，使得式(5-11)成立：

$$J\left(u^*,w\right)\leqslant J\left(u^*,w^*\right)\leqslant J\left(u,w^*\right) \tag{5-11}$$

非合作博弈考虑对对方阵营飞行器的机动能力、机动策略的掌握情况，当对方机动策略已知时，转化为最优控制问题；当对方机动策略未知时，建立博弈模型进行纳什均衡解的求取，根据信息的掌握情况选取不同的模型求解方法。纳什均衡是一种相对平衡状态，本质是各阵营间的策略组合，每个决策者都在对方阵营策略给定的情况下做出最佳反应，没有参与方有动机单方面改变策略，是博弈制导问题中最常见的解的形式。

5.1.3 追逃博弈模型求解

博弈制导问题通常假定各阵营间的博弈无时间序列性，属于静态博弈范畴，且当前的博弈制导研究主要集中于完全信息博弈，根据博弈策略的连续性，分别用矩阵博弈和微分博弈求取纳什均衡，并基于纳什均衡进行制导律设计。矩阵博弈是典型的静态博弈算法，多用于解决离散型决策问题，即每个参与者有一组明确的、有限的策略可供选择，通过求解博弈矩阵，选取最优纳什均衡解并得到对应制导策略；微分博弈又称微分对策，是一种涉及在动态系统中的两个或多个参与者之间的竞争或合作的最优控制方法，适用于连续时间或连续策略的情景，借助最优控制理论进行求解。

5.1.3.1 矩阵博弈

矩阵博弈将博弈过程以矩阵形式呈现出来，矩阵元素为双方采取对应行或列策略下

的收益函数，通过求解博弈矩阵得到纳什均衡解。矩阵博弈主要包括策略库建立、收益函数设计、博弈矩阵建立、求解和优化策略四部分内容。

(1) 首先根据双方的可用策略建立机动策略库，博弈矩阵的维数取决于双方的可用策略数；

(2) 结合实际制导场景设计博弈收益函数，对不同博弈策略产生的博弈结果进行量化表征；

(3) 对于每个参与者，将不同策略下的博弈结果量化填充到矩阵中，矩阵中的每个元素代表了当各方选择特定策略组合时的收益或损失；

(4) 通过分析矩阵寻找纳什均衡点，即在此点上没有任何一方能够通过单方面改变策略来获得更好的结果。

二人有限零和博弈可用数组 $\boldsymbol{G}=\{\boldsymbol{U},\boldsymbol{W},\boldsymbol{R},\boldsymbol{X},\boldsymbol{Y}\}$ 表示，其中 $\boldsymbol{U}=\{u_1,u_2,\cdots,u_m\}$、$\boldsymbol{W}=\{w_1,w_2,\cdots,w_n\}$ 分别表示博弈参与者双方阵营 P_1、P_2 的策略集合；$\boldsymbol{R}=\left[r_{ij}\right]_{m\times n}$ 表示支付矩阵，当参与者 P_1、P_2 分别选择策略 $u_i\left(i=1,2,\cdots,m\right)$ 和策略 $w_j\left(j=1,2,\cdots,n\right)$ 时，r_{ij} 表示对应策略下的收益值。

在混合策略情况下，参与者分别以概率 p_i、q_j 选取策略 u_i、w_j，则有

$$\begin{cases}\boldsymbol{X}=\left\{\boldsymbol{p}=\left(p_1,p_2,\cdots,p_m\right)^{\mathrm{T}}\left|\sum\limits_{i=1}^{m}p_i=1,p_i\geqslant 0\right.\right\}\\ \boldsymbol{Y}=\left\{\boldsymbol{q}=\left(q_1,q_2,\cdots,q_n\right)^{\mathrm{T}}\left|\sum\limits_{i=1}^{n}q_j=1,q_j\geqslant 0\right.\right\}\end{cases} \tag{5-12}$$

式中，$\boldsymbol{X}$、$\boldsymbol{Y}$ 为参与者的混合策略空间，期望收益函数为

$$\boldsymbol{E}\left(\boldsymbol{p},\boldsymbol{q}\right)=\boldsymbol{pRq}^{\mathrm{T}}=\sum_{i=1}^{m}\sum_{j=1}^{n}r_{ij}p_iq_j \tag{5-13}$$

对于该模型，若存在 $\boldsymbol{p}^*\in\boldsymbol{X}$、$\boldsymbol{q}^*\in\boldsymbol{Y}$，使得式(5-14)成立，则称 $\left(\boldsymbol{p}^*,\boldsymbol{q}^*\right)$ 为博弈 G 的纳什均衡解。

$$\boldsymbol{E}\left(\boldsymbol{p}^*,\boldsymbol{q}^*\right)\leqslant\boldsymbol{E}\left(\boldsymbol{p}^*,\boldsymbol{q}^*\right)\leqslant\boldsymbol{E}\left(\boldsymbol{p}^*,\boldsymbol{q}^*\right) \tag{5-14}$$

矩阵博弈的求解方法包括但不限于：线性规划、极小极大算法、动态规划、进化算法和机器学习等。李博文[33]、孙传鹏[34]等以不同系数下的比例导引律选取为例，将矩阵博弈用于制导问题，考虑目标机动的不确定性，采用滚动时域算法和粒子群优化算法求取了纳什均衡解。受限于策略空间的离散性质，矩阵博弈仅适用于策略层级的博弈，在制导律设计中的应用研究较少。

5.1.3.2　线性微分博弈模型求解

在微分博弈[35-37]中，参与者的策略随时间连续变化，每个参与方通过选择合适的控制变量来实现最小化或最大化性能指标，根据动力学模型的复杂程度可分为线性二次型微分博弈和非线性微分博弈。对于线性二次型微分博弈问题，多借助零控脱靶量进行博

弈降维和求解；对于非线性博弈问题，以自适应动态方法进行求解。

线性二次型微分博弈[38-39]的模型及求解流程如下，首先用零控脱靶量代替脱靶量，基于状态转移矩阵$\boldsymbol{\Phi}(t_{\rm f},t)$对系统模型进行降维：

$$z(t)=\boldsymbol{D\Phi}(t_{\rm f},t)\boldsymbol{x}(t) \tag{5-15}$$

式中，$\boldsymbol{D}$为常数矩阵：

$$\boldsymbol{D}=\begin{bmatrix}1&0&0&0\\0&0&0&1\end{bmatrix}$$

对式(5-15)进行微分得

$$\begin{aligned}\dot{z}&=\boldsymbol{D}\left[\dot{\boldsymbol{\Phi}}(t_{\rm f},t)\boldsymbol{x}+\boldsymbol{\Phi}(t_{\rm f},t)\dot{\boldsymbol{x}}\right]\\&=\boldsymbol{D\Phi}(t_{\rm f},t)\boldsymbol{C}w_{\rm T}+\boldsymbol{D\Phi}(t_{\rm f},t)\boldsymbol{B}u_{\rm M}\end{aligned} \tag{5-16}$$

$$z(t_{\rm f})=\boldsymbol{Dx}(t_{\rm f})=\left[x_1(t_{\rm f}),x_4(t_{\rm f})\right]^{\rm T} \tag{5-17}$$

假定目标的控制过程是理想的，则有$\tau_{\rm T}=0$，式(5-16)可化简为

$$\begin{cases}\dot{z}_1=-u_{\rm M}\cos\theta_{\rm M0}t_{\rm go}+w_{\rm T}\cos\theta_{\rm T0}t_{\rm go}\\\dot{z}_2=w_{\rm T}/V_{\rm T}+u_{\rm M}/V_{\rm M}\end{cases} \tag{5-18}$$

记$u=u_{\rm M}\cos\theta_{\rm M0}$，$w=w_{\rm T}\cos\theta_{\rm T0}$，$v'_{\rm M}=V_{\rm M}\cos\theta_{\rm M0}$，$v'_{\rm T}=V_{\rm T}\cos\theta_{\rm T0}$。

选取新变量$\overline{z}_1=z_1$，$\overline{z}_2=z_2-\theta_{\rm f}$，式(5-18)可简化为

$$\dot{\overline{z}}=\boldsymbol{h}_1(t)u+\boldsymbol{h}_2(t)w \tag{5-19}$$

式中，$\boldsymbol{h}_1(t)=\begin{bmatrix}-t_{\rm go}\\1/v'_{\rm M}\end{bmatrix}$；$\boldsymbol{h}_2(t)=\begin{bmatrix}t_{\rm go}\\1/v'_{\rm T}\end{bmatrix}$。

(1) 对于单目标性能函数式(5-7)，可转化为

$$J=\left|\overline{z}_1(t_{\rm f})\right| \tag{5-20}$$

对应博弈策略为

$$\begin{cases}u^*(t,\overline{z})=-u_{\max}\operatorname{sign}(\overline{z}_1)\operatorname{sign}\left[h_{11}(t)\right]\\w^*(t,\overline{z})=-w_{\max}\operatorname{sign}(\overline{z}_1)\operatorname{sign}\left[h_{21}(t)\right]\end{cases} \tag{5-21}$$

(2) 对于多目标性能函数式(5-8)，可转化为

$$J=\frac{k_1}{2}\overline{z}_1^2(t_{\rm f})+\frac{k_2}{2}\int_0^{t_{\rm f}}\left(u^2-\mu^2w^2\right){\rm d}t \tag{5-22}$$

同理式(5-9)可转化为

$$J=\frac{k_1}{2}\overline{z}_1^2(t_{\rm f})+\frac{k_2}{2}\overline{z}_2^2(t_{\rm f})+\frac{k_3}{2}\int_0^{t_{\rm f}}\left(u^2-\mu^2w^2\right){\rm d}t \tag{5-23}$$

下面以三种约束指标性能函数为例，基于最优控制理论进行求解计算，首先构造哈密顿方程：

$$H = \frac{1}{2}u^2 - \frac{1}{2}\mu^2 w^2 + \lambda_1 \dot{\bar{z}}_1 + \lambda_2 \dot{\bar{z}}_2 \tag{5-24}$$

协态方程为

$$\begin{cases} \dot{\lambda}_1 = -\dfrac{\partial H}{\partial \bar{z}_1} = 0; \lambda_1(t_\mathrm{f}) = k_1 \bar{z}_1(t_\mathrm{f}) \\ \dot{\lambda}_2 = -\dfrac{\partial H}{\partial \bar{z}_2} = 0; \lambda_2(t_\mathrm{f}) = k_2 \bar{z}_2(t_\mathrm{f}) \end{cases} \Rightarrow \begin{cases} \lambda_1(t) = k_1 \bar{z}_1(t_\mathrm{f}) \\ \lambda_2(t) = k_2 \bar{z}_2(t_\mathrm{f}) \end{cases} \tag{5-25}$$

控制方程为

$$\begin{cases} \dfrac{\partial H}{\partial u} = u + \lambda_1 \dot{\bar{z}}_1 + \lambda_2 \dot{\bar{z}}_2 = 0 \\ \dfrac{\partial H}{\partial w} = -\mu^2 w + \lambda_1 \ddot{\bar{z}}_1 + \lambda_2 \ddot{\bar{z}}_2 = 0 \end{cases} \tag{5-26}$$

可得博弈策略为

$$\begin{cases} u^* = k_1 \bar{z}_1(t_\mathrm{f}) t_\mathrm{go} - \dfrac{k_2}{v'_\mathrm{M}} \bar{z}_2(t_\mathrm{f}) \\ w^* = \dfrac{1}{\mu^2}\left[k_1 \bar{z}_1(t_\mathrm{f}) t_\mathrm{go} + \dfrac{k_2}{v'_\mathrm{T}} \bar{z}_2(t_\mathrm{f}) \right] \end{cases} \tag{5-27}$$

结合式(5-19)和式(5-26)，可得

$$\begin{cases} \dot{\bar{z}}_1 = \dfrac{\lambda_1(1-\mu^2)}{\mu^2} t_\mathrm{go}^2 + \left(\dfrac{1}{v'_\mathrm{M}} + \dfrac{1}{\mu^2 v'_\mathrm{T}} \right) \lambda_2 t_\mathrm{go} \\ \dot{\bar{z}}_2 = \left(\dfrac{1}{v'_\mathrm{M}} + \dfrac{1}{\mu^2 v'_\mathrm{T}} \right) \lambda_1 t_\mathrm{go} + \left[\dfrac{1}{\mu^2 v'_\mathrm{T}} - \dfrac{1}{(v'_\mathrm{M})^2} \right] \lambda_2 \end{cases} \tag{5-28}$$

将式(5-25)代入式(5-28)，并进行积分得

$$\begin{bmatrix} \bar{z}_1(t_\mathrm{f}) \\ \bar{z}_2(t_\mathrm{f}) \end{bmatrix} = \frac{1}{\Theta} \begin{bmatrix} d & -b \\ -c & a \end{bmatrix} \begin{bmatrix} \bar{z}_1(t) \\ \bar{z}_2(t) \end{bmatrix} \tag{5-29}$$

式中，

$$a = 1 - \frac{k_1(1-\mu^2) t_\mathrm{go}^3}{3\mu^2},\quad b = -\frac{k_2(v'_\mathrm{M} + \mu^2 v'_\mathrm{T}) t_\mathrm{go}^2}{2 v'_\mathrm{M} v'_\mathrm{T} \mu^2},$$

$$c = -\frac{k_1(v'_\mathrm{M} + \mu^2 v'_\mathrm{T}) t_\mathrm{go}^2}{2 v'_\mathrm{M} v'_\mathrm{T} \mu^2},\quad d = 1 - \frac{k_2(v'^2_\mathrm{M} - \mu^2 v'^2_\mathrm{T}) t_\mathrm{go}}{v'^2_\mathrm{M} v'^2_\mathrm{T} \mu^2},\quad \Theta = ad - bc$$

将式(5-29)代入式(5-27)可得博弈策略为

$$\begin{cases} u^* = \dfrac{A_1}{t_\mathrm{go}^2} \bar{z}_1(t) + \dfrac{A_2 v'_\mathrm{M}}{t_\mathrm{go}} \bar{z}_2(t) \\ w^* = \dfrac{B_1}{t_\mathrm{go}^2} \bar{z}_1(t) + \dfrac{B_2 v'_\mathrm{M}}{t_\mathrm{go}} \bar{z}_2(t) \end{cases} \tag{5-30}$$

式中，$A_1=\dfrac{3k_1\mu^2t_{go}^3}{\varDelta Q_1}\left[1-k_2t_{go}\left(v_2+\dfrac{v_1}{2v'_M}\right)\right]$；$A_2=\dfrac{k_2t_{go}}{v'_M Q_1}\left(\dfrac{3k_1v_1\mu^2t_{go}^3}{2\varDelta}-\dfrac{1}{v'_M}\right)$；$B_1=\dfrac{3k_1t_{go}^3}{\varDelta Q_1}\cdot\left[1-k_2t_{go}\left(v_2-\dfrac{v_1}{2v'_T}\right)\right]$；$B_2=\dfrac{k_2t_{go}}{\mu^2v'_M Q_1}\left(\dfrac{3k_1v_1\mu^2t_{go}^3}{2\varDelta}+\dfrac{1}{v'_T}\right)$，$v_1=\dfrac{v'_M+\mu^2v'_T}{2v'_Mv'_T\mu^2}$，$v_2=\dfrac{v'^2_M-\mu^2v'^2_T}{v'^2_Mv'^2_T\mu^2}$，$\varDelta=3\mu^2-\left(1-\mu^2\right)k_1t_{go}^3$，$Q_1=1-k_2v_2t_{go}-\dfrac{3k_1k_2\mu^2v_1^2}{4\varDelta}t_{go}^4$。

结合拦截导弹运动学模型可得

$$\begin{cases}\overline{z}_1(t)=y+\dot{y}t_{go}\\ \overline{z}_2(t)=\theta_T-\theta_M-\theta_f\end{cases}\tag{5-31}$$

由于$y\approx qr$，则有

$$\overline{z}_1(t)=y+\dot{y}t_{go}=-\dot{q}\dot{r}t_{go}^2\tag{5-32}$$

联立式(5-30)和式(5-32)，可得微分博弈制导律为

$$\begin{cases}u^*=A_1\left(\dot{r}\dot{q}-\dfrac{\overline{z}_1}{t_{go}^2}\right)+A_2\dfrac{v'_M}{t_{go}}\left[\theta_M+\theta_T-\overline{z}_s\right]\\ w^*=B_1\left(\dot{r}\dot{q}-\dfrac{\overline{z}_1}{t_{go}^2}\right)+B_2\dfrac{v'_M}{t_{go}}\left[\theta_M+\theta_T-\overline{z}_s\right]\end{cases}\tag{5-33}$$

在实际应用领域，飞行器动力学模型具有非线性、时变性、不确定性等特点，这导致里卡蒂(Riccati)方程非常复杂，目前的数学手段难以支撑非线性里卡蒂方程的求解。因此，数值方法和智能算法的结合受到众多学者的青睐与推崇。

5.1.3.3 非线性微分博弈自适应求解

非线性微分博弈的方法分为定量方法和定性方法。定量方法以求解均衡点、均衡点所对应的最优控制策略以及相应的代价函数为目的；定性方法以对抗中某种预期结果能否实现为研究目的，分析界栅存在性和位置，以期在对抗中处于有利地位。定量微分博弈所用的方法为双方极值原理和变分方法[40-47]，将求解微分博弈最优控制策略问题转化为求一组哈密顿–雅可比–艾萨克斯(Hamilton-Jacobi-Isaacs，HJI)方程的问题。

依托最优控制理论、庞特里亚金极大值原理等，博弈制导模型的求解转化为 HJI 方程的求解。HJI 方程是哈密顿–雅可比–贝尔曼(Hamilton-Jacobi-Bellman，HJB)方程的一个推广，用于描述在动态博弈场景中的最优策略。HJI 方程的求解通常比 HJB 方程更复杂，是因为其涉及双边极值。相比传统博弈求解方法，智能算法在解决飞行器博弈制导问题方面展现明显优势[48-61]：一方面，它能精确建模复杂环境，适用于多智能体博弈的复杂情境；另一方面，它能实时决策且自主学习、适应，更适用于处理非凸、多阶段、不确定等复杂博弈场景。目前的智能博弈求解方法包括自适应动态规划方法、仿生优化算法[48-50]、机器学习、强化学习[51-57]等，其中自适应动态规划方法[58-60]最为典型。

对于非线性问题，运动学模型推导如下。

对式(5-1)求导得

$$\ddot{r}=-V_{\mathrm{T}}\sin\left(\theta_{\mathrm{T}}-q\right)\left(\dot{\theta}_{\mathrm{T}}-\dot{q}\right)+V_{\mathrm{M}}\sin\left(\theta_{\mathrm{M}}-q\right)\left(\dot{\theta}_{\mathrm{M}}-\dot{q}\right) \tag{5-34}$$

将式(5-3)代入式(5-34)，整理可得

$$\begin{aligned}\ddot{r}&=-V_{\mathrm{T}}\sin\left(\theta_{\mathrm{T}}-q\right)\left(\frac{a_{\mathrm{T}}}{V_{\mathrm{T}}}-\dot{q}\right)+V_{\mathrm{M}}\sin\left(\theta_{\mathrm{M}}-q\right)\left(\frac{a_{\mathrm{M}}}{V_{\mathrm{M}}}-\dot{q}\right)\\&=r\dot{q}^{2}-\sin\left(\theta_{\mathrm{T}}-q\right)a_{\mathrm{T}}+\sin\left(\theta_{\mathrm{M}}-q\right)a_{\mathrm{M}}\end{aligned} \tag{5-35}$$

对式(5-2)求导得

$$\dot{r}\dot{q}+r\ddot{q}=-V_{\mathrm{T}}\cos\left(\theta_{\mathrm{T}}-q\right)\left(\dot{\theta}_{\mathrm{T}}-\dot{q}\right)+V_{\mathrm{M}}\cos\left(\theta_{\mathrm{M}}-q\right)\left(\dot{\theta}_{\mathrm{M}}-\dot{q}\right) \tag{5-36}$$

将式(5-3)代入式(5-36)，可得

$$\dot{r}\dot{q}+r\ddot{q}=-V_{\mathrm{T}}\cos\left(\theta_{\mathrm{T}}-q\right)\left(\frac{a_{\mathrm{T}}}{V_{\mathrm{T}}}-\dot{q}\right)+V_{\mathrm{M}}\cos\left(\theta_{\mathrm{M}}-q\right)\left(\frac{a_{\mathrm{M}}}{V_{\mathrm{M}}}-\dot{q}\right) \tag{5-37}$$

整理得

$$r\ddot{q}=-2\dot{r}\dot{q}-\cos\left(\theta_{\mathrm{T}}-q\right)a_{\mathrm{T}}+\cos\left(\theta_{\mathrm{M}}-q\right)a_{\mathrm{M}} \tag{5-38}$$

定义剩余时间 $t_{\mathrm{go}}=-\dfrac{r}{V_{\mathrm{r}}}$，选取系统状态为 $\boldsymbol{x}=\left[x_1,x_2\right]^{\mathrm{T}}=\left[q,\dot{q}t_{\mathrm{go}}\right]$，定义新的时间变量 $\overline{t}=\ln\left[r(0)\right]-\ln\left[r(t)\right]$，新系统状态变量对新时间变量求导得

$$\frac{\mathrm{d}x}{\mathrm{d}\overline{t}}=\frac{\mathrm{d}x}{\mathrm{d}t}\cdot\frac{\mathrm{d}t}{\mathrm{d}\overline{t}}=\frac{\mathrm{d}x}{\mathrm{d}t}t_{\mathrm{go}} \tag{5-39}$$

所以有

$$\dot{x}_1=\dot{q}t_{\mathrm{go}}=x_2 \tag{5-40}$$

$$\dot{x}_2=\left(-\frac{r}{\dot{r}}\dot{q}\right)' t_{\mathrm{go}}=-\frac{\left(\dot{r}\dot{q}+r\ddot{q}\right)\dot{r}-r\dot{q}\ddot{r}}{\dot{r}^{2}}t_{\mathrm{go}} \tag{5-41}$$

将式(5-35)和式(5-38)代入式(5-41)，得

$$\begin{aligned}\dot{x}_2=x_2+x_2^3&+\left[\cos\left(\theta_{\mathrm{T}}-q\right)+x_2\sin\left(\theta_{\mathrm{T}}-q\right)\right]/\dot{r}\cdot t_{\mathrm{go}}\cdot a_{\mathrm{T}}\\&-\left[\cos\left(\theta_{\mathrm{M}}-q\right)+x_2\sin\left(\theta_{\mathrm{M}}-q\right)\right]/\dot{r}\cdot t_{\mathrm{go}}\cdot a_{\mathrm{M}}\end{aligned} \tag{5-42}$$

取 $u_{\mathrm{T}}=t_{\mathrm{go}}\cdot a_{\mathrm{T}}$，$u_{\mathrm{M}}=t_{\mathrm{go}}\cdot a_{\mathrm{M}}$，根据状态变量给出新系统的状态空间模型为

$$\dot{\boldsymbol{x}}=\boldsymbol{f}\left(\boldsymbol{x}\right)+\boldsymbol{g}\left(\boldsymbol{x}\right)u\left(t\right)+\boldsymbol{h}\left(\boldsymbol{x}\right)w\left(t\right) \tag{5-43}$$

式中，$\boldsymbol{f}\left(\boldsymbol{x}\right)=\left[x_2,x_2+x_2^3\right]^{\mathrm{T}}$；$\boldsymbol{g}\left(\boldsymbol{x}\right)=\left[0,-\left(\cos(\theta_{\mathrm{M}}-q)+x_2\sin\left(\theta_{\mathrm{M}}-q\right)\right)/\dot{r}\right]^{\mathrm{T}}$；$\boldsymbol{h}\left(\boldsymbol{x}\right)=\left[0,\left(\cos(\theta_{\mathrm{T}}-q)+x_2\sin\left(\theta_{\mathrm{T}}-q\right)\right)/\dot{r}\right]^{\mathrm{T}}$。

考虑视线角速率和过载约束建立积分型指标函数：

$$J(\boldsymbol{x},\boldsymbol{u},\boldsymbol{w})=\int_0^{\infty}\left(\boldsymbol{x}^{\mathrm{T}}\boldsymbol{Q}\boldsymbol{x}+\boldsymbol{u}^{\mathrm{T}}\boldsymbol{R}_1 u-\boldsymbol{w}^{\mathrm{T}}\boldsymbol{R}_2 w\right)\mathrm{d}t=\int_0^{\infty}L(\boldsymbol{x},\boldsymbol{u},\boldsymbol{w})\,\mathrm{d}t \tag{5-44}$$

式中，$\boldsymbol{Q}$、$\boldsymbol{R}_1$、$\boldsymbol{R}_2$ 均为对称正定矩阵，选取状态值函数：

$$V(\boldsymbol{x}(t),\boldsymbol{u}(t),\boldsymbol{w}(t))=\int_0^{\infty}L(\boldsymbol{x},\boldsymbol{u},\boldsymbol{w})\,\mathrm{d}t \tag{5-45}$$

哈密顿方程为

$$H(\boldsymbol{x},\boldsymbol{u},\boldsymbol{w})=L(\boldsymbol{x},\boldsymbol{u},\boldsymbol{w})+\nabla V_x^{\mathrm{T}}(\boldsymbol{x})\left[\boldsymbol{f}(\boldsymbol{x})+\boldsymbol{g}(\boldsymbol{x})\boldsymbol{u}+\boldsymbol{h}(\boldsymbol{x})\boldsymbol{w}\right] \tag{5-46}$$

假设该问题有唯一鞍点解，则鞍点解必满足纳什均衡条件：

$$V^*(\boldsymbol{x})=\min_{\boldsymbol{u}}\max_{\boldsymbol{w}}V(\boldsymbol{x},\boldsymbol{u},\boldsymbol{w})=\max_{\boldsymbol{w}}\min_{\boldsymbol{u}}V(\boldsymbol{x},\boldsymbol{u},\boldsymbol{w}) \tag{5-47}$$

由最优性必要条件求得

$$\begin{cases}\boldsymbol{u}^*=-\dfrac{1}{2}\boldsymbol{R}_1^{-1}\boldsymbol{g}^{\mathrm{T}}(\boldsymbol{x})\nabla V_x(\boldsymbol{x})\\ \boldsymbol{w}^*=\dfrac{1}{2}\boldsymbol{R}_2^{-1}\boldsymbol{h}^{\mathrm{T}}(\boldsymbol{x})\nabla V_x(\boldsymbol{x})\end{cases} \tag{5-48}$$

根据贝尔曼最优性原理可得

$$\begin{cases}\boldsymbol{u}^*=-\dfrac{1}{2}\boldsymbol{R}_1^{-1}\boldsymbol{g}^{\mathrm{T}}(\boldsymbol{x})\nabla V_x^*(\boldsymbol{x})\\ \boldsymbol{w}^*=\dfrac{1}{2}\boldsymbol{R}_2^{-1}\boldsymbol{h}^{\mathrm{T}}(\boldsymbol{x})\nabla V_x^*(\boldsymbol{x})\end{cases} \tag{5-49}$$

转化为求解$V^*(\boldsymbol{x})$，根据神经网络的全局逼近性质，最优状态值函数$V^*(\boldsymbol{x})$可以精确地表示为

$$V^*(\boldsymbol{x})=\boldsymbol{W}_c^{\mathrm{T}}\boldsymbol{\sigma}_c(\boldsymbol{x})+\varepsilon_c(\boldsymbol{x}) \tag{5-50}$$

式中，理想权值向量$\boldsymbol{W}_c\in\boldsymbol{R}^N$，$\boldsymbol{\sigma}_c\in\boldsymbol{R}^N$为神经网络激活函数，$N$为隐含层中神经元的个数；$\varepsilon_c(\boldsymbol{x})$为神经网络的近似误差。于是$V^*(\boldsymbol{x})$对$\boldsymbol{x}$的偏导数为

$$\nabla V^*(\boldsymbol{x})=\nabla\boldsymbol{\sigma}_c^{\mathrm{T}}(\boldsymbol{x})\boldsymbol{W}_c+\nabla\varepsilon_c(\boldsymbol{x}) \tag{5-51}$$

式(5-49)可转化为

$$\begin{cases}\boldsymbol{u}^*=-\dfrac{1}{2}\boldsymbol{R}_1^{-1}\boldsymbol{g}^{\mathrm{T}}(\boldsymbol{x})\left[\nabla\boldsymbol{\sigma}_c^{\mathrm{T}}(\boldsymbol{x})\boldsymbol{W}_c+\nabla\varepsilon_c(\boldsymbol{x})\right]\\ \boldsymbol{w}^*=\dfrac{1}{2}\boldsymbol{R}_2^{-1}\boldsymbol{h}^{\mathrm{T}}(\boldsymbol{x})\left[\nabla\boldsymbol{\sigma}_c^{\mathrm{T}}(\boldsymbol{x})\boldsymbol{W}_c+\nabla\varepsilon_c(\boldsymbol{x})\right]\end{cases} \tag{5-52}$$

哈密顿方程(5-46)可改写为

$$H=\boldsymbol{x}^{\mathrm{T}}\boldsymbol{Q}\boldsymbol{x}+\boldsymbol{W}_c^{\mathrm{T}}\nabla\boldsymbol{\sigma}_c(\boldsymbol{x})f(\boldsymbol{x})+\frac{1}{4}\boldsymbol{W}_c^{\mathrm{T}}\nabla\boldsymbol{\sigma}_c(\boldsymbol{x})(\boldsymbol{D}_2-\boldsymbol{D}_1)\nabla\boldsymbol{\sigma}_c^{\mathrm{T}}(\boldsymbol{x})\boldsymbol{W}_c+\varepsilon_{\mathrm{H}} \tag{5-53}$$

式中，$\boldsymbol{D}_1=\boldsymbol{g}(\boldsymbol{x})\boldsymbol{R}_1^{-1}\boldsymbol{g}^{\mathrm{T}}(\boldsymbol{x})$；$\boldsymbol{D}_2=\boldsymbol{h}(\boldsymbol{x})\boldsymbol{R}_2^{-1}\boldsymbol{h}^{\mathrm{T}}(\boldsymbol{x})$；$\varepsilon_{\mathrm{H}}$为近似误差：

$$\varepsilon_{\mathrm{H}}=\nabla^{\mathrm{T}}\varepsilon_c(\boldsymbol{x})f(\boldsymbol{x})-\frac{1}{4}\nabla^{\mathrm{T}}\varepsilon_c(\boldsymbol{x})(\boldsymbol{D}_1-\boldsymbol{D}_2)\nabla^{\mathrm{T}}\sigma_c(\boldsymbol{x})W_c \\ -\frac{1}{4}\nabla^{\mathrm{T}}\varepsilon_c(\boldsymbol{x})(\boldsymbol{D}_1-\boldsymbol{D}_2)\nabla^{\mathrm{T}}\varepsilon_c(\boldsymbol{x})-\frac{1}{4}\boldsymbol{W}_c^{\mathrm{T}}\nabla\boldsymbol{\sigma}_c(\boldsymbol{x})(\boldsymbol{D}_1-\boldsymbol{D}_2)\nabla\varepsilon_c(\boldsymbol{x}) \tag{5-54}$$

由于理想神经网络权值 W_c 未知，使用评价网络输出 $\hat{V}^*(\boldsymbol{x})=\hat{\boldsymbol{W}}_c^{\mathrm{T}}\boldsymbol{\sigma}_c(\boldsymbol{x})$ 来估计，其中 $\hat{\boldsymbol{W}}_c$ 是 $\boldsymbol{W}_c$ 的估计值，可得 $\nabla\hat{V}^*(\boldsymbol{x})=\nabla^{\mathrm{T}}\boldsymbol{\sigma}_c(\boldsymbol{x})\hat{\boldsymbol{W}}_c$，此时控制量改写为

$$\begin{cases}\boldsymbol{u}^*=-\dfrac{1}{2}\boldsymbol{R}_1^{-1}\boldsymbol{g}^{\mathrm{T}}(\boldsymbol{x})\nabla^{\mathrm{T}}\boldsymbol{\sigma}_c(\boldsymbol{x})\hat{\boldsymbol{W}}_c \\ \boldsymbol{w}^*=\dfrac{1}{2}\boldsymbol{R}_2^{-1}\boldsymbol{h}^{\mathrm{T}}(\boldsymbol{x})\nabla^{\mathrm{T}}\boldsymbol{\sigma}_c(\boldsymbol{x})\hat{\boldsymbol{W}}_c\end{cases} \tag{5-55}$$

哈密顿方程改写为

$$H\left(\boldsymbol{x},\hat{\boldsymbol{W}}_c\right)=\boldsymbol{x}^{\mathrm{T}}\boldsymbol{Q}\boldsymbol{x}+\hat{\boldsymbol{W}}_c^{\mathrm{T}}\nabla\boldsymbol{\sigma}_c(\boldsymbol{x})\boldsymbol{f}(\boldsymbol{x})-\frac{1}{4}\hat{\boldsymbol{W}}_c^{\mathrm{T}}\nabla\boldsymbol{\sigma}_c(\boldsymbol{x})\boldsymbol{g}(\boldsymbol{x})\boldsymbol{R}_1^{-1}\boldsymbol{g}^{\mathrm{T}}(\boldsymbol{x})\nabla^{\mathrm{T}}\boldsymbol{\sigma}_c(\boldsymbol{x})\hat{\boldsymbol{W}}_c \\ +\frac{1}{4}\hat{\boldsymbol{W}}_c^{\mathrm{T}}\nabla\boldsymbol{\sigma}_c(\boldsymbol{x})\boldsymbol{h}(\boldsymbol{x})\boldsymbol{R}_2^{-1}\boldsymbol{h}^{\mathrm{T}}(\boldsymbol{x})\nabla^{\mathrm{T}}\boldsymbol{\sigma}_c^{\mathrm{T}}(\boldsymbol{x})\hat{\boldsymbol{W}}_c e_c \tag{5-56}$$

考虑 $H\left(\boldsymbol{x},\boldsymbol{u}^*,\nabla V_x^*\right)=0$，应该通过更新评价权值 $\hat{\boldsymbol{W}}_c$ 使得目标函数 $E_c=0.5e_c^{\mathrm{T}}e_c$ 最小。在梯度下降算法的基础上进行评价权值更新律设计，可设计为如下形式：

$$\dot{\hat{\boldsymbol{W}}}_c=-\frac{\alpha\boldsymbol{\phi}}{m_s}e_c+\alpha\left[\frac{\boldsymbol{\phi}}{4m_s^2}\hat{\boldsymbol{W}}_c^{\mathrm{T}}\left(\nabla\boldsymbol{\sigma}_c(\boldsymbol{x})\left(\boldsymbol{D}_1(\boldsymbol{x})-\boldsymbol{D}_2(\boldsymbol{x})\right)\nabla^{\mathrm{T}}\boldsymbol{\sigma}_c(\boldsymbol{x})\right)-\left(F_2-F_1\boldsymbol{\zeta}^{\mathrm{T}}\right)\right]\hat{\boldsymbol{W}}_c \tag{5-57}$$

式中，$\boldsymbol{\phi}=\nabla\boldsymbol{\sigma}_c(\boldsymbol{x})\left[\boldsymbol{f}(\boldsymbol{x})+\boldsymbol{g}(\boldsymbol{x})\hat{u}(t)+\boldsymbol{h}(\boldsymbol{x})\hat{w}(t)\right]$；$m_s=1+\boldsymbol{\phi}^{\mathrm{T}}\boldsymbol{\phi}$；$\boldsymbol{\zeta}=\dfrac{\boldsymbol{\phi}}{m_s}$；$F_1$、$F_2$ 是调节参数，第一项作用为寻求最小化目标函数，第二项为鲁棒项，用于稳定性分析。基于此借助权值更新率使得权值向量下基函数的组合逐渐逼近最优值函数，从而得到最优控制量的数值近似。

5.2　智能制导算法

一般制导律设计基于弹目运动模型确定，一旦目标和外部环境发生不确定性变化，制导参数难以适应[61]，导致制导精度下降。甄岩等[62]使用强化学习算法在线调整比例积分微分(PID)参数，跟踪典型飞行器指令信号。张秦浩等[63]在比例制导律的基础上，通过强化学习的方法在线学习比例系数，实现变比例系数制导。但仅考虑改变比例制导律的比例系数，仍无法满足目标机动和各种干扰条件下的精确制导需求。

Liang 等[64]基于模型预测控制制导律结构，利用深度神经网络拟合制导动力学的预测模型，使深层神经动力学模型能够在线适应不同的目标机动、其他扰动和执行器故障等情况，在此基础上设计了变速拦截器在执行器失效情况下拦截机动目标的制导律。

Gaudet 等[52]设计了一种能够保证最优性的制导律。此外，Gaudet 等[53]还提出了一种仅由视线角和视线角速率构成的制导律。该制导律利用强化学习算法进行了优化，在不

同的目标加速度情况下都可以稳定视线角速率，在能获得较为完善的目标加速度信息的情况下，相比增强型零控脱靶量，制导性能更优。Lee 等[65]研究了导弹-目标追逃问题，目标可利用强化学习算法实现躲避。

南英等[66]提出了一种基于马尔可夫决策过程的弹道导弹中段突防控制模型，并对价值函数建立了一种完全数据驱动的控制模型。陈中原等[67]为实现多弹协同攻击，提高打击效能，提出了一种基于深度确定性策略梯度下降神经网络的强化学习协同制导律。

本节首先介绍 DQN 算法的背景及基础知识，其次设计该算法的状态空间、动作空间、行为策略和回报函数，最后根据设计的算法流程进行仿真验证。

5.2.1 经典 Q 学习算法

智能体通过比较不同状态-动作下的价值来感知环境并获得经验，进而在利用已知经验和探索新环境中完成学习任务。为了评估在不同状态-动作下的价值，定义价值函数为智能体从给定状态开始的未来期望奖励之和。

如图 5-2 所示，智能体获得的奖励取决于其采取的动作，而智能体的行为方式(如何选取动作)则是由智能体的策略决定的。策略是状态到每一个动作被选中的概率的映射，它直接决定了智能体所能获得的未来奖励之和。因此在强化学习中，策略 π 下智能体从状态 s 开始进行决策所获取累计奖励的期望值被称为状态值函数，其表达式为

$$V_\pi(s)=E_\pi\left[\sum_{k=0}^{\infty}\gamma^k R_{t+k+1}\middle|S_t=s\right] \tag{5-58}$$

式中，$E_\pi[\cdot]$为策略 π 下的期望；γ 为奖励折扣；R_{t+k+1}为时刻 t 后第 k 个时刻的奖励；S_t 为 t 时刻所有状态的集合。将时刻 t 后第一个奖励提取出来后，式(5-58)可改写为

$$V_\pi(s)=E_\pi\left[R_{t+1}+\gamma V_\pi(s+1)\right] \tag{5-59}$$

相似地，遵从策略 π 的智能体在状态 s 下选择动作 a 的价值被定义为

$$Q_\pi(s,a)=E_\pi\left[R_{t+1}+\gamma Q_\pi(S_{t+1},A_{t+1})\right] \tag{5-60}$$

式中，S_{t+1}为 t+1 时刻所有状态的集合；A_{t+1}为 t+1 时刻所有动作的集合。

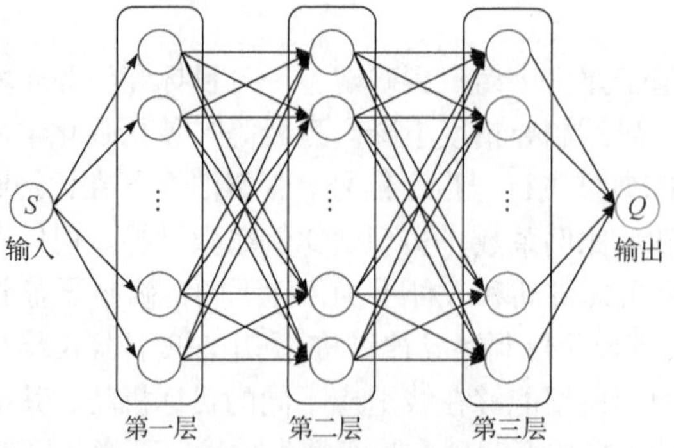

图 5-2 神经网络结构图

在给定策略的情况下，式(5-60)表达了动作价值与后续动作价值之间的数学关系。那

么找到一个策略使得状态朝着最大化累计奖励的方向去改变，已成为解决强化学习问题的关键。为了使智能体在与环境的不断交互中长期地获得收益，需要定义一个策略 π，使得策略 π 下的期望价值不小于其他的策略，这种策略即为最优动作价值函数，记做：

$$Q_*(s,a)=\max_a Q_\pi(s,a) \tag{5-61}$$

在最优策略下，式(5-61)可写为

$$Q_*(s,a)=R+\gamma\max_a Q_*(S_{t+1},A_{t+1}) \tag{5-62}$$

为了利用已获得的动作价值估计值更新当前动作价值函数，在强化学习中，广泛采用时序差分法来迭代估计动作值函数，即

$$Q(S_t,A_t)\leftarrow Q(S_t,A_t)+\alpha\left[R_{t+1}+\gamma Q(S_{t+1},A_{t+1})-Q(S_t,A_t)\right] \tag{5-63}$$

式中，$R_{t+1}+\gamma Q(S_{t+1},A_{t+1})$为 Q 值函数的目标值；$Q(S_t,A_t)$为 Q 值函数的估计值；$\alpha$为学习效率。Q 值函数目标值与估计值的误差被定义为时序差分误差。在合理选择学习效率的前提下，理论分析已经证明的时序差分法能使 Q 值函数收敛至期望值函数。

经典的 Q 学习算法使用 Q 表格来存储和调用状态–动作值函数，并且用 Q 值中最大动作价值函数来近似最优动作价值函数。根据式(5-61)和式(5-63)可得

$$Q(S_t,A_t)=Q(S_t,A_t)+\alpha\left[R_{t+1}+\gamma\max_a Q(S_{t+1},A_{t+1})-Q(S_t,A_t)\right] \tag{5-64}$$

5.2.2　基于 DQN 的制导算法

针对拦截弹与目标的相对运动模型，为了使被选择的状态在拦截器运动的整个过程中能很好地体现拦截弹和目标的相对运动情况，且能通过约束状态实现命中目标的目的，选取拦截弹与目标视线角和视线角速率作为算法的状态空间 $\textbf{State}=\left[q_\varepsilon,\dot{q}_\varepsilon,q_\beta,\dot{q}_\beta\right]$。

由于 DQN 算法的动作空间是离散的，本小节采用制导律中离散的 ε 作为强化学习的动作。离散空间为

$$\textbf{Action}=[0,2,4,6,8,10,12,14,16,18,20] \tag{5-65}$$

为了保证拦截弹在训练的初期具有足够的探索新环境的能力，确保在学习起始阶段尽可能地在动作空间内随机选择动作，对行为策略的设计如下：

$$\text{动作}=\begin{cases}\operatorname{argmax}\left[Q(S_t,A_t)\right], & P(\varepsilon)\\ \text{动作集中随机选择动作，} & \text{其他}\end{cases} \tag{5-66}$$

式中，$P(\varepsilon)$表示在[0, 1)区间生成一个随机数，其值大于 ε 的概率。贪婪度 ε 的大小由下式确定：

$$\varepsilon=\begin{cases}0.3+0.65\cdot i/3000, & \text{训练轮次}\leqslant 3000\\ 0.95, & \text{其他}\end{cases} \tag{5-67}$$

式中，i 为当前的训练回合数。式(5-66)和式(5-67)可生成一个随着迭代轮次的增多而逐渐增大的贪婪度 ε，进而使智能体在训练的初期有更大的概率随机选择动作，达到更好探

索环境的目的。

为了使拦截弹高效地学习，设计的奖励需要包括过程奖励和终结奖励，设立过程奖励的目的在于在状态–动作的空间中，增加奖励的密度，提升智能体搜寻有效动作的效率。这里取奖励函数为

$$\text{reward}=\begin{cases}10000, & R_{\text{end}}\leqslant 1\\ \dfrac{10}{R}, & \text{其他时刻}\\ -R, & R_{\text{end}}>1\end{cases} \tag{5-68}$$

式(5-68)中第 1、第 3 行表示终结奖励，为了使拦截弹以较小的脱靶量命中目标。如果拦截弹在终止时刻命中目标，将获得一个较大的奖励；如果拦截弹在终止时刻没有命中目标，则奖励为负值，且脱靶量越大，惩罚越强。式(5-68)第 2 行表示过程奖励，在拦截目标的过程中，为了引导飞向目标，如果拦截弹与目标的相对距离减小，则会得到一个正的奖励。

为了恰当地建立状态–动作与价值之间的映射关系，本小节采用如图 5-2 所示的结构相同的三层全连接神经网络结构，作为估计值网络和目标值网络。输入为状态 $\textbf{State}=\left[q_\varepsilon,\dot{q}_\varepsilon,q_\beta,\dot{q}_\beta\right]$ 和动作，输出为不同动作下采用梯度下降法训练估计网络的权值。

5.2.3 仿真试验

基于 DQN 算法的制导律仿真流程，如表 5-1 所示，设计目标网络更新周期 T，训练轮次 N_s。

表 5-1 基于 DQN 算法的制导律仿真流程

基于 DQN 算法的制导律仿真流程
1. 构建并初始化估计值网络和目标值网络

2. 开始训练
For episode =1，N_s do
随机初始化拦截弹与目标起始运动参数
While 拦截弹与目标相对距离变化率 dR<0
根据拦截弹状态基于行为策略选择动作；
执行动作、更新弹目运动信息并获得奖励；
将包含状态、动作、奖励的样本放入经验池；
从经验池中随机抽取样本训练估计值网络；
If 训练次数能被 T 整除
用估计值网络中的网络权重替换目标值网络中的权重；
end
end
end For

参数设置：三层神经网络的神经元为[50，50，50]，训练轮次 N_s=8000，学习效率 α=0.01，奖励折扣 γ=0.99，经验池大小为 24000，随机抽样规模为 32，目标值网络的更新频率为 T=100。

得到拦截高度机动目标的脱靶量变化趋势如图 5-3 所示。可以看出，在仿真初期，拦截弹随机选择动作，脱靶量较大且不收敛；随着训练次数的增加，脱靶量呈现减小的趋势；在学习 2200 多次后，脱靶量收敛至 0 附近。为了检验 DQN 算法对制导律的影响，对两种制导律(是否加入 DQN 算法)分别进行 300 次仿真。结果如表 5-2 所示，统计数据表明，基于 DQN 的制导律成功率更高。

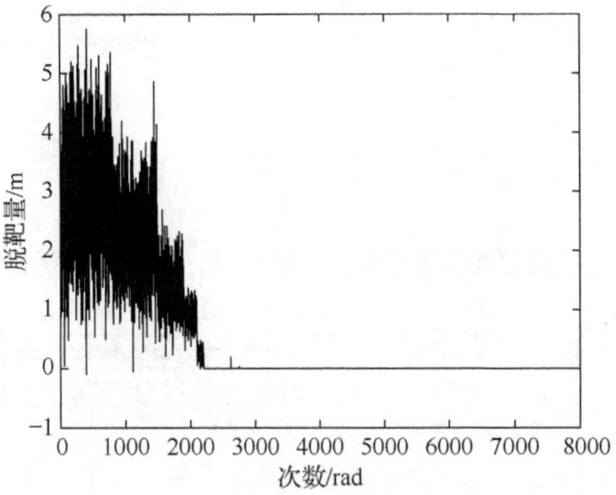

图 5-3　脱靶量变化趋势图

表 5-2　脱靶量测试结果

脱靶量<1 m	高度机动拦截/%	俯冲段拦截/%	螺旋机动拦截/%
变结构制导律	93.2	89.6	82.1
基于 DQN 的制导律	99.4	98.9	99.1

使用两种制导律对目标俯冲段带落角约束机动和目标做带落角约束的螺旋机动做拦截仿真，如图 5-4～图 5-7 所示。可以发现，在同样的条件下，基于 DQN 的制导律，视线角速率和制导加速度的变化曲线更加光滑，没有出现围绕零的抖动，最终趋近于零并维持在零附近。但相比不变参数的变结构制导律，其视线角速率和制导加速度的趋近速

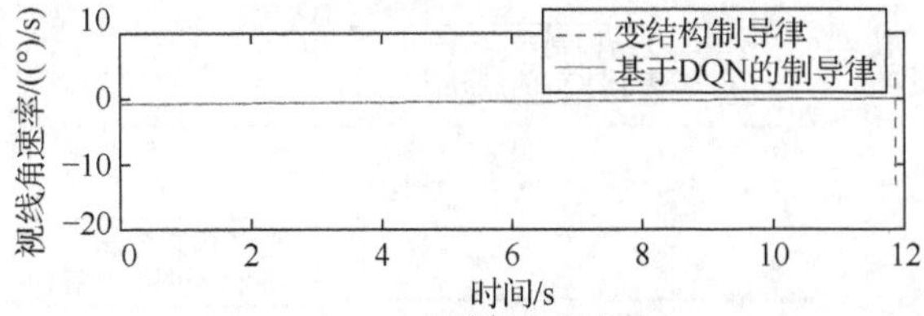

(a) 视线倾角角速率

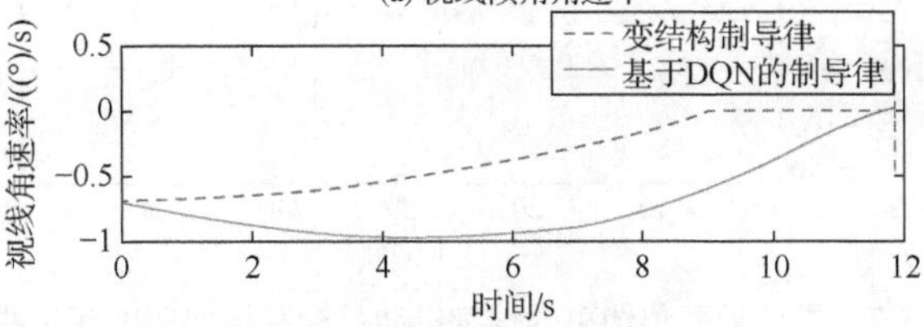

(b) 视线偏角角速率

图 5-4　拦截俯冲段带落角约束机动目标视线角速率变化曲线

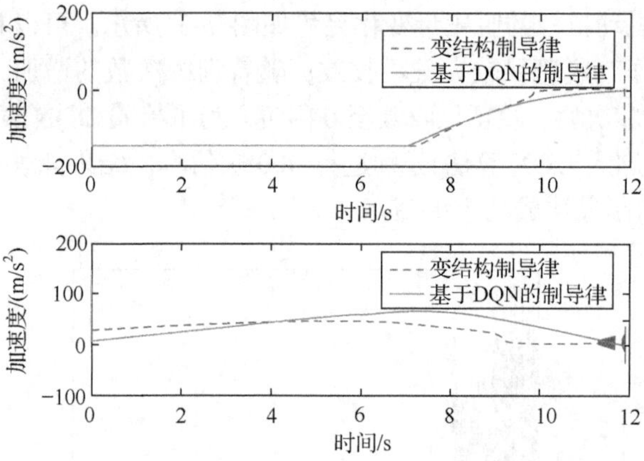

图 5-5　拦截俯冲段带落角约束机动目标制导加速度变化曲线

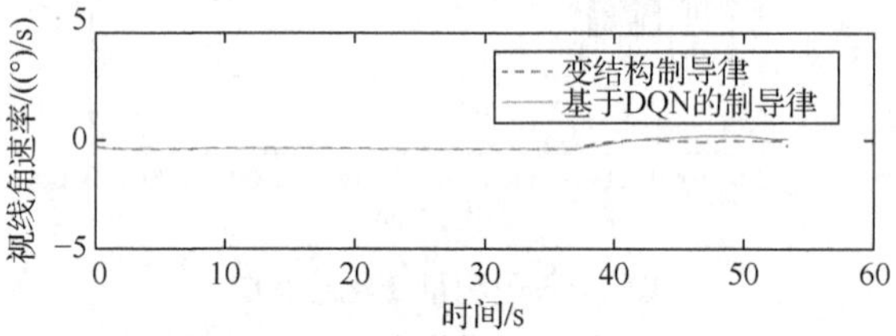

(a) 视线倾角角速率

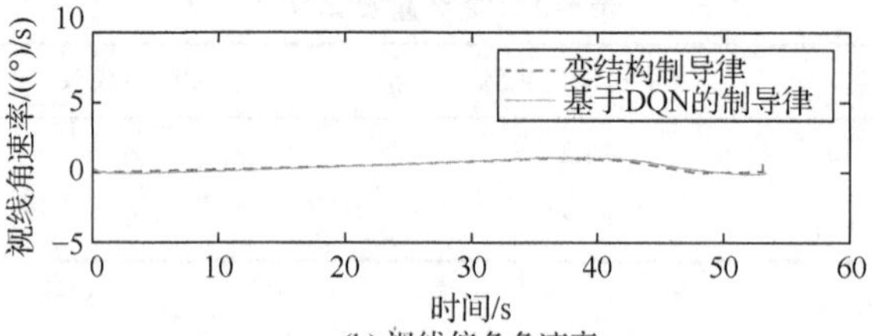

(b) 视线偏角角速率

图 5-6　拦截带落角约束的螺旋机动目标视线角速率变化曲线

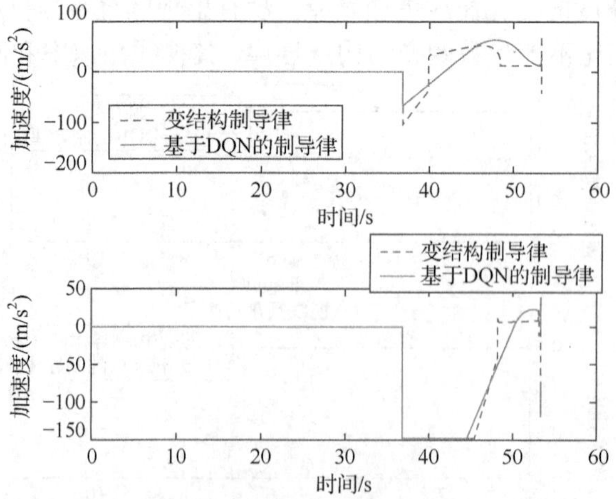

图 5-7　拦截带落角约束的螺旋机动目标制导加速度变化曲线

率明显变慢。这是因为拦截弹在选择动作时，使相对距离尽可能减小，视线角的改变尽可能大，视线角速率趋近于零的速度较小。

5.3　智能姿态控制方法

代码

临近空间飞行器在复杂的大气环境下具有较快的飞行速度和宽广的飞行包线，这使得其跟踪控制设计成为当前飞行控制研究领域的热点。临近空间飞行器会遇到未知的不确定性影响，因此姿态控制的鲁棒性显得尤为重要。同时为了优化跟踪精度，还必须尽可能满足跟踪误差和控制能量最小化等最优性要求。因此，设计一种既有鲁棒性又有最优性的跟踪控制策略具有重要的研究意义。

近年来，许多先进的控制方法已广泛地应用于高速飞行器的跟踪控制设计，如滑模控制[68]、反步控制[69]、自抗扰控制[70]、动态逆控制[71]、预测控制[72]等。但这些现有的方法只注重控制系统的稳定性和鲁棒性，没有考虑最优性的要求。如何保证跟踪控制的稳定性和鲁棒性，进而达到预定的最优性指标要求，是需要进一步考虑的问题。

为了实现高速飞行器的最优跟踪控制，可以结合最优控制理论设计跟踪控制器，使高度和速度的跟踪精度最优化。但非线性系统最优控制问题中的 HJB 方程很难用解析法求解。为了解决这一问题，自适应动态规划(ADP)方法得到了广泛的应用[73]。ADP 方法是一种集强化学习、动态规划和神经网络于一体的智能方法，其核心思想来源于强化学习中的执行-评价架构。评价网络是为了逼近预定义的性能指标函数，执行网络是为了逼近最优控制策略。执行网络和评价网络的结构相当于一个智能体[74-75]。ADP 方法有两个优点：一是 ADP 方法作为数据驱动的学习控制方法，它不依赖于数学模型；二是当系统受到干扰时，ADP 控制器中的参数会自动更新。

目前，ADP 方法已经应用于飞行器的跟踪控制中。文献[76]提出了一种在线数据驱动的 ADP 控制器，用于对干扰和不确定因素引起的系统振荡进行自适应补偿。文献[77]提出了一种基于干扰观测器的 ADP 方法，以实现临近空间飞行器的最优跟踪控制。文献[78]设计了一种基于评价网络自适应鲁棒学习控制策略，用于在风扰动和空气阻尼参数不确定性条件下四旋翼无人机的跟踪控制。可以看出，ADP 方法是一种具有优化和学习能力的智能控制方法，为解决高速飞行器的最优跟踪控制问题提供了一种有效的方法[79]。

综合以上分析，本节针对高速飞行器的纵向模型，设计一种兼具最优性和鲁棒性的跟踪控制方法。首先，采用反步法设计稳态控制器来保证稳态跟踪精度，进一步得到系统误差模型。基于双网络的 ADP 方法，设计最优反馈控制器，保证了最优性。

5.3.1　高速飞行器动力学模型

高速飞行器纵向动力学系统分别用速度 V、高度 h、航迹角 γ、攻角 α 和俯仰角速度 q 表示为如下的一组微分方程[80]：

$$
\begin{cases}
\dot{V}=\dfrac{T\cos\alpha-D}{m}-\dfrac{\mu\sin\gamma}{r^2}+\varDelta_1 \\
\dot{h}=V\sin\gamma \\
\dot{\gamma}=\dfrac{L+T\sin\alpha}{mV}-\dfrac{\left(\mu-V^2r\right)\cos\gamma}{Vr^2}+\varDelta_2 \\
\dot{\alpha}=q-\dot{\gamma} \\
\dot{q}=\dfrac{M_{yy}}{I_{yy}}+\varDelta_3
\end{cases}
\tag{5-69}
$$

式中，$\varDelta_i\left(i=1,2,3\right)$是未知的外部干扰；$m$、$I_{yy}$和$\mu$分别是质量、转动惯量和引力常量；$M_{yy}$、$T$、$D$、$L$和$r$分别是俯仰力矩、推力、阻力、升力和到地心的径向距离，分别描述为$M_{yy}=\rho V^2S\,\overline{c}\left[C_M\left(\alpha\right)+C_M\left(\delta_e\right)+C_M\left(q\right)\right]/2$，$T=\rho V^2SC_T/2$，$D=\rho V^2SC_D/2$，$L=\rho V^2SC_L/2$和$r=h+R_{\mathrm{E}}$，其中$S$和$\overline{c}$分别为参考面积和平均气动弦长，$R_{\mathrm{E}}$为地球半径。描述中各气动参数表示为

$$
\begin{cases}
C_L=0.6203\alpha \\
C_T=\begin{cases}0.02576\beta, & \beta<1 \\ 0.0224+0.00336\beta, & \beta\geqslant 1\end{cases} \\
C_D=0.6450\alpha^2+0.0043378\alpha+0.003772 \\
C_M(\alpha)=-0.035\alpha^2+0.036617\alpha+5.3261\times10^{-6} \\
C_M(q)=\overline{c}q\left(-6.796\alpha^2+0.3015\alpha-0.2289\right)/(2V) \\
C_M(\delta_e)=0.0292\left(\delta_e-\alpha\right)
\end{cases}
\tag{5-70}
$$

式中，β为发动机的节流阀开度；δ_e为升降舵偏转角。

5.3.2 面向控制的模型

为了设计控制器，将系统(5-69)转化为严格反馈的形式，并将系统分为两个具有不匹配集总的不确定性子系统：速度子系统和高度子系统。

令$x_1=V$，$u_1=\beta$，速度子系统为

$$
\dot{x}_1=f_1\left(x_1\right)+g_1\left(x_1\right)u_1+\varDelta_1 \tag{5-71}
$$

式中，当$u_1\geqslant 1$时，$f_1=-D/m-\mu\sin\gamma/r^2+0.0224\rho V^2S\cos\alpha/(2m)$，$g_1=0.00336\rho V^2S\cdot\cos\alpha/(2m)$；当$u_1<1$时，$f_1=-D/m-\mu\sin\gamma/r^2$，$g_1=0.02576\rho V^2S\cos\alpha/(2m)$。

定义高度跟踪误差$\tilde{h}=h-h_{\mathrm{d}}$，$h_{\mathrm{d}}$为高度指令。可以将高度指令转化为航迹角指令[81]：

$$
\gamma_{\mathrm{d}}=\arcsin\left[\left(-k_{\mathrm{p}}\tilde{h}-k_{\mathrm{i}}\int\tilde{h}\mathrm{d}t+\dot{h}_{\mathrm{d}}\right)/V\right] \tag{5-72}
$$

式中，k_{p}和k_{i}为待设计的正常数。

令$\left[x_2\quad x_3\quad x_4\right]^{\mathrm{T}}=\left[\gamma\quad \alpha+\gamma\quad q\right]^{\mathrm{T}}$，$u_2=\delta_e$，高度子系统为

$$\begin{cases} \dot{x}_2 = f_2(x_2) + g_2(x_2)x_3 + \varDelta_2 \\ \dot{x}_3 = x_4 \\ \dot{x}_4 = f_4(\overline{\boldsymbol{x}}_4) + g_4(\overline{\boldsymbol{x}}_4)u_2 + \varDelta_3 \end{cases} \tag{5-73}$$

式中，$f_2 = -(\mu - V^2 r)\cos x_3 / (Vr^2) - 0.6203\rho V^2 S\gamma / (2mV)$；$g_2 = 0.6203\rho V^2 S / (2mV)$；$f_4 = \rho V^2 S\,\overline{c}\left[C_M(\alpha) + C_M(q) - 0.0292\alpha\right] / (2I_{yy})$；$g_4 = 0.0292\rho V^2 S\overline{c} / (2I_{yy})$；$\overline{\boldsymbol{x}}_4 = [x_2 \quad x_3 \quad x_4]^{\mathrm{T}}$。

系统(5-71)和系统(5-73)中的 $g_1(x_1)$、$g_2(x_2)$ 和 $g_4(\overline{\boldsymbol{x}}_4)$ 均为可逆函数。

5.3.3　基于自适应动态规划的鲁棒最优跟踪控制律设计

基于自适应动态规划的鲁棒最优跟踪控制器的设计目标是在速度子系统和高度子系统分别准确跟踪速度指令 $x_{1\mathrm{d}}$ 和高度指令 h_{d} 的基础上，满足给定性能指标最优。鲁棒最优跟踪控制器由稳态控制器和最优反馈控制器两部分组成，结构如图 5-8 所示。稳态控制器保证两个子系统的跟踪误差在稳态阶段趋向于零，最优反馈控制器实现暂态阶段对指令信号的最优跟踪。

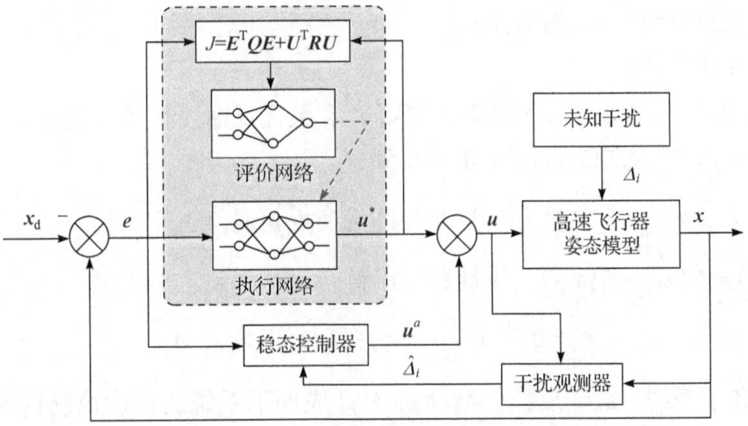

图 5-8　基于自适应动态规划的鲁棒最优跟踪控制器结构图

1) 干扰观测器设计

假设 5-1　扰动 $\varDelta_i(i = 1,2,3,5)$ 是连续的并且满足：

$$\left\| \frac{\mathrm{d}^j \varDelta_i}{\mathrm{d}t^j} \right\| \leqslant \mu_j, \quad \mu_j > 0, j = 0,1,2\cdots \tag{5-74}$$

干扰观测器可以设计为[81]

$$\begin{cases} \hat{\varDelta}_i = p_1 + L_1 x \\ \dot{p}_1 = -L_1\left(f + gu + \hat{\varDelta}_i\right) + \hat{\dot{\varDelta}}_i \\ \hat{\dot{\varDelta}}_i = p_2 + L_2 x \\ \dot{p}_2 = -L_2\left(f + gu + \hat{\varDelta}_i\right) \end{cases} \tag{5-75}$$

式中，$\hat{\varDelta}_i$ 和 $\hat{\dot{\varDelta}}_i$ 分别是 $\varDelta_i$ 和 $\dot{\varDelta}_i$ 的估计量；p_1 和 p_2 是辅助变量；L_1 和 L_2 是设计参数。

定义干扰观测器估计误差为 $\tilde{\zeta}=\begin{bmatrix}\tilde{\varDelta}_i & \tilde{\dot{\varDelta}}_i\end{bmatrix}^{\mathrm{T}}$，$\tilde{\varDelta}_i=\varDelta_i-\hat{\varDelta}_i$ 和 $\tilde{\dot{\varDelta}}_i=\dot{\varDelta}_i-\hat{\dot{\varDelta}}_i$ 分别是 $\varDelta_i$ 和 $\dot{\varDelta}_i$ 的估计误差。对 $\tilde{\varDelta}_i$ 和 $\tilde{\dot{\varDelta}}_i$ 求导，结合式(5-75)得到估计误差的动力学模型为

$$\dot{\tilde{\zeta}}=\boldsymbol{A}\tilde{\zeta}+\boldsymbol{B}\ddot{\varDelta}_i \tag{5-76}$$

式中，$\boldsymbol{A}=\begin{bmatrix}-L_1 & 1\\ -L_2 & 0\end{bmatrix}$；$\boldsymbol{B}=\begin{bmatrix}0\\ 1\end{bmatrix}$。

因为矩阵 $\boldsymbol{A}$ 是一个赫尔维茨矩阵，并且 $\ddot{\varDelta}_i$ 是有界的，所以估计误差 $\tilde{\zeta}$ 渐进稳定且收敛到一个确定的范围：

$$\left\|\tilde{\zeta}\right\|\leqslant-\frac{\left\|\boldsymbol{B}\right\|\mu_2}{\lambda_m} \tag{5-77}$$

式中，$\lambda_m<0$ 是矩阵 $\boldsymbol{A}$ 的最大特征值。

这里给出的干扰观测器可以在估计误差渐近收敛的情况下实现集总不确定项的精确估计。为便于分析，在设计跟踪控制器时可以忽略干扰观测器的估计误差，然后在闭环系统的稳定性证明中统一考虑估计误差。

2) 稳态控制律设计

速度子系统的控制输入 u_1 由稳态控制项 u_1^a 和最优反馈控制项 u_1^* 组成，定义速度跟踪误差 $e_1=x_1-x_{1d}$，结合式(5-71)对 e_1 求导得到：

$$\dot{e}_1=f_1(x_1)+g_1(x_1)\left(u_1^a+u_1^*\right)+\varDelta_1-\dot{x}_{1d} \tag{5-78}$$

令 $f_1^*(e_1)=f_1(x_1)-f_1(x_{1d})$，设计稳态控制器：

$$u_1^a=g_1^{-1}(x_1)\left[f_1^*(e_1)-f_1(x_1)+\dot{x}_{1d}-\hat{\varDelta}_1\right] \tag{5-79}$$

针对速度子系统，最优反馈控制项 u_1^* 设计成如下系统的最优控制输入，可以将系统(5-71)的最优跟踪控制问题转化为误差系统的最优稳定控制问题：

$$\dot{e}_1=f_1^*(e_1)+g_1(x_1)u_1^*+\tilde{\varDelta}_1 \tag{5-80}$$

高度子系统是具有严格反馈形式的三阶系统，借助于反步法思想设计控制器。定义跟踪误差为 $e_2=x_2-x_{2d}$，$e_3=x_3-x_{3d}$，$e_4=x_4-x_{4d}$，其中 x_{2d}、x_{3d} 和 x_{4d} 均为虚拟控制指令。虚拟控制指令在求导运算时的“微分膨胀”问题采用一阶滤波器解决。

稳态控制律的设计步骤如下。

步骤一：结合式(5-73)对 e_2 求导得

$$\dot{e}_2=f_2(x_2)+g_2(x_2)e_3+g_2(x_2)\left(x_{3d}^a+x_{3d}^*\right)+\varDelta_2-\dot{x}_{2d} \tag{5-81}$$

式中，x_{3d}^a 为稳态控制项；x_{3d}^* 为最优反馈控制项。

令 $f_2^*(e_2)=f_2(x_2)-f_2(x_{2d})$，设计虚拟稳态控制器：

$$x_{3d}^a = g_2^{-1}(x_2)\left[f_2^*(e_2) - f_2(x_2) + \dot{x}_{2d} - \hat{\varDelta}_2\right] \tag{5-82}$$

将式(5-82)代入式(5-81)得

$$\dot{e}_2 = f_2^*(e_2) + g_2(x_2)e_3 + g_2(x_2)x_{3d}^* + \tilde{\varDelta}_2 \tag{5-83}$$

步骤二：结合式(5-73)对 e_3 求导得

$$\dot{e}_3 = e_4 + \left(x_{4d}^a + x_{4d}^*\right) - \dot{x}_{3d} \tag{5-84}$$

式中，x_{4d}^a 为稳态控制项；x_{4d}^* 为最优反馈控制项。

设计虚拟稳态控制器：

$$x_{4d}^a = \dot{x}_{3d} - g_2(x_2)e_2 \tag{5-85}$$

将式(5-85)代入式(5-84)得

$$\dot{e}_3 = e_4 + x_{4d}^* - g_2(x_2)e_2 \tag{5-86}$$

步骤三：结合式(5-73)对 e_4 求导得

$$\dot{e}_4 = f_4(\bar{\boldsymbol{x}}_4) + g_4(\bar{\boldsymbol{x}}_4)\left(u_2^a + u_2^*\right) + \varDelta_3 - \dot{x}_{4d} \tag{5-87}$$

式中，u_2^a 为稳态控制项；u_2^* 为最优反馈控制项。

令 $f_4^*(e_4) = f_4(\bar{\boldsymbol{x}}_4) - f_4(\bar{\boldsymbol{x}}_{4d})$，$\bar{\boldsymbol{x}}_{4d} = \left[x_{2d} \quad x_{3d} \quad x_{4d}\right]^{\mathrm{T}}$，设计虚拟稳态控制器：

$$u_2^a = g_4^{-1}(\bar{\boldsymbol{x}}_4)\left[f_4^*(e_4) - f_4(\bar{\boldsymbol{x}}_4) + \dot{x}_{4d} - e_3 - \hat{\varDelta}_3\right] \tag{5-88}$$

将式(5-88)代入式(5-87)得

$$\dot{e}_4 = f_4^*(e_4) + g_4(\bar{\boldsymbol{x}}_4)u_2^* + \tilde{\varDelta}_3 \tag{5-89}$$

针对高度子系统最优反馈控制项$\left[x_{3d}^* \quad x_{4d}^* \quad u_2^*\right]^{\mathrm{T}}$，可以将式(5-73)的最优跟踪问题转化为以下误差系统的最优稳定控制问题：

$$\begin{bmatrix}\dot{e}_2\\ \dot{e}_3\\ \dot{e}_4\end{bmatrix} = \begin{bmatrix}f_2^*(e_2)\\ 0\\ f_4^*(e_4)\end{bmatrix} + \begin{bmatrix}g_2(x_2) & 0 & 0\\ 0 & 1 & 0\\ 0 & 0 & g_4(\bar{\boldsymbol{x}}_4)\end{bmatrix}\begin{bmatrix}x_{3d}^*\\ x_{4d}^*\\ u_2^*\end{bmatrix} + \begin{bmatrix}\tilde{\varDelta}_2\\ 0\\ \tilde{\varDelta}_3\end{bmatrix} \tag{5-90}$$

3) 基于自适应动态规划的最优反馈控制律设计

针对速度误差系统(5-80)和高度误差系统(5-90)，设计自适应动态规划的最优反馈控制律。可以将系统(5-80)和系统(5-90)统一为

$$\dot{\boldsymbol{E}} = \boldsymbol{F}(\boldsymbol{E}) + \boldsymbol{G}(\boldsymbol{X})\boldsymbol{U} \tag{5-91}$$

式中，针对速度子系统，可取 $\boldsymbol{E} = e_1$，$\boldsymbol{X} = x_1$，$\boldsymbol{U} = u_1^*$，$\boldsymbol{F}(\boldsymbol{E}) = f_1^*(e_1)$，$\boldsymbol{G}(\boldsymbol{X}) = g_1(x)$；针对高度子系统，可取 $\boldsymbol{E} = \left[e_2 \quad e_3 \quad e_4\right]^{\mathrm{T}}$，$\boldsymbol{X} = \left[x_2 \quad x_3 \quad x_4\right]^{\mathrm{T}}$，$\boldsymbol{U} = \left[x_{3d}^* \quad x_{4d}^* \quad u_2^*\right]^{\mathrm{T}}$，$\boldsymbol{F}(\boldsymbol{E}) = \left[f_2^*(e_2) \quad 0 \quad f_4^*(e_4)\right]^{\mathrm{T}}$，$\boldsymbol{G}(\boldsymbol{X}) = \mathrm{diag}\left[g_2(x_2), 1, g_4(\bar{\boldsymbol{x}}_4)\right]$，且$\left\|\boldsymbol{G}(\boldsymbol{X})\right\|$有上下界。

针对式(5-91)设计性能指标函数 $J(\boldsymbol{E})=\int_t^{\infty}\left(\boldsymbol{E}^{\mathrm{T}}\boldsymbol{QE}+\boldsymbol{U}^{\mathrm{T}}\boldsymbol{RU}\right)\mathrm{d}\tau$，其中 $\boldsymbol{Q}$ 和 $\boldsymbol{R}$ 为正定对称矩阵。

定义梯度 $\nabla J(\boldsymbol{E})=\partial J(\boldsymbol{E})/\partial\boldsymbol{E}$，则系统的 Hamilton 函数为

$$H\left[\boldsymbol{E},\boldsymbol{U},\nabla J(\boldsymbol{E})\right]=\boldsymbol{E}^{\mathrm{T}}\boldsymbol{QE}+\boldsymbol{U}^{\mathrm{T}}\boldsymbol{RU}+\nabla J^{\mathrm{T}}(\boldsymbol{E})\left[\boldsymbol{F}(\boldsymbol{E})+\boldsymbol{G}(\boldsymbol{X})\boldsymbol{U}\right] \tag{5-92}$$

根据最优性原理，定义最优性能指标函数：

$$J^*(\boldsymbol{E})=\min_{\boldsymbol{U}\in\bar{\boldsymbol{U}}}\int_t^{\infty}\left(\boldsymbol{E}^{\mathrm{T}}\boldsymbol{QE}+\boldsymbol{U}^{\mathrm{T}}\boldsymbol{RU}\right)\mathrm{d}\tau \tag{5-93}$$

式中，$\bar{\boldsymbol{U}}$ 为容许控制输入，满足 HJB 方程：

$$\min_{\boldsymbol{U}\in\bar{\boldsymbol{U}}}H\left[\boldsymbol{E},\boldsymbol{U},\nabla J(\boldsymbol{E})\right]=0 \tag{5-94}$$

假设式(5-94)等号左边的最小值存在且唯一，则最优控制策略为

$$\boldsymbol{U}^*=-\frac{1}{2}\boldsymbol{R}^{-1}\boldsymbol{G}^{\mathrm{T}}(\boldsymbol{X})\nabla J^*(\boldsymbol{E}) \tag{5-95}$$

由式(5-92)和式(5-94)，HJB 方程(5-94)可以写成如下形式：

$$\boldsymbol{E}^{\mathrm{T}}\boldsymbol{QE}+\nabla J^{*\mathrm{T}}(\boldsymbol{E})\boldsymbol{F}(\boldsymbol{E})-\frac{1}{4}\nabla J^{*\mathrm{T}}(\boldsymbol{E})\boldsymbol{G}(\boldsymbol{X})\boldsymbol{R}^{-1}\boldsymbol{G}^{\mathrm{T}}(\boldsymbol{X})\nabla J^*(\boldsymbol{E})=0 \tag{5-96}$$

由于式(5-96)是关于 $J^*(\boldsymbol{E})$ 的非线性偏微分方程，很难获得其解析解，为此考虑用 ADP 方法进行求解。

首先，设计评价网络。基于神经网络的逼近性质，将最优性能指标函数及其梯度可以表示为

$$J^*(\boldsymbol{E})=\boldsymbol{W}_{\mathrm{c}}^{\mathrm{T}}\boldsymbol{\phi}_{\mathrm{c}}(\boldsymbol{E})+\varepsilon_{\mathrm{c}}(\boldsymbol{E}),\quad \nabla J^*(\boldsymbol{E})=\nabla\boldsymbol{\phi}_{\mathrm{c}}^{\mathrm{T}}(\boldsymbol{E})\boldsymbol{W}_{\mathrm{c}}+\nabla\varepsilon_{\mathrm{c}}(\boldsymbol{E}) \tag{5-97}$$

式中，$\boldsymbol{W}_{\mathrm{c}}\in\boldsymbol{R}^{l_{\mathrm{c}}}$ 是权值向量，l_{c} 是隐含层的神经元个数；$\boldsymbol{\phi}_{\mathrm{c}}(\boldsymbol{E})\in\boldsymbol{R}^{l_{\mathrm{c}}}$ 是激活函数；$\varepsilon_{\mathrm{c}}(\boldsymbol{E})\in\boldsymbol{R}$ 是估计误差。

从而 Hamilton 函数(5-92)可写为

$$H(\boldsymbol{E},\boldsymbol{W}_{\mathrm{c}})=L(\boldsymbol{E},\boldsymbol{U})+\boldsymbol{W}_{\mathrm{c}}^{\mathrm{T}}\nabla\boldsymbol{\phi}_{\mathrm{c}}(\boldsymbol{E})\left[\boldsymbol{F}(\boldsymbol{E})+\boldsymbol{G}(\boldsymbol{x})\boldsymbol{U}\right]-\varepsilon_{\mathrm{H}}(\boldsymbol{E}) \tag{5-98}$$

式中，$L(\boldsymbol{E},\boldsymbol{U})=\boldsymbol{E}^{\mathrm{T}}\boldsymbol{QE}+\boldsymbol{U}^{\mathrm{T}}\boldsymbol{RU}$；$\varepsilon_{\mathrm{H}}(\boldsymbol{E})=-\nabla\boldsymbol{\varepsilon}_{\mathrm{c}}^{\mathrm{T}}(\boldsymbol{E})\left[\boldsymbol{F}(\boldsymbol{E})+\boldsymbol{G}(\boldsymbol{x})\boldsymbol{U}\right]$。

由于理想权值是未知的，定义 $\hat{\boldsymbol{W}}_{\mathrm{c}}$ 为 $\boldsymbol{W}_{\mathrm{c}}$ 的估计值，有

$$\hat{J}^*(\boldsymbol{E})=\hat{\boldsymbol{W}}_{\mathrm{c}}^{\mathrm{T}}\boldsymbol{\phi}_{\mathrm{c}}(\boldsymbol{E}),\nabla\hat{J}^*(\boldsymbol{E})=\nabla\boldsymbol{\phi}_{\mathrm{c}}^{\mathrm{T}}(\boldsymbol{E})\hat{\boldsymbol{W}}_{\mathrm{c}} \tag{5-99}$$

定义 Hamilton 函数的估计误差 $\boldsymbol{e}_{\mathrm{c}}=H\left(\boldsymbol{E},\hat{\boldsymbol{W}}_{\mathrm{c}}\right)-H(\boldsymbol{E},\boldsymbol{W}_{\mathrm{c}})$，考虑到 $H(\boldsymbol{E},\boldsymbol{W}_{\mathrm{c}})=0$，有

$$\boldsymbol{e}_{\mathrm{c}}=H\left(\boldsymbol{E},\hat{\boldsymbol{W}}_{\mathrm{c}}\right)=L(\boldsymbol{E},\boldsymbol{U})+\hat{\boldsymbol{W}}_{\mathrm{c}}^{\mathrm{T}}\Delta\boldsymbol{\phi}_{\mathrm{c}}(\boldsymbol{E})\left[\boldsymbol{F}(\boldsymbol{E})+\boldsymbol{G}(\boldsymbol{X})\boldsymbol{U}\right] \tag{5-100}$$

评价网络的学习目标是使 $E_{\mathrm{c}}=\frac{1}{2}\boldsymbol{e}_{\mathrm{c}}^{\mathrm{T}}\boldsymbol{e}_{\mathrm{c}}$ 最小，采用梯度下降法设计评价网络权值更新律：

$$\dot{\hat{\boldsymbol{W}}}_{\mathrm{c}}=-\frac{\xi_{\mathrm{c}}}{\left(\boldsymbol{\sigma}_1^{\mathrm{T}}\boldsymbol{\sigma}_1+1\right)^2}\frac{\partial E_{\mathrm{c}}}{\partial\hat{\boldsymbol{W}}_{\mathrm{c}}}=-\xi_{\mathrm{c}}\frac{\boldsymbol{\sigma}_1}{\left(\boldsymbol{\sigma}_1^{\mathrm{T}}\boldsymbol{\sigma}_1+1\right)^2}\left(\boldsymbol{\sigma}_1^{\mathrm{T}}\hat{\boldsymbol{W}}_{\mathrm{c}}+L\right)\tag{5-101}$$

式中，$\xi_{\mathrm{c}}>0$ 为学习率；$\boldsymbol{\sigma}_1=\Delta\boldsymbol{\phi}_{\mathrm{c}}(\boldsymbol{E})\left[\boldsymbol{F}(\boldsymbol{E})+\boldsymbol{G}(\boldsymbol{X})\boldsymbol{U}\right]$。

定义权值估计误差 $\tilde{\boldsymbol{W}}_{\mathrm{c}}=\boldsymbol{W}_{\mathrm{c}}-\hat{\boldsymbol{W}}_{\mathrm{c}}$，令 $\boldsymbol{\sigma}_2=\boldsymbol{\sigma}_1^{\mathrm{T}}\boldsymbol{\sigma}_1+1$，$\boldsymbol{\sigma}_3=\dfrac{\boldsymbol{\sigma}_1}{\boldsymbol{\sigma}_1^{\mathrm{T}}\boldsymbol{\sigma}_1+1}$，则由式(5-100)可得

$$\dot{\tilde{\boldsymbol{W}}}_{\mathrm{c}}=-\xi_{\mathrm{c}}\frac{\boldsymbol{\sigma}_1}{\left(\boldsymbol{\sigma}_1^{\mathrm{T}}\boldsymbol{\sigma}_1+1\right)^2}\boldsymbol{\sigma}_1^{\mathrm{T}}\tilde{\boldsymbol{W}}_{\mathrm{c}}+\xi_{\mathrm{c}}\frac{\boldsymbol{\sigma}_1}{\left(\boldsymbol{\sigma}_1^{\mathrm{T}}\boldsymbol{\sigma}_1+1\right)^2}\left(\boldsymbol{\sigma}_1^{\mathrm{T}}\boldsymbol{W}_{\mathrm{c}}+L\right)=-\xi_{\mathrm{c}}\boldsymbol{\sigma}_3\boldsymbol{\sigma}_3^{\mathrm{T}}\tilde{\boldsymbol{W}}_{\mathrm{c}}+\xi_{\mathrm{c}}\frac{\boldsymbol{\sigma}_3}{\boldsymbol{\sigma}_2}\varepsilon_{\mathrm{H}}\tag{5-102}$$

然后构建执行网络实现对最优控制输入的估计。最优控制输入可以表示为

$$\boldsymbol{U}^*=\boldsymbol{W}_{\mathrm{a}}^{\mathrm{T}}\boldsymbol{\phi}_{\mathrm{a}}(\boldsymbol{E})+\boldsymbol{\varepsilon}_{\mathrm{a}}(\boldsymbol{E})\tag{5-103}$$

式中，$\boldsymbol{W}_{\mathrm{a}}\in\boldsymbol{R}^{l_{\mathrm{a}}\times m}$ 是权值向量，l_{a} 是隐含层的神经元个数；$\boldsymbol{\phi}_{\mathrm{a}}(\boldsymbol{E})\in\boldsymbol{R}^{l_{\mathrm{a}}}$ 是激活函数；$\boldsymbol{\varepsilon}_{\mathrm{a}}(\boldsymbol{E})\in\boldsymbol{R}^m$ 是估计误差。

定义 $\hat{\boldsymbol{W}}_{\mathrm{a}}$ 为 $\boldsymbol{W}_{\mathrm{a}}$ 的估计值，则最优控制输入的估计值为

$$\hat{\boldsymbol{U}}^*=\hat{\boldsymbol{W}}_{\mathrm{a}}^{\mathrm{T}}\boldsymbol{\phi}_{\mathrm{a}}(\boldsymbol{E})\tag{5-104}$$

由式(5-94)、式(5-98)和式(5-103)，得执行网络的实际输出与期望最优控制律的误差为

$$\boldsymbol{e}_{\mathrm{a}}=\hat{\boldsymbol{W}}_{\mathrm{a}}^{\mathrm{T}}\boldsymbol{\phi}_{\mathrm{a}}(\boldsymbol{E})+\frac{1}{2}\boldsymbol{R}^{-1}\boldsymbol{G}(\boldsymbol{X})\nabla\boldsymbol{\phi}_{\mathrm{c}}^{\mathrm{T}}(\boldsymbol{E})\hat{\boldsymbol{W}}_{\mathrm{c}}\tag{5-105}$$

执行网络的学习目标是使下式最小：

$$E_{\mathrm{a}}=\frac{1}{2}\boldsymbol{e}_{\mathrm{a}}^{\mathrm{T}}\boldsymbol{e}_{\mathrm{a}}\tag{5-106}$$

为此，基于梯度下降法设计权值更新律：

$$\dot{\hat{\boldsymbol{W}}}_{\mathrm{a}}=-\xi_{\mathrm{a}}\frac{\partial E_{\mathrm{a}}}{\partial\hat{\boldsymbol{W}}_{\mathrm{a}}}=-\xi_{\mathrm{a}}\boldsymbol{\phi}_{\mathrm{a}}(\boldsymbol{E})\left[\hat{\boldsymbol{W}}_{\mathrm{a}}^{\mathrm{T}}\boldsymbol{\phi}_{\mathrm{a}}(\boldsymbol{E})+\frac{1}{2}\boldsymbol{R}^{-1}\boldsymbol{G}^{\mathrm{T}}(\boldsymbol{X})\nabla\boldsymbol{\phi}_{\mathrm{c}}^{\mathrm{T}}(\boldsymbol{E})\hat{\boldsymbol{W}}_{\mathrm{c}}\right]^{\mathrm{T}}\tag{5-107}$$

式中，$\xi_{\mathrm{a}}>0$ 为学习率。

由式(5-94)、式(5-96)和式(5-102)，可得

$$\boldsymbol{W}_{\mathrm{a}}^{\mathrm{T}}\boldsymbol{\phi}_{\mathrm{a}}(\boldsymbol{E})+\frac{1}{2}\boldsymbol{R}^{-1}\boldsymbol{G}^{\mathrm{T}}(\boldsymbol{X})\nabla\boldsymbol{\phi}_{\mathrm{c}}^{\mathrm{T}}(\boldsymbol{E})\boldsymbol{W}_{\mathrm{c}}=-\boldsymbol{\varepsilon}_{\mathrm{a}}(\boldsymbol{E})-\frac{1}{2}\boldsymbol{R}^{-1}\boldsymbol{G}^{\mathrm{T}}(\boldsymbol{X})\nabla\varepsilon_{\mathrm{c}}(\boldsymbol{E})\tag{5-108}$$

定义权值估计误差 $\tilde{\boldsymbol{W}}_{\mathrm{a}}=\boldsymbol{W}_{\mathrm{a}}-\hat{\boldsymbol{W}}_{\mathrm{a}}$，可得

$$\dot{\tilde{\boldsymbol{W}}}_{\mathrm{a}}=-\xi_{\mathrm{a}}\boldsymbol{\phi}_{\mathrm{a}}(\boldsymbol{E})\left[\tilde{\boldsymbol{W}}_{\mathrm{a}}^{\mathrm{T}}\boldsymbol{\phi}_{\mathrm{a}}(\boldsymbol{E})+\frac{1}{2}\boldsymbol{R}^{-1}\boldsymbol{G}^{\mathrm{T}}(\boldsymbol{X})\nabla\boldsymbol{\phi}_{\mathrm{c}}^{\mathrm{T}}(\boldsymbol{E})\tilde{\boldsymbol{W}}_{\mathrm{c}}-\boldsymbol{\varepsilon}_W\right]^{\mathrm{T}}\tag{5-109}$$

式中，$\boldsymbol{\varepsilon}_W=-\left[\boldsymbol{\varepsilon}_{\mathrm{a}}(\boldsymbol{E})+\dfrac{1}{2}\boldsymbol{R}^{-1}\boldsymbol{G}^{\mathrm{T}}(\boldsymbol{X})\nabla\varepsilon_{\mathrm{c}}(\boldsymbol{E})\right]^{\mathrm{T}}$。

4) 稳定性证明

假设 5-2　评价网络和执行网络的估计误差有界，即 $\|\boldsymbol{\varepsilon}_{\mathrm{c}}\|\leqslant\varepsilon_{\mathrm{c}M}$ 和 $\|\boldsymbol{\varepsilon}_{\mathrm{a}}\|\leqslant\varepsilon_{\mathrm{a}M}$，评价网

络的估计误差梯度有界，即$\|\nabla\boldsymbol{\varepsilon}_{\rm c}\|\leqslant\varepsilon_{{\rm d}M}$，$\varepsilon_{{\rm c}M}$、$\varepsilon_{{\rm a}M}$和$\varepsilon_{{\rm d}M}$均为正常数。评价网络的激活函数梯度有界，即$\|\nabla\boldsymbol{\phi}_{\rm c}\|\leqslant\phi_{{\rm d}M}$，执行网络的激活函数有界，即$\phi_{\rm am}\leqslant\|\boldsymbol{\phi}_{\rm a}\|\leqslant\phi_{{\rm a}M}$，$\phi_{{\rm d}M}$、$\phi_{\rm am}$和$\phi_{{\rm a}M}$均为正常数。$\boldsymbol{\varepsilon}_H$、$\boldsymbol{\sigma}_2$和$\boldsymbol{\sigma}_3$均有界，即$\|\boldsymbol{\varepsilon}_H\|\leqslant\varepsilon_{HM}$，$\|\boldsymbol{\sigma}_2\|\geqslant\sigma_{2m}$，$\sigma_{3m}\leqslant\|\boldsymbol{\sigma}_3\|\leqslant\sigma_{3M}$，$\varepsilon_{HM}$、$\sigma_{2m}$、$\sigma_{3m}$和$\sigma_{3M}$均为正常数。

定理 5-1 针对系统(5-90)，设计评价网络式(5-96)和执行网络式(5-101)，且评价网络的权值通过式(5-100)训练，执行网络的权值通过式(5-106)训练，则闭环系统的跟踪误差$\boldsymbol{E}$和权值估计误差$\tilde{\boldsymbol{W}}_{\rm c}$与$\tilde{\boldsymbol{W}}_{\rm a}$均一致，最终有界。

证明 选取李雅普诺夫(Lyapunov)函数为

$$V=V_1+V_2+V_3+V_4 \tag{5-110}$$

式中，$V_1=\dfrac{1}{2\xi_{\rm c}}{\rm tr}\left(\tilde{\boldsymbol{W}}_{\rm c}^{\rm T}\tilde{\boldsymbol{W}}_{\rm c}\right)$；$V_2=\dfrac{\xi_{\rm c}}{2\xi_{\rm a}}{\rm tr}\left(\tilde{\boldsymbol{W}}_{\rm a}^{\rm T}\tilde{\boldsymbol{W}}_{\rm a}\right)$；$V_3=\xi_{\rm c}\xi_{\rm a}\left[\boldsymbol{E}^{\rm T}\boldsymbol{E}+lJ^*(\boldsymbol{E})\right]$，$l$为正常数；$V_4=\dfrac{1}{2}\tilde{\boldsymbol{\zeta}}^{\rm T}\tilde{\boldsymbol{\zeta}}$。

对V_1求导，由式(5-101)可得

$$\dot V_1={\rm tr}\left[\tilde{\boldsymbol{W}}_{\rm c}^{\rm T}\left(-\boldsymbol{\sigma}_3\boldsymbol{\sigma}_3^{\rm T}\tilde{\boldsymbol{W}}_{\rm c}+\frac{\boldsymbol{\sigma}_3}{\boldsymbol{\sigma}_2}\varepsilon_H\right)\right]\leqslant-\sigma_{3m}^2\left\|\tilde{\boldsymbol{W}}_{\rm c}\right\|^2+\frac{\xi_{\rm c}}{2}\left(\frac{\sigma_{3M}}{\sigma_{2m}}\right)^2\left\|\tilde{\boldsymbol{W}}_{\rm c}\right\|^2+\frac{1}{2\xi_{\rm c}}\varepsilon_{HM}^2 \tag{5-111}$$

由假设 5-2 知，$\|\boldsymbol{\varepsilon}_W\|\leqslant\varepsilon_{WM}=\varepsilon_{{\rm a}M}+\dfrac{1}{2}\left\|\boldsymbol{R}^{-1}\right\|\left\|\boldsymbol{G}(\boldsymbol{E})\right\|\varepsilon_{{\rm d}M}$。结合式(5-107)可得

$$\begin{aligned}\dot V_2=&-\xi_{\rm c}{\rm tr}\left\{\tilde{\boldsymbol{W}}_{\rm a}^{\rm T}\boldsymbol{\phi}_{\rm a}(\boldsymbol{E})\left[\tilde{\boldsymbol{W}}_{\rm a}^{\rm T}\boldsymbol{\phi}_{\rm a}(\boldsymbol{E})+\frac{1}{2}\boldsymbol{R}^{-1}\boldsymbol{G}^{\rm T}(\boldsymbol{X})\nabla\boldsymbol{\phi}_{\rm c}^{\rm T}(\boldsymbol{E})\tilde{\boldsymbol{W}}_{\rm c}\right]^{\rm T}\right\}+\xi_{\rm c}{\rm tr}\left[\tilde{\boldsymbol{W}}_{\rm a}^{\rm T}\boldsymbol{\phi}_{\rm a}(\boldsymbol{E})\boldsymbol{\varepsilon}_W^{\rm T}\right]\\ \leqslant&-\xi_{\rm c}\phi_{\rm am}^2\left\|\tilde{\boldsymbol{W}}_{\rm a}\right\|^2+\frac{\xi_{\rm c}}{2\xi_{\rm a}}\varepsilon_{WM}^2+\frac{\xi_{\rm c}}{4\xi_{\rm a}}\left\|\boldsymbol{R}^{-1}\right\|^2\left\|\boldsymbol{G}(\boldsymbol{X})\right\|^2\phi_{{\rm d}M}^2\left\|\tilde{\boldsymbol{W}}_{\rm c}\right\|^2+\frac{3}{4}\xi_{\rm a}\xi_{\rm c}\phi_{{\rm a}M}^2\left\|\tilde{\boldsymbol{W}}_{\rm a}\right\|^2\end{aligned} \tag{5-112}$$

由于$\hat{\boldsymbol{U}}^*=\hat{\boldsymbol{W}}_{\rm a}^{\rm T}\boldsymbol{\phi}_{\rm a}(\boldsymbol{E})=\boldsymbol{U}^*-\boldsymbol{\varepsilon}_{\rm a}-\tilde{\boldsymbol{W}}_{\rm a}^{\rm T}\boldsymbol{\phi}_{\rm a}(\boldsymbol{E})$，代入式(5-91)得

$$\dot{\boldsymbol{E}}=\boldsymbol{F}(\boldsymbol{E})+\boldsymbol{G}(\boldsymbol{X})\left[\boldsymbol{U}^*-\boldsymbol{\varepsilon}_{\rm a}-\tilde{\boldsymbol{W}}_{\rm a}^{\rm T}\boldsymbol{\phi}_{\rm a}(\boldsymbol{E})\right] \tag{5-113}$$

从而得到:

$$\begin{aligned}\dot V_3=&2\xi_{\rm c}\xi_{\rm a}\boldsymbol{E}^{\rm T}\boldsymbol{F}(\boldsymbol{E})+2\xi_{\rm c}\xi_{\rm a}\boldsymbol{E}^{\rm T}\boldsymbol{G}(\boldsymbol{X})\boldsymbol{U}^*-2\xi_{\rm c}\xi_{\rm a}\boldsymbol{E}^{\rm T}\boldsymbol{G}(\boldsymbol{X})\boldsymbol{\varepsilon}_{\rm a}\\&-2\xi_{\rm c}\xi_{\rm a}\boldsymbol{E}^{\rm T}\boldsymbol{G}(\boldsymbol{X})\tilde{\boldsymbol{W}}_{\rm a}^{\rm T}\boldsymbol{\phi}_{\rm a}(\boldsymbol{E})-l\xi_{\rm c}\xi_{\rm a}L\end{aligned} \tag{5-114}$$

由于$\boldsymbol{F}(\boldsymbol{E})$满足利普希茨(Lipschitz)条件，即$\left\|\boldsymbol{F}(\boldsymbol{E})\right\|\leqslant k\left\|\boldsymbol{E}\right\|$，$k$为正常数，可得$2\xi_{\rm c}\xi_{\rm a}\boldsymbol{E}^{\rm T}\boldsymbol{F}(\boldsymbol{E})\leqslant2\xi_{\rm c}\xi_{\rm a}k\left\|\boldsymbol{E}\right\|^2$。又由于以下不等式成立：

$$\begin{cases}2\xi_{\rm c}\xi_{\rm a}\boldsymbol{E}^{\rm T}\boldsymbol{G}(\boldsymbol{X})\boldsymbol{U}^*\leqslant\xi_{\rm c}\xi_{\rm a}\left(\left\|\boldsymbol{E}\right\|^2+\left\|\boldsymbol{G}(\boldsymbol{X})\right\|^2\left\|\boldsymbol{U}^*\right\|^2\right)\\ -2\xi_{\rm c}\xi_{\rm a}\boldsymbol{E}^{\rm T}\boldsymbol{G}(\boldsymbol{X})\boldsymbol{\varepsilon}_{\rm a}\leqslant\xi_{\rm c}\xi_{\rm a}\left(\left\|\boldsymbol{E}\right\|^2+\left\|\boldsymbol{G}(\boldsymbol{X})\right\|^2\varepsilon_{{\rm a}M}^2\right)\\ -2\xi_{\rm c}\xi_{\rm a}\boldsymbol{E}^{\rm T}\boldsymbol{G}(\boldsymbol{X})\tilde{\boldsymbol{W}}_{\rm a}^{\rm T}\boldsymbol{\phi}_{\rm a}(\boldsymbol{E})\leqslant\xi_{\rm c}\xi_{\rm a}\left(\left\|\boldsymbol{E}\right\|^2+\left\|\boldsymbol{G}(\boldsymbol{X})\right\|^2\left\|\tilde{\boldsymbol{W}}_{\rm a}\right\|^2\phi_{{\rm a}M}^2\right)\\ -l\xi_{\rm c}\xi_{\rm a}L\leqslant-l\xi_{\rm c}\xi_{\rm a}\lambda_{\min}(\boldsymbol{Q})\left\|\boldsymbol{E}\right\|^2-l\xi_{\rm c}\xi_{\rm a}\lambda_{\min}(\boldsymbol{R})\left\|\boldsymbol{U}^*\right\|^2\end{cases} \tag{5-115}$$

将式(5-114)代入式(5-111)得

$$\begin{aligned}\dot{V}_3 \leqslant& \left(2\xi_c\xi_a k + 3\xi_c\xi_a - l\xi_c\xi_a\lambda_{\min}(\boldsymbol{Q})\right)\|\boldsymbol{E}\|^2 + \left[\xi_c\xi_a\|\boldsymbol{G}(\boldsymbol{X})\|^2 - l\xi_c\xi_a\lambda_{\min}(\boldsymbol{R})\right]\|\boldsymbol{U}^*\|^2 \\ &+ \xi_c\xi_a\phi_{aM}^2\|\boldsymbol{G}(\boldsymbol{X})\|^2\|\tilde{\boldsymbol{W}}_a\|^2 + \xi_c\xi_a\|\boldsymbol{G}(\boldsymbol{X})\|^2\varepsilon_{aM}^2\end{aligned} \tag{5-116}$$

可得到：

$$\begin{aligned}\dot{V}_4 &= \tilde{\boldsymbol{\zeta}}^{\mathrm{T}}\boldsymbol{A}\tilde{\boldsymbol{\zeta}} + \tilde{\boldsymbol{\zeta}}^{\mathrm{T}}\boldsymbol{B}\ddot{\boldsymbol{d}} \\ &\leqslant \lambda_{\max}(\boldsymbol{A})\|\tilde{\boldsymbol{\zeta}}\|^2 + \|\boldsymbol{B}\|\|\tilde{\boldsymbol{\zeta}}\|\mu_2 \leqslant \left[\lambda_{\max}(\boldsymbol{A}) + \frac{\mu_2}{2}\right]\|\tilde{\boldsymbol{\zeta}}\|^2 + \frac{1}{2}\|\boldsymbol{B}\|^2\end{aligned} \tag{5-117}$$

综上所述，可以得到：

$$\dot{V} \leqslant V_b + \varepsilon_V \tag{5-118}$$

式中，

$$\begin{cases}V_b = \gamma_e\|\boldsymbol{E}\|^2 + \gamma_u\|\boldsymbol{U}^*\|^2 + \gamma_a\|\tilde{\boldsymbol{W}}_a\|^2 + \gamma_c\|\tilde{\boldsymbol{W}}_c\|^2 + \gamma_{\tilde{\zeta}}\|\tilde{\boldsymbol{\zeta}}\|^2 \\ \varepsilon_V = \xi_c\xi_a\|\boldsymbol{G}(\boldsymbol{X})\|^2\varepsilon_{aM}^2 + \dfrac{\xi_c}{2\xi_a}\varepsilon_{WM}^2 + \dfrac{1}{2\xi_c}\varepsilon_{HM}^2 + \dfrac{1}{2}\|\boldsymbol{B}\|^2\end{cases} \tag{5-119}$$

式中，$\gamma_e = 2\xi_c\xi_a k + 3\xi_c\xi_a - l\xi_c\xi_a\lambda_{\min}(\boldsymbol{Q})$；$\gamma_u = \xi_c\xi_a\|\boldsymbol{G}(\boldsymbol{X})\|^2 - l\xi_c\xi_a\lambda_{\min}(\boldsymbol{R})$；$\gamma_{\tilde{\zeta}} = \lambda_{\max}(\boldsymbol{A}) + \dfrac{\mu_2}{2}$；$\gamma_a = -\xi_c\phi_{am}^2 + \dfrac{3}{4}\xi_a\xi_c\phi_{aM}^2 + \xi_c\xi_a\phi_{aM}^2\|\boldsymbol{G}(\boldsymbol{X})\|^2$；$\gamma_c = -\sigma_{3m}^2 + \dfrac{\xi_c}{2}\left(\dfrac{\sigma_{3M}}{\sigma_{2m}}\right)^2 + \dfrac{\xi_c}{4\xi_a}\|\boldsymbol{R}^{-1}\|^2\|\boldsymbol{G}(\boldsymbol{X})\|^2 \cdot \phi_{dM}^2$。

以下所有不等式成立时，有 $V_b < 0$。

$$\begin{cases}\xi_c < \dfrac{4\xi_a\sigma_{3m}^2}{2\xi_a\left(\dfrac{\sigma_{3M}}{\sigma_{2m}}\right)^2 + \|\boldsymbol{R}^{-1}\|^2\|\boldsymbol{G}(\boldsymbol{X})\|^2\phi_{dM}^2}, \quad \xi_a < \dfrac{4\phi_{am}^2}{3\phi_{aM}^2 + 4\phi_{aM}^2\|\boldsymbol{G}(\boldsymbol{X})\|^2} \\ l > \max\left(\dfrac{\|\boldsymbol{G}(\boldsymbol{X})\|^2}{\lambda_{\min}(\boldsymbol{R})}, \dfrac{2k+3}{\lambda_{\min}(\boldsymbol{Q})}\right), \quad \lambda_{\max}(\boldsymbol{A}) < -\dfrac{\mu_2}{2}\end{cases} \tag{5-120}$$

至此，由 Lyapunov 理论知系统误差 $\boldsymbol{E}$ 和网络权值误差 $\tilde{\boldsymbol{W}}_c$ 与 $\tilde{\boldsymbol{W}}_a$ 一致最终有界。证毕。

5.3.4　仿真试验

针对设计的基于自适应动态规划的鲁棒最优跟踪控制方法，对高速飞行器纵向模型进行闭环系统数学仿真。速度子系统和高度子系统的参考指令分别由幅值为 30.48m/s 和 304.8m 的阶跃信号通过如下滤波器给出：

$$G(s) = \frac{1}{(6s+1)(25s^2+7s+1)} \tag{5-121}$$

仿真设置如下：初始选取 $\gamma_0=0$，$V_0=4590.29\text{m/s}$，$h_0=33528\text{m}$，$\alpha_0=0°$，$q_0=0(°)/\text{s}$。对于速度子系统和高度子系统，网络参数分别设计为 $Q_V=10$，$R_V=1$，$\boldsymbol{Q}_h=\text{diag}(100\ 100,100)$，$\boldsymbol{R}_h=\text{diag}(1,1,1)$；评价网络学习率 $\xi_{V\text{c}}=1$，$\xi_{h\text{c}}=10$；执行网络学习率 $\xi_{V\text{a}}=1$，$\xi_{h\text{a}}=10$；激活函数均为双曲正切函数 tanh()，初始权值均为零。

速度子系统与高度子系统的执行网络和评价网络的权值更新收敛过程分别如图 5-9 和图 5-10 所示。从图中可以看出，在所设计的权值更新律作用下，经过 40s 左右，执行网络权值收敛，经过 10s 左右，评价网络权值收敛。收敛以后权值不再变化，此时即为给定性能指标下的最优权值。

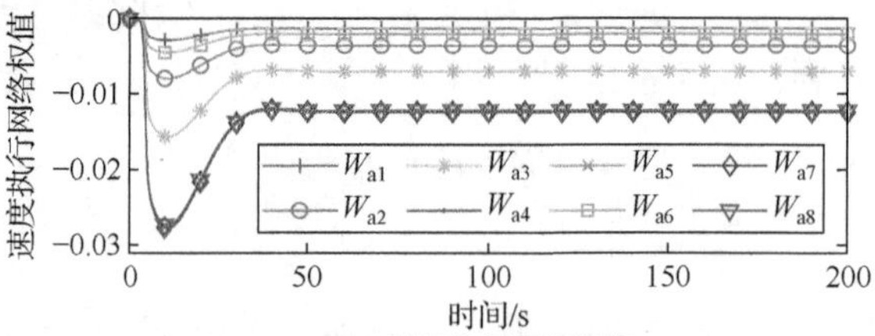

(a) 速度执行网络权值

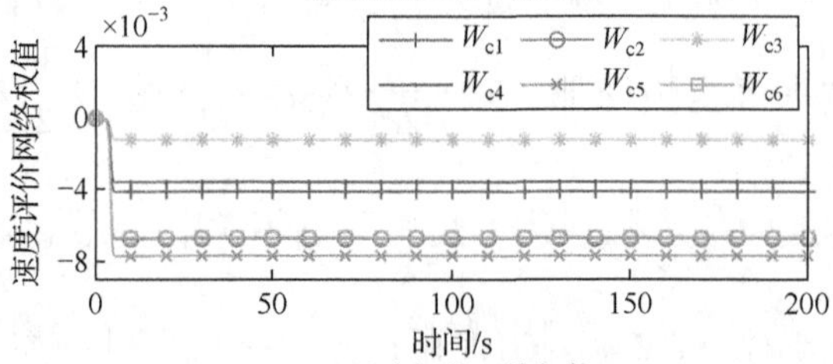

(b) 速度评价网络权值

图 5-9　速度子系统权值更新收敛过程

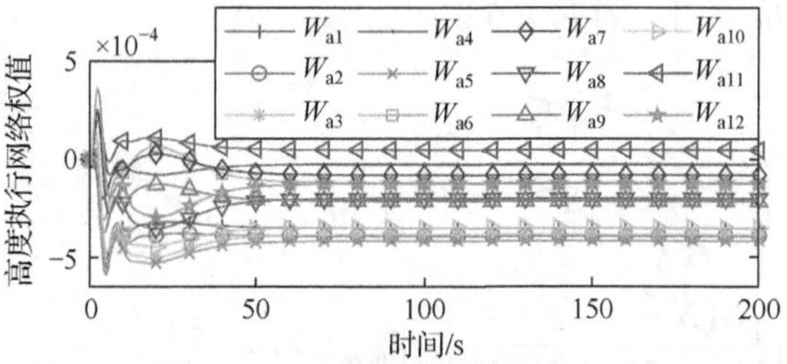

(a) 高度执行网络权值

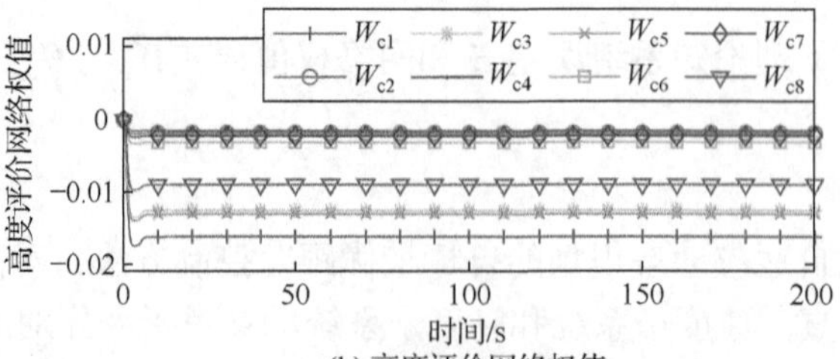

(b) 高度评价网络权值

图 5-10　高度子系统权值更新收敛过程

随后，将收敛后的最优执行网络权值代入控制输入并作用于系统，将本节提出的方法与反步法[15]进行对比分析，仿真结果如图 5-11～图 5-15 所示。

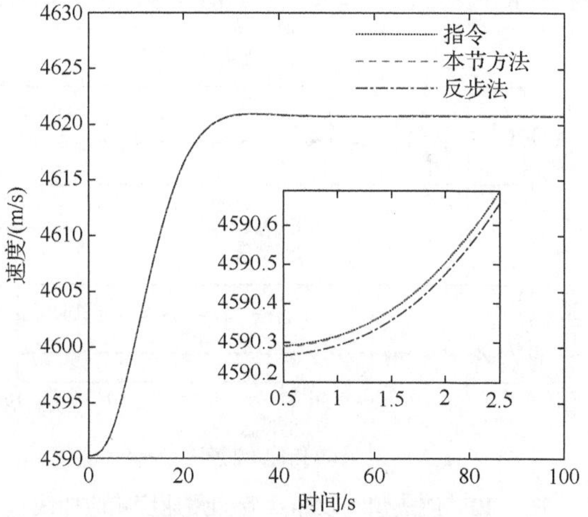

图 5-11　速度跟踪曲线

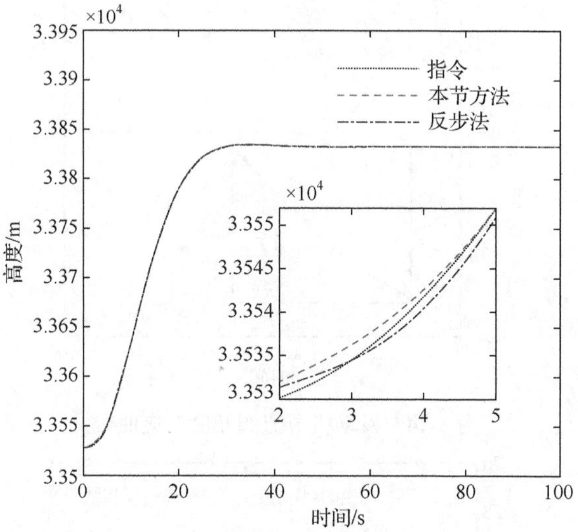

图 5-12　高度跟踪曲线

图 5-11 为速度跟踪曲线，可以看出本节提出的方法对速度指令具有很好的跟踪精度，且比反步法跟踪精度更高。由图 5-12 的高度跟踪曲线可知，本节提出的方法能够实现高度的精确跟踪，且比反步法收敛速度更快。图 5-13 为航迹角、攻角和俯仰角速度响应曲线，本节提出的方法相较反步法可以使系统在更短的时间内趋于稳定状态，从而提高系统的响应特性。图 5-14 和图 5-15 分别为速度子系统和高度子系统的控制输入变化曲线，可以看出发动机节流阀开度和升降舵偏转角均保持在合理范围内。同时，本节提出的方法的升降舵偏转角变化更小，实现了最优性。

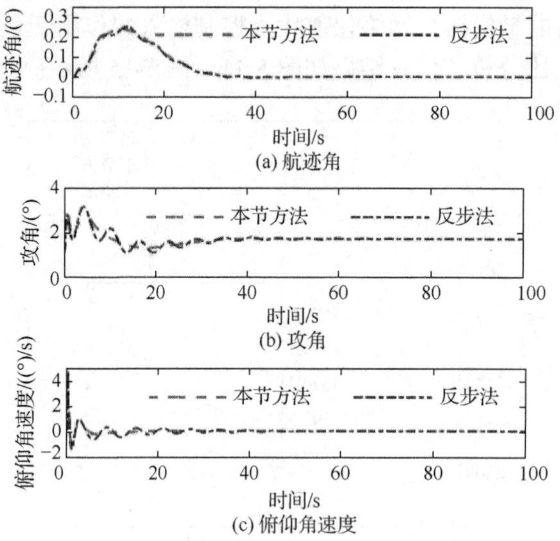

图 5-13 航迹角、攻角、俯仰角速度响应曲线

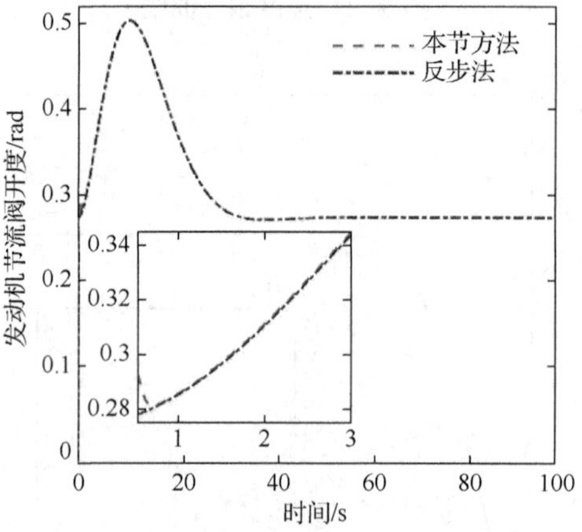

图 5-14 发动机节流阀开度响应曲线

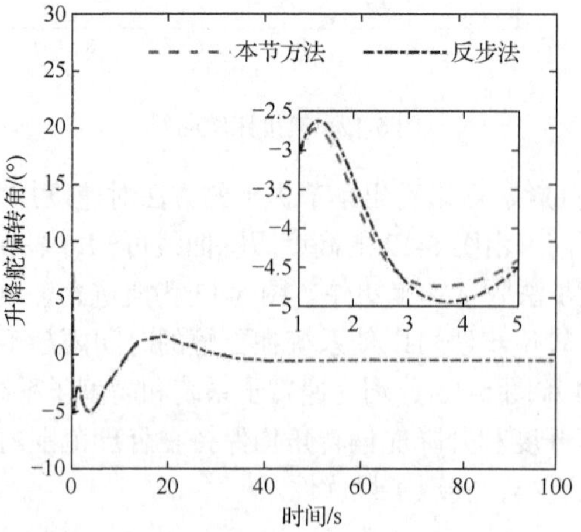

图 5-15 升降舵偏转角响应曲线

高速飞行器面临的实际环境是在各种未知不确定性下的，本节提出的鲁棒最优跟踪控制方法需要借助干扰观测器将干扰估计出来，再补偿到系统中。速度子系统和高度子系统干扰观测器设计参数分别为 $L_{V1}=100$ ， $L_{V2}=20$ ， $\boldsymbol{L}_{h1}=\mathrm{diag}(100,100,100)$ ， $\boldsymbol{L}_{h2}=\mathrm{diag}(20,20,20)$ 。在仿真时间 $80\mathrm{s}\leqslant t\leqslant 150\mathrm{s}$ 时，分别向速度子系统和高度子系统加入以下扰动： $\varDelta_1=10\sin t$ ， $\varDelta_2=0.05\sin t$ ， $\varDelta_3=0.05\sin t$ 。

速度子系统和高度子系统在干扰作用下的跟踪结果如图 5-16 和图 5-17 所示。可以看出，在干扰作用下本节提出的鲁棒最优跟踪控制方法仍然可以高精度地跟踪期望指令，保证闭环系统的稳定。另外，采用本节方法不加干扰观测器的效果比反步法好的原因是网络的权值更新律实时地调整权值，从而提升控制器的控制性能，降低外界干扰对系统的不利影响。因此本节提出的鲁棒最优跟踪控制方法凭借干扰观测器和权值更新律可以保证较强的鲁棒性。

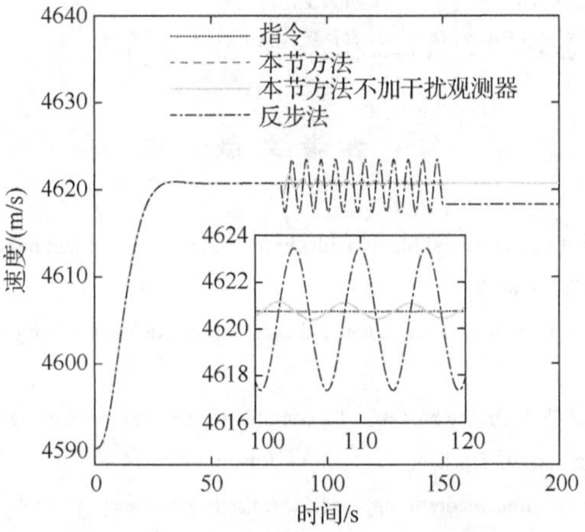

图 5-16　干扰作用下的速度跟踪曲线

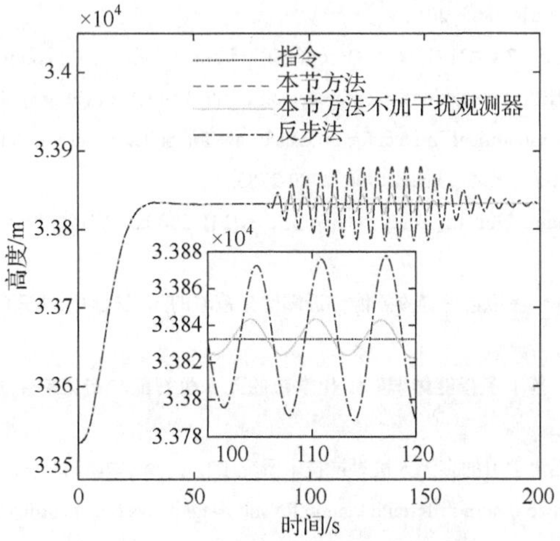

图 5-17　干扰作用下的高度跟踪曲线

本节提出了一种基于自适应动态规划的高速飞行器鲁棒最优跟踪控制方法。利用反步法得到稳态控制输入，进一步建立系统的误差模型。引入执行–评价网络的自适应动态规划方法，得到相应的最优反馈控制律，实现最优性，并利用 Lyapunov 稳定性分析方法进行证明。仿真结果表明，所提出的鲁棒最优跟踪控制方法能够抑制未知不确定性干扰的影响，实现最优精确跟踪。

思 考 题

5.1 在设计多约束制导律时，会考虑哪些约束条件？

5.2 写出描述一对一追逃博弈的数学模型。

5.3 在追逃博弈制导中，会考虑哪些优化目标？

5.4 追逃博弈模型的求解方法有哪几种？

5.5 写出基于 DQN 算法的制导律仿真流程。

5.6 画出基于自适应动态规划的鲁棒最优跟踪控制器结构图。

参 考 文 献

[1] ISAACS R. Differential games: A mathematical theory with applications to warfare and pursuit, control and optimization[J].The Mathematical Gazette, 1965, 51(375): 80-81.

[2] BEN-ASHER J Z, YAESH I. Advances in missile guidance theory[M]//ZARCHAN P. Progress in Astronautics and Aeronautics, Reston. Virginia: AIAA, 1998.

[3] SHINAR J, SIEGEL A W, GOLD Y I. On the analysis of a complex differential game using artificial intelligence techniques[C]. Proceedings of 27th IEEE Conference on Decision and Control, Austin, 1988: 1436-1441.

[4] FARUQI F A. Intelligent 3-party game theoretic approach to missile guidance[C].AIAA Guidance, Navigation, and Control Conference, Minneapolis, MN, United States,2012:2012-4911.

[5] FARUQI F A. Integrated navigation, guidance, and control of missile systems: 3-D dynamic model[R]. Defence Science and Technology Organisation, DSTO-TR-2805, 2012.

[6] SHINAR J, GUELMAN M, SILBERMAN G, et al. On optimal missile avoidance - a comparison between optimal control and differential dame solutions[C]. IEEE International Conference on Control and Applications, Jerusalem, Israel,1989: 453-459.

[7] SHINAR J, SHIMA T. A game theoretical interceptor guidance law for ballistic missile defence[C].Proceedings of 35th IEEE Conference on Decision and Control, Kobe, Japan,1996: 2780-2785.

[8] BASAR T, OLSDER G J. Dynamic Noncooperative Game Theory[M]. 2nd ed. Philadelphia: Society for Industrial and Applied Mathematics,1999.

[9] 王明明, 张宝勇, 吴冲, 等. 基于虚拟自博弈多智能体近端优化策略的无人机对抗决策[J]. 南京航空航天大学学报: 英文版, 2023, 40 (6): 627-640.

[10] 赵芷若, 曹雷, 陈希亮, 等. 基于多智能体博弈强化学习的无人机智能攻击策略生成模型[J]. 系统工程与电子技术, 2023, 45 (10):3165-3171.

[11] 李慎纲. 基于多智能体深度强化学习的多无人机对抗技术研究[D]. 长沙: 国防科技大学, 2021.

[12] SUN J L, LIU C S. Distributed zero-sum differential game for multi-agent systems in strict-feedback form with input saturation and output constraint[J]. Neural Networks, 2018, 106: 8-19.

[13] 苏山. 多拦截器博弈策略与自适应微分对策制导方法研究[D]. 哈尔滨: 哈尔滨工业大学, 2022.

[14] QI N M, LIU Y F, SUN X L. Differential game guidance law for interceptor missiles with a time-varying lateral acceleration

limit[J]. Transactions of the Japan Society for Aeronautical and Space Sciences, 2011, 54(185/186): 189-197.

[15] SHIMA T, SHINAR J. Time-varying linear pursuit-evasion game models with bounded controls[J]. Journal of Guidance, Control, and Dynamics, 2002, 25(3): 425-432.

[16] TURETSKY V, WEISS M, SHIMA T. A combined linear-quadratic/bounded control differential game guidance law[J]. IEEE Transactions on Aerospace and Electronic Systems, 2021, 57(5): 3452-3462.

[17] 王宇翔. 一种具有时间约束的最优导引律设计方法[J]. 解放军理工大学学报(自然科学版), 2015, 16(1): 68-73.

[18] 张璐. 中程弹道导弹动力学分析与时间约束末制导律设计[D]. 哈尔滨: 哈尔滨工业大学, 2022.

[19] 张晨欣, 王宁宇, 王小刚. 空空导弹反强机动目标时间约束滑模制导律[J]. 宇航学报, 2023, 44(10): 1544-1554.

[20] 张世强, 李群生, 何金刚. 考虑通信拓扑切换的多导弹协同制导研究[J].航空兵器, 2024, 31(1): 38-44.

[21] KIM M, GRIDER K. Terminal guidance for impact attitude angle constrained flight trajectories[J]. IEEE Transactions on Aerospace and Electronic Systems, 1973, 9(6): 852-859.

[22] 严鹏辉, 刘刚, 缪前树. 基于落角约束的偏置比例导引律的研究[J]. 现代防御技术, 2021, 49(6): 49-54.

[23] 王晓海, 孟秀云, 周峰, 等. 基于偏置比例导引的落角约束滑模制导律[J]. 系统工程与电子技术, 2021, 43(5): 1295-1302.

[24] 刘强, 范英飚. 基于最优控制的落角约束攻击设计[J]. 海军航空工程学院学报, 2007, 22(2): 215-218.

[25] 赵斌, 朱传祥, 仝云, 等. 基于自适应滑模观测器的终端角度约束制导律[J]. 空天防御, 2019, 2(4): 19-24.

[26] 李晓宝, 赵国荣, 刘帅, 等. 考虑攻击角度和视场角约束的自适应终端滑模制导律[J]. 控制与决策, 2020, 35(10): 2336-2344.

[27] KIM B, KIM Y W, CHO N, et al. Collision-geometry-based optimal guidance for high-speed target[J]. Aerospace Science and Technology, 2021, 115: 106766.

[28] 张明洋, 晁涛, 杨明. 带有攻击角约束的机动目标协同拦截制导律[J]. 战术导弹技术, 2022, 222(4): 78-89.

[29] HE X C, CHEN W C, YANG L. An intercept guidance law with impact-angle-constrained based on linear gauss pseudospectral model predictive control[C].2019 IEEE 10th International Conference on Mechanical and Aerospace Engineering, Brussels, Belgium,2019: 229-235.

[30] SHAFERMAN V, SHIMA T. Linear quadratic guidance laws for imposing a terminal intercept angle[J]. Journal of Guidance, Control, and Dynamics, 2008, 31(5): 1400-1412.

[31] XU X, LIANG Y. Biased optimal guidance law with specified velocity rendezvous angle constraint[J]. The Aeronautical Journal, 2015, 119(1220): 1287-1299.

[32] XU X Y, LIANG Y L, CAI Y L. A mathematic model on differential game based flight-path angle control guidance law[J]. International Journal of Control Systems and Robotics, 2017, 2: 203-213

[33] 李博文. 基于博弈论的导弹拦截制导律研究[D]. 沈阳: 沈阳理工大学, 2017.

[34] 孙传鹏. 基于博弈论的拦截制导问题研究[D]. 哈尔滨: 哈尔滨工业大学, 2014.

[35] BATTISTINI S, SHIMA T. Differential games missile guidance with bearings-only measurements[J]. IEEE Transactions on Aerospace and Electronic Systems, 2014, 50(4): 2906-2915.

[36] RUSNAK I, WEISS H, ELIAV R, et al. Missile guidance with constrained intercept body angle[J]. IEEE Transactions on Aerospace and Electronic Systems, 2014, 50(2): 1445-1453.

[37] SHIMA T, GOLAN O M. Linear quadratic differential games guidance law for dual controlled missiles[J]. IEEE Transactions on Aerospace and Electronic Systems, 2007, 43(3): 834-842.

[38] WEISS M, SHIMA T. Linear quadratic optimal control-based missile guidance law with obstacle avoidance[J]. IEEE Transactions on Aerospace and Electronic Systems, 2019, 55(1): 205-214.

[39] BALHANCE N, WEISS M, SHIMA T. Cooperative guidance law for intrasalvo tracking[J]. Journal of Guidance, Control, and Dynamics, 2017, 40(6): 1441-1456.

[40] SHAFERMAN V, SHIMA T. Cooperative differential games guidance laws for imposing a relative intercept angle[J]. Journal of Guidance, Control, and Dynamics, 2017, 40(10): 2465-2480.

[41] SHIMA T. Intercept-angle guidance[J]. Journal of Guidance, Control, and Dynamics, 2011, 34(2): 484-492.

[42] TAUB I, SHIMA T. Intercept angle missile guidance under time varying acceleration bounds[J]. Journal of Guidance, Control, and Dynamics, 2013, 36(3): 686-699.

[43] TSALIK R, SHIMA T. Inscribed angle guidance[J]. Journal of Guidance, Control, and Dynamics, 2015, 38(1): 30-40.

[44] PERELMAN A, SHIMA T, RUSNAK I. Cooperative differential games strategies for active aircraft protection from a homing missile[J]. Journal of Guidance, Control, and Dynamics, 2011, 34(3): 761-773.

[45] RUSNAK I, WEISS H, ELIAV R, et al. Missile guidance with constrained terminal body angle[C].2010 IEEE 26th Convention of Electrical and Electronics Engineers in Israel, Haifa, 2010:45-49.

[46] WEISS M, SHIMA T. Practical optimal intercept guidance algorithm with bounded lateral acceleration[C].2019 27th Mediterranean Conference on Control and Automation,Akko, Israel, 2019: 595-599.

[47] NOBAHARI H, NASROLLAHI S. A nonlinear robust model predictive differential game guidance algorithm based on the particle swarm optimization[J]. Journal of the Franklin Institute, 2020, 357(15): 11042-11071.

[48] HE F, CHEN W Y, BAO Y. Predictive differential game guidance approach for hypersonic target interception based on CQPSO[J]. International Journal of Aerospace Engineering, 2022, 2022: 6050640.

[49] 陈士俊, 孙永广, 吴宗鑫. 一种求解 NASH 均衡解的遗传算法[J]. 系统工程, 2001, 19(5): 67-70.

[50] GAUDETA B, FURFAROA R, LINARES R. Reinforcement learning for angle-only intercept guidance of maneuvering targets[J]. Aerospace Science and Technology, 2020, 99: 105746.

[51] GUO D L, DING H, TANG L, et al. A proactive eavesdropping game in MIMO systems based on multiagent deep reinforcement learning[J]. IEEE Transactions on Wireless Communications, 2022, 21(11): 8889-8904.

[52] GAUDET B, LINARES R, FURFARO R. Deep reinforcement learning for six degree-of-freedom planetary landing [J]. Advances in Space Research, 2020, 65(7): 1723-1741.

[53] GAUDET B, FURFARO R. Missile homing-phase guidance law design using reinforcement learning[C].AIAA Guidance, Navigation, and Control Conference, Minneapolis, MN, United States,2012:2012-4470.

[54] 倪炜霖, 王永海, 徐聪, 等. 基于强化学习的高超飞行器协同博弈制导方法[J].航空学报, 2023, 44(S2): 729400.

[55] LIU S Q, CAO J J, WANG Y J, et al. Self-play reinforcement learning with comprehensive critic in computer games[J]. Neurocomputing, 2021, 449: 207-213.

[56] HE S M, SHIN H S, TSOURDOS A. Computational missile guidance: A deep reinforcement learning approach[J]. Journal of Aerospace Information Systems, 2021, 18(8): 571-582.

[57] 王子瑶, 唐胜景, 郭杰, 等. 高超声速攻防博弈自适应微分对策三维制导[J]. 兵工学报, 2023, 44(8): 2342-2353.

[58] 朱康宁, 谢政, 戴丽. 基于自适应邻域模拟退火算法的非合作对策求解[J]. 计算机工程与科学, 2016, 38(12): 2560-2566.

[59] GAUDET B, LINARES R, FURFARO R. Adaptive guidance and integrated navigation with reinforcement Meta-Learning[J]. Acta Astronautica, 2020, 169: 180-190.

[60] 龚晓鹏, 陈中原. 基于深度强化学习的三体对抗博弈策略研究[J]. 战术导弹技术, 2022, (4): 178-186, 195.

[61] 方洋旺, 邓天博, 符文星. 智能制导律研究综述[J].无人系统技术,2020,3(6): 36-42.

[62] 甄岩, 郝明瑞. 基于深度强化学习的智能 PID 控制方法研究[J]. 战术导弹技术, 2019(5):37-43.

[63] 张秦浩, 敖百强, 张秦雪. Q-learning 强化学习制导律[J]. 系统工程与电子技术, 2020, 42(2):414-419.

[64] LIANG C, WANG W H, LIU Z H, et al. Learning to guide: Guidance law based on deep meta-learning and model predictive path integral control[J]. IEEE Access,2019,7: 47353-47365.

[65] LEE D, BANG H. Planar evasive aircrafts maneuvers using reinforcement learning[J]. Advances in Intelligent Systems&Computing,2013,193:533-542.

[66] 南英,蒋亮.基于深度强化学习的弹道导弹中段突防控制[J].指挥信息系统与技术,2020,11(4):1-9,27.

[67] 陈中原,韦文书.基于强化学习的多弹协同攻击智能制导律[J].兵工学报, 2021, 42(8): 1638-1647.

[68] 郭建国, 张添保, 周军, 等. 临近空间高超声速飞行器匹配化滑模姿态控制[J]. 系统工程与电子技术, 2017, 39(9): 2081-2086.

[69] 谭师利, 雷虎民. 应用跟踪微分器的高超声速飞行器的反演控制[J]. 宇航学报, 2019, 40(6): 673-683.

[70] PU Z Q, YUAN R Y, TAN X M, et al. Active robust control of uncertainty and flexibility suppression for air-breathing hypersonic vehicles[J]. Aerospace Science and Technology, 2015, 42: 429-441.

[71] YANG J, LI S H, SUN C Y, et al. Nonlinear-disturbance-observer-based robust flight control for airbreathing hypersonic vehicles[J]. IEEE Transactions on Aerospace and Electronic Systems, 2013, 49(2): 1263-1275.

[72] GUO J G, PENG Q, ZHOU J. Disturbance observer-based nonlinear model predictive control for air-breathing hypersonic vehicles[J]. Journal of Aerospace Engineering, 2019, 32(1): 04018121.

[73] 张化光, 张欣, 罗艳红, 等. 自适应动态规划综述[J]. 自动化学报, 2013, 39(4): 303-311.

[74] 穆朝絮, 张勇, 余瑶, 等. 基于自适应动态规划的航空航天飞行器鲁棒控制研究综述[J]. 空间控制技术与应用, 2019, 45(4): 71-79.

[75] MU C X, NI Z, SUN C Y, et al. Air-breathing hypersonic vehicle tracking control based on adaptive dynamic programming[J]. IEEE Transactions on Neural Networks and Learning Systems, 2017, 28(3): 584-598.

[76] XIA R S, WU Q X, SHAO S Y. Disturbance observer-based optimal flight control of near space vehicle with external disturbance[J]. Transactions of the Institute of Measurement and Control, 2020, 42(2): 272-284.

[77] MU C X, ZHANG Y. Learning-based robust tracking control of quadrotor with time-varying and coupling uncertainties[J]. IEEE Transactions on Neural Networks and Learning Systems, 2020, 31(1): 259-273.

[78] HAN X, ZHENG Z Z, LIU L,et al. Online policy iteration ADP-based attitude-tracking control for hypersonic vehicles[J]. Aerospace Science and Technology, 2020, 106: 106233.

[79] MA Q W, GUO J G, ZHOU J. A finite-time sliding mode control for hypersonic vehicle[J]. Transactions of the Institute of Measurement and Control, 2019, 41(15): 4339-4350.

[80] XU B, SHI Z K, YANG C G, et al. Neural control of hypersonic flight vehicle model via time-scale decomposition with throttle setting constraint[J]. Nonlinear Dynamics, 2013, 73(3): 1849-1861.

[81] GINOYA D, SHENDGE P D, PHADKE S B. Sliding mode control for mismatched uncertain systems using an extended disturbance observer[J]. IEEE Transactions on Industrial Electronics, 2013, 61(4):1983-1992.

第 6 章

多类型编队协同飞行控制系统

6.1 编队协同飞行控制系统综述

自然界中许多生物群系由大量个体组成。虽然个体功能简单，并且获取信息的方式单一，但它们成功凭借局部交互构成了复杂的群体行为，完成躲避捕食者[1]、寻找猎物[2]和长途迁移[3]等任务。集群行为的研究方法共经历 3 个发展阶段：①生物集群行为的发现阶段，许多生物研究者通过长时间观察，发现生物群体特有的行为[4]；②集群行为的仿真阶段，研究人员用计算机模拟并完成了生物群集行为的测试；③严格的建模和集群行为的分析，这是正在进行的研究[5-6]。集群作为一种编队行为，它最重要的特点便是从简单的局部规则演化为协调的全局行为。

1980 年以来，很多研究学者在生物集群现象的启示下开展了多个体的协同控制研究工作[7]。类似于鱼群捕食和鸟类生物学迁徙，协同控制系统中的个体之间通过合作和协调能够提高系统整体的性能，并且能够取代单一个体完成更复杂的任务。个体之间的局部通信和整体协调使得系统实时通信量小、容错度高、抗干扰能力强[8]，因此多个体协同控制成为近年来控制领域的一大研究热点。

航空航天领域技术快速发展，导弹的制导与控制性能也得到了显著的提升[9]。以精确制导武器为例，其制导精度和毁伤效果都超过其他类型导弹[10]，现在还有超音速化、远程化和智能化的趋势[11]，这给防御系统带来了巨大的压力。在这种严峻的形势下，各国也都在积极开展相关技术研究以应对精确制导武器的威胁。以美国为例，现已启动两项采用多个拦截飞行器的防御计划[12]。随着武器装备的不断完善，电子干扰和诱饵技术的不断提高，未来的作战环境会变得更加复杂，导弹自主编队作战将会逐渐成为空战的主要形式，尤其是在当前国际形势下，积极开展协同作战技术研究更是当务之急的国防需求。

以导弹为例，单枚导弹在探测范围和制导性能方面存在局限性，一对一的作战形式应对性能日益提高的精确制导武器变得十分困难，导弹编队作战则更能适应这种情况[13]。首先，基于实时战场信息数据链的作用，各导弹能够对目标状态信息进行共享，作战系统对目标探测和识别的能力将得到显著提高。其次，对协同作战系统内的各个飞行器进行角色分工，不同功能的飞行器互相配合，在末制导阶段对目标实行齐射攻击可提高命中概率，增强毁伤效果。配合使用低成本飞行器，降低了对低价值飞行器探测设备和弹载计算量的要求，从而节约作战成本。最后，面对复杂多变的战场环境，多个飞行器协同作战能够完成单一飞行器无法完成的任务，从而将整个系统的作战效能最大化。

基于以上优势，工程领域的学者已经初步探索协同控制在航空航天领域内的应用，如机器人协同路径规划、飞行器协同侦察和卫星编队探测等。

因此，多飞行器协同编队控制研究是多飞行器协同领域的研究热点，协同飞行控制主要针对在多飞行器执行任务中，如何保持一定的作战几何队形，实现空间位置的协同。针对编队协同飞行控制方法，为了更清晰和直观地描述飞行器编队成员之间的状态和通信交互关系，通常将飞行器的动力学模型转换为二阶积分智能体的形式。在二阶积分智能体建模中，每个飞行器的状态由位置、速度和加速度组成。通过考虑系统的动态特性和控制需求，适当地变换和简化飞行器的动力学方程，能够更方便地描述飞行器的运动特性，为编队控制算法的设计提供基础。

多飞行器智能体建模可以简化为

$$\begin{cases}\dot{x}_i = V_i \cos\gamma_i \cos\chi_i \\ \dot{y}_i = V_i \cos\gamma_i \sin\chi_i \\ \dot{z}_i = V_i \sin\gamma_i\end{cases} \tag{6-1}$$

$$\begin{cases}\dot{V}_i = \dfrac{T_i - D_i}{m_i} - g\sin\gamma_i \\ \chi_i = \dfrac{L_i \sin\mu_i}{m_i V_i \cos\gamma_i} \\ \gamma_i = \dfrac{L_i \cos\mu_i}{m_i} - \dfrac{g\cos\gamma_i}{V_i}\end{cases} \tag{6-2}$$

式中，下角标 $i=1,2,\cdots,N$ 表示多飞行器编队中第 i 架飞行器；x、y 和 z 表示飞行器对地的位置矢量分量；V 表示飞行器的速度；χ 和 γ 分别表示飞行器的航迹方位角和爬升角；μ 表示航迹倾斜角；L、D 分别表示气流轴系下的升力、阻力；T 表示发动机推力；m 表示飞行器的质量。

定义飞行器位置矢量 $\boldsymbol{p}_i = [x_i \quad y_i \quad z_i]^{\mathrm{T}}$，结合式(6-1)和式(6-2)可得

$$\ddot{\boldsymbol{p}}_i = \boldsymbol{\Xi}_i \boldsymbol{\upsilon}_i + [0 \quad 0 \quad -g]^{\mathrm{T}} \tag{6-3}$$

式中，定义控制变量 $\boldsymbol{\upsilon}_i = \begin{bmatrix}\dfrac{T_i - D_i}{m_i} & \dfrac{L_i \sin\mu_i}{m_i} & \dfrac{L_i \cos\mu_i}{m_i}\end{bmatrix}$；状态矩阵 $\boldsymbol{\Xi}_i = \begin{bmatrix}\cos\gamma_i \cos\chi_i & -\sin\chi_i & -\sin\gamma_i \cos\chi_i \\ \cos\gamma_i \sin\chi_i & \cos\chi_i & -\sin\gamma_i \sin\chi_i \\ \sin\gamma_i & 0 & \cos\gamma_i\end{bmatrix}$。

定义中间状态变量 $\boldsymbol{v}_i = \dot{\boldsymbol{p}}_i$，则式(6-3)转换为二阶积分形式如下：

$$\begin{cases}\dot{\boldsymbol{p}}_i = \boldsymbol{v}_i \\ \dot{\boldsymbol{v}}_i = \boldsymbol{u}_i\end{cases} \tag{6-4}$$

式中，控制输入 $\boldsymbol{u}_i = \boldsymbol{\varXi}_i \boldsymbol{v}_i + \begin{bmatrix} 0 & 0 & -g \end{bmatrix}^{\mathrm{T}}$，则式(6-4)转换成状态空间的形式为

$$\dot{\boldsymbol{x}}_i = \boldsymbol{A}\boldsymbol{x}_i + \boldsymbol{B}\boldsymbol{u}_i \tag{6-5}$$

式中，$\boldsymbol{A} = \begin{bmatrix} 0 & \boldsymbol{I}_3 \\ 0 & 0 \end{bmatrix}$；$\boldsymbol{B} = \begin{bmatrix} 0 \\ \boldsymbol{I}_3 \end{bmatrix}$；$\boldsymbol{x}_i = \begin{bmatrix} \boldsymbol{p}_i^{\mathrm{T}} & \boldsymbol{v}_i^{\mathrm{T}} \end{bmatrix} \in \boldsymbol{R}^n$，为第 i 架飞行器的状态向量；$\boldsymbol{u}_i(t) \in \boldsymbol{R}^m$，为飞行器的控制输入向量。

本章飞行器协同编队控制方法均以状态空间模型[14-15]或二阶积分模型[16]来研究一致性。为了实现状态一致性，开发了分布式状态反馈控制设计，输出反馈控制设计可以根据分离原理，通过分布式状态估计来解决。

按照控制结构分类，协同编队控制方法分为有中心编队控制方法和无中心编队控制方法，两者的主要区别在于编队系统中是否有唯一的中心节点。按照控制方法分类，协同编队控制方法分为领导-跟随法、虚拟结构法、一致性方法和群体智能法等。本章将对上述内容开展介绍，并结合通信耦合、时间延迟等实际工程问题开展飞行器协同控制方法介绍和算例分析。

6.2 飞行器编队协同飞行控制结构

不同的协同控制结构可以确保飞行器之间进行有效的信息交互，实现多机感知与态势共享，达成“1+1>2”的作战效能。多飞行器编队协同控制结构的优缺点如表 6-1 所示。

表 6-1 多飞行器编队协同控制结构的优缺点

编队协同控制结构方式	优点	缺点
集中式控制	结构简单、决策效率高、控制精度高	鲁棒性差、容错性低、通信负载大
分布式控制	鲁棒性强、可扩展性强、通信负载小	算法复杂、计算精度低

6.2.1 有中心编队控制结构

有中心编队控制方法又称为集中式控制方法，即编队结构中存在一个中心节点，其所有飞行器的探测信息和状态信息都汇集至中心节点，结构图如图 6-1 所示。在网络中心节点完成集中计算与统一的分析决策，整个系统的操作都由中心节点进行控制。对于有中心节点的控制结构研究，Park 等[17]在限制传感条件下提出了一种编队控制方法，并证明了该方法在编队控制方面的有效性。Saska 等[18]设计了一种集中式编队控制方法以获得相对位置关系。

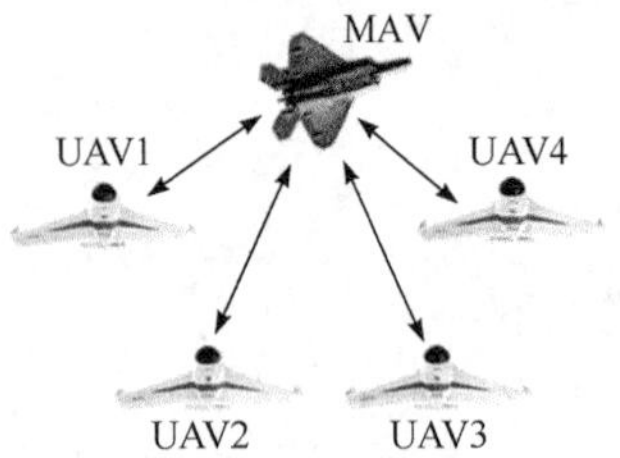

图 6-1 有中心编队控制结构图

如图 6-1 所示，MAV 为有人飞行器，UAV1、UAV2、UAV3、UAV4 为无人飞行器，有中心编队控制拥有易于实现和结构简单的优点，且集中控制的中心节点具有绝对控制权，能够提高决策效率，更有利于提高控制的精度。但是因为每架飞行器都需要与中心节点进行通信交互，所以通信负载过大，且整个编队都依赖中心节点进行控制，当中心节点

出现故障时，导致整个控制系统瘫痪，因此集中式控制的鲁棒性和容错性相对较低。

6.2.2　无中心编队控制结构

无中心编队控制，即在飞行器编队中没有中心节点，各飞行器的地位平等，其结构图如图 6-2 所示。每个飞行器都将自己的状态信息与探测信息在网络中与之相互连接的飞行器进行协商融合，整个系统的控制与全局决策的制定是通过飞行器之间的协调与协作完成的，并且具有一定的自主性和独立的计算、决策能力。在无中心编队控制结构研究中，Zhao 等[19]基于分布式模型预测控制，设计了一种分布式协调控制方案的框架。Muslimov 等[20]提出了一种基于分布式理论的信息交互方法以提高系统的可扩展性。

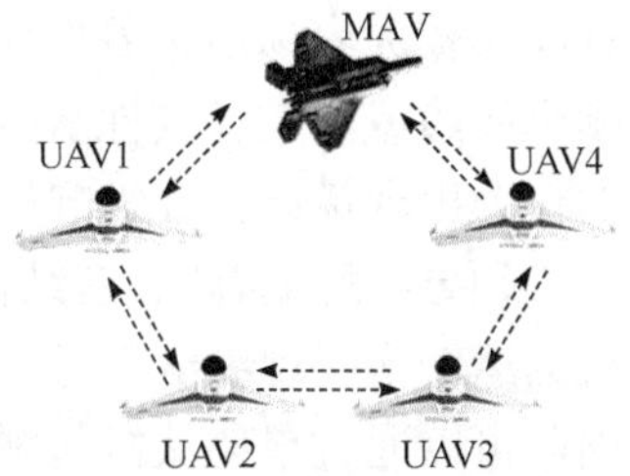

图 6-2　无中心编队控制结构图

在无中心编队控制方法中，多飞行器编队间的通信负载相对较小，各成员之间的通信量较少，可以减轻通信负担，提高系统的可扩展性，且不会因单机的故障影响整个系统的飞行，具有较好的鲁棒性。然而，无中心编队控制方法的挑战也是显而易见的。由于各飞行器需要具备一定的决策能力，控制算法相对更加智能化和复杂化。同时由于其控制的特点，相对计算精度可能较低，因为各个飞行器之间的信息交换和决策是基于有限的局部信息进行的，所以无法充分利用全局信息来做出最优决策。

6.3　飞行器编队协同飞行控制方法

飞行器编队协同飞行控制方法的优缺点如表 6-2 所示。

表 6-2　飞行器编队协同飞行控制方法的优缺点

编队控制结构方式	优点	缺点
领导–跟随法	原理简单、理论成熟、扩展性好	鲁棒性差、容错性低、通信载荷大
虚拟结构法	稳定性强、鲁棒性强	灵活性差、通信载荷大
一致性方法	通信载荷低、鲁棒性强	控制模型无法模拟真实飞行
群体智能法	算法简单、易实现	易陷入局部最优、复杂问题适用性差
强化学习法	适应性好、集中式学习、分布式执行	需要信息共享、设计难度大

6.3.1　领导–跟随法

领导–跟随法是由多飞行器编队中的某架飞行器作为领机，其余飞行器作为从机的一种编队控制方法。这种方法中，领机为中心节点进行航迹规划，其余从机通过期望的相对位置进行跟随，从而实现编队的控制。通常，领机将位置、速度等信息传输给从机，从机通过控制方法调整自身的控制输入，保持与领机相对位置和速度的一致，常用的控制方法包括滑模控制法[21]、极值搜索控制方法[22]、反步控制法[23]和模型预测控制法[24]等。近年来，Oh 等[25]基于领导-跟随法提出了分布式通信网络的编队控制。Li 等[26]在领导-跟随法结构上设计了一种时变增益方法来解决一致性问题。为了克服逐级迭代的误差，Chen 等[27]提出了一种分层控制结构进行编队控制。领导-跟随法的优点是原理简单，且能够较为容易地扩展更大规模的多飞行器编队，可扩展性强，而缺点是鲁棒性差，当领机故障或失效，其他从机将无法继续执行任务，且从机的运动高度依赖领机，若领机的行为出现错误，会影响从机的性能和任务执行质量。

领导-跟随编队具有结构简单等优点，领机负责指导编队的运动，从机则通过跟随领机的运动来实现编队飞行。在领导-跟随结构中，领机的跟踪模式对所有从机都是一致的，因此可以通过单架从机与领机的相对运动分析多飞行器的编队运动。

领导-跟随编队结构如图 6-3 所示。

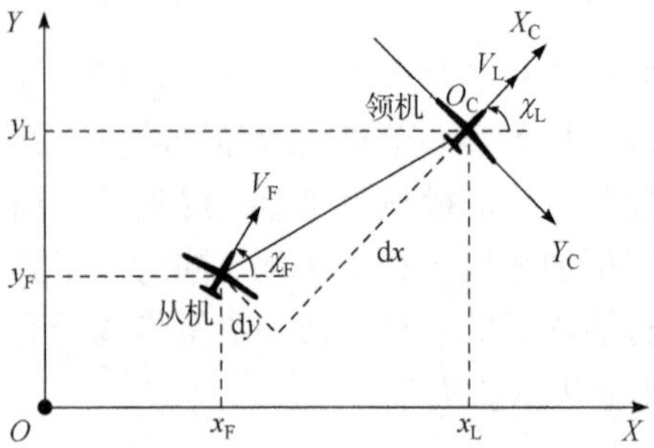

图 6-3　领导-跟随编队结构图

图 6-3 中，下角标 L 和 F 分别表示领机和从机，O-XY 坐标系为惯性坐标系，O_C-X_CY_C 坐标系为编队坐标系，编队坐标系中的 O_C 表示领机。V_L 和 V_F 分别表示领机和从机的速度，χ_L 和 χ_F 分别表示速度 V_L 和 V_F 与 OX 坐标轴的方位角，dx 和 dy 分别表示编队坐标系中领机与从机的横向距离和纵向距离。

根据图 6-3 中的几何关系，可以得到横向与纵向的距离 dx 和 dy 由惯性坐标系到编队坐标系的转换关系为

$$\mathrm{d}x=(x_F-x_L)\cos\chi_L+(y_F-y_L)\sin\chi_L \tag{6-6}$$

$$\mathrm{d}y=(x_F-x_L)\sin\chi_L-(y_F-y_L)\cos\chi_L \tag{6-7}$$

同时考虑编队中各飞行器之间的高度相对关系，令 dz 表示相对高度，z_L 和 z_F 分别表示领机和从机的高度，易知：

$$\mathrm{d}z=z_F-z_L \tag{6-8}$$

6.3.2 虚拟结构法

虚拟结构法[28]是一种基于虚拟结构概念的编队控制方法，它通过将飞行器编队视为一种虚拟的刚体结构，并使用控制算法来维持结构的形状和稳定性，实现编队的控制。He 等[29]研究编队中多个虚拟导航器的反馈控制，以克服外部干扰对编队的影响，从而实现理想的编队。Kang 等[30]提出将几何引导和虚拟结构结合，解决了三维空间中的编队控制问题。针对刚体虚拟结构法灵活性不足的问题，为了提高编队机动时的队形保持能力，Low[31]提出了一种灵活虚拟结构方法。Zhang 等[32]建立了编队跟踪误差方程来描述通信传输。虚拟结构作为一个刚性结构，其队形有较好的稳定性，能够较好地进行队形保持。同时，虚拟结构的特性也使得当系统成员出现故障或失效等突发状况时，能够保持编队的结构，具有一定的鲁棒性。其缺点是刚性结构缺乏灵活性，严格的队形在特定情境下

会出现执行器饱和等问题，同时虚拟结构控制法需成员间通信和信息交互以实现结构维护，因此对通信链路的要求较高。

虚拟结构法主要是把分散的，位于不同位置的飞行器以一定顺序组成某种预定的队形，是编队形成的主要环节。具体的编队队形与任务内容、飞行区域和燃油存储量紧密相关。合理的编队队形有利于节约燃油，增强编队的稳定性，提高任务完成效率。常见的编队队形有 V 字形、一字形、楔形等。

现在普遍采用的编队队形方法是 Desai 提出的 l-l (边–边)法和 l-ψ (边–角)法。l-l 法是描述单枚飞行器与编队参考点之间的距离差值的方法。l-ψ 法是描述单枚飞行器与编队参考点之间的相对距离和夹角的方法。本小节中将扩展 l-l 法到三维空间中，如图 6-4 所示。

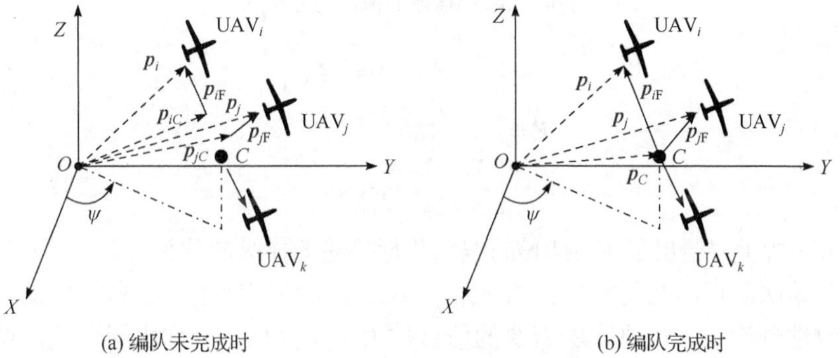

图 6-4　三维空间内的队形描述

图 6-4 中，$\boldsymbol{p}_C$ 为编队虚拟中心的位置，$\boldsymbol{p}_i=[x_i,y_i,z_i]^{\mathrm{T}}$，为飞行器 i 的三维空间位置。同理，$\boldsymbol{p}_j$ 是飞行器 j 的三维位置，$\boldsymbol{p}_{i\mathrm{F}}=[x_{i\mathrm{F}},y_{i\mathrm{F}},z_{i\mathrm{F}}]^{\mathrm{T}}$，为飞行器 i 与编队虚拟中心 C 在 OX、OY、OZ 轴上的预定间隔。

图 6-4 中，当飞行器未完成编队时，令 $\boldsymbol{p}_{iC}=\boldsymbol{p}_i-\boldsymbol{p}_{i\mathrm{F}}$，$\boldsymbol{p}_{jC}=\boldsymbol{p}_j-\boldsymbol{p}_{j\mathrm{F}}$，$\boldsymbol{p}_{iC}\neq\boldsymbol{p}_{jC}$；当飞行器完成编队时，则 $\|\boldsymbol{p}_{iC}-\boldsymbol{p}_C\|\to 0$，$\|\boldsymbol{p}_{jC}-\boldsymbol{p}_C\|\to 0$。

下面分别给出两种坐标系下的队形描述矩阵。

通过给定各飞行器与参考点在地面坐标系下三个坐标轴上的期望相对距离，可以得到队形描述矩阵 $\boldsymbol{P}$：

$$\boldsymbol{P}=\begin{bmatrix} C & x_{1\mathrm{F}} & y_{1\mathrm{F}} & z_{1\mathrm{F}} \\ C & x_{2\mathrm{F}} & y_{2\mathrm{F}} & z_{2\mathrm{F}} \\ \vdots & \vdots & \vdots & \vdots \\ C & x_{n\mathrm{F}} & y_{n\mathrm{F}} & z_{n\mathrm{F}} \end{bmatrix} \tag{6-9}$$

描述编队几何队形的另一种方法是使用航向坐标系，描述编队前进方向上飞行器与参考点在三个坐标轴上的期望机间距离，这种方法更加直观便捷。图 6-5 中，在纵向平面内，由于 OZ 轴与 OZ' 轴重合，飞行器编队不在同一飞行高度时，有 $z'_{i\mathrm{F}}=z_{i\mathrm{F}}$。

通过航向坐标系，可以得到队形描述矩阵 $\boldsymbol{R}$：

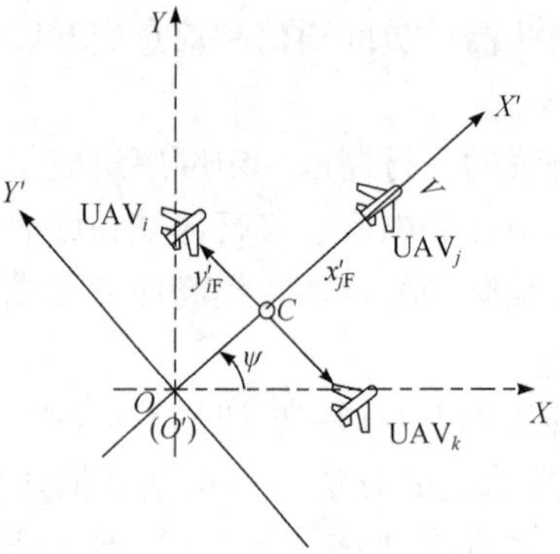

(a) 平面队形描述

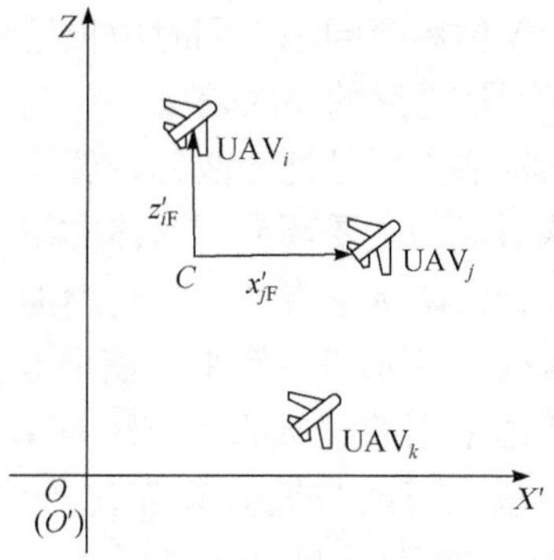

(b) 纵面队形描述

图 6-5 队形描述的横纵向分解图

$$
\boldsymbol{R}=\begin{bmatrix} C & x'_{1\mathrm{F}} & y'_{1\mathrm{F}} & z'_{1\mathrm{F}} \\ C & x'_{2\mathrm{F}} & y'_{2\mathrm{F}} & z'_{2\mathrm{F}} \\ \vdots & \vdots & \vdots & \vdots \\ C & x'_{n\mathrm{F}} & y'_{n\mathrm{F}} & z'_{n\mathrm{F}} \end{bmatrix} \tag{6-10}
$$

如图 6-5 所示，给出了图 6-4(b)的编队队形描述的横纵向分解图。

在给出编队队形的几何描述方法之后，需要定义协同变量。分享信息是协同的必要条件。一致性理论中，将协同所需要的信息称为协作信息，也称协同变量。设计协同策略时需要每个飞行器都能获取一致、完整、准确的协同变量。因此，根据任务要求合理选取协同变量十分关键。

多飞行器编队的最终要求是飞行器之间保持预定的相对距离，因此需要选取三维空间位置为协同变量。但是编队稳定时各飞行器收敛于同一位置会导致碰撞坠毁，所以只能令编队参考点重合。定义位置协同变量 $\boldsymbol{p}_{jC}=\boldsymbol{p}_j-\boldsymbol{p}_{j\mathrm{F}}$。当编队稳定时有 $\left\|\boldsymbol{p}_{iC}-\boldsymbol{p}_C\right\|=\left\|\left(\boldsymbol{p}_i-\boldsymbol{p}_{i\mathrm{F}}\right)-\left(\boldsymbol{p}_j-\boldsymbol{p}_{j\mathrm{F}}\right)\right\|\to 0$。类似地，编队稳定时还要求各飞行器的飞行速度相同，可以给出速度协同变量为 $\boldsymbol{v}_i$。当编队稳定时，有 $\left\|\boldsymbol{v}_i-\boldsymbol{v}_j\right\|\to 0$。当选取航向坐标系为参考基准设计编队算法时，选取位置协同变量分别为 $\boldsymbol{p}'_{iC}=\boldsymbol{p}'_i-\boldsymbol{p}'_{iC}$ 和 $\boldsymbol{v}'_i$。当编队稳定时，有 $\left\|\boldsymbol{p}'_{iC}-\boldsymbol{p}'_{jC}\right\|=\left\|\left(\boldsymbol{p}'_i-\boldsymbol{p}'_{i\mathrm{F}}\right)-\left(\boldsymbol{p}'_j-\boldsymbol{p}'_{j\mathrm{F}}\right)\right\|\to 0$，$\left\|\boldsymbol{v}'_i-\boldsymbol{v}'_j\right\|\to 0$。

6.3.3 一致性方法

在编队协同控制领域中，一致性一直是一个重要而复杂的问题。一致性是指一组智能体通过传感器或通信网络相互交流，使得所有智能体的状态随时间趋于一致。一致性编队控制方法旨在实现多飞行器编队控制一致性，即保持飞行器编队间位置、速度和方向等指令的一致。这种方法基于一致性理论和控制算法，通过调整飞行器的控制指令，使得整个编队能够以协调的方式移动和操作。

最常见的一致性动态微分方程为

$$\dot{x}_i(t) = -\sum_{j=1}^{n} a_{ij}(t)[x_i(t) - x_j(t)], \quad i = 1,2,\cdots,n \tag{6-11}$$

式中，$x_i(t)$ 表示飞行器 i 在 t 时刻的状态信息。$\boldsymbol{A} = \left[a_{ij}\right]$ 为邻接矩阵，如果飞行器 i 和 j 之间存在通信，则 $a_{ij} = 1$，式(6-11)可以重写为

$$\dot{x}(t) = -\boldsymbol{L}(t)x(t) \tag{6-12}$$

式中，$\boldsymbol{L} = \boldsymbol{D} - \boldsymbol{A}$，表示拉普拉斯矩阵，根据拉普拉斯矩阵的性质，系统达到一致性的条件为

$$\lim_{t\to\infty}\left|x_i(t) - x_j(t)\right| = 0 \tag{6-13}$$

一致性理论起源于计算机科学和并行计算。在现有研究中，Dong 等[33]研究了拓扑切换下多智能系统的时变编队控制，提出了通过切换有向拓扑实现时变编队的充分条件。Wang 等[34]设计了一种拓扑切换协同控制方法，实现了时变编队的一致性控制。由于一致性控制方法通信方式简单，通信载荷低，能够实现大规模的编队控制，且不会因为编队中的成员故障导致编队失效，鲁棒性较强。然而该理论的研究模型仅针对线性智能体系统，无法对飞行器的实际飞行进行准确描述。

6.4　有中心编队考虑通信耦合的协同飞行控制系统

微课

通常编队控制方法主要关注控制算法的研究，对通信协议和通信冗余方面的研究较少，假设成员之间的通信是实时互通的，不考虑各成员之间的通信协作能力。这种假设会忽略成员间的通信负载，影响编队控制的准确性。同时，在实际工程应用中，多飞行器成员间通信存在时延问题，会影响编队实时控制响应，降低动态性能，影响编队控制的准确性。为了解决这一问题，本节提出了一种考虑通信耦合和通信时延的多飞行器编队控制算法，该算法不仅能有效解决通信时延的工程问题，还可以结合通信耦合提升编队的动态性能。

6.4.1　通信耦合问题描述

多飞行器编队控制方法的研究通常不考虑成员间的通信能力，假设各成员间通信实时互通，不考虑通信负载和时延的工程问题，然而这种假设在实际应用中会严重影响协同控制的准确性。当采用领导–跟随的编队控制方法时[35]，传统多飞行器编队通信方式如图 6-6 所示，编队中任意一架从机均需具备获取领机信息的能力，并基于领机与从机的相对位置，通过控制算法完成编队控制。

然而实际飞行中，传统通信方式存在较多问题。一方面，多架飞行器通过网络获取领机信息会增加通信负载，导致较大的通信时延，影响协同控制的准确性；另一方面，当编队中的某架飞行器无法获取领机信息时，可能会脱离编队导致协同任务失败。针对上述问题，本小节采用一种领机状态估计多飞行器编队通信方式，如图 6-7 所示，通过对编队中每架飞行器建立领机状态观测器，实现对领机状态的实时估计。

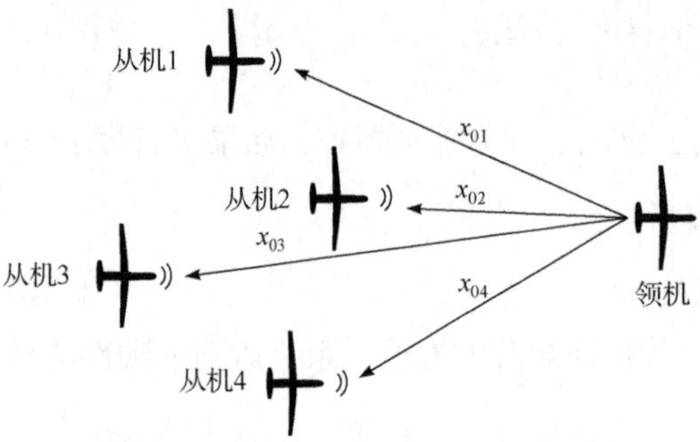

图 6-6　传统多飞行器编队通信方式

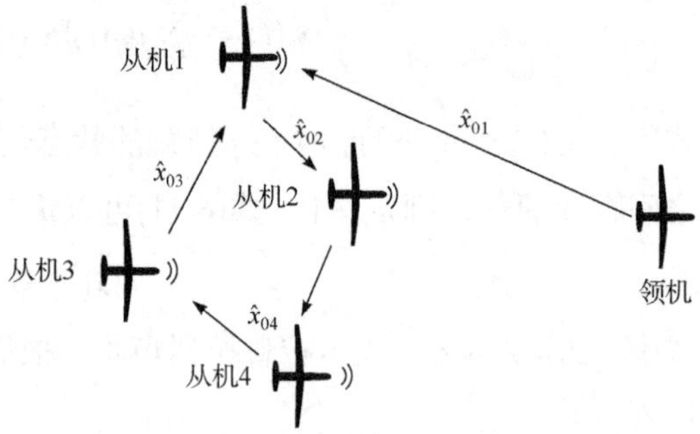

图 6-7　领机状态估计多飞行器编队通信方式

该方法的核心是通过观测器对领机状态进行估计，而不依赖于直接的领机信息传输。每架从机通过算法进行状态观测，实现对领机状态的实时估计，从而减少对领机信息的依赖，降低通信负载，并提高编队控制的准确性，确保协同任务的完成。

上述基于领机状态估计多飞行器编队通信方式，可以表示为如图 6-8 所示的传统编队与通信耦合编队控制，能够看到各飞行器间获取领机信息是相互耦合的，即在观测器网络拓扑层，每一个观测器节点都是通过邻机间的通信耦合交互获取领机信息。传统的多飞行器编队协同控制如图 6-8(a)所示，各飞行器节点在控制器网络拓扑中，只关注自身的跟踪任务，不考虑邻机的信息，即主要是以个体为目标控制单架飞行器位置、速度等参数作为反馈，以实现队形保持、编队控制等任务。尽管这种控制结构简单，易于实现，但各飞行器独立跟踪的控制方式，无法协调成员间的状态收敛差异，缺乏对编队其他成员的状态控制，会导致一致性误差的产生。

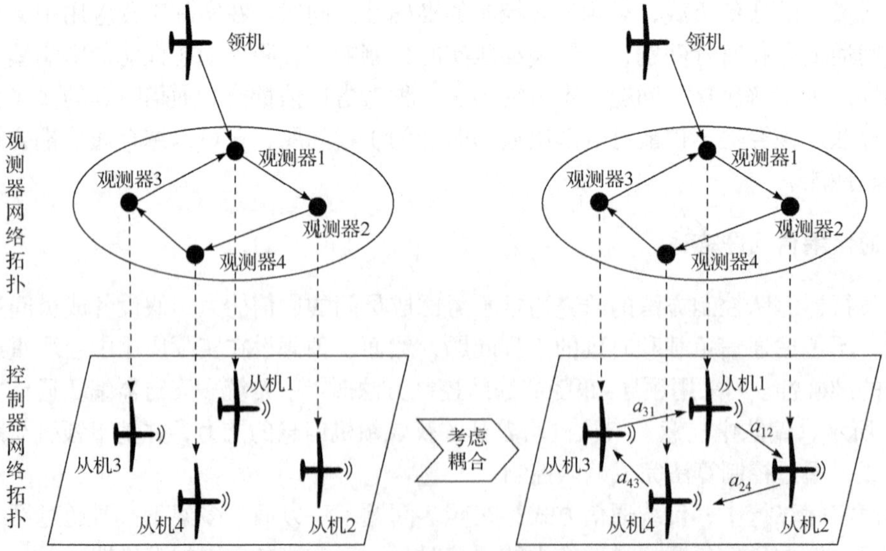

(a) 传统编队控制　　(b) 通信耦合编队控制

图 6-8　传统编队与通信耦合编队控制示意图

为了解决上述问题，这里给出一种多飞行器通信耦合的编队控制方法，如图 6-8(b)

所示。该方法在控制器网络拓扑中，考虑了通信耦合对编队控制的影响，即在编队控制中各节点在考虑自身控制的同时，进一步关注邻机间通信耦合对控制的影响，从而提升编队的动态性能。

在上述方法中，控制器不再完全解耦，而是进一步考虑飞行器之间的耦合关系。通过引入相邻成员的状态，可以更准确地协同编队中各个成员之间的相对状态，保证整个编队的一致性控制。通过考虑通信耦合的多飞行器协同控制方法，编队中的各成员能够更有效协同状态，实现更精确的跟踪和更好的编队控制，使得编队能够更好地适应动态环境，并提高整体性能。

有中心编队控制协同飞行，需要考虑编队中各成员是否具备有效获取领机信息的能力。常规编队飞行器通过网络获取领机的信息，会造成领机通信负载增加，且当某架飞行器无法获得领机信息时，会脱离编队导致协同失败。通过对编队中每架飞行器设计领机状态观测器，实现编队各成员对领机状态的实时估计，从而减少对领机信息的依赖，提高编队控制性能。当编队中某成员无法获得领机信息时，仍可以通过观测器对领机状态进行实时估计，保证协同任务的顺利进行。

基于多飞行器编队采用领导–跟随的编队模式，即协同控制任务是将每架飞行器的状态 x_i 调节到期望队形的理想状态 $(\boldsymbol{x}_0+\boldsymbol{f}_i)\in\boldsymbol{R}^n$，即

$$\lim_{t\to\infty}\left[\boldsymbol{x}_i(t)-\boldsymbol{x}_0(t)-\boldsymbol{f}_i(t)\right]=0,\quad i\in N \tag{6-14}$$

式中，$\boldsymbol{f}_i(t)=\left[f_x^i(t)\quad f_y^i(t)\quad f_z^i(t)\quad f_{v_1}^i(t)\quad f_{v_2}^i(t)\quad f_{v_3}^i(t)\right]^{\mathrm{T}}\in\boldsymbol{R}^n$，表示第 i 架飞行器与领机之间的相对状态，其中 $f_x^i(t)$、$f_y^i(t)$ 和 $f_z^i(t)$ 分别表示编队各从机与领机的纵向、横向和高度的相对位置关系，$f_{v_1}^i(t)$、$f_{v_2}^i(t)$ 和 $f_{v_3}^i(t)$ 表示相对控制量关系。领机的动力学方程可以表示为

$$\dot{\boldsymbol{x}}_0(t)=\boldsymbol{A}\boldsymbol{x}_0(t) \tag{6-15}$$

为了解决编队中某架飞行器无法获得领机状态信息 $\boldsymbol{x}_0$ 而导致协同控制无法完成的问题，本小节采用了领机状态观测估计的方法，与传统编队控制共同完成协同编队。本小节设计的各飞行器领机状态观测器为

$$\dot{\hat{\boldsymbol{x}}}_{0i}(t)=\boldsymbol{A}\hat{\boldsymbol{x}}_{0i}(t)+\boldsymbol{\varepsilon}_i\left[\boldsymbol{e}_i(t)\right] \tag{6-16}$$

式中，$\boldsymbol{e}_i(t)$ 为第 i 架飞行器的观测器和领机实际状态间的误差，可以表示为

$$\boldsymbol{e}_i(t)=\hat{\boldsymbol{x}}_{0i}(t)-\boldsymbol{x}_0(t) \tag{6-17}$$

$\boldsymbol{\varepsilon}_i$ 为领机状态观测器补偿项，其目的是使各从机的状态观测器获得领机的真实值，从而实现状态观测，即 $\lim\limits_{t\to\infty}\boldsymbol{e}_i(t)=0$。

设计领机状态观测器的补偿项如下：

$$\boldsymbol{\varepsilon}_i\left[\boldsymbol{e}(t)\right]=cK_i^{\varepsilon}\left\{\sum_{j=1}^{N}a_{ij}^*\left[\boldsymbol{e}_j(t)-\boldsymbol{e}_i(t)\right]-g_i\boldsymbol{e}_i(t)\right\}$$

$$=cK_i^{\varepsilon}\left\{\sum_{j=1}^{N}a_{ij}^{*}\left[\hat{\boldsymbol{x}}_{0j}(t)-\hat{\boldsymbol{x}}_{0i}(t)\right]-g_i\left[\boldsymbol{x}_0(t)-\hat{\boldsymbol{x}}_{0i}(t)\right]\right\} \tag{6-18}$$

式中，a_{ij}^{*}表示飞行器编队观测器的通信耦合权重；g_i表示编队中获得领机信息的权限。若第i架飞行器能够直接访问领机的信息，则$g_i=1$，反之则$g_i=0$。定义飞行器编队中能够访问领机信息的集合为$\boldsymbol{S}_{\Omega}$，若$i\in\boldsymbol{S}_{\Omega}$，$g_i=1$；反之$i\notin\boldsymbol{S}_{\Omega}$，$g_i=0$。$c,\boldsymbol{K}_i^{\varepsilon}>0$为领机状态观测器控制的反馈增益。

当编队中各从机基于领机状态观测器获得领机状态后，需要通过编队控制方法实现协同编队。定义$\boldsymbol{\rho}_i$为第i架飞行器自身状态与领机观测器、期望队形的误差，表示如下：

$$\boldsymbol{\rho}_i(t)=\boldsymbol{x}_i(t)-\hat{\boldsymbol{x}}_{0i}(t)-\boldsymbol{f}_i(t) \tag{6-19}$$

本小节对领机状态观测器的稳定性进行证明，将式(6-18)代入式(6-16)，转换可以得到多飞行器编队领机状态观测器闭环传递函数为

$$\dot{\hat{\boldsymbol{x}}}(t)=\boldsymbol{A}_c\hat{\boldsymbol{x}}(t)+\boldsymbol{B}_c\underline{\boldsymbol{x}}_0(t) \tag{6-20}$$

式中，$\hat{\boldsymbol{x}}(t)=\left[\hat{\boldsymbol{x}}_{01}^{\mathrm{T}}(t),\hat{\boldsymbol{x}}_{02}^{\mathrm{T}}(t),\cdots,\hat{\boldsymbol{x}}_{0N}^{\mathrm{T}}(t)\right]^{\mathrm{T}}$；$\underline{\boldsymbol{x}}_0(t)=\boldsymbol{1}_N\otimes\boldsymbol{x}_0(t)$；矩阵$\boldsymbol{A}_c$和$\boldsymbol{B}_c$可以表示为

$$\boldsymbol{A}_c=\boldsymbol{1}_N\otimes\boldsymbol{A}-c(\boldsymbol{L}+\boldsymbol{G})\otimes\boldsymbol{BK}_{\varepsilon} \tag{6-21}$$

$$\boldsymbol{B}_c=c(\boldsymbol{L}+\boldsymbol{G})\otimes\boldsymbol{BK}_{\varepsilon} \tag{6-22}$$

式中，$\boldsymbol{K}_{\varepsilon}=\mathrm{diag}\left(K_1^{\varepsilon},K_2^{\varepsilon},\cdots,K_N^{\varepsilon}\right)$；$\boldsymbol{G}=\mathrm{diag}\left(g_1,g_2,\cdots,g_N\right)$；$\boldsymbol{L}$为拉普拉斯(Laplacian)矩阵。

根据式(6-20)可以得到闭环系统误差方程为

$$\dot{\boldsymbol{\delta}}(t)=\dot{\hat{\boldsymbol{x}}}(t)-\hat{\boldsymbol{x}}_0(t)=\boldsymbol{A}_c\boldsymbol{\delta}(t) \tag{6-23}$$

由式(6-23)可知，闭环系统误差方程的状态矩阵$\boldsymbol{A}_c$由控制矩阵$\boldsymbol{A}-\boldsymbol{BK}_{\varepsilon}$和图论矩阵$\boldsymbol{L}+\boldsymbol{G}$构成，若实现$\lim_{t\to\infty}\boldsymbol{\delta}(t)=0$，就能保证领机状态观测器的渐进收敛。

引理 6-1[14]　如果图$\boldsymbol{G}(\boldsymbol{V},\varepsilon)$存在生成树，且各节点通过生成树可以获得领机状态，则矩阵$\boldsymbol{L}+\boldsymbol{G}$的所有特征值均存在正实部。

令$\lambda_i(i\in N)$表示矩阵$\boldsymbol{L}+\boldsymbol{G}$的特征值，由引理 6-1 可知$\lambda_i$存在正实部，即$\mathrm{Re}(\lambda_i)>0$。当矩阵$\boldsymbol{A}-c\lambda_i\boldsymbol{BK}_{\varepsilon}$为赫尔维茨矩阵时，则系统(6-23)渐进收敛。因此对于矩阵$\boldsymbol{A}-c\lambda_i\boldsymbol{BK}_{\varepsilon}$，其稳定性取决于控制增益参数$c$和$\boldsymbol{K}_{\varepsilon}$的选取，合适的参数设计能够保证系统(6-23)的稳定性。本小节采用线性二次型调节器(linear quadratic regulator，LQR)控制方法对参数进行设计。

根据 LQR 控制方法，定义代数里卡蒂方程为

$$\boldsymbol{A}^{\mathrm{T}}\boldsymbol{P}+\boldsymbol{PA}+\boldsymbol{Q}-\boldsymbol{PBR}^{-1}\boldsymbol{B}^{\mathrm{T}}\boldsymbol{P}=0 \tag{6-24}$$

式中，$\boldsymbol{P}>0$，为代数里卡蒂方程(6-24)的解；矩阵$\boldsymbol{Q}=\boldsymbol{Q}^{\mathrm{T}}\in\boldsymbol{R}^{n\times n}$，为正定矩阵，则增益矩阵可表示为

$$\boldsymbol{K}_{\varepsilon}=\boldsymbol{R}^{-1}\boldsymbol{B}^{\mathrm{T}}\boldsymbol{P} \tag{6-25}$$

式中，矩阵 $\boldsymbol{R}=\boldsymbol{R}^{\mathrm{T}}\in\boldsymbol{R}^{m\times m}$，为正定矩阵。

下面对增益参数 c 进行设计。

将矩阵 $\boldsymbol{L}+\boldsymbol{G}$ 的特征值表示为 $\lambda_i=\alpha_i+\beta_i\mathrm{j}$，式中 $\mathrm{j}^2=-1$。根据引理 6-1 可知 $\alpha_i>0$。结合式(6-24)和式(6-25)，构建 Lyapunov 方程为

$$\left(\boldsymbol{A}-c\lambda_i\boldsymbol{B}\boldsymbol{K}_\varepsilon\right)^{\mathrm{T}}\boldsymbol{P}+\boldsymbol{P}\left(\boldsymbol{A}-c\lambda_i\boldsymbol{B}\boldsymbol{K}_\varepsilon\right)=-\boldsymbol{Q}-\left(2c\alpha_i-1\right)\boldsymbol{K}_\varepsilon^{\mathrm{T}}\boldsymbol{R}\boldsymbol{K}_\varepsilon \tag{6-26}$$

已知 $\boldsymbol{P}>0$ 和 $\boldsymbol{Q}>0$，根据 Lyapunov 稳定性理论[36]可知，如果增益参数 c 满足：

$$c\geqslant 1/2\alpha_i \tag{6-27}$$

则 $\boldsymbol{A}-c\lambda_i\boldsymbol{B}\boldsymbol{K}_\varepsilon$ 是渐近稳定的。

综上所述，当增益参数 $\boldsymbol{K}_\varepsilon$ 和 c 的设计满足式(6-25)和式(6-27)时，能够保证系统(6-23)是渐进收敛的，完成了领机状态观测器的稳定性证明。

6.4.2 协同编队控制设计

首先引入多飞行器系统拓扑图的耦合权重 a_{ij}，设计协同编队控制器。

定理 6-1 定义飞行器编队各成员的动力学模型为式(6-5)，领机状态观测器设计为式(6-16)，飞行器通信网络拓扑 $\boldsymbol{G}(\boldsymbol{V},\varepsilon)$ 有向连接，设计考虑耦合权重的编队控制方法，实现考虑多飞行器耦合的满足期望队形的协同控制：

$$\boldsymbol{u}_i=\boldsymbol{F}\left(\sum_{j=1}^{N}a_{ij}\boldsymbol{\rho}_{ij}-K_i^u\boldsymbol{\rho}_i\right) \tag{6-28}$$

式中，$a_{ij}\geqslant 0$，为编队拓扑图 $\boldsymbol{G}(\boldsymbol{V},\varepsilon)$ 的耦合权重；$\boldsymbol{\rho}_{ij}=\boldsymbol{x}_i-\hat{\boldsymbol{x}}_{0i}-\left(\boldsymbol{x}_j-\hat{\boldsymbol{x}}_{0j}\right)$；$\boldsymbol{F}\in\boldsymbol{R}^{m\times n}$，为控制反馈矩阵；$K_i^u>0$，为第 i 架飞行器的反馈增益。

通过建立关于状态量 σ 的闭环传递函数，来设计考虑耦合权重的编队控制器。结合式(6-5)、式(6-16)和式(6-28)，得到考虑通信耦合编队控制的无人飞行器闭环系统可以表示为

$$\dot{\boldsymbol{\rho}}=\boldsymbol{A}\boldsymbol{\rho}_i+\boldsymbol{B}\boldsymbol{F}\left(\sum_{j=1}^{N}a_{ij}\boldsymbol{\rho}_{ij}-K_i^u\boldsymbol{\rho}_i\right)-\varepsilon_i\left(\boldsymbol{e}_i\right) \tag{6-29}$$

定义耦合增益矩阵 $\boldsymbol{\varLambda}=\left[a_{ij}\right]$，反馈增益矩阵 $\boldsymbol{\varTheta}=\mathrm{diag}\left(K_1^u,K_2^u,\cdots,K_N^u\right)$，式(6-29)可以转换为

$$\begin{aligned}\dot{\boldsymbol{\rho}}&=\left[\left(\boldsymbol{I}_N\otimes\boldsymbol{\varLambda}\right)-\left(\boldsymbol{\varPi}\otimes\boldsymbol{B}\boldsymbol{F}\right)\right]\boldsymbol{\rho}-\boldsymbol{\varepsilon}(\boldsymbol{e})\\&=\left(\tilde{\boldsymbol{A}}-\tilde{\boldsymbol{B}}\tilde{\boldsymbol{\varPi}}\tilde{\boldsymbol{F}}\right)\boldsymbol{\rho}-\boldsymbol{\varepsilon}(\boldsymbol{e})\end{aligned} \tag{6-30}$$

式中，矩阵 $\boldsymbol{\varPi}=\boldsymbol{\varTheta}-\boldsymbol{\varLambda}$；$\otimes$ 表示克罗内克积；$\boldsymbol{e}=\left[\boldsymbol{e}_1^{\mathrm{T}},\boldsymbol{e}_2^{\mathrm{T}},\cdots,\boldsymbol{e}_n^{\mathrm{T}}\right]$ 和 $\boldsymbol{\rho}=\left[\boldsymbol{\rho}_1^{\mathrm{T}},\boldsymbol{\rho}_2^{\mathrm{T}},\cdots,\boldsymbol{\rho}_n^{\mathrm{T}}\right]$ 分别表示编队队形误差和观测器误差；$\tilde{\boldsymbol{A}}=\boldsymbol{I}_N\otimes\boldsymbol{\varLambda}$；$\tilde{\boldsymbol{B}}=\boldsymbol{I}_N\otimes\boldsymbol{B}$；$\tilde{\boldsymbol{F}}=\boldsymbol{I}_N\otimes\boldsymbol{F}$；$\tilde{\boldsymbol{\varPi}}=\boldsymbol{I}_N\otimes\boldsymbol{\varPi}$。通过领机状态观测器式(6-16)的设计，可保证各飞行器能够获得领机的真实值 $\boldsymbol{e}_i=0$，即 $\boldsymbol{\varepsilon}(\boldsymbol{e}_i)=0$。结合式(6-16)和式(6-18)，易知 $\boldsymbol{e}_i=\boldsymbol{\sigma}_i-\boldsymbol{\rho}_i$，则闭环系统(6-30)

可以转换为

$$\dot{\boldsymbol{\sigma}}=\left(\tilde{\boldsymbol{A}}-\tilde{\boldsymbol{B}}\tilde{\boldsymbol{\Pi}}\tilde{\boldsymbol{F}}\right)\boldsymbol{\sigma} \tag{6-31}$$

基于上述分析，得到闭环系统(6-31)为编队考虑耦合的飞行器轨迹控制的闭环传递函数，本小节将以此分析控制系统的稳定性。

在开展稳定性分析之前，需基于闭环系统(6-31)对耦合增益分析，讨论其对闭环系统稳定性的影响。本小节研究的耦合问题，本质上是通信拓扑矩阵(耦合增益矩阵) $\boldsymbol{\Lambda}$ 和反馈增益矩阵 $\boldsymbol{\Theta}$ 对系统的作用关系，易知矩阵 $\boldsymbol{\Pi}=\boldsymbol{\Theta}-\boldsymbol{\Lambda}$ 是产生耦合的主要因素，$\boldsymbol{\Lambda}_s=\begin{bmatrix}a_{11} & a_{12}\\ a_{21} & a_{22}\end{bmatrix}$ 和 $\boldsymbol{\Theta}=\begin{bmatrix}K_1^u & 0\\ 0 & K_2^u\end{bmatrix}$。因此将基于闭环系统(6-31)分析耦合对系统的影响。

为了便于分析，不失一般性地假设闭环系统(6-31)为简单的二阶线性系统，即

$$\dot{\boldsymbol{\sigma}}_s=\left(\boldsymbol{A}_s-\boldsymbol{B}_s\boldsymbol{\Pi}_s\boldsymbol{F}_s\right)\boldsymbol{\sigma}_s \tag{6-32}$$

式中，$\boldsymbol{\sigma}_s=\begin{bmatrix}\sigma_1 & \sigma_2\end{bmatrix}^{\mathrm{T}}$；$\boldsymbol{A}_s=\begin{bmatrix}x_{11} & x_{12}\\ x_{21} & x_{22}\end{bmatrix}$；$\boldsymbol{B}_s=\begin{bmatrix}b_{11} & b_{12}\\ b_{21} & b_{22}\end{bmatrix}$；$\boldsymbol{F}_s$ 为控制反馈矩阵，不会对系统耦合分析产生影响，因此假设 $\boldsymbol{F}_s=\boldsymbol{I}$，则闭环系统(6-31)可以转换为

$$\begin{cases}\dot{\sigma}_1=\left(x_{11}-b_{11}K_1^u+b_{11}a_{11}\right)\sigma_1+\left(x_{12}-b_{12}a_{12}\right)\sigma_2\\ \dot{\sigma}_2=\left(x_{21}-b_{21}a_{21}\right)\sigma_1+\left(x_{22}-b_{22}K_2^u+b_{22}a_{22}\right)\sigma_2\end{cases} \tag{6-33}$$

闭环系统的稳定性，是要保证 $\dot{\sigma}_1$ 和 $\dot{\sigma}_2$ 均渐进收敛到 0。以 $\dot{\sigma}_1$ 系统为例，定义李雅普诺夫方程 $V=\sigma_1^2/2$，则必然可得 $V>0$，对 V 求导得

$$\dot{V}=\sigma_1\dot{\sigma}_1=\left(x_{11}-b_{11}K_1^u+b_{11}a_{11}\right)\sigma_1^2+\sigma_1\left(x_{12}-b_{12}a_{12}\right)\sigma_2 \tag{6-34}$$

若不考虑耦合，则多飞行器系统编队通信拓扑节点耦合权重为 0，即 $a_{11}=a_{12}=0$，则式(6-34)可以转换为

$$\dot{V}=\left(x_{11}-b_{11}K_1^u\right)\sigma_1^2+\sigma_1x_{12}\sigma_2 \tag{6-35}$$

式中，K_1^u 为控制系统增益，良好的控制系统设计能够保证系统收敛，因此可以得到 $x_{11}-b_{11}K_1^u<0$，易知式(6-35)等号右边的第一项必然小于零，即 $\left(x_{11}-b_{11}K_1^u\right)\sigma_1^2<0$，为了保证稳定性，根据 Lyapunov 稳定性理论，需满足：

$$\dot{V}\leqslant\sigma_1x_{12}\sigma_2 \tag{6-36}$$

由式(6-36)可知，$\dot{V}$ 的符号与 $\sigma_1x_{12}\sigma_2$ 的符号相关。当 $\sigma_1x_{12}\sigma_2<0$，则该项能够保证 $\dot{V}<0$，有利于系统误差的减小；反之则会影响误差的收敛。

当引入耦合项后，式(6-36)转换为

$$\dot{V}\leqslant\sigma_1\left(x_{12}-b_{12}a_{12}\right)\sigma_2 \tag{6-37}$$

由飞行器系统的建模和耦合增益的定义，可知 b_{12} 和 a_{12} 均大于零，所以 $x_{12}-b_{12}a_{12}<x_{12}$。分析可知当耦合项的加入，必然有利于系统误差的收敛，耦合增益能够提升系统的动态性能。

6.4.1 小节中，设计了满足期望队形的考虑通信耦合的多飞行器系统编队控制，为了对闭环系统(6-31)进行稳定性证明，首先引入如下引理。

引理 6-2[37]　对于系统 $\dot{\boldsymbol{x}} = \boldsymbol{A}\boldsymbol{x} + \boldsymbol{B}\boldsymbol{u}$，假设系统可控，反馈矩阵 $\boldsymbol{F} = \boldsymbol{B}^{\mathrm{T}}\boldsymbol{P}$，式中 $\boldsymbol{P} > 0$ 为代数里卡蒂方程 $\boldsymbol{PA} + \boldsymbol{A}^{\mathrm{T}}\boldsymbol{P} - \boldsymbol{XBB}^{\mathrm{T}}\boldsymbol{X} + \boldsymbol{Q} = 0$ 的解，式中 $\boldsymbol{Q} > 0$。于是可以得到系统的闭环传递函数 $\boldsymbol{T}_F(s) = \boldsymbol{F}(s\boldsymbol{I} - \boldsymbol{A} + \boldsymbol{BF})^{-1}\boldsymbol{B}$ 为正实传递函数。根据正实传递函数的定义可知，对于所有实部大于 0 的复变量 s，均能保证 $\boldsymbol{T}_F(s) + \boldsymbol{T}_F(s)^* \geqslant 0$ 成立。

引理 6-3　对于矩阵 $\boldsymbol{\Pi} = \boldsymbol{\Theta} - \boldsymbol{\Lambda}$，如果满足条件：

$$K_i^u > \sum_{j=1}^{n}\left(a_{ij} + a_{ji}\right)/2 \tag{6-38}$$

则可以得到 $\boldsymbol{\Pi} + \boldsymbol{\Pi}^{\mathrm{T}} > 0$，即 $\boldsymbol{\Pi} + \boldsymbol{\Pi}^{\mathrm{T}}$ 是严格正实矩阵。

对其证明如下：

根据 $\boldsymbol{\Pi} = \boldsymbol{\Theta} - \boldsymbol{\Lambda}$ 的结构可知，$\boldsymbol{\Pi} + \boldsymbol{\Pi}^{\mathrm{T}}$ 矩阵中第 i 行对角线元素的值为 $O_i = 2K_i^u$，第 i 行的非对角线元素之和为 $R_i = \sum_{j=1}^{n}\left(a_{ij} + a_{ji}\right)$。针对上述分析，可建立如图 6-9 所示的 $\mathrm{GD}(O_i, R_i)$ 盖尔圆(Gerschgorin disc)，其中 O_i 表示圆心，R_i 表示半径。

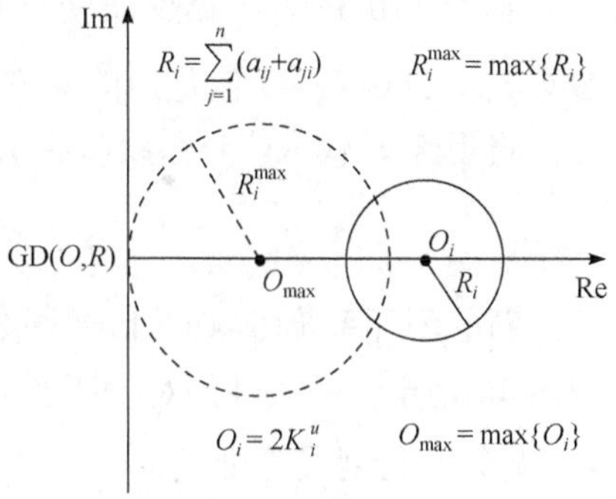

图 6-9　盖尔圆示意图

图 6-9 中，令 $R_i^{\max} = \max\{R_i\}$，如果 $K_i^u = \dfrac{\sum_{j=1}^{n}\left(a_{ij} + a_{ji}\right)}{2}$，则由矩阵 $\boldsymbol{\Pi} + \boldsymbol{\Pi}^{\mathrm{T}}$ 的组成易知 $\boldsymbol{\Pi} + \boldsymbol{\Pi}^{\mathrm{T}}$ 为对称拉普拉斯矩阵，矩阵中所有行中的盖尔圆都位于最大的盖尔圆 $\mathrm{GD}(O_{\max}, R_{\max})$ 的内部并通过原点，如图中虚线圆所示。当满足引理 6-3 中的条件(6-38)时，所有盖尔圆如图中实线所示，均向右移动且不再通过原点。因此根据盖尔定理，在引理 6-1 的条件下，易知 $\boldsymbol{\Pi} + \boldsymbol{\Pi}^{\mathrm{T}}$ 特征值均在实线圆内，为正实数，则证明了 $\boldsymbol{\Pi} + \boldsymbol{\Pi}^{\mathrm{T}}$ 为正定矩阵，即 $\boldsymbol{\Pi} + \boldsymbol{\Pi}^{\mathrm{T}} > 0$。

证毕。

对于考虑耦合的编队控制补偿项式(6-5)，每架飞行器通过 K_i^u 实现自身反馈，通过 a_{ij} 实现邻机的耦合反馈。由矩阵 $\boldsymbol{\Pi} = \boldsymbol{\Theta} - \boldsymbol{\Lambda}$ 的组成易知，矩阵 $\boldsymbol{\Pi}$ 中的对角线部分用矩阵 $\boldsymbol{\Theta}$ 表示，非对角线部分用 $-\boldsymbol{\Lambda}$ 表示，因此分析矩阵 $\boldsymbol{\Pi}$ 的正实性对稳定性的证明至关重要。根据引理 6-3 可知：对于矩阵 $\boldsymbol{\Pi} = \boldsymbol{\Theta} - \boldsymbol{\Lambda}$，如果 $K_i^u > \sum_{j=1}^{n}\left(a_{ij} + a_{ji}\right)/2$，则 $\boldsymbol{\Pi} + \boldsymbol{\Pi}^{\mathrm{T}} > 0$，即 $\boldsymbol{\Pi} + \boldsymbol{\Pi}^{\mathrm{T}}$ 是严格正实矩阵。

因此可知，当反馈增益和耦合权重满足 $2K_i^u > \sum_{j=1}^{n}\left(a_{ij} + a_{ji}\right)$，则可得到 $\boldsymbol{\Pi} + \boldsymbol{\Pi}^{\mathrm{T}} > 0$，

即$\boldsymbol{\Theta}-\boldsymbol{\Lambda}+(\boldsymbol{\Theta}-\boldsymbol{\Lambda})^{\mathrm{T}}>0$。考虑矩阵$\boldsymbol{\Pi}$中的对角线部分和非对角线部分分别用$\boldsymbol{\Theta}$和$-\boldsymbol{\Lambda}$表示，则可引入满足$\boldsymbol{\Psi}+\boldsymbol{\Psi}^{\mathrm{T}}>0$的正实矩阵$\boldsymbol{\Psi}$，易知：

$$\boldsymbol{\Pi}=\boldsymbol{\Theta}-\boldsymbol{\Lambda}=k(\boldsymbol{\Psi}+\boldsymbol{I}) \tag{6-39}$$

为了方便分析，不失一般性的选择$k=1$。

根据引理 6-2 可知，闭环系统(6-31)中选取反馈矩阵$\boldsymbol{F}_i=\boldsymbol{B}_i^{\mathrm{T}}\boldsymbol{P}_i$，式中$\boldsymbol{P}_i$为代数里卡蒂方程$\boldsymbol{P}_i\boldsymbol{A}_i+\boldsymbol{A}_i^{\mathrm{T}}\boldsymbol{P}_i-\boldsymbol{X}_i\boldsymbol{B}_i\boldsymbol{B}_i^{\mathrm{T}}\boldsymbol{X}_i+\boldsymbol{Q}_i=0$的解，则可以得到传递函数矩阵$\boldsymbol{T}_{F_i}(s)=\boldsymbol{F}_i\cdot(s\boldsymbol{I}-\boldsymbol{A}_i+\boldsymbol{B}_i\boldsymbol{F}_i)^{-1}\boldsymbol{B}_i$是正实矩阵，因此$\boldsymbol{T}_F(s)=\mathrm{diag}\left[\boldsymbol{T}_{F_1}(s),\boldsymbol{T}_{F_2}(s),\cdots,\boldsymbol{T}_{F_N}(s)\right]$也是正实矩阵，即$\boldsymbol{T}_F(s)+\boldsymbol{T}_F(s)^*\geqslant 0$

基于式(6-39)，根据反馈增益K_i^u和耦合权重a_{ij}，假设存在$\boldsymbol{\Pi}+\boldsymbol{\Pi}^{\mathrm{T}}>2\boldsymbol{I}$，可以得到$\boldsymbol{\Psi}\otimes\boldsymbol{I}_m=\boldsymbol{\Pi}\otimes\boldsymbol{I}_m-\boldsymbol{I}$满足矩阵$\boldsymbol{\Psi}$的正实条件，即$\boldsymbol{\Psi}+\boldsymbol{\Psi}^{\mathrm{T}}>0$

将矩阵$\boldsymbol{\Psi}$代入闭环系统(6-31)，可以得到新的闭环系统为

$$\dot{\boldsymbol{\sigma}}=\left(\tilde{\boldsymbol{A}}-\tilde{\boldsymbol{B}}\tilde{\boldsymbol{F}}-\tilde{\boldsymbol{B}}\tilde{\boldsymbol{\Psi}}\tilde{\boldsymbol{F}}\right)\boldsymbol{\sigma} \tag{6-40}$$

新的闭环系统(6-40)的传递函数矩阵为$\boldsymbol{T}_F(s)=\boldsymbol{F}(s\boldsymbol{I}-\boldsymbol{A}+\boldsymbol{BF}+\boldsymbol{B\Psi F})^{-1}\boldsymbol{B}$，则闭环系统(6-40)稳定性的条件是对于所有$s$在复平面右半平面内，保证$\det(s\boldsymbol{I}-\boldsymbol{A}+\boldsymbol{BF}+\boldsymbol{B\Psi F})\neq 0$。易知其行列式等价于$\det\left[\boldsymbol{I}+\boldsymbol{T}_F(s)\boldsymbol{\Psi}\right]$，则闭环系统(6-40)的稳定性证明为对于所有$s$在复平面右半平面中，保证$\det\left[\boldsymbol{I}+\boldsymbol{T}_F(s)\boldsymbol{\Psi}\right]\neq 0$。

根据文献[38]中的引理可知，如果存在矩阵$\boldsymbol{M}_1,\boldsymbol{M}_2\in\boldsymbol{R}^{N\times N}$，满足$\boldsymbol{M}_1+\boldsymbol{M}_1^*\geqslant 0$和$\boldsymbol{M}_2+\boldsymbol{M}_2^*>0$，则$\det[\boldsymbol{I}+\boldsymbol{M}_1\boldsymbol{M}_2]\neq 0$。令$\boldsymbol{M}_1=\boldsymbol{T}_F(s)$和$\boldsymbol{M}_2=\boldsymbol{\Psi}$，已知$\boldsymbol{T}_F(s)+\boldsymbol{T}_F(s)^*\geqslant 0$和$\boldsymbol{\Psi}+\boldsymbol{\Psi}^{\mathrm{T}}>0$，则必有$\det\left[\boldsymbol{I}+\boldsymbol{T}_F(s)\boldsymbol{\Psi}\right]\neq 0$，即完成了闭环系统(6-31)的稳定性证明。

6.4.3 时延协同编队控制设计

引入多飞行器编队通信拓扑图的耦合权重a_{ij}和延迟时间τ，设计考虑通信耦合和通信时延的协同编队控制器如下。

定理 6-2 设飞行器编队各成员的动力学模型为式(6-5)，领机状态观测器设计为式(6-16)，飞行器通信网络拓扑$\boldsymbol{G}(\boldsymbol{V},\varepsilon)$有向连接，设计考虑通信耦合和通信时延的编队控制律(6-41)，能够实现考虑多飞行器通信时延和通信耦合的满足期望队形的协同控制。

$$\boldsymbol{u}_i(t)=\boldsymbol{F}\left[\sum_{j=1}^{N}a_{ij}\boldsymbol{\rho}_{ij}(t-\tau)-K_i^u\boldsymbol{\rho}_i(t-\tau)\right] \tag{6-41}$$

式中，$a_{ij}\geqslant 0$，为编队拓扑图$\boldsymbol{G}(\boldsymbol{V},\varepsilon)$的耦合权重；$\boldsymbol{\rho}_{ij}(t-\tau)=\rho_i(t-\tau)-\rho_j(t-\tau)$；$\boldsymbol{\rho}_i(t-\tau)=\boldsymbol{x}_i(t-\tau)-\hat{\boldsymbol{x}}_{0i}(t-\tau)-f_i$；$\tau$为编队通信延迟时间；$\boldsymbol{F}\in\boldsymbol{R}^{m\times n}$，为控制反馈矩阵；$K_i^u>0$，为第$i$架飞行器的反馈增益。

为了对考虑通信耦合和通信时延的控制方法进行稳定性分析，构建关于状态量$\boldsymbol{\rho}$的

闭环传递函数。结合式(6-5)、式(6-16)和编队控制律(6-41)，考虑通信耦合和通信时延控制的多飞行器闭环系统可以表示为

$$\dot{\boldsymbol{\rho}}_i(t)=\boldsymbol{A}\boldsymbol{\rho}_i(t)+\boldsymbol{BF}\left[\sum_{j=1}^{N}a_{ij}\boldsymbol{\rho}_{ij}(t-\tau)-K_i^u\boldsymbol{\rho}_i(t-\tau)\right]-\boldsymbol{\varepsilon}\left[\boldsymbol{e}_i(t)\right] \tag{6-42}$$

定义耦合增益矩阵 $\boldsymbol{\Lambda}=\left[a_{ij}\right]$，反馈增益矩阵 $\boldsymbol{\Theta}=\mathrm{diag}\left(K_1^u,K_2^u,\cdots,K_N^u\right)$，同时认为状态观测器式(6-16)的设计能够保证各飞行器获得领机的真实值，即 $\boldsymbol{\varepsilon}\left[\boldsymbol{e}(t)\right]=0$，则式(6-42)可转换为

$$\dot{\boldsymbol{\rho}}(t)=\left(\boldsymbol{I}_N\otimes\boldsymbol{\Lambda}\right)\boldsymbol{\rho}(t)-\left(\boldsymbol{\Pi}\otimes\boldsymbol{BF}\right)(t-\tau) \tag{6-43}$$

式中，矩阵 $\boldsymbol{\Pi}=\boldsymbol{\Theta}-\boldsymbol{\Lambda}$；$\otimes$ 表示克罗内克积。$\boldsymbol{e}=\left[\boldsymbol{e}_1^{\mathrm{T}},\boldsymbol{e}_2^{\mathrm{T}},\cdots,\boldsymbol{e}_n^{\mathrm{T}}\right]$ 和 $\boldsymbol{\rho}=\left[\boldsymbol{\rho}_1^{\mathrm{T}},\boldsymbol{\rho}_2^{\mathrm{T}},\cdots,\boldsymbol{\rho}_n^{\mathrm{T}}\right]$ 分别表示编队队形误差与观测器误差。

令 $\boldsymbol{M}=\left(\boldsymbol{I}_N\otimes\boldsymbol{\Lambda}\right)$ 和 $\boldsymbol{N}=\boldsymbol{\Pi}\otimes\boldsymbol{BF}$，则式(6-43)可以简写为

$$\dot{\boldsymbol{\rho}}(t)=\boldsymbol{M}\boldsymbol{\rho}(t)-\boldsymbol{N}\boldsymbol{\rho}(t-\tau) \tag{6-44}$$

经过上述变换，得到考虑通信耦合和通信时延的多飞行器协同控制的闭环系统(6-44)，本小节将基于该闭环系统分析控制系统的稳定性。基于协同控制的闭环系统(6-44)，对定理 6-2 设计的考虑多飞行器通信耦合和通信时延的协同控制方法进行稳定性证明，首先引入如下引理。

引理 6-4[39]　对任意向量 $\boldsymbol{x},\boldsymbol{y}\in\boldsymbol{R}^n$ 和任意正定对称矩阵 $\boldsymbol{\Theta}\in\boldsymbol{R}^{n\times n}$，存在：

$$\pm2\boldsymbol{x}^{\mathrm{T}}\boldsymbol{y}\leqslant\boldsymbol{x}^{\mathrm{T}}\boldsymbol{\Theta}^{-1}\boldsymbol{x}+\boldsymbol{y}^{\mathrm{T}}\boldsymbol{\Theta}\boldsymbol{y} \tag{6-45}$$

引理 6-5[40]　对于对称矩阵 $\boldsymbol{S}=\begin{bmatrix}\boldsymbol{S}_{11}&\boldsymbol{S}_{12}\\\boldsymbol{S}_{21}&\boldsymbol{S}_{22}\end{bmatrix}$，其中 $\boldsymbol{S}_{11}\in\boldsymbol{R}^{r\times r}$，则以下条件相互等价：

$\boldsymbol{S}=\begin{bmatrix}\boldsymbol{S}_{11}&\boldsymbol{S}_{12}\\\boldsymbol{S}_{21}&\boldsymbol{S}_{22}\end{bmatrix}\Leftrightarrow\boldsymbol{S}_{11}<0,\boldsymbol{S}_{22}-\boldsymbol{S}_{21}^{\mathrm{T}}\boldsymbol{S}_{11}^{-1}\boldsymbol{S}_{12}<0\Leftrightarrow\boldsymbol{S}_{22}<0,\boldsymbol{S}_{11}-\boldsymbol{S}_{12}\boldsymbol{S}_{22}^{-1}\boldsymbol{S}_{21}^{\mathrm{T}}<0$。

针对闭环系统(6-44)，构造 Lyapunov-Krasovskii 泛函为

$$V(t)=V_1(t)+V_2(t)+V_3(t) \tag{6-46}$$

式中，

$$V_1(t)=\boldsymbol{\rho}^{\mathrm{T}}(t)\boldsymbol{P}\boldsymbol{\rho}(t) \tag{6-47}$$

$$V_2(t)=\int_{t-\tau}^{t}\boldsymbol{\rho}^{\mathrm{T}}(s)\boldsymbol{Q}\boldsymbol{\rho}(s)\mathrm{d}s \tag{6-48}$$

$$V_3(t)=\int_{-\tau}^{0}\int_{t-\theta}^{t}\dot{\boldsymbol{\rho}}^{\mathrm{T}}(s)\boldsymbol{R}\boldsymbol{\rho}(s)\mathrm{d}s\mathrm{d}\theta \tag{6-49}$$

式中，$\boldsymbol{P}$、$\boldsymbol{Q}$ 和 $\boldsymbol{R}$ 均为正定对称矩阵。

对式(6-46)求导，易得到：

$$\dot{V}(t)=\dot{V}_1(t)+\dot{V}_2(t)+\dot{V}_3(t) \tag{6-50}$$

式中，

$$\dot{V}_1(t)=2\boldsymbol{\rho}^{\mathrm{T}}(t)\boldsymbol{P}\dot{\boldsymbol{\rho}}(t) \tag{6-51}$$

$$\dot{V}_2(t)=\boldsymbol{\rho}^{\mathrm{T}}(t)\boldsymbol{Q}\boldsymbol{\rho}(t)-\boldsymbol{\rho}^{\mathrm{T}}(t-\tau)\boldsymbol{Q}\boldsymbol{\rho}(t-\tau) \tag{6-52}$$

$$\dot{V}_3(t)=\tau\dot{\boldsymbol{\rho}}^{\mathrm{T}}(t)\boldsymbol{R}\dot{\boldsymbol{\rho}}(t)-\int_{t-\tau}^{t}\dot{\boldsymbol{\rho}}^{\mathrm{T}}(s)\boldsymbol{R}\dot{\boldsymbol{\rho}}(s)\mathrm{d}s \tag{6-53}$$

将式(6-44)代入式(6-51)中，可以得到：

$$\dot{V}_1(t)=2\boldsymbol{\rho}^{\mathrm{T}}(t)\boldsymbol{P}\left[\boldsymbol{M}\boldsymbol{\rho}(t)-\boldsymbol{N}\boldsymbol{\rho}(t-\tau)\right]=2\boldsymbol{\rho}^{\mathrm{T}}(t)\boldsymbol{P}\boldsymbol{M}\boldsymbol{\rho}(t)-2\boldsymbol{\rho}^{\mathrm{T}}(t)\boldsymbol{P}\boldsymbol{N}\boldsymbol{\rho}(t-\tau) \tag{6-54}$$

易知牛顿–莱布尼茨公式可以表示为$\int_{t-\tau}^{t}\dot{\boldsymbol{\rho}}(s)\mathrm{d}s=\boldsymbol{\rho}(t)-\boldsymbol{\rho}(t-\tau)$，将其代入式(6-54)，可以得到：

$$\dot{V}_1(t)=2\boldsymbol{\rho}^{\mathrm{T}}(t)\boldsymbol{P}\boldsymbol{M}\boldsymbol{\rho}(t)+2\boldsymbol{\rho}^{\mathrm{T}}(t)\boldsymbol{P}\boldsymbol{N}\boldsymbol{\rho}(t)-2\boldsymbol{\rho}^{\mathrm{T}}(t)\boldsymbol{P}\boldsymbol{N}\int_{t-\tau}^{t}\dot{\boldsymbol{\rho}}(s)\mathrm{d}s \tag{6-55}$$

根据引理 6-4，则式(6-55)等号右边第三项可以表示为

$$-2\boldsymbol{\rho}^{\mathrm{T}}(t)\boldsymbol{P}\boldsymbol{N}\int_{t-\tau}^{t}\dot{\boldsymbol{\rho}}(s)\mathrm{d}s\leqslant\boldsymbol{\rho}^{\mathrm{T}}(t)\boldsymbol{P}\boldsymbol{N}\boldsymbol{R}^{-1}\boldsymbol{N}^{\mathrm{T}}\boldsymbol{P}\boldsymbol{\rho}(t)+\int_{t-\tau}^{t}\dot{\boldsymbol{\rho}}^{\mathrm{T}}(s)\boldsymbol{R}\dot{\boldsymbol{\rho}}(s)\mathrm{d}s \tag{6-56}$$

将式(6-56)代入式(6-55)中，可得

$$\begin{aligned}\dot{V}_1(t)&=2\boldsymbol{\rho}^{\mathrm{T}}(t)\boldsymbol{P}\boldsymbol{M}\boldsymbol{\rho}(t)+2\boldsymbol{\rho}^{\mathrm{T}}(t)\boldsymbol{P}\boldsymbol{N}\boldsymbol{\rho}(t)-2\boldsymbol{\rho}^{\mathrm{T}}(t)\boldsymbol{P}\boldsymbol{N}\int_{t-\tau}^{t}\dot{\boldsymbol{\rho}}(s)\mathrm{d}s\\&\leqslant2\boldsymbol{\rho}^{\mathrm{T}}(t)\boldsymbol{P}\boldsymbol{M}\boldsymbol{\rho}(t)+2\boldsymbol{\rho}^{\mathrm{T}}(t)\boldsymbol{P}\boldsymbol{N}\boldsymbol{\rho}(t)+\boldsymbol{\rho}^{\mathrm{T}}(t)\boldsymbol{P}\boldsymbol{N}\boldsymbol{R}^{-1}\boldsymbol{N}^{\mathrm{T}}\boldsymbol{P}\boldsymbol{\rho}(t)+\int_{t-\tau}^{t}\dot{\boldsymbol{\rho}}^{\mathrm{T}}(s)\boldsymbol{R}\dot{\boldsymbol{\rho}}(s)\mathrm{d}s\end{aligned} \tag{6-57}$$

将式(6-44)代入式(6-53)，则$\dot{V}_3(t)$可以表示为

$$\begin{aligned}\dot{V}_3(t)&=\tau\boldsymbol{\rho}^{\mathrm{T}}(t)\boldsymbol{M}^{\mathrm{T}}\boldsymbol{R}\boldsymbol{N}\boldsymbol{\rho}(t-\tau)+\tau\boldsymbol{\rho}^{\mathrm{T}}(t)\boldsymbol{M}^{\mathrm{T}}\boldsymbol{R}\boldsymbol{M}\boldsymbol{\rho}(t)\\&\quad+\tau\boldsymbol{\rho}^{\mathrm{T}}(t-\tau)\boldsymbol{N}^{\mathrm{T}}\boldsymbol{R}\boldsymbol{M}\boldsymbol{\rho}(t)+\tau\boldsymbol{\rho}^{\mathrm{T}}(t-\tau)\boldsymbol{N}^{\mathrm{T}}\boldsymbol{R}\boldsymbol{N}\boldsymbol{\rho}(t-\tau)+\int_{t-\tau}^{t}\dot{\boldsymbol{\rho}}^{\mathrm{T}}(s)\boldsymbol{R}\dot{\boldsymbol{\rho}}(s)\mathrm{d}s\end{aligned} \tag{6-58}$$

通过式(6-50)、式(6-52)、式(6-57)和式(6-58)，可以得到：

$$\begin{aligned}\dot{V}(t)&\leqslant2\boldsymbol{\rho}^{\mathrm{T}}(t)\boldsymbol{P}\boldsymbol{M}\boldsymbol{\rho}(t)+2\boldsymbol{\rho}^{\mathrm{T}}(t)\boldsymbol{P}\boldsymbol{N}\boldsymbol{\rho}(t)+\boldsymbol{\rho}^{\mathrm{T}}(t)\boldsymbol{P}\boldsymbol{N}\boldsymbol{R}^{-1}\boldsymbol{N}^{\mathrm{T}}\boldsymbol{P}\boldsymbol{\rho}(t)\\&\quad+\boldsymbol{\rho}^{\mathrm{T}}(t)\boldsymbol{Q}\boldsymbol{\rho}(t)-\boldsymbol{\rho}^{\mathrm{T}}(t-\tau)\boldsymbol{Q}\boldsymbol{\rho}(t-\tau)+\tau\boldsymbol{\rho}^{\mathrm{T}}(t)\boldsymbol{M}^{\mathrm{T}}\boldsymbol{R}\boldsymbol{N}\boldsymbol{\rho}(t-\tau)+\tau\boldsymbol{\rho}^{\mathrm{T}}(t)\boldsymbol{M}^{\mathrm{T}}\boldsymbol{R}\boldsymbol{M}\boldsymbol{\rho}(t)\\&\quad+\tau\boldsymbol{\rho}^{\mathrm{T}}(t-\tau)\boldsymbol{N}^{\mathrm{T}}\boldsymbol{R}\boldsymbol{M}\boldsymbol{\rho}(t)+\tau\boldsymbol{\rho}^{\mathrm{T}}(t-\tau)\boldsymbol{N}^{\mathrm{T}}\boldsymbol{R}\boldsymbol{N}\boldsymbol{\rho}(t-\tau)+\int_{t-\tau}^{t}\dot{\boldsymbol{\rho}}^{\mathrm{T}}(s)\boldsymbol{R}\dot{\boldsymbol{\rho}}(s)\mathrm{d}s\end{aligned} \tag{6-59}$$

将式(6-59)转换成矩阵形式，即

$$\dot{V}(t)\leqslant\begin{bmatrix}\boldsymbol{\rho}(t)\\\boldsymbol{\rho}(t-\tau)\end{bmatrix}^{\mathrm{T}}\begin{bmatrix}\boldsymbol{\Phi}&\tau\boldsymbol{M}^{\mathrm{T}}\boldsymbol{R}\boldsymbol{N}\\\tau\boldsymbol{N}^{\mathrm{T}}\boldsymbol{R}\boldsymbol{M}&\tau\boldsymbol{N}^{\mathrm{T}}\boldsymbol{R}\boldsymbol{N}-\boldsymbol{Q}\end{bmatrix}\begin{bmatrix}\boldsymbol{\rho}(t)\\\boldsymbol{\rho}(t-\tau)\end{bmatrix} \tag{6-60}$$

式中，$\boldsymbol{\Phi}=2\boldsymbol{P}(\boldsymbol{M}+\boldsymbol{N})+\boldsymbol{Q}+\tau\boldsymbol{M}^{\mathrm{T}}\boldsymbol{R}\boldsymbol{M}+\tau\boldsymbol{P}\boldsymbol{N}\boldsymbol{R}^{-1}\boldsymbol{N}^{\mathrm{T}}\boldsymbol{P}$。

由式(6-60)可知，若要满足$\dot{V}(t)<0$，需保证：

$$\begin{bmatrix} \boldsymbol{\Phi} & \tau\boldsymbol{M}^{\mathrm{T}}\boldsymbol{R}\boldsymbol{N} \\ \tau\boldsymbol{N}^{\mathrm{T}}\boldsymbol{R}\boldsymbol{M} & \tau\boldsymbol{N}^{\mathrm{T}}\boldsymbol{R}\boldsymbol{N}-\boldsymbol{Q} \end{bmatrix}<0 \tag{6-61}$$

根据引理 6-5 中的关系，可将式(6-61)转化成矩阵不等式为

$$\begin{bmatrix} \boldsymbol{\Omega} & \boldsymbol{P}\boldsymbol{N} & \tau\boldsymbol{M}^{\mathrm{T}}\boldsymbol{R}\boldsymbol{N} \\ \boldsymbol{N}^{\mathrm{T}}\boldsymbol{P}^{\mathrm{T}} & -\dfrac{\boldsymbol{R}}{\tau} & \boldsymbol{0} \\ \tau\boldsymbol{N}^{\mathrm{T}}\boldsymbol{R}\boldsymbol{M} & \boldsymbol{0} & \tau\boldsymbol{N}^{\mathrm{T}}\boldsymbol{R}\boldsymbol{N}-\boldsymbol{Q} \end{bmatrix}<0 \tag{6-62}$$

式中，$\boldsymbol{\Omega}=\boldsymbol{P}(\boldsymbol{M}+\boldsymbol{N})+(\boldsymbol{M}+\boldsymbol{N})^{\mathrm{T}}\boldsymbol{P}+\boldsymbol{P}\boldsymbol{N}+\boldsymbol{Q}+\tau\boldsymbol{M}^{\mathrm{T}}\boldsymbol{R}\boldsymbol{M}$。

综上，由式(6-62)的结论可以得到$\dot{V}(t)<0$，根据 Lyapunov 稳定性理论可知，闭环系统(6-44)能够实现全局渐进稳定，完成了编队控制律(6-41)考虑多飞行器通信耦合和通信时延的协同编队控制方法的稳定性证明。

6.4.4 仿真试验

为了验证本节设计的考虑通信耦合和通信时延的多飞行器协同编队控制方法的有效性，设计了一个如图 6-10 所示的由 1 架领机(UAV1)和 4 架从机(UAV2～UAV5)组成的多飞行器协同编队飞行场景。多飞行器编队通信拓扑为图 6-11 所示的菱形队形，多飞行器编队控制初始位置如表 6-3 所示。

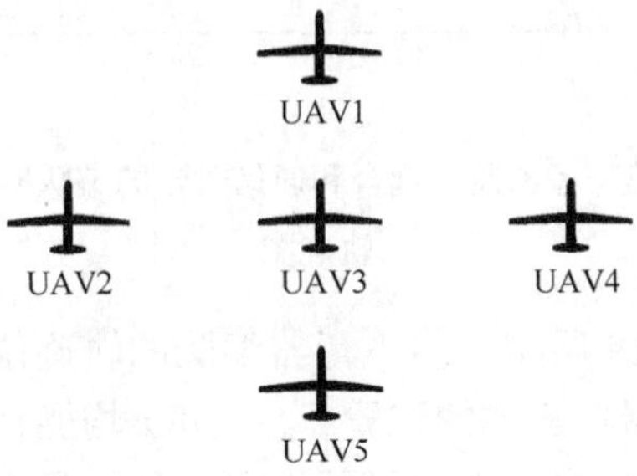

图 6-10　多飞行器协同编队飞行场景

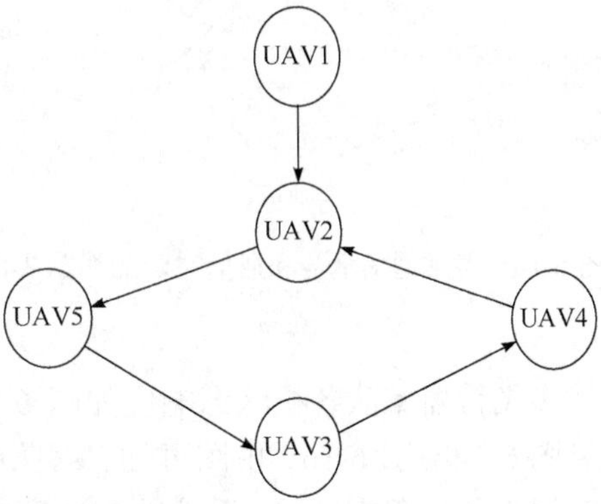

图 6-11　多飞行器编队通信拓扑

表 6-3　多飞行器编队控制初始位置

飞行器编号	x/m	y/m	z/m
UAV1	200	200	3000
UAV2	200	0	2900
UAV3	0	200	2850
UAV4	0	0	2900
UAV5	100	0	2950

本节设计的多飞行器编队通信拓扑图采用有向连接的形式，如图 6-11 所示。由图可知，多飞行器编队中从机 UAV2 能够和领机 UAV1 进行信息交互，因此 UAV2 获得领机信息的权限可以表示为 $g_2=1$，其余成员 $g_3=g_4=g_5=0$。根据图中从机的拓扑关系，耦合增益矩阵 $\boldsymbol{\Lambda}$ 可以表示为

$$\boldsymbol{\Lambda}=\begin{bmatrix} 0 & 0 & 0 & 0.3 \\ 0 & 0 & 0.3 & 0 \\ 0.3 & 0 & 0 & 0 \\ 0 & 0.3 & 0 & 0 \end{bmatrix} \tag{6-63}$$

多飞行器考虑通信耦合和通信时延的协同控制仿真结果如下所示。图 6-12 和图 6-13 分别为多飞行器编队 3-D 轨迹图和 x-y 平面轨迹图。由图易知，多飞行器编队中领机和各从机根据表 6-3 的初始位置出发，在考虑通信耦合和通信时延的情况下，通过本节设计的协同编队控制方法，最终能协同完成满足期望的编队队形飞行。该方法响应时间较快，飞行轨迹较为平滑，轨迹符合飞行器真实飞行状态，满足飞行器的飞行性能要求。

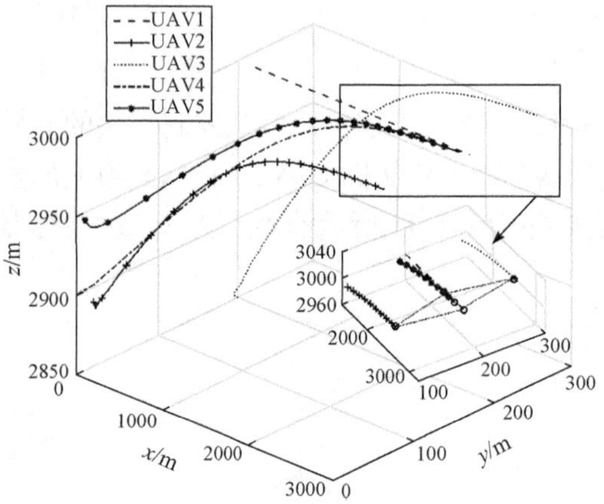

图 6-12 考虑通信耦合和通信时延的编队 3-D 轨迹图

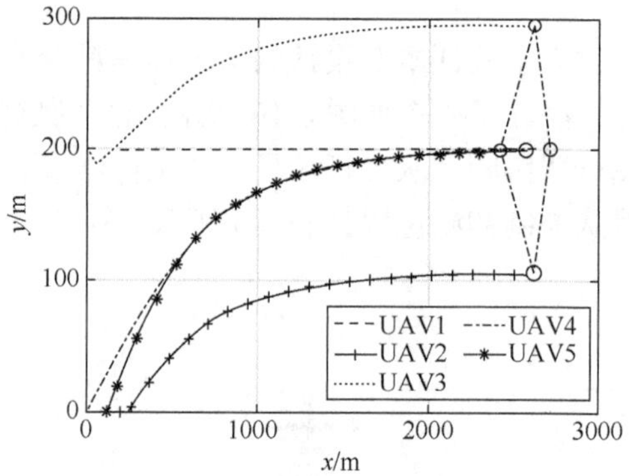

图 6-13 考虑通信耦合和通信时延的编队 x-y 平面轨迹图

多飞行器编队各机状态响应如图 6-14～图 6-19 所示。多飞行器编队的轨迹位置状态见图 6-14～图 6-16，由图可知，编队中各飞行器在三轴的位置 x、y 和 z 均能在较短的时间收敛到期望位置，系统响应速度较快，能够实现编队以期望队形飞行。图 6-17～图 6-19 为各飞行器中间状态量 v_1、v_2 和 v_3 的响应图。如图所示，状态量均能在较短时间收敛到领机指令，表示飞行器编队能始终以期望队形保持飞行，证明了本节设计协同编队控制算法的有效性。

多飞行器编队中领机真实状态和观测器估计状态的仿真结果如图 6-20～图 6-25 所示。由图可以看出，各架飞行器的领机状态观测器在初始条件为 0 的情况下，在 3s 内均能准确地跟踪领机的真实状态，响应速度较快且误差较小，证明了本节设计领机状态观测器的有效性。

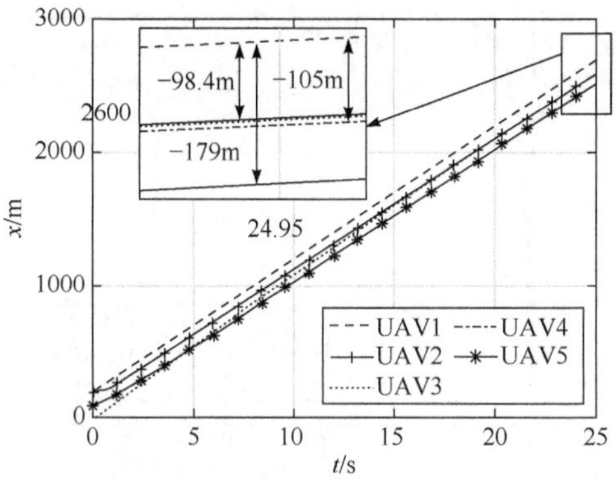

图 6-14　考虑通信耦合和通信时延编队控制各飞行器状态量 x 响应图

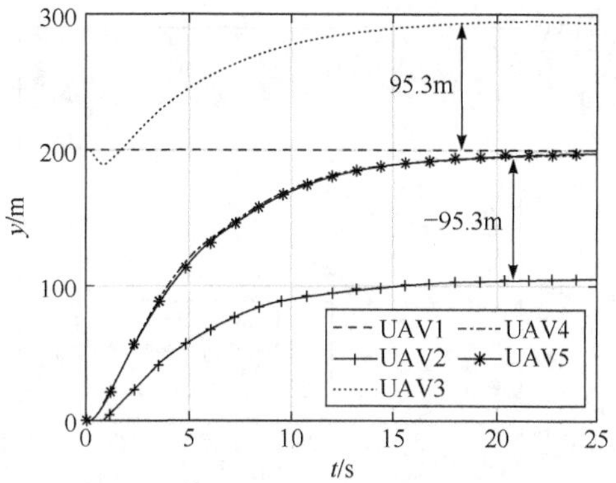

图 6-15　考虑通信耦合和通信时延编队控制各飞行器状态量 y 响应图

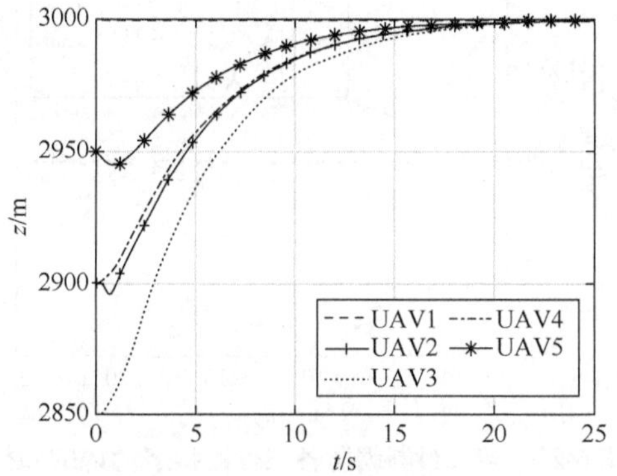

图 6-16　考虑通信耦合和通信时延编队控制各飞行器状态量 z 响应图

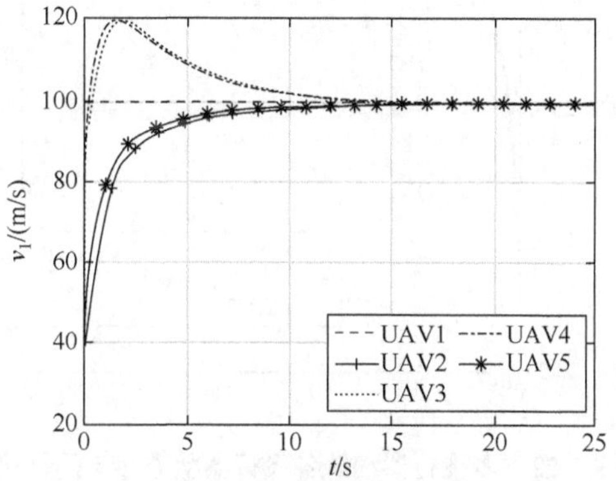

图 6-17　考虑通信耦合和通信时延编队控制各飞行器状态量 v_1 响应图

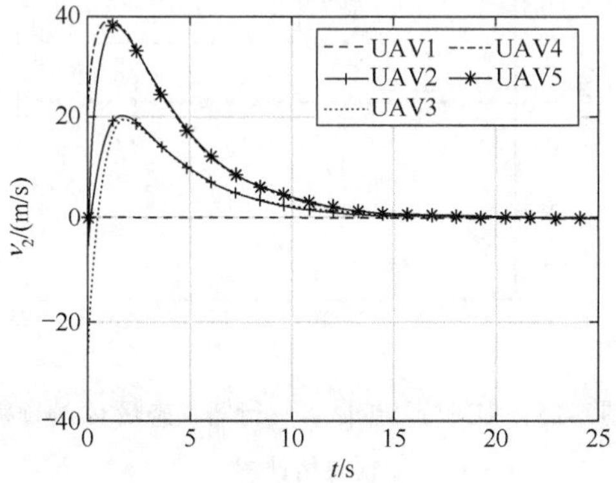

图 6-18　考虑通信耦合和通信时延编队控制各飞行器状态量 v_2 响应图

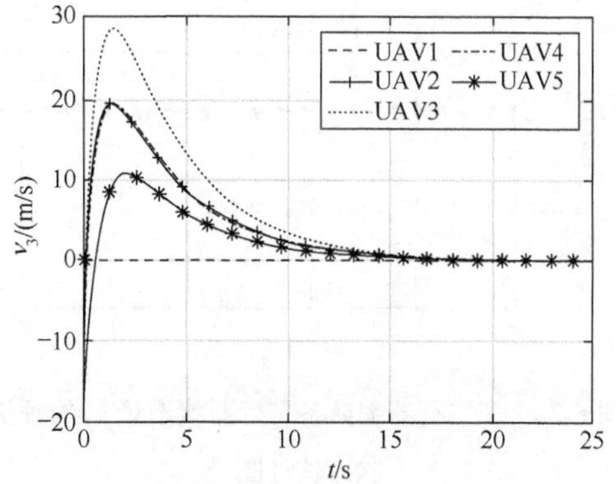

图 6-19　考虑通信耦合和通信时延编队控制各飞行器状态量 v_3 响应图

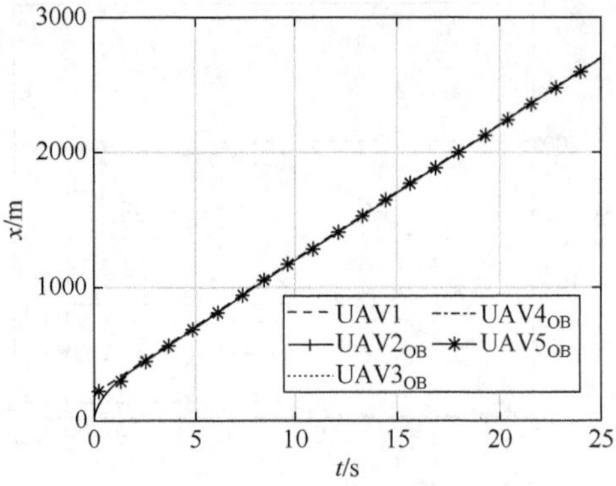

图 6-20 多飞行器编队各飞行器状态量 x 的领机状态估计图

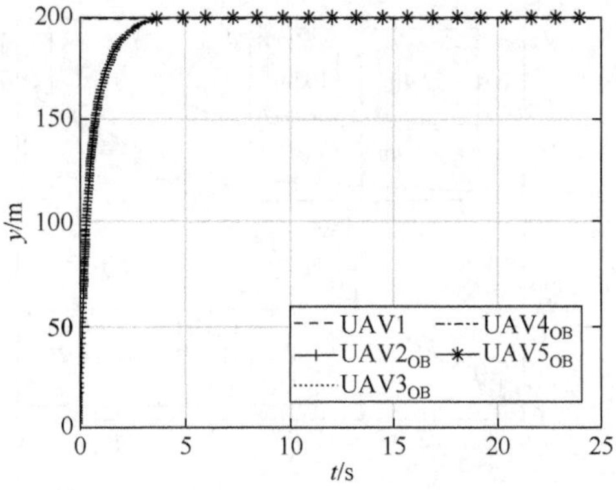

图 6-21 多飞行器编队各飞行器状态量 y 的领机状态估计图

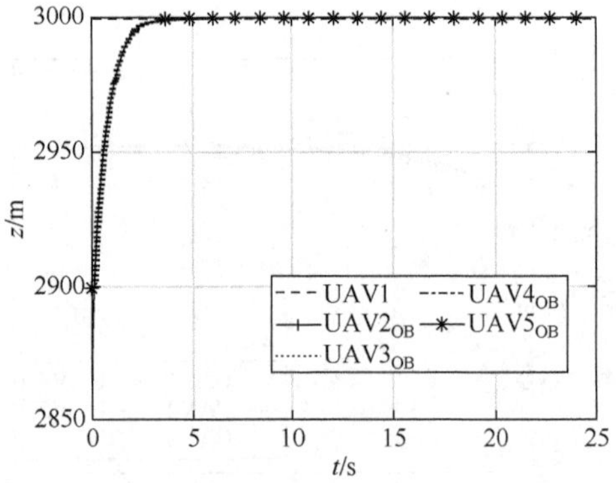

图 6-22 多飞行器编队各飞行器状态量 z 的领机状态估计图

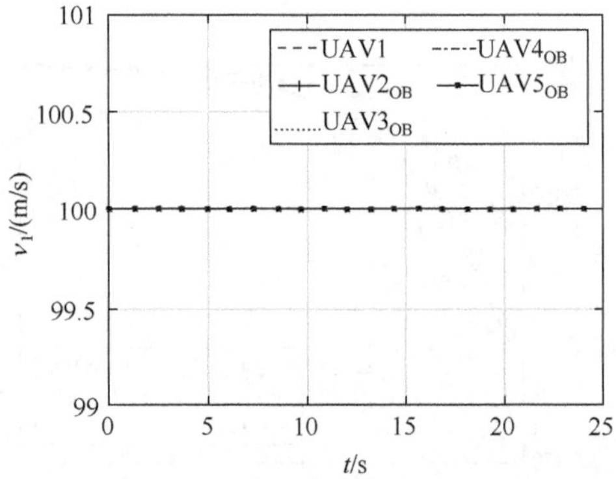

图 6-23 多飞行器编队各飞行器状态量 v_1 的领机状态估计图

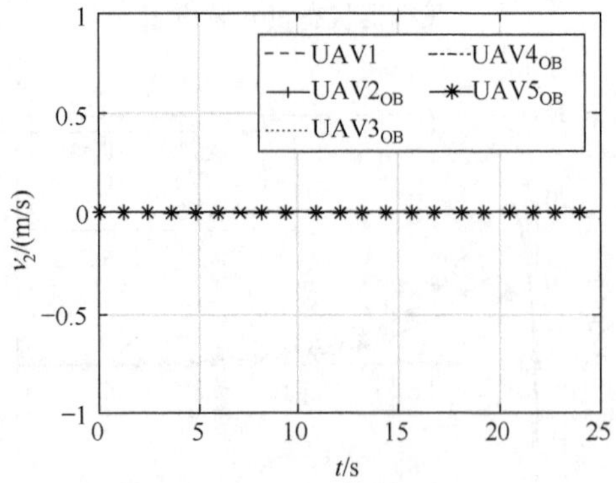

图 6-24 多飞行器编队各飞行器状态量 v_2 的领机状态估计图

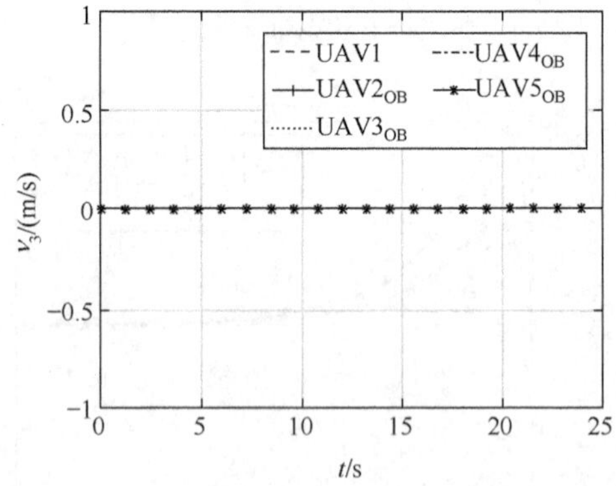

图 6-25 多飞行器编队各飞行器状态量 v_3 的领机状态估计图

下面将本节设计的考虑通信耦合和通信时延编队控制方法与不考虑通信耦合和通信时延编队控制方法[41](耦合权重 $a_{ij}=0$)进行对比，以验证本节设计的方法对系统动态性能的提升。定义多飞行器编队协同控制中各飞行器状态量误差的最大值为 $\boldsymbol{v}_l^{\max}=$

$\max\{\sigma_{1l},\sigma_{2l},\sigma_{3l},\sigma_{4l},\sigma_{5l}\}$，式中 $l=1,2,3,4,5,6$ 代表飞行器的状态量，定义 $|\varpi_l|=\max\{\sigma_{1l},\sigma_{2l},\sigma_{3l},\sigma_{4l},\sigma_{5l}\}-\min\{\sigma_{1l},\sigma_{2l},\sigma_{3l},\sigma_{4l},\sigma_{5l}\}$，为多飞行器编队中各飞行器状态量的误差绝对值，并选取通信耦合权重 $a_{ij}=0$、0.1、0.2 和 0.3，则误差最大值对比曲线如图 6-26～图 6-31 所示。

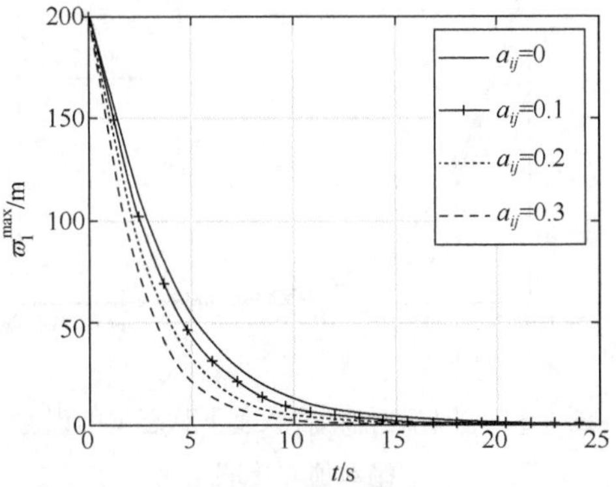

图 6-26　不同通信耦合权重下状态 x 的误差最大值对比图

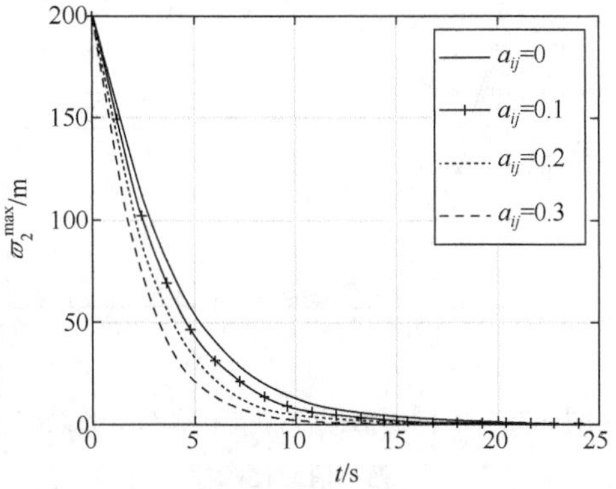

图 6-27　不同通信耦合权重下状态 y 的误差最大值对比图

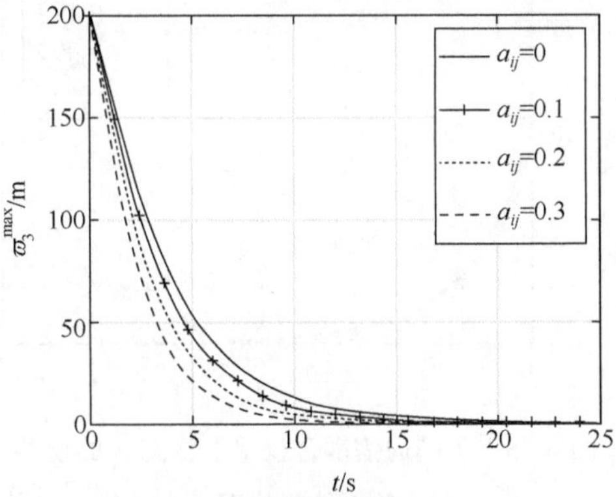

图 6-28　不同通信耦合权重下状态 z 的误差最大值对比图

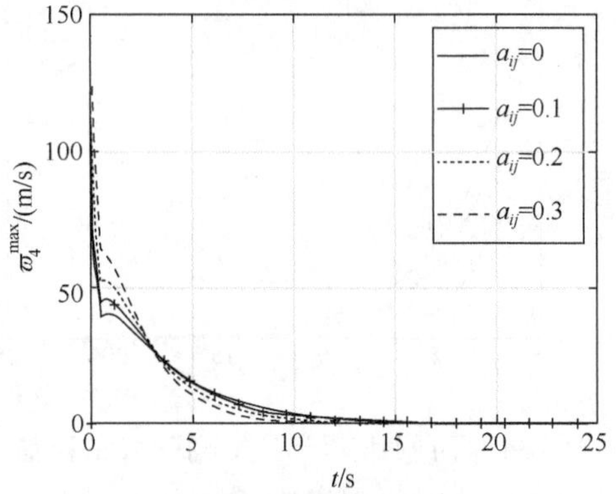

图 6-29　不同通信耦合权重下状态 v_1 的误差最大值对比图

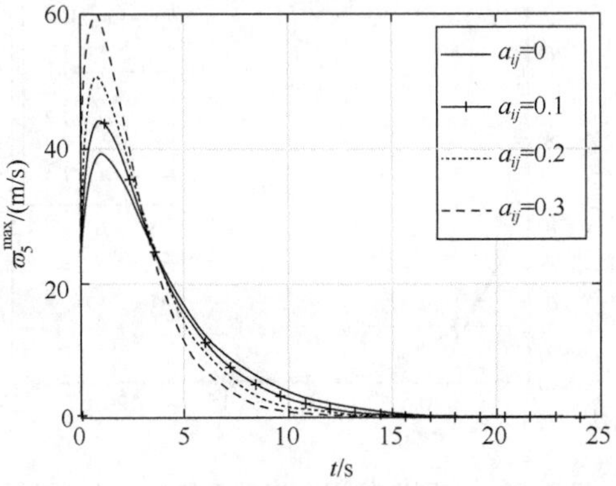

图 6-30　不同通信耦合权重下状态 v_2 的误差最大值对比图

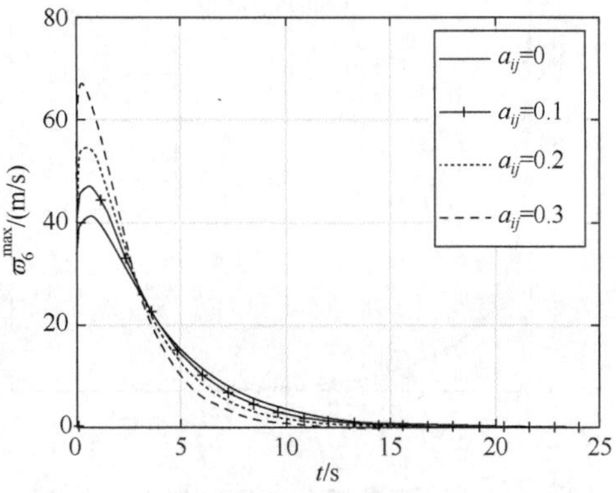

图 6-31　不同通信耦合权重下状态 v_3 的误差最大值对比图

飞行器编队中各飞行器在不同通信耦合权重下状态量的误差绝对值对比情况，如图 6-32～图 6-37 所示。

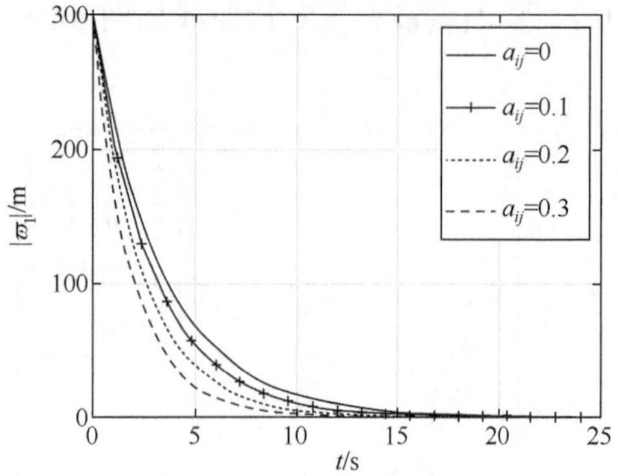

图 6-32　不同通信耦合权重下状态 x 的误差绝对值对比图

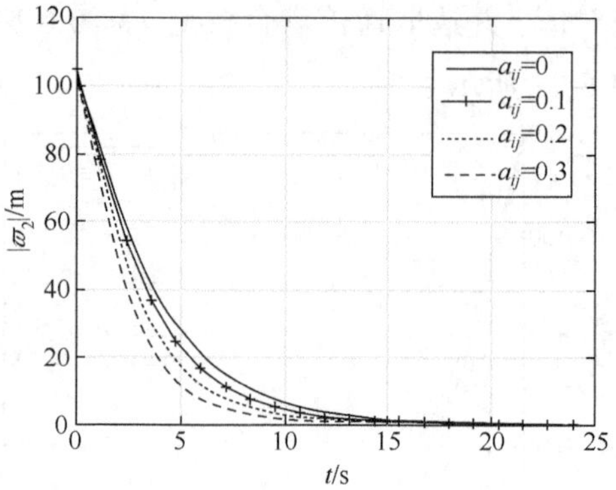

图 6-33　不同通信耦合权重下状态 y 的误差绝对值对比图

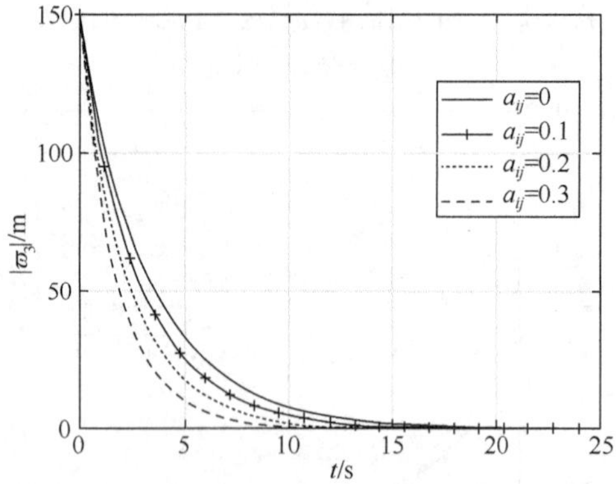

图 6-34　不同通信耦合权重下状态 z 的误差绝对值对比图

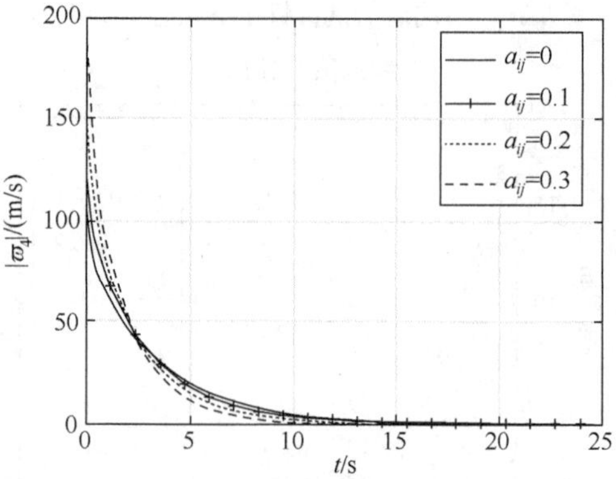

图 6-35　不同通信耦合权重下状态 v_1 的误差绝对值对比图

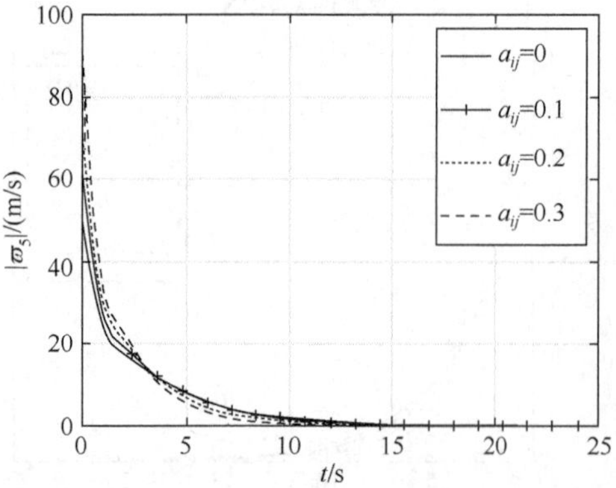

图 6-36　不同通信耦合权重下状态 v_2 的误差绝对值对比图

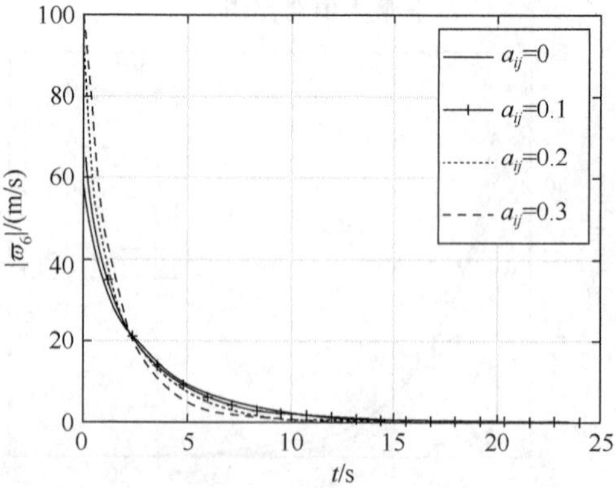

图 6-37　不同通信耦合权重下状态 v_3 的误差绝对值对比图

由图 6-26～图 6-37 可知，当编队控制增加通信耦合增益后，系统的误差最大值和误差绝对值的收敛速度更快，且均能收敛到 0。随着通信耦合增益变大，误差收敛速度更快，验证了考虑通信耦合的协同编队控制有更好的动态响应，证明了本节提出的通信耦合协同编队控制方法的有效性。

下面将对通信时延的控制效果进行仿真验证，不失一般性选取从机 UAV2 作为研究对象，建立两种仿真方法验证时延的有效性。第一种方法是选取延迟时间 $\tau = 0.2\text{s}$，分别对本节设计的考虑通信时延的控制方法和不考虑通信时延的控制方法进行对比，仿真结果如图 6-38～图 6-40 所示。

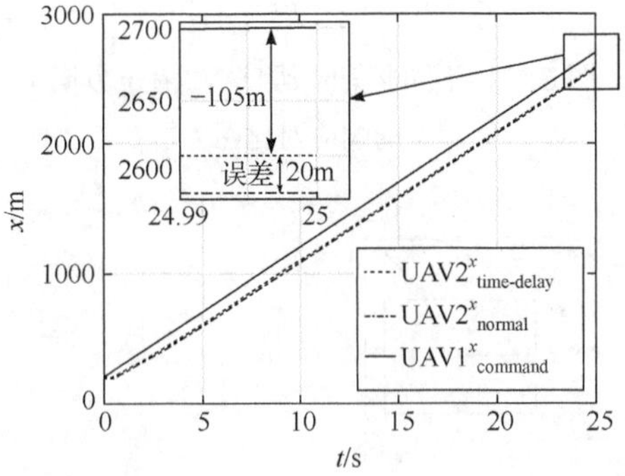

图 6-38　考虑通信时延与不考虑通信时延的 x 方向上的响应对比图

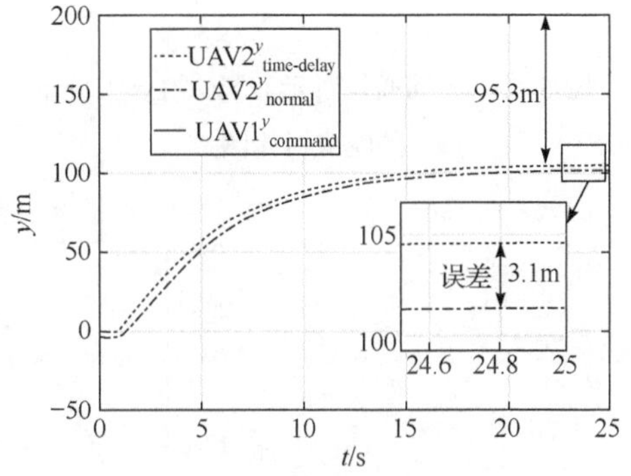

图 6-39　考虑通信时延与不考虑通信时延的 y 方向上的响应对比图

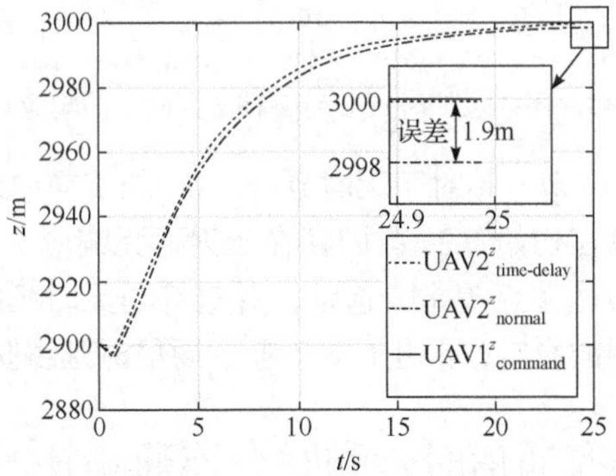

图 6-40　考虑通信时延与不考虑通信时延的 z 方向上的响应对比图

由图 6-38～图 6-40 可知，当通信延迟时间 $\tau = 0.2\text{s}$ 时，本节设计的考虑通信时延的控制方法能够按照期望队形的相对距离精准跟踪领机，实现了时延状况下的期望队形协同编队控制；不考虑通信时延的控制方法会产生状态误差，无法以期望队形有效跟踪领机。证明了本节设计的通信时延协同编队控制方法能够有效解决通信延迟的工程问题。

第二种验证通信时延有效性的仿真方法是针对本节设计的协同编队控制，选取延迟时间分别为 $\tau = 0\text{s}$ 和 $\tau = 0.2\text{s}$，将无时延和时延为 0.2s 状况下的状态响应进行对比，仿真结果如图 6-41～图 6-43 所示。

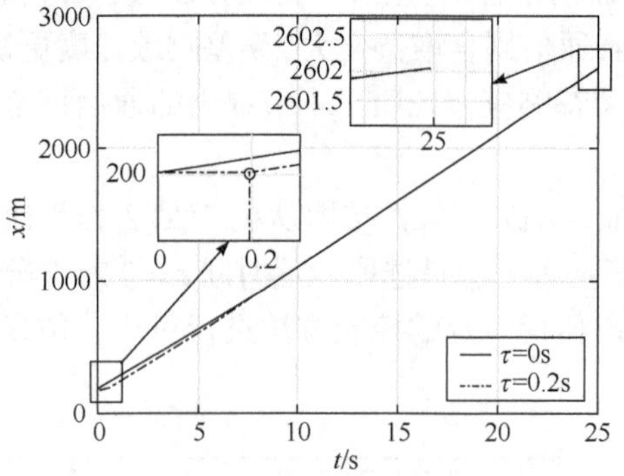

图 6-41　不同通信时延 UAV2 在 x 方向上的响应对比图

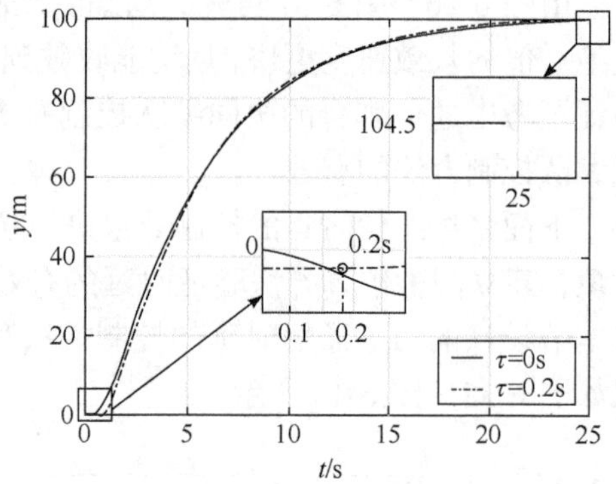

图 6-42　不同通信时延 UAV2 在 y 方向上的响应对比图

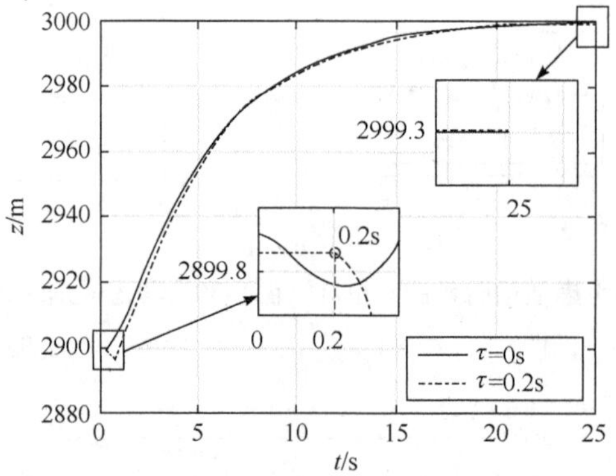

图 6-43　不同通信时延 UAV2 在 z 方向上的响应对比图

由图 6-41～图 6-43 可知，相对于无时延($\tau = 0\text{s}$)的响应曲线，在时延 0.2s($\tau = 0.2\text{s}$)条件下的飞行器各状态量在初始 0.2s 内因存在延迟而无响应。0.2s 后在通信时延编队控制的作用下，编队各成员按照期望指令追踪，并最终与无时延的曲线响应保持一致，消除了通信时延对编队控制的影响，证明了本节考虑通信时延编队控制设计方法的有效性。

6.5　无中心编队具有通信时延和联合连通拓扑的协同飞行控制系统

飞行器协同编队飞行控制的研究都是针对以下两类系统开展的：一类是假设系统通信拓扑图为固定连通且无通信时延；另一类是假设系统具有切换通信拓扑结构且无通信时延[42]。针对网络拓扑为联合连通并且同时存在通信时延的编队控制系统的研究成果很少。在实际情况中，飞行器之间的通信常会受到传输速度、网络拥塞等因素的影响而存在通信时延，并且由于通信干扰、地形复杂、通信距离限制等因素的影响，多飞行器系统的网络通信拓扑会发生变化。因此，同时考虑通信时延和通信拓扑变化等因素对系统的影响，进行协同编队飞行控制系统研究具有重要的理论意义和工程价值。

本节将针对网络拓扑为联合连通且同时存在通信时延的多飞行器编队系统，基于一致性理论设计具有时延的编队协同控制方法，同时根据网络拓扑变化的特点，基于 Lyapunov 稳定性理论得出了使系统稳定的充分条件。当系统满足某些线性矩阵不等式(LMI)时，多飞行器系统能够按期望的队形和速度实现稳定的编队飞行。

6.5.1　基于一致性理论的多飞行器协同控制方法设计

假定编队系统由 n 个飞行器组成，在任一时刻，每个飞行器根据邻机的状态信息来控制和更新自己的当前运动状态。用无向图来描述飞行器之间的通信拓扑关系，在每个时刻，多飞行器之间的通信连接形成一种通信拓扑。实际中，遮挡、外界干扰、通信阻塞、硬件故障等原因，可能会导致飞行器之间通信失败而使系统通信拓扑不断变化。为描述变化的拓扑，引进一个分段连续的常值切换函数 $\sigma(t):[0,\infty)\mapsto=\{1,2,\cdots,N\}$，简记为 σ，其中 N 表示所有可能的无向通信拓扑图的总数。t 时刻的通信拓扑图用 $\boldsymbol{G}_\sigma$ 来表示，对应的 Laplacian 矩阵用 $\boldsymbol{L}_\sigma$ 表示。本小节主要研究系统在通信拓扑为联合连通情况下，多飞行器系统协同控制方法设计问题。

由式(6-4)可得到第 i 个飞行器动态方程的状态空间描述为

$$\begin{cases}\dot{\boldsymbol{p}}_i=\boldsymbol{v}_i\\ \dot{\boldsymbol{v}}_i=\boldsymbol{u}_i\end{cases} \tag{6-64}$$

如果编队协同控制输入 $\boldsymbol{u}_i(t)$ 能够保证所有飞行器的状态达到 $\left[p_i(t)-p_j(t)\right]\to r_{ij}$，并且 $v_i(t)\to v_j(t)\to v^*$ ($r_{ij}=-r_{ji}$ 代表飞行器 i 与 j 在编队队形中的期望距离差值，$v^*\in\boldsymbol{R}^2$ 代表期望速度)，则表明该协同控制方法能够使多飞行器系统最终形成预期的编队队形，且编队按照期望的飞行速度前进。

本小节借鉴文献[43]的协同控制方法思想，针对存在通信时延和通信拓扑图为联合连通的多飞行器编队飞行控制系统，对第 i 个飞行器给出线性协同控制律为

$$\boldsymbol{u}_i(t)=\sum_{y_j\in N_i(t)}a_{ij}(t)\left\{k_1\left[p_j(t-\tau)-v_i(t-\tau)-r_{ji}\right]+k_2\left[v_j(t-\tau)-v_i(t-\tau)\right]\right\}-k_3\left[v_i(t)-v^*\right] \tag{6-65}$$

式中，$\tau>0$，代表时延常数；a_{ij} 代表通信拓扑图 $\boldsymbol{G}_\sigma$ 的邻接权重；$N_i(t)$ 代表第 i 个节点的邻居集；k_1、k_2、k_3 均大于 0，且 $k_3=k_1k_2$。

为了进行多飞行器系统闭环控制性能分析，需要对模型进行等效变换。因此，引入编队中心的概念，编队中心即为多飞行器系统队形的形心。为了便于理解，以期望队形为正五边形为例，如图 6-44 所示，其中 O 代表笛卡儿坐标系原点，O 为编队中心，飞行器 i、j 和编队中心在平面坐标系中的位置分别为 $p_i(t)$、$p_j(t)$ 和 $p_O(t)$，飞行器 i、j 与编队中心的距离分别为 r_i、r_j。

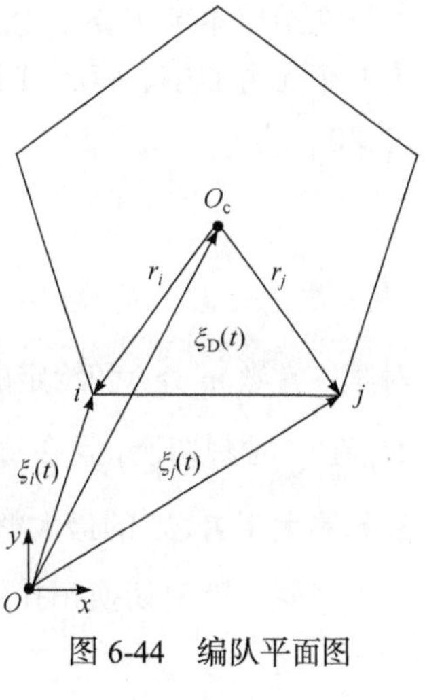

图 6-44　编队平面图

因此，协同控制律(6-65)可以等效变换为

$$\begin{aligned}\boldsymbol{u}_i(t)=&\sum_{v_j\in N_i(t)}a_{ij}(t)\Big\{k_1\Big[\big(p_j(t-\tau)-r_j\big)-\big(p_i(t-\tau)-r_i\big)\Big]\\&+k_2\big[v_j(t-\tau)-v_i(t-\tau)\big]\Big\}-k_3\big[v_i(t)-v^*\big]\end{aligned}\tag{6-66}$$

式中，$r_j-r_i=r_{ji}$。根据多飞行器系统期望队形的位置和速度信息，令 $\overline{p}_i(t)=p_i(t)-p_O(t)-r_i$，$\overline{v}_i(t)=v_i(t)-v^*$，则协同控制律(6-65)可以变换为

$$\boldsymbol{u}_i(t)=\sum_{v_j\in N_i(t)}a_{ij}(t)\Big\{k_1\big[\overline{p}_j(t-\tau)-\overline{p}_i(t-\tau)\big]+k_2\big[\overline{v}_j(t-\tau)-\overline{v}_i(t-\tau)\big]\Big\}-k_3\overline{v}_i(t)\tag{6-67}$$

如果取：

$$\begin{cases}\hat{v}_i(t)=2\overline{v}_i(t)/k_1k_2+\overline{p}_i(t)\\ \boldsymbol{\varepsilon}(t)=\big[\overline{p}_1(t),\hat{v}_1(t),\cdots,\overline{p}_n(t),\hat{v}_n(t)\big]^{\mathrm{T}}\\ \boldsymbol{M}=\begin{bmatrix}-k_3/2 & k_3/2\\ k_3/2 & -k_3/2\end{bmatrix}\\ \boldsymbol{Q}=\begin{bmatrix}0 & 0\\ 2/k_2 & 2/k_1\end{bmatrix}\end{cases}\tag{6-68}$$

则在协同控制律(6-67)作用下，多飞行器编队控制系统的闭环动态方程为

$$\dot{\boldsymbol{\varepsilon}}(t)=(I_n\otimes M)\boldsymbol{\varepsilon}(t)-(L_\sigma\otimes Q)\boldsymbol{\varepsilon}(t-\tau)\tag{6-69}$$

式中，$\otimes$ 表示克罗内克积。若 $\lim\limits_{t\to+\infty}\boldsymbol{\varepsilon}(t)=0$，则 $\lim\limits_{t\to+\infty}\overline{p}_i(t)=0$，$\lim\limits_{t\to+\infty}\hat{v}_i(t)=0$，进而 $\lim\limits_{t\to+\infty}p_j(t)-p_i(t)=r_{ji}$，$\lim\limits_{t\to+\infty}v_i(t)=v^*$，即多飞行器系统可以在此协同控制方法作用下形成预期的队形，并达到期望的速度。下面证明在协同控制律(6-67)所示的协同控制方法作用下，多飞行器闭环控制系统可以实现 $\lim\limits_{t\to+\infty}\boldsymbol{\varepsilon}(t)=0$。

6.5.2 稳定性证明

在给出本节主要结论之前，先介绍一些定义和引理。首先引入切换拓扑的概念。考虑一个无穷非空、有界并且连续的时间序列$[t_k,t_{k+1})$，$k=0,1,\cdots$，$t_0=0$，对于某一常数 $T_1>0$，有 $t_{k+1}-t_k\leqslant T_1(k\geqslant 0)$。假定在每个区间$[t_k,t_{k+1})$，有一个不重叠的子区间序列：

$$\begin{gathered}\big[t_{k_0},t_{k_1}\big),\cdots,\big[t_{k_b},t_{k_{b+1}}\big),\cdots,\big[t_{k_{m_k-1}},t_{k_{m_k}}\big),\\ t_k=t_{k_0},t_{k+1}=t_{k_{m_k}}\end{gathered}\tag{6-70}$$

对某一常数 $m_k\geqslant 0$ 和给定的常数 $T_2>0$，满足 $t_{k_{b+1}}-t_{k_b}\geqslant T_2$，$0\leqslant b<m_k$，使得通信拓扑图 $\boldsymbol{G}_\sigma$ 在 t_{k_b} 时刻切换，且在每一个子区间$\big[t_{k_b},t_{k_{b+1}}\big)$，通信拓扑图均不发生变化。若用$[T_1/T_2]$表示不大于 T_1/T_2 的最大整数，那么在每一个区间$[t_k,t_{k+1})$，最大子区间数为 $m^*=[T_1/T_2]$。

按照以上对切换拓扑的定义，假定在某一子区间$\big[t_{k_b},t_{k_{b+1}}\big)$，不变的通信拓扑图 $\overline{\boldsymbol{G}}_\sigma$ 具

有 $d_\sigma\left(d_\sigma \geqslant 1\right)$ 个连通的部分，并且其对应的节点集用 $\psi_{k_j}^1, \psi_{k_j}^2, \cdots, \psi_{k_j}^{d_\sigma}$ 表示，f_σ^i 表示 $\psi_{k_j}^i$ 中的节点数，则存在一个置换矩阵 $\boldsymbol{P}_\sigma \in \boldsymbol{R}^{n \times n}$ 使得

$$\boldsymbol{P}_\sigma^{\mathrm{T}} \boldsymbol{L}_\sigma \boldsymbol{P}_\sigma=\operatorname{diag}\left\{\boldsymbol{L}_\sigma^1, \boldsymbol{L}_\sigma^2, \cdots, \boldsymbol{L}_\sigma^{d_\sigma}\right\} \tag{6-71}$$

并且

$$\boldsymbol{\varepsilon}^{\mathrm{T}}(t)\left(\boldsymbol{P}_\sigma \otimes \boldsymbol{I}_2\right)=\left[\boldsymbol{\varepsilon}_\sigma^{1 \mathrm{T}}, \boldsymbol{\varepsilon}_\sigma^{2 \mathrm{T}}, \cdots, \boldsymbol{\varepsilon}_\sigma^{d_\sigma \mathrm{T}}\right] \tag{6-72}$$

式中，每个矩阵块 $\boldsymbol{L}_\sigma^i \in \boldsymbol{R}^{f_\sigma^i \times f_\sigma^i}$，是对应连通部分的 Laplacian 矩阵。因此，在每个子区间 $\left[t_{k_b}, t_{k_{b+1}}\right)$，式(6-69)可以分解为如下的 d_σ 个子系统：

$$\dot{\boldsymbol{\varepsilon}}_\sigma^i(t)=\left(\boldsymbol{I}_{f_\sigma^i} \otimes \boldsymbol{M}\right) \boldsymbol{\varepsilon}_\sigma^i(t)-\left(\boldsymbol{L}_\sigma^i \otimes \boldsymbol{Q}\right) \boldsymbol{\varepsilon}_\sigma^i(t-\tau), \quad i=1,2, \cdots, d_\sigma \tag{6-73}$$

式中，$\boldsymbol{\varepsilon}_\sigma^i(t)=\left[\boldsymbol{\varepsilon}_{\sigma 1}^i(t), \cdots, \boldsymbol{\varepsilon}_{\sigma 2 f_\sigma^i}^i(t)\right] \in \boldsymbol{R}^{2 f_\sigma^i}$。

在每个子区间内，对于第 i 个连通的部分，考虑一个形如式(6-74)的对称矩阵：

$$\boldsymbol{\varXi}_\sigma \in \boldsymbol{R}^{5 f_\sigma^i \times 5 f_\sigma^i},$$

$$\boldsymbol{\varXi}_\sigma=\begin{bmatrix} \boldsymbol{\varXi}_{\sigma 11} & \boldsymbol{H}_\sigma^i \otimes\left[k_1 \quad k_2\right]^{\mathrm{T}}-\tau \boldsymbol{L}_\sigma^i \otimes[1 \quad -1]^{\mathrm{T}} & \gamma \boldsymbol{L}_\sigma^i \otimes \boldsymbol{Q} \\ * & \dfrac{4 \tau}{k_3^2} \boldsymbol{L}_\sigma^{i 2}-2 \boldsymbol{H}_\sigma^i & -\boldsymbol{H}_\sigma^i \otimes\begin{bmatrix} k_1 \\ k_2 \end{bmatrix}^{\mathrm{T}} \\ * & * & -\boldsymbol{I}_{2 f_\sigma^i} / \boldsymbol{\tau} \end{bmatrix} \tag{6-74}$$

式中，$*$ 代表对称矩阵的对称部分；$\boldsymbol{\varXi}_{\sigma 11}=\gamma \boldsymbol{\psi}_\sigma^i+\gamma \boldsymbol{\psi}_\sigma^{i \mathrm{T}}+\boldsymbol{\tau}\left(\boldsymbol{I}_{f_\sigma^i} \otimes \boldsymbol{M}^2\right)$，其中 $\boldsymbol{\psi}_\sigma^i=\boldsymbol{I}_{f_\sigma^i} \otimes \boldsymbol{M}-\boldsymbol{L}_\sigma^i \otimes \boldsymbol{Q}$，并且 $\boldsymbol{H}_\sigma^i \in \boldsymbol{R}^{f_\sigma^i \times f_\sigma^i}$ 是对称矩阵，满足：

$$0 \leqslant \boldsymbol{H}_\sigma^i=\boldsymbol{H}_\sigma^{i \mathrm{T}}, \operatorname{rank}\left(\boldsymbol{H}_\sigma^i\right)=f_\sigma^i-1, \boldsymbol{H}_\sigma^i \mathbf{1}=0 \tag{6-75}$$

引理 6-6[44]　若有矩阵 $\boldsymbol{C}_n=n \boldsymbol{I}_n-\boldsymbol{L} \boldsymbol{L}^{\mathrm{T}}$，$\boldsymbol{I}_n$ 表示 n 维单位阵，$\boldsymbol{L}$ 表示具有相应维数的列向量 $(1,1, \cdots, 1)^{\mathrm{T}}$，那么必然存在一个正交矩阵 $\boldsymbol{U}_n \in \boldsymbol{R}^{n \times n}$，使得 $\boldsymbol{U}_n^{\mathrm{T}} \boldsymbol{C}_n \boldsymbol{U}_n=\operatorname{diag}\left\{n \boldsymbol{I}_{n-1}, 0\right\}$，并且 $\boldsymbol{U}_n$ 的最后一列为 $1 / \sqrt{n}$。给定一个矩阵 $\boldsymbol{D} \in \boldsymbol{R}^{n \times n}$ 使得 $\boldsymbol{L}^{\mathrm{T}} \boldsymbol{D}=0$，且 $\boldsymbol{D} \boldsymbol{L}=0$，那么 $\boldsymbol{U}_n^{\mathrm{T}} \boldsymbol{D} \boldsymbol{U}_n=\operatorname{diag}\left\{\overline{\boldsymbol{U}}_n^{\mathrm{T}} \boldsymbol{D} \overline{\boldsymbol{U}}_n, 0\right\}$，其中 $\overline{\boldsymbol{U}}_n$ 表示 $\boldsymbol{U}_n$ 的 $n-1$ 列。

引理 6-7　取列向量 $\boldsymbol{\eta}_1=\left[\boldsymbol{\varepsilon}_\sigma^{i \mathrm{T}}(t), \boldsymbol{w}^{\mathrm{T}}, \boldsymbol{v}^{\mathrm{T}}\right]^{\mathrm{T}}$，对于任意给定的列向量 $\boldsymbol{w} \in \boldsymbol{R}^{f_\sigma^i}$、$\boldsymbol{v} \in \boldsymbol{R}^{2 f_\sigma^i}$ 和 $\boldsymbol{F}_\sigma^i=\operatorname{diag}\left\{\overline{\boldsymbol{U}}_{2 f_\sigma^i}, \overline{\boldsymbol{U}}_{f_\sigma^i}, \boldsymbol{I}_{2 f_\sigma^i}\right\}$，$\overline{\boldsymbol{U}}_{2 f_\sigma^i}$ 和 $\overline{\boldsymbol{U}}_{f_\sigma^i}$ 的定义如引理 6-6 所述。如果 $\boldsymbol{F}_\sigma^{i \mathrm{T}} \boldsymbol{\varXi}_\sigma \boldsymbol{F}_\sigma^i<0$，则 $\boldsymbol{\eta}_1^{\mathrm{T}} \boldsymbol{\varXi}_\sigma \boldsymbol{\eta}_1 \leqslant \lambda_{\varXi_\sigma}\left\|\boldsymbol{\varepsilon}_\sigma^i(t)-g \mathbf{1}\right\|^2$，其中 $\|\cdot\|$ 代表向量的标准欧几里得范数，$\lambda_{\varXi_\sigma}<0$ 是矩阵 $\boldsymbol{\varXi}_\sigma$ 的最大非 0 特征根，$g>0$ 为一常数。

证明：通过简单计算，可得知 $\boldsymbol{\varXi}_\sigma\left[\mathbf{1}_{2 f_\sigma^i}^{\mathrm{T}}, \mathbf{0}_{3 f_\sigma^i}^{\mathrm{T}}\right]^{\mathrm{T}}=0$，$\boldsymbol{\varXi}_\sigma\left[\mathbf{0}_{2 f_\sigma^i}^{\mathrm{T}}, \mathbf{1}_{f_\sigma^i}^{\mathrm{T}}, \mathbf{0}_{2 f_\sigma^i}^{\mathrm{T}}\right]^{\mathrm{T}}=0$。通过引理 6-7，容易得出，当且仅当 $\boldsymbol{F}_\sigma^{i \mathrm{T}} \boldsymbol{\varXi}_\sigma \boldsymbol{F}_\sigma^i<0$ 时，有 $\boldsymbol{\varXi}_\sigma \leqslant 0$，并且 $\operatorname{rank}\left(\boldsymbol{\varXi}_\sigma\right)=5 f_\sigma^i-2$。如果

取 $\boldsymbol{\eta}_2=\left[\boldsymbol{\varepsilon}_\sigma^{i\mathrm{T}}(t)-g\mathbf{1}^\mathrm{T},\boldsymbol{w}^\mathrm{T}-h\mathbf{1}^\mathrm{T},\boldsymbol{v}^\mathrm{T}\right]$，其中 $h>0$ 为一个常数，那么很明显有 $\boldsymbol{\Xi}_\sigma(\boldsymbol{\eta}_1-\boldsymbol{\eta}_2)=0$。因此可知：

$$\begin{aligned}\boldsymbol{\eta}_1^\mathrm{T}\boldsymbol{\Xi}_\sigma^i\boldsymbol{\eta}_1&=(\boldsymbol{\eta}_1-\boldsymbol{\eta}_2)^\mathrm{T}\boldsymbol{\Xi}_\sigma(\boldsymbol{\eta}_1-\boldsymbol{\eta}_2)+\boldsymbol{\eta}_2^\mathrm{T}\boldsymbol{\Xi}_\sigma\boldsymbol{\eta}_2\\&\leqslant\lambda_{\boldsymbol{\Xi}_\sigma}\|\boldsymbol{\eta}_2\|^2\leqslant\lambda_{\boldsymbol{\Xi}_\sigma}\left\|\boldsymbol{\varepsilon}_\sigma^i(t)-g\mathbf{1}\right\|^2\end{aligned}\tag{6-76}$$

定理 6-3 对于一个具有通信延迟和切换拓扑的多飞行器系统，假定在每个时间区间 $\left[t_{k_b},t_{k_{b+1}}\right)$，其通信拓扑图的集合是联合连通的，那么在每个子区间 $\left[t_{k_b},t_{k_{b+1}}\right)$，如果存在一个正常数 $\gamma>0$ 和满足式(6-75)的 $\boldsymbol{H}_\sigma^i\in\boldsymbol{R}^{f_\sigma^i\times f_\sigma^i}$，$i=1,2,\cdots,d_\sigma$，使得

$$\boldsymbol{F}_\sigma^{i\mathrm{T}}\boldsymbol{\Xi}_\sigma\boldsymbol{F}_\sigma^i<0\tag{6-77}$$

进而有 $\lim\limits_{t\to+\infty}p_j(t)-p_i(t)=r_{ij}$，$\lim\limits_{t\to+\infty}v_i(t)=v^*$，那么多飞行器系统最终能够实现预期的编队，并且达到期望的速度。

证明：针对式(6-69)，选取 Lyapunov-Krasovskii 函数形式如下：

$$V(t)=\gamma\boldsymbol{\varepsilon}^\mathrm{T}(t)\boldsymbol{\varepsilon}(t)+\int_{-\tau}^0\int_{t+a}^t\dot{\boldsymbol{\varepsilon}}^\mathrm{T}(s)\dot{\boldsymbol{\varepsilon}}(s)\mathrm{d}s\mathrm{d}a,\ \ \gamma>0\tag{6-78}$$

容易得出，$V(t)$ 是一个正定递减函数，而且根据式(6-72)，$V(t)$ 可改写为

$$V(t)=\gamma\sum_{i=1}^{d_\sigma}\boldsymbol{\varepsilon}_\sigma^{i\mathrm{T}}(t)\boldsymbol{\varepsilon}_\sigma^i(t)+\sum_{i=1}^{d_\sigma}\int_{-\tau}^0\int_{t+\alpha}^t\dot{\boldsymbol{\varepsilon}}_\sigma^{i\mathrm{T}}(s)\dot{\boldsymbol{\varepsilon}}_\sigma^i(s)\mathrm{d}s\mathrm{d}a,\ \ \gamma>0\tag{6-79}$$

因此，从本质上，$V(t)$ 是每个子区间 $\left[t_{k_b},t_{k_{b+1}}\right)$ 连通部分的 Lyapunov-Krasovskii 函数的组合。

首先，$V(t)$ 的导数为

$$\begin{aligned}\dot V(t)&=2\gamma\sum_{i=1}^{d_\sigma}\boldsymbol{\varepsilon}_\sigma^{i\mathrm{T}}(t)\dot{\boldsymbol{\varepsilon}}_\sigma^i(t)+\sum_{i=1}^{d_\sigma}[\tau\dot{\boldsymbol{\varepsilon}}_\sigma^{i\mathrm{T}}(t)\dot{\boldsymbol{\varepsilon}}_\sigma^i(t)-\int_{t-\tau}^t\dot{\boldsymbol{\varepsilon}}_\sigma^{i\mathrm{T}}(s)\dot{\boldsymbol{\varepsilon}}_\sigma^i(s)\mathrm{d}s]\\&=\sum_{i=1}^{d_\sigma}\left\{2\gamma\boldsymbol{\varepsilon}_\sigma^{i\mathrm{T}}(t)[(\boldsymbol{I}_{f_\sigma^i}\otimes\boldsymbol{M})\boldsymbol{\varepsilon}_\sigma^i(t)+\tau\dot{\boldsymbol{\varepsilon}}_\sigma^{i\mathrm{T}}(t)\dot{\boldsymbol{\varepsilon}}_\sigma^i(t)-(\boldsymbol{L}_\sigma^i\otimes\boldsymbol{Q})\boldsymbol{\varepsilon}_\sigma^i(t-\tau)]-\int_{t-\tau}^t\dot{\boldsymbol{\varepsilon}}_\sigma^{i\mathrm{T}}(s)\dot{\boldsymbol{\varepsilon}}_\sigma^i(s)\mathrm{d}s\right\}\end{aligned}\tag{6-80}$$

根据 Newton-Leibniz 公式 $\int_{t-\tau}^t\dot{\boldsymbol{\varepsilon}}_\sigma^i(s)\mathrm{d}s=\boldsymbol{\varepsilon}_\sigma^i(t)-\boldsymbol{\varepsilon}_\sigma^i(t-\tau)$，可以得到：

$$\left(\boldsymbol{L}_\sigma^i\otimes\boldsymbol{Q}\right)\boldsymbol{\varepsilon}_\sigma^i(t-\tau)=\left(\boldsymbol{L}_\sigma^i\otimes\boldsymbol{Q}\right)\boldsymbol{\varepsilon}_\sigma^i(t)-\left(\boldsymbol{L}_\sigma^i\otimes\boldsymbol{Q}\right)\int_{t-\tau}^t\dot{\boldsymbol{\varepsilon}}_\sigma^i(s)\mathrm{d}s\tag{6-81}$$

并且有

$$\Gamma_\sigma^i=\frac{1}{\tau}\int_{t-\tau}^t\boldsymbol{\varepsilon}_\sigma^{i\mathrm{T}}(t-\tau)\left(\boldsymbol{H}_\sigma^i\otimes\begin{bmatrix}k_1^2&k_3\\k_3&k_2^2\end{bmatrix}\right)\times\left[\boldsymbol{\varepsilon}_\sigma^i(t)-\boldsymbol{\varepsilon}_\sigma^i(t-\tau)-\tau\dot{\boldsymbol{\varepsilon}}_\sigma^i(s)\right]\mathrm{d}s=0\tag{6-82}$$

因此，可以得到：

$$
\begin{aligned}
\dot{V}(t)=&\sum_{i=1}^{d_\sigma}\Bigg\{2\gamma\boldsymbol{\varepsilon}_\sigma^{i\mathrm{T}}(t)\Bigg[\left(\boldsymbol{I}_{f_\sigma^i}\otimes\boldsymbol{M}\right)\boldsymbol{\varepsilon}_\sigma^i(t)-\left(\left(\boldsymbol{L}_\sigma^i\otimes\boldsymbol{Q}\right)\boldsymbol{\varepsilon}_\sigma^i(t)-\left(\boldsymbol{L}_\sigma^i\otimes\boldsymbol{Q}\right)\int_{t-\tau}^{t}\dot{\boldsymbol{\varepsilon}}_\sigma^i(s)\mathrm{d}s\right)\Bigg]\\
&+\tau\dot{\boldsymbol{\varepsilon}}_\sigma^{i\mathrm{T}}(t)\dot{\boldsymbol{\varepsilon}}_\sigma^i(t)-\int_{t-\tau}^{t}\dot{\boldsymbol{\varepsilon}}_\sigma^{i\mathrm{T}}(s)\dot{\boldsymbol{\varepsilon}}_\sigma^i(s)\mathrm{d}s\Bigg\}\\
=&\sum_{i=1}^{d_\sigma}\Bigg\{\boldsymbol{\varepsilon}_\sigma^{i\mathrm{T}}(t)\left[2\gamma\psi_\sigma^i+\tau\left(\boldsymbol{I}_{f_\sigma^i}\otimes\boldsymbol{M}^2\right)\right]\boldsymbol{\varepsilon}_\sigma^i(t)-2\tau\boldsymbol{\varepsilon}_\sigma^{i\mathrm{T}}(t)\\
&\cdot\left[\left(\boldsymbol{I}_{f_\sigma^i}\otimes\boldsymbol{M}\right)\left(\boldsymbol{L}_\sigma^i\otimes\boldsymbol{Q}\right)\right]\boldsymbol{\varepsilon}_\sigma^i(t-\tau)+\int_{t-\tau}^{t}2\gamma\boldsymbol{\varepsilon}_\sigma^{i\mathrm{T}}(t)\left(\boldsymbol{L}_\sigma^i\otimes\boldsymbol{Q}\right)\dot{\boldsymbol{\varepsilon}}_\sigma^i(s)\mathrm{d}s\\
&+\boldsymbol{\tau}\boldsymbol{\varepsilon}_\sigma^{i\mathrm{T}}(t-\tau)\left[\left(\boldsymbol{L}_\sigma^i\otimes\boldsymbol{Q}\right)^{\mathrm{T}}\left(\boldsymbol{L}_\sigma^i\otimes\boldsymbol{Q}\right)\right]\boldsymbol{\varepsilon}_\sigma^i(t-\tau)-\int_{t-\tau}^{t}\dot{\boldsymbol{\varepsilon}}_\sigma^{i\mathrm{T}}(s)\dot{\boldsymbol{\varepsilon}}_\sigma^i(s)\mathrm{d}s\Bigg\}
\end{aligned}\tag{6-83}
$$

$$
\begin{aligned}
=&\frac{1}{\tau}\sum_{i=1}^{d_\sigma}\int_{t-\tau}^{t}\Bigg\{\boldsymbol{\varepsilon}_\sigma^{i\mathrm{T}}(t)\left[2\gamma\psi_\sigma^i+\tau\left(\boldsymbol{I}_{f_\sigma^i}\otimes\boldsymbol{M}^2\right)\right]\boldsymbol{\varepsilon}_\sigma^i(t)\\
&-2\tau\boldsymbol{\varepsilon}_\sigma^{i\mathrm{T}}(t)\left[\left(\boldsymbol{I}_{f_\sigma^i}\otimes\boldsymbol{M}\right)\left(\boldsymbol{L}_\sigma^i\otimes\boldsymbol{Q}\right)\right]\boldsymbol{\varepsilon}_\sigma^i(t-\tau)\\
&+2\gamma\tau\boldsymbol{\varepsilon}_\sigma^{i\mathrm{T}}(t)\left(\boldsymbol{L}_\sigma^i\otimes\boldsymbol{Q}\right)\dot{\boldsymbol{\varepsilon}}_\sigma^i(s)-\dot{\boldsymbol{\varepsilon}}_\sigma^{i\mathrm{T}}(s)\dot{\boldsymbol{\varepsilon}}_\sigma^i(s)\\
&+\boldsymbol{\tau}\boldsymbol{\varepsilon}_\sigma^{i\mathrm{T}}(t-\boldsymbol{\tau})\left[\left(\boldsymbol{L}_\sigma^{i\mathrm{T}}\boldsymbol{L}_\sigma^i\right)\otimes\left(\boldsymbol{Q}^{\mathrm{T}}\boldsymbol{Q}\right)\right]\boldsymbol{\varepsilon}_\sigma^i(t-\boldsymbol{\tau})\Bigg\}\mathrm{d}s
\end{aligned}
$$

式中，$\boldsymbol{MQ}=\begin{bmatrix}k_1 & k_2\\ -k_1 & -k_2\end{bmatrix}$；$\boldsymbol{Q}^{\mathrm{T}}\boldsymbol{Q}=\begin{bmatrix}4/k_2^2 & 4/k_3\\ 4/k_3 & 4/k_1^2\end{bmatrix}$。

令 $\boldsymbol{\delta}_i(t,a)=\left[\boldsymbol{\varepsilon}_\sigma^{i\mathrm{T}}(t)\quad \boldsymbol{\varepsilon}_\sigma^{i\mathrm{T}}(t-\tau)\left(\boldsymbol{I}_{f_\sigma^i}\otimes[k_1,k_2]^{\mathrm{T}}\right)\quad \tau\dot{\boldsymbol{\varepsilon}}_\sigma^{i\mathrm{T}}(s)\right]^{\mathrm{T}}$，可以得到：

$$
\dot{V}(t)=\dot{V}(t)+2\sum_{i=1}^{d_\sigma}\boldsymbol{\Gamma}_\sigma=\frac{1}{\tau}\sum_{i=1}^{d_\sigma}\int_{t-\tau}^{t}\boldsymbol{\delta}_i^{r}(t,a)\boldsymbol{\varXi}_\sigma\boldsymbol{\delta}_i(t,a)\mathrm{d}s \tag{6-84}
$$

通过分析可知，矩阵 $\boldsymbol{\varXi}_\sigma$ 的所有特征值均为非正数，取 $\lambda_{\max}=\max\left\{\lambda_{\varXi_\sigma}\neq 0\right\}$，所以 $\lambda_{\max}<0$。由引理 6-7 可得，$\boldsymbol{\delta}_i^{\mathrm{T}}(t,a)\boldsymbol{\varXi}_\sigma\boldsymbol{\delta}_i(t,a)\leqslant\lambda_{\varXi_\sigma}\left\|\boldsymbol{\varepsilon}_\sigma^i(t)-g\mathbf{1}\right\|^2$，因此

$$
\dot{V}(t)\leqslant\frac{\lambda_{\max}}{\tau}\sum_{i=1}^{d_\sigma}\int_{t-\tau}^{t}\lambda_{\varXi_\sigma}\left\|\boldsymbol{\varepsilon}_\sigma^i(t)-g\mathbf{1}\right\|^2\mathrm{d}s=\lambda_{\max}\sum_{i=1}^{d_\sigma}\lambda_{\varXi_\sigma}\left\|\boldsymbol{\varepsilon}_\sigma^i(t)-g\mathbf{1}\right\|^2 \tag{6-85}
$$

由此可知，式(6-69)是稳定的[45]。分析可知，$\lim\limits_{t\to+\infty}V(t)=0$，因此有 $\lim\limits_{t\to+\infty}\boldsymbol{\varepsilon}(t)=0$，证毕。也就是说，在协同控制律(6-65)作用下，多飞行器系统最终能形成预期队形，并达到期望的飞行速度。

6.5.3　仿真试验

本节通过数值仿真来验证所设计的一致性协同控制方法和稳定性分析的正确性。为充分说明本节所设计的一致性协同控制方法能够适应多种情况下多飞行器的编队飞行控制，分以下两种情况进行仿真说明。

6.5.3.1 非对称结构队形的四飞行器编队形成仿真

四飞行器之间的通信拓扑图和期望队形结构图分别如图 6-45 和图 6-46 所示。

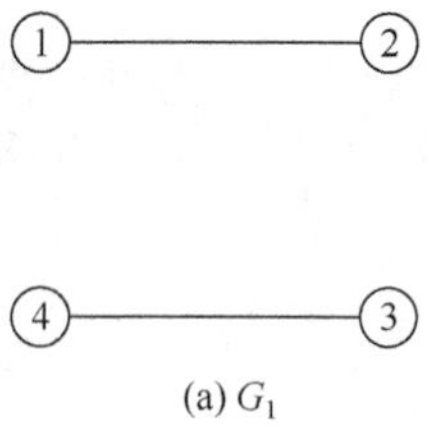

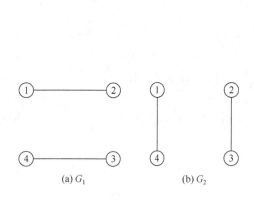

图 6-45 四飞行器通信拓扑图

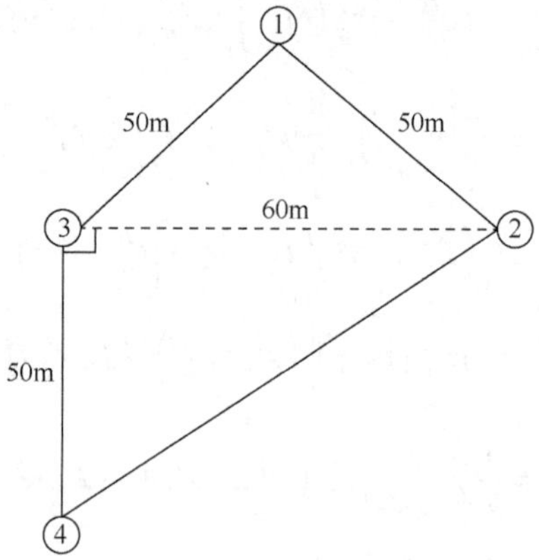

图 6-46 非对称结构队形飞行器期望队形结构图

四飞行器之间的通信拓扑按照(G_1,G_2,G_1)的顺序切换，驻留时间为 0.3s，图 6-46 中每条连通边的权重为 1。四飞行器的初始位置、速度和航迹角的初值如表 6-4 所示。

表 6-4 非对称结构队形飞行器初始状态

飞行器编号	x_i / m	y_i / m	v_i / (m / s)	φ_i / (°)
1	18	110	60	29
2	11	120	65	27
3	3	100	73	28
4	9	110	77	23

四飞行器系统期望的速度 $v_i = 66\text{m/s}$，航迹角 $\varphi_i = 26°$。通过求解式(6-77)，得出协同控制方法中一组可行参数为 $k_1 = 2$、$k_2 = 1.6$、$k_3 = 3.2$。此参数下系统所允许的最大时延 $\tau = 0.3\text{s}$，在此编队控制方法下，四飞行器编队的位置、速度、航迹角变化曲线和形成队形分别如图 6-47～图 6-50 所示。

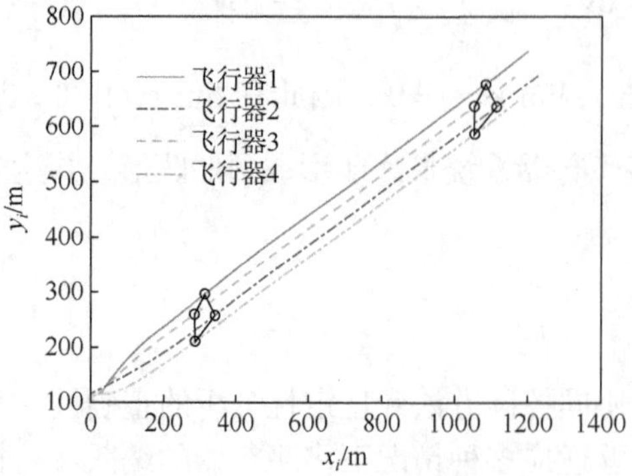

图 6-47 非对称结构队形位置响应图

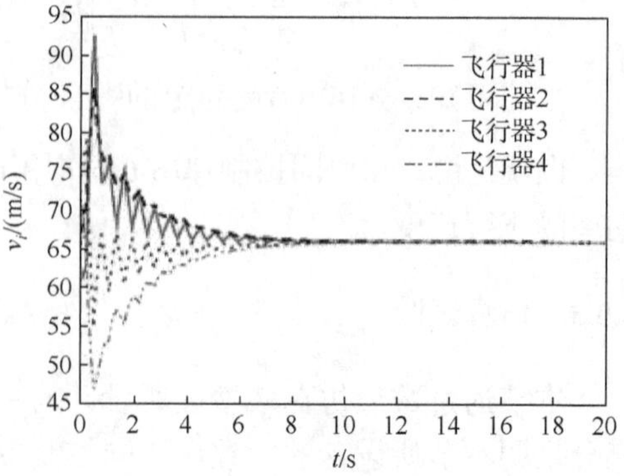

图 6-48 非对称结构队形速度响应图

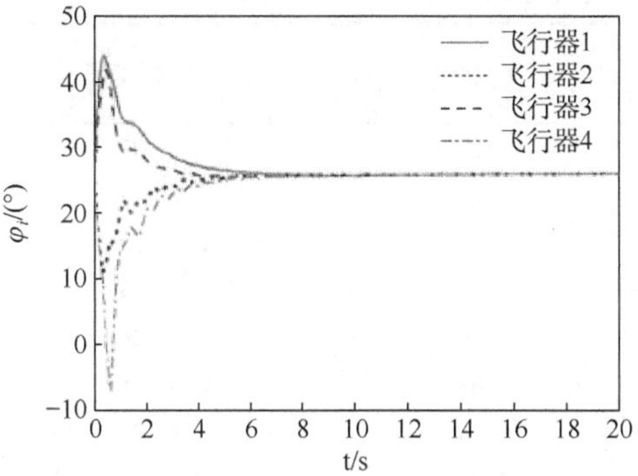

图 6-49　非对称结构队形航迹角响应图

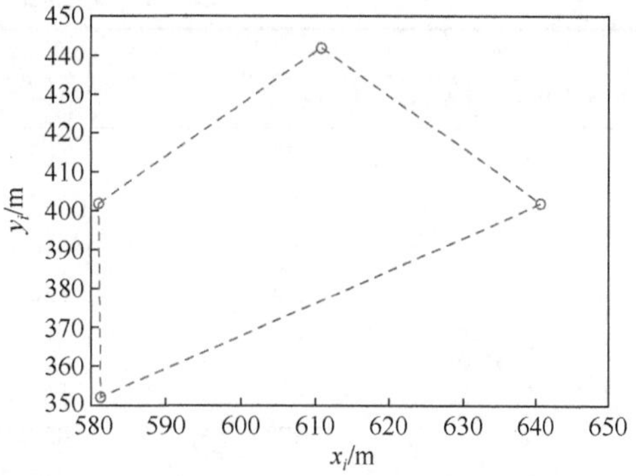

图 6-50　非对称结构队形形成队形图

由图 6-47～图 6-50 可见，四飞行器系统的速度和航迹角最终均收敛到一致并且达到给定的期望值，形成了期望的编队队形并能够按照此队形保持编队飞行。

6.5.3.2　对称结构队形的八飞行器编队形成仿真

八飞行器的对称结构队形飞行器通信拓扑图如图 6-51 所示。每个通信拓扑图均含有相同的 8 个节点数，即有八个飞行器参与编队飞行。从图中可以看出，每个拓扑图并不是连通的，但是 4 个图的集合却是连通的，图中每条连通边的权重为 1。多飞行器系统之间的通信拓扑图的驻留时间为 0.2s，并且按照$(G_1, G_2, G_3, G_4, G_1)$的顺序切换。

八飞行器系统的期望编队队形是对称的，系统中各个飞行器之间的期望距离如图 6-52 所示。

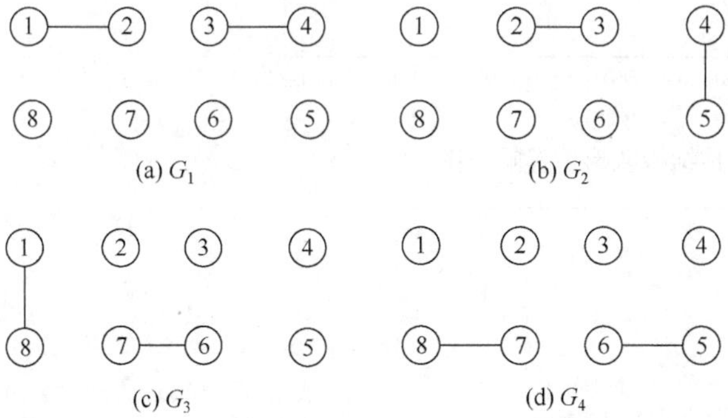

图 6-51　八飞行器的对称结构队形飞行器通信拓扑图

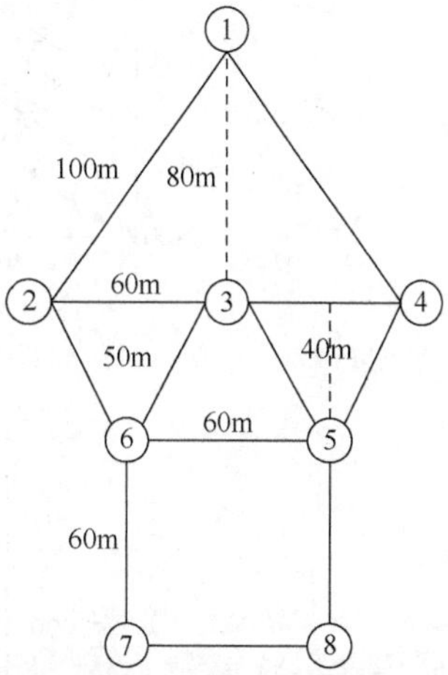

图 6-52　对称结构队形飞行器期望队形结构图

八飞行器的初始位置、速度和航迹角的初值如表 6-5 所示。

表 6-5 对称结构队形飞行器初始状态

飞行器编号	x_i / m	y_i / m	v_i / (m/s)	φ_i / (°)
1	300	600	69	29
2	240	520	65	27
3	300	520	63	28
4	360	520	70	23
5	330	480	70	26
6	270	480	65	25
7	270	420	73	24
8	330	420	71	22

八飞行器编队期望的速度 $v_i = 76\text{m/s}$，航迹角 $\varphi_i = 26°$。通过求解式(6-77)，得出编队控制方法中一组可行参数为 $k_1 = 2$、$k_2 = 1.6$、$k_3 = 3.2$。当系统所允许的最大时延 $\tau = 0.3\text{s}$ 时，八飞行器编队的位置和飞行器之间距离差及形成的队形，分别如图 6-53 和图 6-54 所示。

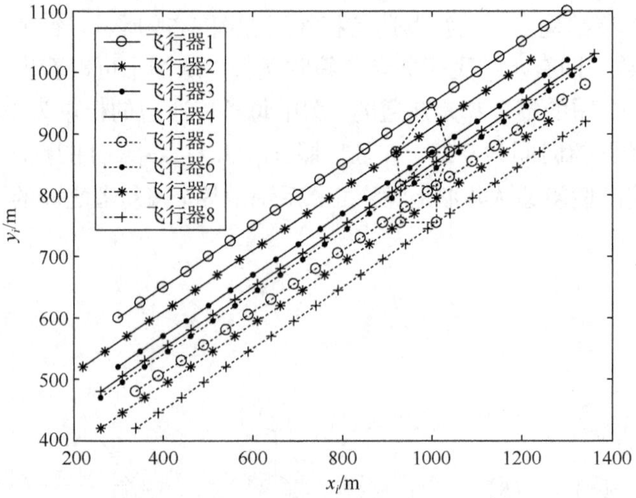

图 6-53 对称结构队形位置响应图

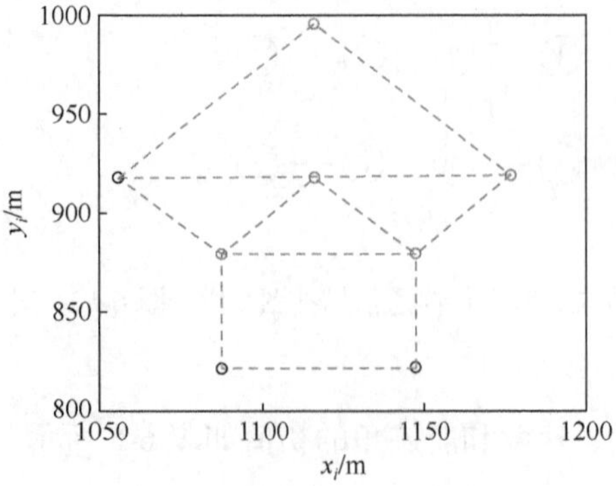

图 6-54 对称结构队形形成队形图

由图 6-53 和图 6-54 可知，八飞行器所组成的编队能够在编队控制算法下形成预期的编队队形。

综合两种情况可以得出，不论飞行器编队系统中飞行器数量多少、期望编队队形的结构如何，在本节所提出的一致性协同控制方法下，只要保证通信拓扑结构是联合连通的，那么多飞行器系统就能够形成期望的编队队形，并按照给定的速度和航迹角实现编队飞行。

思 考 题

6.1 在考虑多飞行器编队协同飞行时，写出一般描述多飞行器智能体的数学模型。
6.2 多飞行器编队协同飞行控制有哪几种控制结构?
6.3 集中式控制结构和分布式控制结构各有什么优缺点?
6.4 有中心编队控制结构和无中心编队控制结构各有什么特性?
6.5 飞行器编队协同控制方法有哪几种？它们各自的优缺点是什么?
6.6 画出考虑通信耦合编队控制的结构图。
6.7 以六个无人飞行器为例，画出一种对称结构编队队形的结构图。
6.8 以八个无人飞行器为例，画出一种非对称结构编队队形的结构图。

参 考 文 献

[1] POTTS W K. The chorus-line hypothesis of manoeuvre coordination in avian flocks[J]. Nature, 1984, 309(5966): 344-355.
[2] OKUBO A. Dynamical aspects of animal grouping: Swarms, schools, flocks, and herds[J]. Advances in Biophysics, 1986, 22(1): 1-94.
[3] PARRISH J K, VISCIDO S V, GRÜNBAUM D. Self-organized fish schools: An examination of emergent properties[J]. Biological Bulletin, 2002, 202(3): 296-305.
[4] EHRLICH P R. The population biology of coral reef fishes[J]. Annual Review of Ecology and Systematics, 1975, 6(1): 211-247.
[5] ZHANG H T, ZHAI C, CHEN Z Y. A general alignment repulsion algorithm for flocking of multi-agent systems[J]. IEEE Transactions on Automatic Control, 2011, 56(2): 430-435.
[6] ZAVLANOS M M, TANNER H G, JADBABAIE A, et al. Hybrid control for connectivity preserving flocking[J]. IEEE Transactions on Automatic Control, 2009, 54(12): 2869-2875.
[7] PETTERSEN K Y, GRAVDAHL J T, NIJMEIJER H. Group Coordination and Cooperative Control[M]. Berlin: Springer-Verlag, 2006.
[8] 闵海波, 刘源, 王仕成, 等. 多个体协调控制问题综述[J]. 自动化学报, 2012, 38(10): 1557-1570.
[9] SREEJA S, HABLANI H B. Precision munition guidance and moving-target estimation[J]. Journal of Guidance, Control, and Dynamics, 2016, 39(9): 2100-2111.
[10] 毕兰金, 刘勇志. 精确制导武器在现代战争中的应用及发展趋势[J]. 战术导弹技术, 2004, 6(1): 1-4.
[11] 高炳龙, 王惠源. 精确制导武器的发展趋势及其特点[J]. 机电技术, 2014, 4(2): 158-160.
[12] ROBER W. Missile interceptors may carry dozens of kill[J]. Aviation Week & Space Technology, 2006, 160(1): 50-57.
[13] 谢愈, 刘鲁华, 汤国建. 多拦截器总体拦截方案设计与分析[J]. 北京航空航天大学学报, 2012, 38(3): 303-308.
[14] LI Z K, DUAN Z S, CHEN G R, et al. Consensus of multiagent systems and synchronization of complex networks: A unified

viewpoint[J]. IEEE Transactions on Circuits and Systems I: Regular Papers, 2010, 57(1): 213-224.

[15] ZHANG H, LEWIS F L, DAS A. Optimal design for synchronization of cooperative systems: State feedback, observer and output feedback[J]. IEEE Transactions on Automatic Control, 2011, 56(8): 1948-1952.

[16] 郑伟铭，徐扬，罗德林，等. 多四旋翼无人机系统分布式分层编队合围控制[J]. 北京航空航天大学学报，2022, 48(6): 1091-1105.

[17] PARK B S, YOO S J. Connectivity-maintaining and collision-avoiding performance function approach for robust leader-follower formation control of multiple uncertain underactuated surface vessels[J]. Automatica, 2021, 127(9): 1-10.

[18] SASKA M, BACA T, THOMAS J, et al. System for deployment of groups of unmanned micro aerial vehicles in GPS-denied environments using onboard visual relative localization[J]. Autonomous Robots, 2016, 41(4): 919-944.

[19] ZHAO J, SUN J M, CAI Z H, et al. Distributed coordinated control scheme of UAV swarm based on heterogeneous roles[J]. Chinese Journal of Aeronautics, 2022, 35(1): 81-97.

[20] MUSLIMOV T Z, MUNASYPOV R A. Adaptive decentralized flocking control of multi-UAV circular formations based on vector fields and backstepping[J]. ISA Transactions, 2020, 107(12): 143-159.

[21] XIANG X B, LIU C, SU H S, et al. On decentralized adaptive full-order sliding mode control of multiple UAVs[J]. ISA Transactions, 2017, 71(2): 196-205.

[22] BINETTI P, ARIYUR K B, KRSTIC M, et al. Formation flight optimization using extremum seeking feedback[J]. Journal of Guidance, Control, and Dynamics, 2003, 26(1): 132-142.

[23] YU Z Q, ZHANG Y M, JIANG B, et al. Decentralized fractional-order backstepping fault-tolerant control of multi-UAVs against actuator faults and wind effects[J]. Aerospace Science and Technology, 2020, 104(9): 1-18.

[24] HAFEZ A T, MARASCO A J, GIVIGI S N, et al. Solving multi-UAV dynamic encirclement via model predictive control[J]. IEEE Transactions on Control Systems Technology, 2015, 23(6): 2251-2265.

[25] OH K K, PARK M C, AHN H S. A survey of multi-agent formation control[J]. Automatica, 2015, 53(3): 424-440.

[26] LI H F, LIU Q R, FENG G, et al. Leader-follower consensus of nonlinear time-delay multiagent systems: A time-varying gain approach[J]. Automatica, 2021, 126(4): 1-8.

[27] CHEN H, WANG X K, SHEN L C, et al. Formation flight of fixed-wing UAV swarms: A group-based hierarchical approach[J]. Chinese Journal of Aeronautics, 2021, 34(2): 504-515.

[28] LEWIS M A, TAN K H. High precision formation control of mobile robots using virtual structures[J]. Autonomous Robots, 1997, 4(10): 387-403.

[29] HE L, BAI P, LIANG X, et al. Feedback formation control of UAV swarm with multiple implicit leaders[J]. Aerospace Science and Technology, 2018, 72(1): 327-334.

[30] KANG S, CHOI H, KIM Y. Formation flight and collision avoidance for multiple UAVs using concept of elastic weighting factor[J]. International Journal of Aeronautical and Space Sciences, 2013, 14(1): 75-84.

[31] LOW C B. A dynamic virtual structure formation control for fixed-wing UAVs[C]. 2011 9th IEEE International Conference on Control and Automation, Santiago, Chile, 2011: 627-632.

[32] ZHANG L, LU Y, XU S D, et al. Multiple UAVs cooperative formation forming control based on back-stepping-like approach[J]. Journal of Systems Engineering and Electronics, 2018, 29(4): 816-822.

[33] DONG X W, HU G Q. Time-varying formation control for general linear multi-agent systems with switching directed topologies[J]. Automatica, 2016, 73(11): 47-55.

[34] WANG R, DONG X W, LI Q D, et al. Distributed adaptive formation control for linear swarm systems with time-varying formation and switching topologies[J]. IEEE Access, 2016, 4(1): 8995-9004.

[35] 刘泽群，周军，郭宗易，等. 基于领机状态估计的多无人机耦合协同编队控制[J]. 北京理工大学学报，2023, 43(6): 623-632.

[36] 郑大钟. 线性系统理论[M]. 2 版. 北京：清华大学出版社, 2005.

[37] BRIAN D O A, JOHN B M. Optimal Control-Linear Quadratic Methods [M]. Englewoods Cliffs: Prentice-Hall, 1990.

[38] FUJII T. A new approach to the LQ design from the viewpoint of the inverse regulator problem [J]. IEEE Transactions on Automatic Control, 1987, 32(11): 995-1004.

[39] MOON Y S, PARK P, KWON W H, et al. Delay-dependent robust stabilization of uncertain state-delayed systems[J]. International Journal of Control, 2001, 74(14): 1447-1455.

[40] 刘康志, 姚郁. 现行鲁棒控制[M]. 北京: 科学出版社, 2013.

[41] YANG L, JAN L. Leader-follower synchronisation of autonomous agents with external disturbances[J]. International Journal of Control, 2014, 87(9): 1914-1925.

[42] 薛瑞彬. 多无人机分布式协同编队飞行控制技术研究[D]. 北京: 北京理工大学, 2016.

[43] REN W. Consensus strategies for cooperative control of vehicle formations[J]. IET Control Theory and Applications, 2007, 1(2): 505-512.

[44] LIN P, JIA Y M. Consensus of a class of second-order multi-agent systems with time-delay and jointly-connected topologies[J]. IEEE Transactions on Automatic Control, 2010, 55(3): 778-785.

[45] GU K, KHARITONOV V L, CHEN J. Stability of Time-Delay Systems[M]. Boston: Birkhäuser, 2003.

第 7 章

智能飞行系统的核心范例

7.1 飞行器智能动态航迹规划范例

微课

滑翔飞行器在再入远距离飞行的全过程中，飞行器的飞行状态和所处的大气环境等会有剧烈的变化，这对飞行器的热防护系统、动压承受能力有着严苛的要求，同时还需要考虑高速飞行时的过载对飞行器结构和控制系统稳定性的影响。除传统的热流、动压、过载等过程约束外，在敌方协同防空体系和复杂的不确定战场环境下，滑翔飞行器在飞行过程中还可能遇到敌方探测预警和防空阵地的区域威胁。传统的离线弹道规划方法难以适应在先验知识之外且对决策实时性要求较高的动态战场环境，因此如图 7-1 所示，在动态禁飞区的突防对抗场景下，滑翔飞行器智能动态航迹规划技术成为了研究热点。

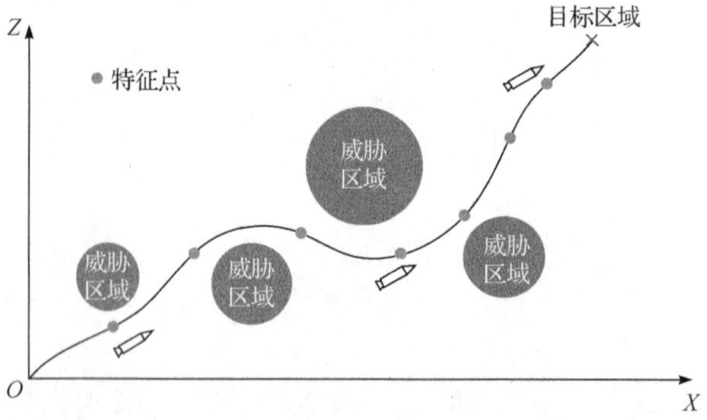

图 7-1 滑翔飞行器在禁飞区的规避飞行示意图

针对滑翔飞行器在突防过程中的动态禁飞区战场环境，利用深度确定性策略梯度(DDPG)算法的在线自主决策优势，离线训练飞行器智能体，根据威胁区信息，在线实时生成规避策略，实现禁飞区动态快速规避航迹规划。

7.1.1 深度确定性策略梯度算法的训练流程

深度确定性策略梯度算法[1]是一种可用于连续动作空间的强化学习算法，可训练飞行器智能体规避禁飞区的航迹。DDPG 算法结合了深度神经网络和确定性策略梯度，旨在学习连续动作空间中的高性能策略。深度确定性策略梯度算法是一种无模型、异策略以及基于 Actor-Critic 架构的策略搜索算法，可以用于解决连续动作空间问题。异策略是指在学习的过程中，有两种不同的策略：目标策略和行为策略。目标策略是需要学习的策略，不需要和环境交互；行为策略是探索环境的策略，与环境交互并采集数据，用来作为经验给目标策略学习。

DDPG 算法融合了 DQN 的成功经验，即经验回放和设置单独的网络，解决了数据之间的相关性和 Actor-Critic(A-C)算法难以收敛的问题。DDPG 算法采用了一种软更新策略方式，将动作网络和评价网络的参数各复制一份，进而利用区别 DQN 直接赋值网络参数的软更新策略来更新目标网络的参数，其中权重的软更新策略为

$$\theta' = \tau\theta + (1-\tau)\theta' \tag{7-1}$$

式中，θ 为当前神经网络的权重；θ' 为目标神经网络的权重；τ 为软更新参数。DDPG 算法由 Online 策略网络 $\mu(s;\theta^{\mu})$、Target 策略网络 $\mu'(s;\theta^{\mu'})$、Online 评估网络 $Q(s,a;\theta^{Q})$、Target 评估网络 $Q'(s,a;\theta^{Q'})$ 和经验缓存器 $R=\{s,a,r,s'\}$ 五部分组成。s 为系统当前状态，a 为动作，r 为当前回报，s' 为系统下一时刻状态，θ^{μ}、$\theta^{\mu'}$、θ^{Q}、$\theta^{Q'}$ 为网络可训练参数。

算法过程：首先由 Online 策略网络根据当前状态 s 输出动作 a 附加噪声后作用于环境，环境反馈得到回报 r 和下一时刻状态 s' 后，将当前状态、动作、回报和下一时刻状态储存在经验缓存器中；其次从经验缓存器中随机抽样数据，利用优化算法更新 Online 策略网络和 Online 评估网络；最后进行软更新策略方式。DDPG 算法的训练流程如表 7-1 所示。

表 7-1　DDPG 算法的训练流程

DDPG 算法的训练流程
1. 随机初始化 Critic 网络 $Q(s,a;\theta^{Q})$和 Online 策略网络$\mu(s;\theta^{\mu})$
2. 初始化目标参数，$\theta^{Q'} \leftarrow \theta^{Q}$，$\theta^{\mu'} \leftarrow \theta^{\mu}$
3. 初始化经验缓存器 R
4. for episode=1, M do：
5. 初始化随机过程 ε 进行动作探索
6. 接受初始观测状态 s_1
7. for step=1,T do：
8. 根据当前策略选择动作 $a_t=\mu(s_t;\theta^{\mu})+\varepsilon$
9. 执行动作 a_t，观测回报 r_t 和下一状态 s_{t+1}
10. 将交互数据 (s_t,a_t,r_t,s_{t+1}) 储存到经验缓存器 R 中
11. 从经验缓存器 R 中随机抽样 N 个数据 (s_i,a_i,r_i,s_{i+1})
12. 设置 Critic 网络目标 $y_t=r+\gamma Q'(s',\mu'(s;\theta^{\mu'});\theta^{Q'})$
13. 通过最小化损失函数 $\text{Loss}=\left[y_t-Q(s,a;\theta^{Q})\right]^2$ 更新 Critic 网络

续表

14. 利用策略梯度更新 Online 策略网络：$\nabla_{\theta^\mu}\mu\big\|_{s_i} \approx \frac{1}{N}\sum_i \nabla_a Q\left(s,a;\theta^Q\right)\big\|_{s=s_i,a=\mu(s_i)} \nabla_{\theta^\mu}\mu\left(s;\theta^\mu\right)\big\|_{s=s_i}$
15. 更新 Target 网络：$\begin{cases}\theta^{\mu'}=(1-\tau)\theta^{\mu'}+\tau\theta^{\mu}\\ \theta^{Q'}=(1-\tau)\theta^{Q'}+\tau\theta^{Q}\end{cases}$
16. end for
17. end for

7.1.2 禁飞区规避的航迹规划模型

滑翔飞行器在再入滑翔过程中，会面临敌方禁飞区的威胁，因此需要对飞行器进行禁飞区规避的轨迹规划。下面首先对禁飞区规避问题进行建模。

禁飞区规避的空间几何示意图如图 7-2 所示。图中，C 为飞行器的当前位置；T 为期望目标点位置；Z 为禁飞区中心位置；过点 C 做禁飞圆的切线 CA 和 CB，切线与 CZ 的夹角为 δ。ψ、ψ_Z 和 ψ_T 分别为当前飞行器的航向角、飞行器与禁飞区中心连线的方位角和飞行器与期望目标点连线的方位角。

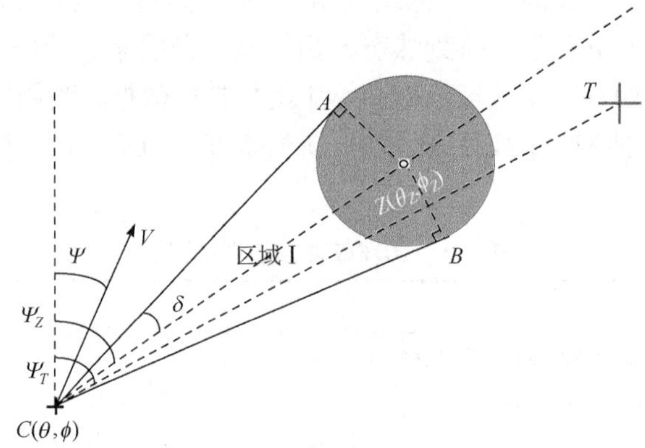

图 7-2 禁飞区规避的空间几何示意图

根据图 7-2 所示的航向角导向区域，利用 DDPG 算法训练飞行器智能体规避禁飞区的方法如下。

1) 判断是否成功规避禁飞区

考虑飞行器能力，根据 $\theta-\left(\theta_Z+\frac{R_Z}{2}\right)>0$ 判定飞行器是否成功绕过禁飞区。

2) 规避禁飞区引导

当飞行器航向角处于禁飞区航向角范围(区域Ⅰ)内，即 $\left|\psi-\psi_Z\right|\leqslant\delta$ 时，将当前时刻的 $\left|\psi-\psi_Z\right|_{t+1}$ 与上一时刻的 $\left|\psi-\psi_Z\right|_t$ 的差值作为奖励函数一部分，以此来引导飞行器远离禁飞区的航向角区域。

3) 目标点导引

当飞行器航向角处于禁飞区航向角范围外，即 $\left|\psi-\psi_Z\right|>\delta$ 时，将上一时刻的 $\left|\psi-\psi_Z\right|_t$

与当前时刻的$|\psi-\psi_Z|_{t+1}$的差值作为奖励函数一部分，以此来引导飞行器朝着目标点飞行。

4) 侧向制导接入

在判定$\theta-\left(\theta_Z+\dfrac{R_Z}{2}\right)>0$，即成功绕过禁飞区时，后半段飞行训练中将传统预测校正制导的侧向制导律接入模型，以减少训练的学习代价。

根据上述思路，DDPG 算法应用框架如图 7-3 所示，动作输出为倾侧角指令，状态输入为飞行器自身状态、目标点和禁飞区状态信息。

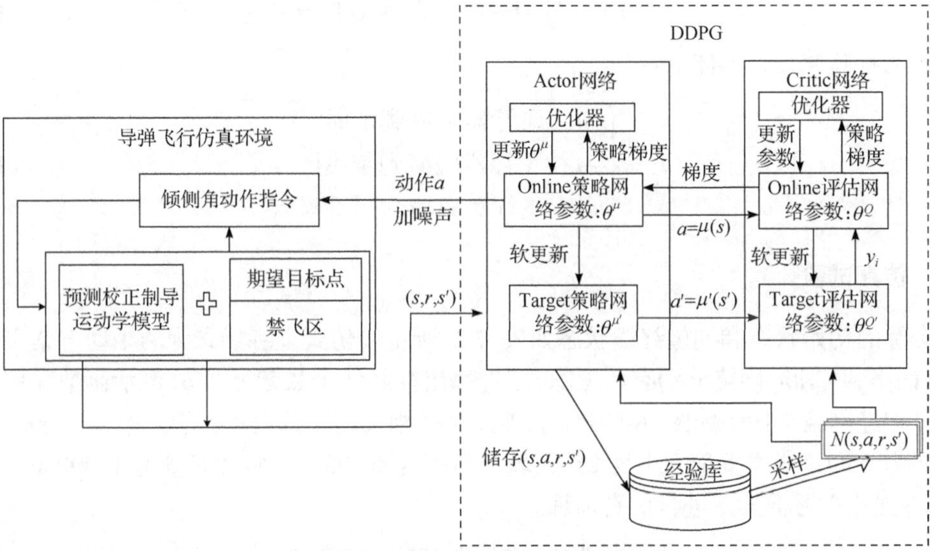

图 7-3　DDPG 算法应用框架

状态空间 S 如下：

$$S_t=\left[\theta-\left(\theta_Z+\frac{R_Z}{2}\right),s_{\text{togo}},\delta,|\psi-\psi_Z|,|\psi-\psi_T|\right] \tag{7-2}$$

式中，R_Z 为禁飞区半径；s_{togo} 为剩余航程。

动作空间 A 如下：

$$A=\sigma \tag{7-3}$$

即飞行器的动作空间 A 为倾侧角 σ，包括倾侧角的幅值大小和符号，根据前面的倾侧角约束走廊，限制动作空间范围为$[-80°,80°]$。

奖励函数设计如下：

$$r=ar_{s_{\text{togo}}}+br_{\text{phi}}+cr_{\text{p}} \tag{7-4}$$

式中，a、b、c 为相应奖励的系数；r_{phi} 为航向角奖励；$r_{s_{\text{togo}}}$ 为剩余航程奖励，具体计算如下：

$$r_{s_{\text{togo}}}=s_{\text{togo}}(t)-s_{\text{togo}}(t+1) \tag{7-5}$$

当$\theta-\left(\theta_Z+\frac{R_Z}{2}\right)\leqslant 0$，即未绕过禁飞区时：

$$r_{\text{phi}}=\begin{cases}\left|\psi(t)-\psi_Z(t)\right|-\left|\psi(t+1)-\psi_Z(t+1)\right|, & \left|\psi-\psi_Z\right|\leqslant\delta\\ \left|\psi(t+1)-\psi_T(t+1)\right|-\left|\psi(t)-\psi_T(t)\right|, & \left|\psi-\psi_Z\right|>\delta\end{cases} \tag{7-6}$$

当$\theta-\left(\theta_Z+\frac{R_Z}{2}\right)>0$，即成功绕过禁飞区时：

$$r_{\text{phi}}=\left|\psi(t+1)-\psi_T(t+1)\right|-\left|\psi(t)-\psi_T(t)\right| \tag{7-7}$$

r_{p}为稀疏奖励，具体给定如下：

$$r_{\text{p}}=\begin{cases}-m, & \text{飞行器碰撞到地面}\\ -n, & \text{飞行器碰撞到禁飞区}\\ n, & \text{飞行器成功达到目标点}\end{cases} \tag{7-8}$$

7.1.3 仿真试验

训练的初始状态和期望终端状态如表 7-2 所示。仿真训练场景为两个动态禁飞区，Actor 网络和 Critic 网络分别有两层隐含层，每层神经元个数皆为 256，激活函数采用 tanh 函数，神经网络结构图如图 7-4 所示。神经网络相关超参数设置：学习率为 0.0003；折扣因子为 0.99；样本批量大小为 256；软更新率为 0.005；经验池容量为 1000000。基于 Pytorch 强化学习框架库进行仿真训练。

表 7-2 训练的初始状态和期望终端状态

状态参数	速度/(m/s)	高度/km	经度/(°)	纬度/(°)	航迹角/(°)	航向角/(°)
初始点	2500	42	1	0	−6	90
目标点	1500	22	10	0	—	—

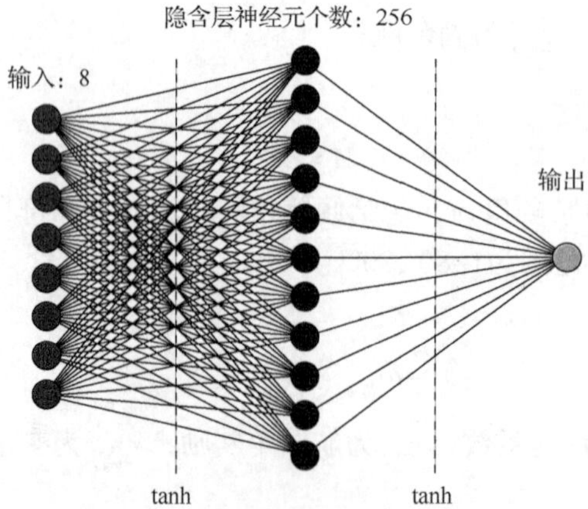

图 7-4 Actor 网络和 Critic 网络的特殊函数结构图

训练过程中，两个禁飞区半径大小为 0.1°(以经纬度坐标来度量)，两个禁飞区中心位置分别为[4°,0°]和[7°,0°]，随机变化的情况：经度在[−0.2°,0.2°]随机均匀分布变化，纬度在[−0.1°,0.1°]随机均匀分布变化。

训练次数为 5000 次，在前 500 次中，智能体采取随机动作来积累经验，经过 5000 次的训练后，智能体学习到了规避禁飞区的动作策略，智能体训练后平滑的奖励函数曲线如图 7-5 所示。

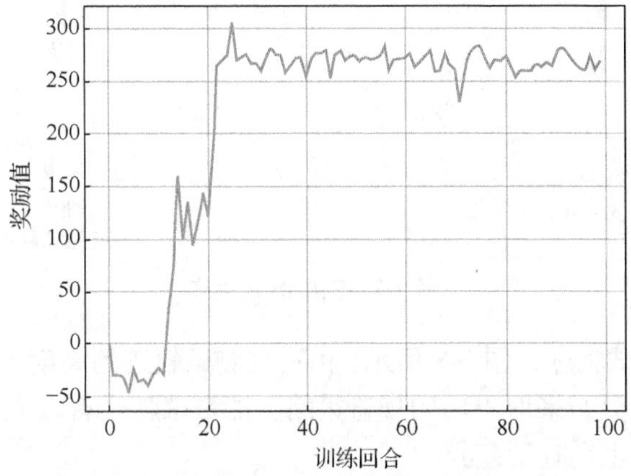

图 7-5　智能体训练后平滑的奖励函数曲线

训练完成后，对智能体进行飞行测试，为保证测试环境与训练环境不同，验证网络训练结果的泛化性，测试禁飞区半径大小设为 0.15°，测试效果如图 7-6 和图 7-7 所示。

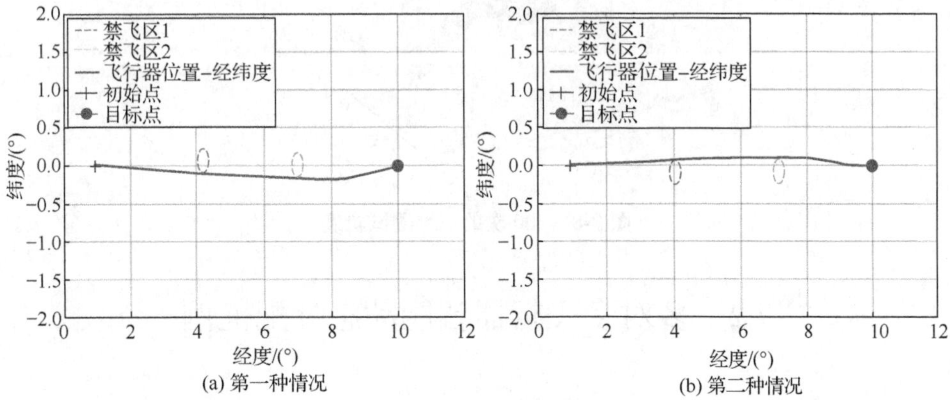

图 7-6　二维测试轨迹

对智能体进行 500 次飞行测试统计，500 次测试的统计结果如表 7-3 所示。由统计结果可以看出，轨迹规划也取得了不错的效果，成功规避禁飞区并到达目标点的概率为 97%，因此规避轨迹可以作为后续制导的标准轨迹参考。

表 7-3　500 次测试的统计结果

次数	目标点	碰撞禁飞区	撞到地面
总计(500 次)	485	13	2

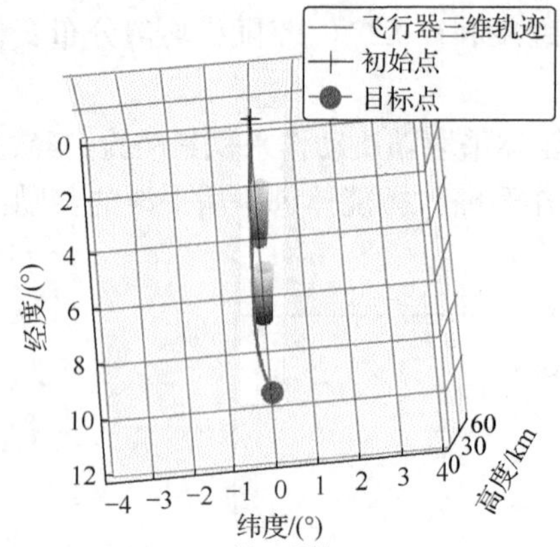

(a) 第一种情况

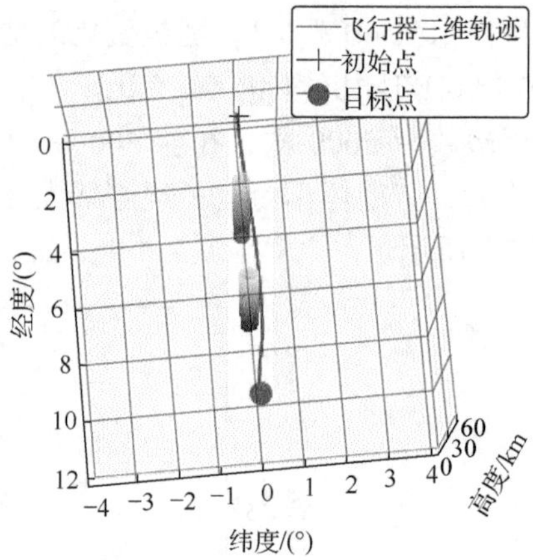

(b) 第二种情况

图 7-7　三维测试轨迹

500 次的三维测试轨迹如图 7-8 所示，由三维测试轨迹的高度方向可以看出，飞行器由于不同动态禁飞区分布采取不同的规避策略，能量消耗会有较大差异，所以实际到达目标点附近时的高度也会有所差异。

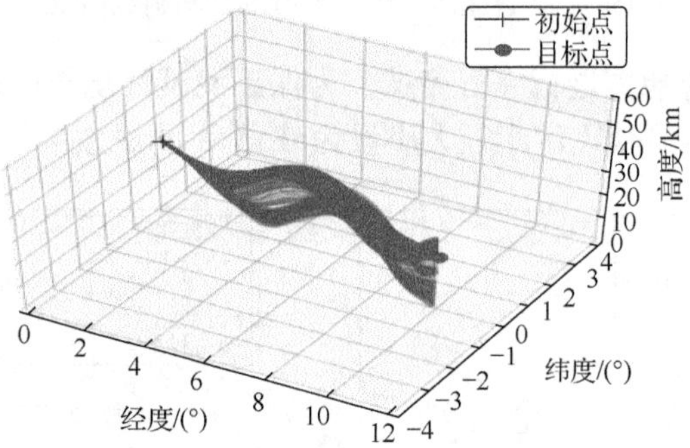

图 7-8　500 次的三维测试轨迹

7.2　多对多飞行器智能动态分配范例

7.2.1　多对多飞行器场景

多对多飞行器交战场景下会出现不同的攻防态势，为了全面验证多目标智能动态分配系统的智能动态分配能力，将多拦截器作为防御方，速度均为 250m/s，多目标飞行器作为进攻方，速度均为 200m/s，分别设置防御方优势、进攻方优势和双方均势的交战场景。双方场景交战态势如表 7-4 所示，在初始位置范围内生成双方初始位置信息，目标机动在能力范围内采取正弦机动形式。

表 7-4　双方场景交战态势

交战场景	防御方态势		进攻方态势		
	数量	初始位置/m	数量	初始位置/m	机动能力/g
防御方优势	7	(−100～0,800～1200,−100～100)	5	(10000,900～1100,−100～100)	0～3
双方均势	5	(−50～0,800～1200,−100～100)			
进攻方优势	3	(0,800～1200,−50～50)			

7.2.2　智能动态分配算法

将多对多飞行器智能动态分配问题描述为强化学习中的马尔可夫决策过程，其中包括状态空间 s 、动作空间 a 、奖励函数 re 和 DQN 算法神经网络的设计。

1) 状态空间设计

针对 m 个拦截器拦截 n 个目标的场景，通过基于交战态势评估的目标分配模型可以求出该分配方案对应的适应度函数，将状态空间设计为当前轮次 t 的适应度函数值，当前轮次 t 的状态表示如下：

$$s_t = \sum_{i}^{m}\sum_{j}^{n} D_{i\to j}(t)\cdot W_{ij}\cdot P_{ij} \tag{7-9}$$

式中，$D_{i\to j}(t)$ 为当前轮次 t 防御方的分配方案；W_{ij} 为第 j 个目标对第 i 个拦截器的威胁程度；P_{ij} 为第 i 个拦截器拦截第 j 个目标的拦截有效程度。

2) 动作空间设计

动作空间是指当前轮次 t 防御方的分配方案 $D_{i\to j}(t)$ ，即每个拦截器从进攻方中选取目标编号 j 所组成的矩阵。在设计 DQN 算法的动作空间时，需要对所有目标实现全覆盖，因此要满足选取的分配方案中包含目标全部编号的条件，这些分配方案即为动作空间，当前轮次 t 的动作表示如下：

$$a_t = \left\{ D_{i\to j} \middle| \left[D_{1\to j}, D_{2\to j}, \cdots, D_{m\to j} \right] \cap [1,2,\cdots,n] = [1,2,\cdots,n] \right\} \tag{7-10}$$

3) 奖励函数设计

奖励函数用来判断动作执行的有效性，判定标准为当前状态接近期望适应度函数 F_{d} 的程度，在防御方优势交战场景下取 $F_{\mathrm{d}}=4.6$ ，进攻方优势交战场景下取 $F_{\mathrm{d}}=1.9$ ，双方均势交战场景下取 $F_{\mathrm{d}}=3$ 。如果当前状态比前一轮更接近，那么得到正的奖励 r_+ ，否则得到惩罚 r_- 。当前轮次 t 的奖励函数设计为

$$\mathrm{re}_t = \begin{cases} r_+\left|F(D)-F_{\mathrm{d}}\right|, & s_t \geqslant s_{t-1} \\ r_-\left|F(D)-F_{\mathrm{d}}\right|, & s_t < s_{t-1} \end{cases} \tag{7-11}$$

式中，$r_+=3$ ；$r_-=-3$ 。

4) DQN 算法神经网络设计

DQN 算法构建了两个神经网络，即 Q 网络和目标网络。它们均为包含两层全连接人工神经网络的多隐层前馈神经网络，每层神经元数量均为 64，并采用 ReLU 作为激活函数。在训练的过程中，Q 网络会一直更新，并通过延后更新的目标网络计算目标 Q 值，这极大地提高了网络训练的稳定性和收敛性。基于 DQN 算法的动态多目标分配系统参数设置如表 7-5 所示。

表 7-5 基于 DQN 算法的动态多目标分配系统参数设置

参数	取值
学习率/rad	0.001
折扣因子/rad	0.99
训练轮次/轮	200
经验回放缓存区大小/rad	100000
单批次数据容量/rad	128

7.2.3 防御方优势下的目标分配

防御方优势下的智能动态分配场景如图 7-9 所示，多个拦截器会根据目标的威胁程度，并结合自身拦截有效程度，对其中威胁度较大的目标分配多个拦截器共同拦截。采用“M”代表防御方拦截器，“T”代表进攻方目标，防御方优势下的动态分配方案如图 7-10 所示，可以看出，在 10s 以前目标分配方案变化比较频繁，这是因为刚开始时多目标机动导致双方攻防态势不断变化，随着双方相对距离接近，多目标的威胁程度都在提高，使得目标分配方案趋于稳定，保证了后续拦截任务的高效完成。

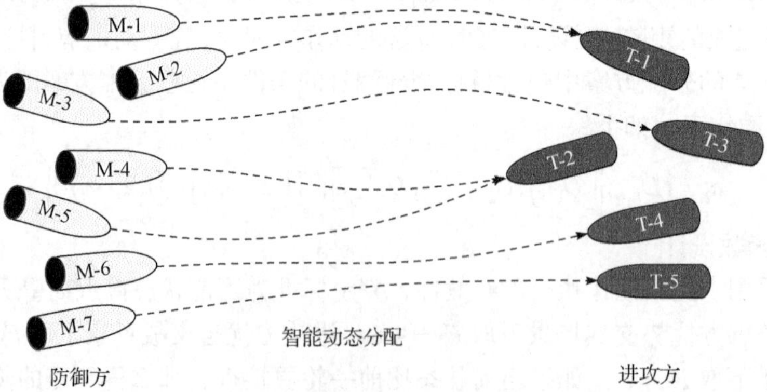

图 7-9 防御方优势下的智能动态分配场景

在每次目标分配之前，通过基于 DQN 算法的动态多目标分配系统训练 200 轮之后，防御方优势下的平均奖励值变化如图 7-11 所示。可以看出，每次训练均在 50 轮以内实现平均奖励值收敛，随着深度 Q 网络的多次训练与学习，可以显著提升算法奖励值收敛后平均奖励值的大小，这有助于在当前攻防态势下，每次目标分配时更快地找到最大适应度函数所对应的最优分配方案。

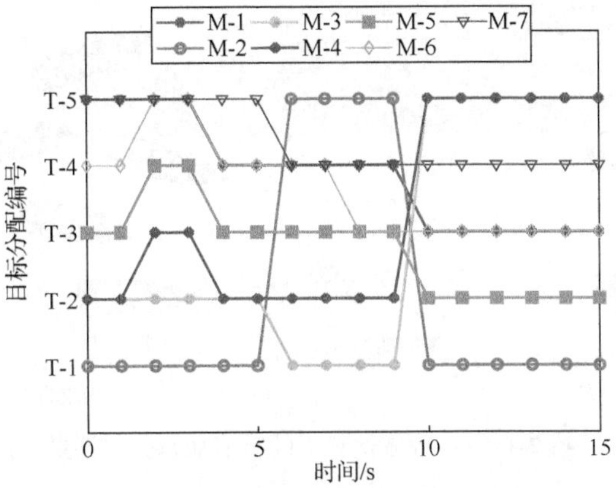

图 7-10　防御方优势下的动态分配方案

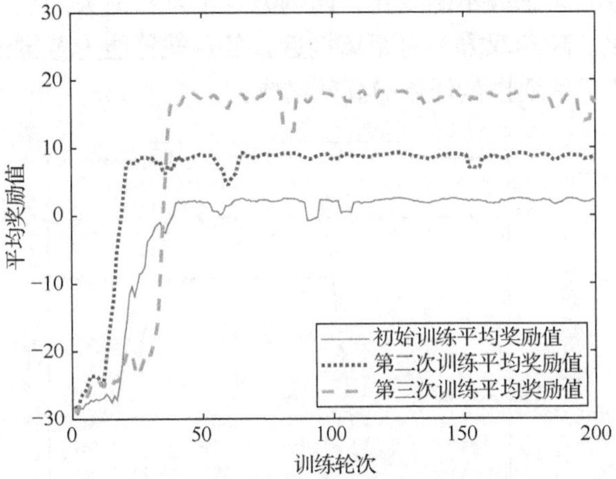

图 7-11　防御方优势下的平均奖励值变化

对于动态多目标分配系统的每阶段(每隔两秒)目标分配结果，防御方优势下多对多目标分配方案如表 7-6 所示。分配方案中从左到右每一位代表各拦截器所要拦截的目标编号，最终的分配方案是[3,1,5,5,2,3,4]，实现了对进攻方所有目标的全覆盖。

表 7-6　防御方优势下多对多目标分配方案

分配阶段	2s	4s	6s	8s	10s
分配方案	[5,1,2,3,4,5,5]	[4,1,2,2,3,4,5]	[4,5,1,2,3,4,4]	[4,5,1,2,3,3,4]	[3,1,5,5,2,3,4]

7.2.4　进攻方优势下的目标分配

在进攻方优势下，多个拦截器会根据目标的威胁程度，并结合自身拦截有效程度，对其中威胁度较大的目标进行拦截。考虑到防御方的数量小于进攻方的数量，多拦截器必须牺牲掉一些威胁较小的目标，对符合自身能力范围且威胁度较高的目标进行拦截。进攻方优势下的智能动态分配场景如图 7-12 所示。

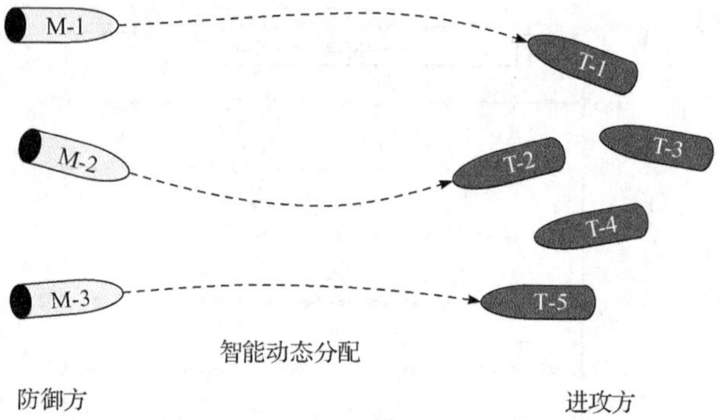

图 7-12 进攻方优势下的智能动态分配场景

进攻方优势下的动态分配方案如图 7-13 所示，可以看出，进攻方数量占优势，加之多目标机动使得双方攻防态势不断变化，防御方为了发挥最大的拦截效能，导致目标分配方案一直不断变化。随着双方相对距离接近，各拦截器能力范围缩小，使得目标分配方案趋于稳定，保证了后续拦截任务的高效完成。

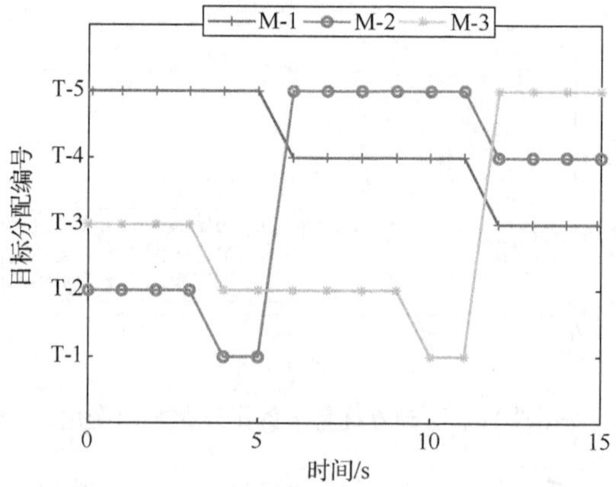

图 7-13 进攻方优势下的动态分配方案

在每次目标分配之前，通过基于 DQN 算法的动态多目标分配系统训练 200 轮之后，进攻方优势下的平均奖励值变化如图 7-14 所示。可以看出，每次训练均在 50 轮以内实现平均奖励值收敛，随着深度 Q 网络的多次训练与学习，可以显著提升算法奖励值收敛后平均奖励值的大小，这有助于在当前攻防态势下，每次目标分配时更快地找到最大适应度函数所对应的最优分配方案。

对于动态多目标分配系统的每阶段(每隔两秒)目标分配结果，进攻方优势下多对多目标分配方案如表 7-7 所示。分配方案中从左到右每一位代表各拦截器所要拦截的目标编号，最终的分配方案是[3,4,5]，只能实现对进攻方威胁较大目标的分配，其余目标需要后续防御拦截器进行拦截。

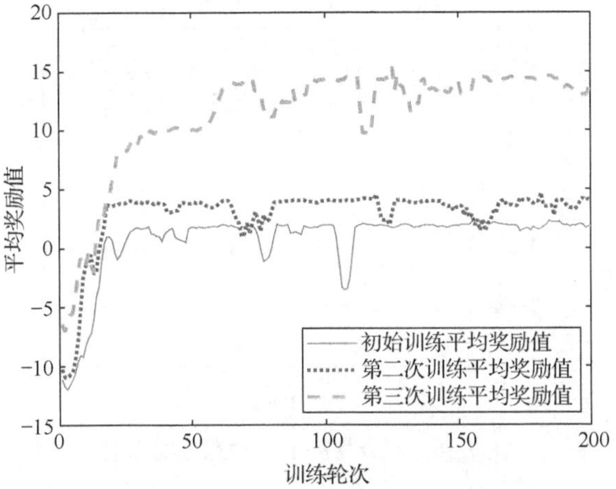

图 7-14　进攻方优势下的平均奖励值变化

表 7-7　进攻方优势下多对多目标分配方案

分配阶段	2s	4s	6s	8s	10s	12s
分配方案	[5,2,3]	[5,1,2]	[4,5,2]	[4,5,2]	[4,5,1]	[3,4,5]

7.2.5　双方均势下的目标分配

在双方均势下，多个拦截器会根据目标的威胁程度，并结合自身拦截有效程度，为各自分配最适合拦截的目标。从全局角度出发，在分配过程中需要保证对目标的全覆盖，从而实现“一对一”拦截。双方均势下的智能动态分配场景如图 7-15 所示。

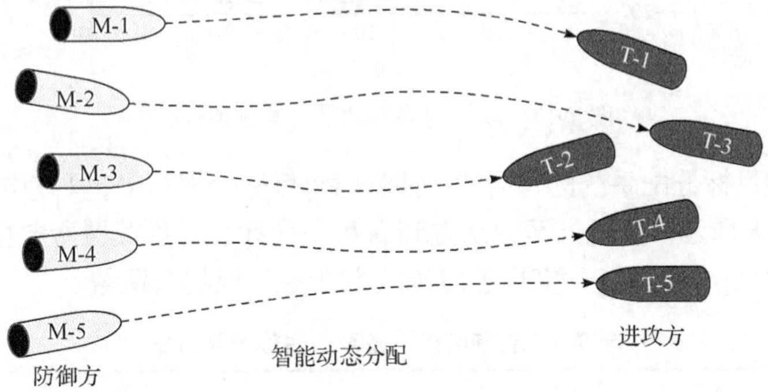

图 7-15　双方均势下的智能动态分配场景

双方均势下的动态分配方案如图 7-16 所示，可以看出，在 10s 以前目标分配方案变化比较频繁，这是多目标机动导致双方攻防态势不断变化，随着双方相对距离接近，各拦截器能力范围缩小，使得目标分配方案趋于稳定，保证了拦截任务的高效完成。

在每次目标分配之前，通过基于 DQN 算法的动态多目标分配系统训练 200 轮之后，双方均势下的平均奖励值变化如图 7-17 所示。可以看出，每次训练均在 20 轮以内实现平均奖励值收敛，随着深度 Q 网络的多次训练与学习，可以显著提升算法奖励值收敛速

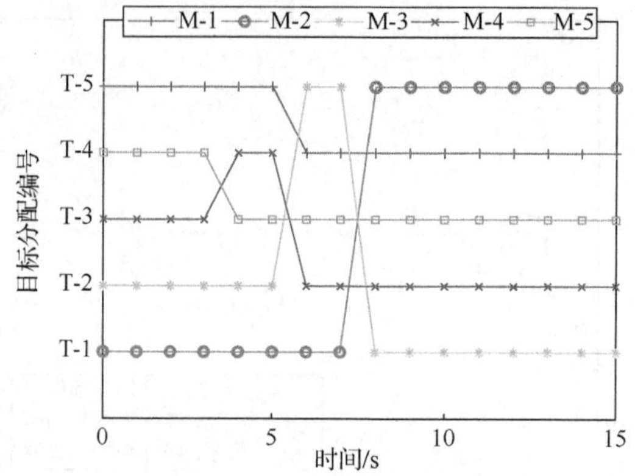

图 7-16　双方均势下的动态分配方案

度和收敛后平均奖励值的大小，这有助于在当前攻防态势下，每次目标分配时更快地找到最大适应度函数所对应的最优分配方案。

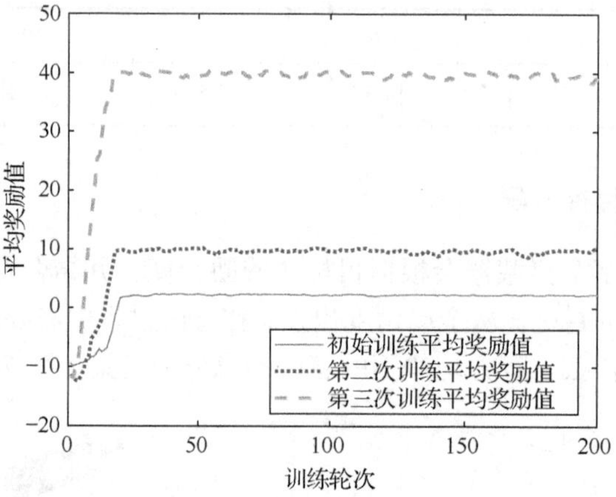

图 7-17　双方均势下的平均奖励值变化

对于动态多目标分配系统的每阶段(每隔两秒)目标分配结果，双方均势下多对多目标分配方案如表 7-8 所示。分配方案中从左到右每一位代表各拦截器所要拦截的目标编号，最终的分配方案是[4,5,1,2,3]，实现了对进攻方所有目标的全覆盖。

表 7-8　双方均势下多对多目标分配方案

分配阶段	2s	4s	6s	8s	10s
分配方案	[5,1,2,3,4]	[5,1,2,3,4]	[5,1,2,4,3]	[4,1,5,2,3]	[4,5,1,2,3]

代码

7.3　博弈制导范例

目标的主动防御问题是指拦截器在发射过程中遭到目标拦截器拦截，为躲避拦截自主发射一枚防御拦截器，与防御拦截器协同合作，以达到逃脱拦截的目的。研究过程中将三枚拦截器划分为拦截方阵营和目标方阵营，其中拦截方阵营包括目标拦截器 M，目标方阵营包括目标飞行器 T 、防御拦截器 D 。

将拦截过程分为两个阶段,第一阶段$(t<t_{\mathrm{fMD}})$：T 躲避 M 使得 M 攻击 T 的脱靶量大，D 攻击 M 使得 D 攻击 M 的脱靶量小，M 攻击 T 同时躲避 D 的攻击，使得 M 攻击 T 的脱靶量小，D 攻击 M 的脱靶量大；第二阶段$(t\geqslant t_{\mathrm{fMD}})$：如果防御拦截器攻击目标拦截器失败，则由三体问题转化为一对一拦截问题，目标飞行器进行自主躲避；如果拦截成功，则博弈结束。

7.3.1　主动防御运动学模型

将拦截器在三维空间中的运动解耦成两个二维平面内的运动,下面建立 OXY 平面的运动模型。

末制导段目标拦截器、防御拦截器和目标飞行器的二维博弈场景如图 7-18 所示，V 和 a 分别表示速度和侧向加速度，φ 表示速度与水平线夹角，λ 表示视线角。忽略地球引力影响，视线坐标系下目标拦截器与目标飞行器之间的运动学方程为

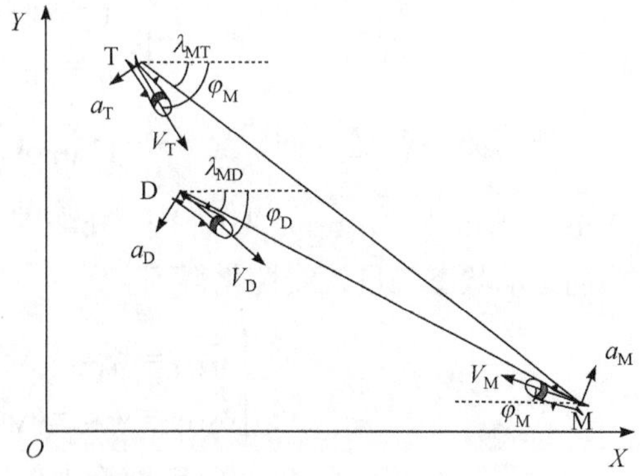

图 7-18　主动防御二维博弈场景

$$\begin{cases}\dot{r}_{\mathrm{MT}}=-V_{\mathrm{M}}\cos(\lambda_{\mathrm{MT}}-\varphi_{\mathrm{M}})-V_{\mathrm{T}}\cos(\varphi_{\mathrm{T}}-\lambda_{\mathrm{MT}})\\ \dot{\lambda}_{\mathrm{MT}}=\left[V_{\mathrm{M}}\sin(\lambda_{\mathrm{MT}}-\varphi_{\mathrm{M}})-V_{\mathrm{T}}\sin(\varphi_{\mathrm{T}}-\lambda_{\mathrm{MT}})\right]/r_{\mathrm{MT}}\end{cases}\tag{7-12}$$

同样地，可以获得目标拦截器和防御拦截器之间的运动学方程为

$$\begin{cases}\dot{r}_{\mathrm{MD}}=-V_{\mathrm{M}}\cos(\varphi_{\mathrm{M}}-\lambda_{\mathrm{MD}})-V_{\mathrm{T}}\cos(\varphi_{\mathrm{T}}-\lambda_{\mathrm{MD}})\\ \dot{\lambda}_{\mathrm{MD}}=-\left[V_{\mathrm{M}}\sin(\varphi_{\mathrm{M}}-\lambda_{\mathrm{MD}})-V_{\mathrm{T}}\sin(\varphi_{\mathrm{T}}-\lambda_{\mathrm{MD}})\right]/r_{\mathrm{MD}}\end{cases}\tag{7-13}$$

假定速度大小不变，弹道角速率为

$$\begin{cases}\dot{\varphi}_{\mathrm{M}}=a_{\mathrm{M}}/V_{\mathrm{M}}\\ \dot{\varphi}_{\mathrm{T}}=a_{\mathrm{T}}/V_{\mathrm{T}}\\ \dot{\varphi}_{\mathrm{D}}=a_{\mathrm{D}}/V_{\mathrm{D}}\end{cases}\tag{7-14}$$

假设在末制导拦截阶段，三个飞行器的动力学方程可以用任意阶的线性方程表示

$$\begin{cases}\dot{\boldsymbol{x}}_i=A_i\boldsymbol{x}_i+B_iu_i\\ a_i=C_i\boldsymbol{x}_i+d_iu_i\end{cases},\quad i=\mathrm{M,T,D}\tag{7-15}$$

式中，$\boldsymbol{x}_i$ 表示每个拦截器的内部状态向量。用 y_{MT} 表示目标拦截器和目标飞行器相对于 $\mathrm{LOS}_{\mathrm{MT0}}$ 之间的垂直距离，$\mathrm{LOS}_{\mathrm{MT0}}$ 表示目标拦截器与目标飞行器的初始视线方向；同样，用 y_{MD} 表示目标拦截器和防御拦截器相对于 $\mathrm{LOS}_{\mathrm{MD0}}$ 之间的垂直距离，$\mathrm{LOS}_{\mathrm{MD0}}$ 表示目标拦截器与防御拦截器的初始视线方向。用 a_{MN}、a_{TN} 分别表示目标拦截器和目标飞行器的加速度在 $\mathrm{LOS}_{\mathrm{M0}}$ 、$\mathrm{LOS}_{\mathrm{MT}}$ 垂直方向的分量，相应地用 a_{MD} 表示防御拦截器的加速度在 $\mathrm{LOS}_{\mathrm{MD}}$ 垂直方向的分量，可以得到：

$$\begin{cases} a_{\mathrm{MN}} = a_{\mathrm{M}} \cos(\lambda_{\mathrm{MT0}} - \varphi_{\mathrm{M0}}) = C_{\mathrm{M}} x_{\mathrm{M}} \cos(\lambda_{\mathrm{MT0}} - \varphi_{\mathrm{M0}}) + d_{\mathrm{M}} U_{\mathrm{M}} \\ a_{\mathrm{TN}} = a_{\mathrm{T}} \cos(\varphi_{\mathrm{T0}} - \lambda_{\mathrm{MT0}}) = C_{\mathrm{T}} x_{\mathrm{T}} \cos(\varphi_{\mathrm{T0}} - \lambda_{\mathrm{MT0}}) + d_{\mathrm{T}} U_{\mathrm{T}} \\ a_{\mathrm{DN}} = a_{\mathrm{D}} \cos(\varphi_{\mathrm{D0}} - \lambda_{\mathrm{MD0}}) = C_{\mathrm{D}} x_{\mathrm{D}} \cos(\varphi_{\mathrm{D0}} - \lambda_{\mathrm{MD0}}) + d_{\mathrm{D}} U_{\mathrm{D}} \end{cases} \tag{7-16}$$

U_{M}、U_{T}、U_{D}表示与它们相应的视线垂直方向的控制量：

$$\begin{cases} U_{\mathrm{M}} = u_{\mathrm{M}} \cos(\varphi_{\mathrm{M0}} - \lambda_{\mathrm{MT0}}) \\ U_{\mathrm{T}} = u_{\mathrm{T}} \cos(\varphi_{\mathrm{T0}} - \lambda_{\mathrm{MT0}}) \\ U_{\mathrm{D}} = u_{\mathrm{D}} \cos(\varphi_{\mathrm{D0}} - \lambda_{\mathrm{MD0}}) \end{cases} \tag{7-17}$$

选取状态向量 $\boldsymbol{x} = [\boldsymbol{x}_{\mathrm{MT}}^{\mathrm{T}}, \boldsymbol{x}_{\mathrm{MD}}^{\mathrm{T}}, \boldsymbol{x}_{\mathrm{M}}]^{\mathrm{T}}$，其中 $\boldsymbol{x}_{\mathrm{MT}} = \left[y_{\mathrm{MT}}, \dot{y}_{\mathrm{MT}}, \boldsymbol{x}_{\mathrm{T}}^{\mathrm{T}}\right]$，$\boldsymbol{x}_{\mathrm{MD}} = \left[y_{\mathrm{MD}}, \dot{y}_{\mathrm{MD}}, \boldsymbol{x}_{\mathrm{D}}^{\mathrm{T}}\right]$，$\boldsymbol{x}_{\mathrm{M}}$、$\boldsymbol{x}_{\mathrm{T}}$、$\boldsymbol{x}_{\mathrm{D}}$分别表示目标拦截器、目标飞行器和防御拦截器的横向运动状态矢量，线性化得到：

$$\begin{cases} \dot{x}_{\mathrm{MT1}} = x_{\mathrm{MT2}} \\ \dot{x}_{\mathrm{MT2}} = a_{\mathrm{TN}} - a_{\mathrm{MN}} \\ \dot{\boldsymbol{x}}_{\mathrm{T}} = \boldsymbol{A}_{\mathrm{T}} \boldsymbol{x}_{\mathrm{T}} + \boldsymbol{B}_{\mathrm{T}} U_{\mathrm{T}} / \cos(\varphi_{\mathrm{T0}} - \lambda_{\mathrm{MT0}}) \\ \dot{x}_{\mathrm{MD1}} = \boldsymbol{x}_{\mathrm{MD2}} \\ \dot{x}_{\mathrm{MD2}} = a_{\mathrm{MN}} \cos(\lambda_{\mathrm{MT0}} - \lambda_{\mathrm{MD0}}) - a_{\mathrm{DN}} \\ \dot{\boldsymbol{x}}_{\mathrm{D}} = \boldsymbol{A}_{\mathrm{D}} \boldsymbol{x}_{\mathrm{D}} + \boldsymbol{B}_{\mathrm{D}} U_{\mathrm{D}} / \cos(\varphi_{\mathrm{D0}} - \lambda_{\mathrm{MD0}}) \\ \dot{\boldsymbol{x}}_{\mathrm{M}} = \boldsymbol{A}_{\mathrm{M}} \boldsymbol{x}_{\mathrm{M}} + \boldsymbol{B}_{\mathrm{M}} U_{\mathrm{M}} / \cos(\lambda_{\mathrm{MT0}} - \varphi_{\mathrm{M0}}) \end{cases} \tag{7-18}$$

简记为

$$\dot{\boldsymbol{x}} = \boldsymbol{A}\boldsymbol{x} + \boldsymbol{B}_{\mathrm{M}} U_{\mathrm{M}} + \boldsymbol{B}_{\mathrm{T}} U_{\mathrm{T}} + \boldsymbol{B}_{\mathrm{D}} U_{\mathrm{D}} \tag{7-19}$$

7.3.2 主动防御微分博弈模型及求解

微分博弈用于主动防御制导问题，需要把目标飞行器、防御拦截器和目标拦截器的对抗关系建模成为追逃问题，选用脱靶量和能量消耗的综合指标作为性能函数。目标飞行器和防御拦截器的目标是使性能函数取得极小值，而目标拦截器试图使性能函数取得极大值，求取纳什均衡解作为主动防御问题的最优制导策略。

末端拦截过程中，目标拦截器和目标飞行器的初始距离为r_{MT0},同样，目标拦截器与防御拦截器的初始距离为r_{MD0}，用t_{fMT}表示目标拦截器和目标飞行器的制导拦截时间，用t_{fMD}表示目标拦截器与防御拦截器的制导拦截时间。末端拦截时间是固定的，可以近似计算为

$$\begin{cases} t_{\mathrm{fMT}} = \dfrac{r_{\mathrm{MT0}}}{V_{\mathrm{M}} \cos(\varphi_{\mathrm{M0}} - \lambda_{\mathrm{MT0}}) + V_{\mathrm{T}} \cos(\varphi_{\mathrm{T0}} - \lambda_{\mathrm{MT0}})} \\ t_{\mathrm{fMD}} = \dfrac{r_{\mathrm{MD0}}}{V_{\mathrm{M}} \cos(\varphi_{\mathrm{M0}} - \lambda_{\mathrm{MD0}}) + V_{\mathrm{D}} \cos(\varphi_{\mathrm{D0}} - \lambda_{\mathrm{MD0}})} \end{cases} \tag{7-20}$$

$$\Delta t = t_{\mathrm{fMT}} - t_{\mathrm{fMD}} \tag{7-21}$$

在末制导过程中，防御拦截器应该在目标拦截器攻击目标飞行器之前击中目标拦截器实现拦截，因此有 $\Delta t > 0$，即 $t_{\mathrm{fMT}} > t_{\mathrm{fMD}}$。防御拦截器在击中目标拦截器后消失，所以在 $t > t_{\mathrm{fMD}}$ 时，防御拦截器消失，令 $U_{\mathrm{D}} = 0$，问题退化为一对一追逃问题。用 t_{goMT} 表示目标拦截器和目标飞行器的剩余飞行时间，用 t_{goMD} 表示目标拦截器与防御拦截器的剩余飞行时间。剩余飞行时间定义为非负，表征为

$$t_{\mathrm{go}i} = \begin{cases} t_{\mathrm{f}i} - t, & t < t_{\mathrm{f}i} \\ 0, & t > t_{\mathrm{f}i} \end{cases} \left(i = \mathrm{MT}, \mathrm{MD}\right) \tag{7-22}$$

在主动防御问题中，需要控制的是脱靶量和能量消耗。其中目标飞行器和防御拦截器的目的是减少防御拦截器与来袭拦截器的距离，增大目标飞行器与来袭拦截器距离的同时，希望消耗的能量最少。来袭拦截器一方面希望减少与攻击目标的距离，另一方面希望己方能量消耗最少。按照各拦截器的需求设计性能函数为

$$\begin{cases} J_{\mathrm{M}} = \dfrac{1}{2} y_{\mathrm{MT}}^2\left(t_{\mathrm{fMT}}\right) - \dfrac{1}{2} y_{\mathrm{MD}}^2\left(t_{\mathrm{fMD}}\right) + \dfrac{b_{\mathrm{M}}}{2} \displaystyle\int_0^{t_{\mathrm{fMT}}} U_{\mathrm{M}}^2(t)\,\mathrm{d}t \\ J_{\mathrm{T}} = -\dfrac{1}{2} y_{\mathrm{MT}}^2\left(t_{\mathrm{fMT}}\right) + \dfrac{b_{\mathrm{T}}}{2} \displaystyle\int_0^{t_{\mathrm{fMT}}} U_{\mathrm{T}}^2(t)\,\mathrm{d}t \\ J_{\mathrm{D}} = \dfrac{1}{2} y_{\mathrm{MD}}^2\left(t_{\mathrm{fMD}}\right) + \dfrac{b_{\mathrm{D}}}{2} \displaystyle\int_0^{t_{\mathrm{fMD}}} U_{\mathrm{D}}^2(t)\,\mathrm{d}t \end{cases} \tag{7-23}$$

式中，控制量 $U_{\mathrm{M}}(t)$、$U_{\mathrm{T}}(t)$、$U_{\mathrm{D}}(t)$ 的目的是减小 J_{M}、J_{T}、J_{D}，即

$$\begin{cases} \min\limits_{U_{\mathrm{M}}} J_{\mathrm{M}} \\ \min\limits_{U_{\mathrm{T}}} J_{\mathrm{T}} \\ \min\limits_{U_{\mathrm{D}}} J_{\mathrm{D}} \end{cases} \tag{7-24}$$

对于上述问题，综合设计整体目标函数为

$$\begin{aligned} J = &-\frac{1}{2} y_{\mathrm{MT}}^2\left(t_{\mathrm{fMT}}\right) + \frac{1}{2} y_{\mathrm{MD}}^2\left(t_{\mathrm{fMD}}\right) \\ &+ \frac{b_{\mathrm{T}}}{2} \int_0^{t_{\mathrm{fMT}}} U_{\mathrm{T}}^2(t)\,\mathrm{d}t + \frac{b_{\mathrm{D}}}{2} \int_0^{t_{\mathrm{fMD}}} U_{\mathrm{D}}^2(t)\,\mathrm{d}t - \frac{b_{\mathrm{M}}}{2} \int_0^{t_{\mathrm{fMT}}} U_{\mathrm{M}}^2(t)\,\mathrm{d}t \end{aligned} \tag{7-25}$$

式中，b_{M}、b_{T}、b_{D} 为加权系数，均非负。根据上述分析可知，$U_{\mathrm{T}}(t)$、$U_{\mathrm{D}}(t)$ 试图使目标函数达到极小值，而 $U_{\mathrm{M}}(t)$ 则试图使目标函数取极大值，该问题转化为了阵营双方的博弈：

$$\min_{U_{\mathrm{T}}, U_{\mathrm{D}}} \max_{U_{\mathrm{M}}} J \tag{7-26}$$

在末制导过程中，当 $0 \leqslant t < t_{\mathrm{fMD}}$ 时，目标拦截器瞄准目标飞行器，目标飞行器和防御拦截器合作试图在目标被攻击前，利用防御拦截器摧毁拦截器，这个过程中，目标飞行器与防御拦截器相互协作对抗目标拦截器；当 $t_{\mathrm{fMD}} \leqslant t < t_{\mathrm{fMT}}$ 时，防御拦截器消失，问题退化为一对一追逃博弈问题。

借助状态转移矩阵将选取的状态向量 $\boldsymbol{x}(t)$ 分别投射到 t_{fMT}、t_{fMD} 时刻，可以得到相应的零控脱靶量为

$$\begin{cases} Z_{\text{MT}} = \boldsymbol{D}_{\text{MT}}\boldsymbol{\Phi}(t_{\text{fMT}},t)\boldsymbol{x}(t) \\ Z_{\text{MD}} = \boldsymbol{D}_{\text{MD}}\boldsymbol{\Phi}(t_{\text{fMD}},t)\boldsymbol{x}(t) \end{cases} \tag{7-27}$$

式中，$\boldsymbol{\Phi}$ 为状态转移矩阵；$\boldsymbol{D}_{\text{MT}}$、$\boldsymbol{D}_{\text{MD}}$ 为常数向量。定义零控脱靶量向量为

$$\boldsymbol{Z}(t) = \left[Z_{\text{MT}}(t), Z_{\text{MD}}(t)\right]^{\text{T}} \tag{7-28}$$

对其进行微分可得

$$\begin{cases} \dot{Z}_{\text{MT}} = \boldsymbol{D}_{\text{MT}}\left[\dot{\boldsymbol{\Phi}}(t_{\text{fMT}},t)\boldsymbol{x}(t) + \boldsymbol{\Phi}(t_{\text{fMT}},t)\dot{\boldsymbol{x}}(t)\right] \\ \qquad = \boldsymbol{D}_{\text{MT}}\dot{\boldsymbol{\Phi}}(t_{\text{fMT}},t)\left(B_{\text{T}}U_{\text{T}} + B_{\text{D}}U_{\text{D}} + B_{\text{M}}U_{\text{M}}\right) \\ \dot{Z}_{\text{MD}} = \boldsymbol{D}_{\text{MD}}\left[\dot{\boldsymbol{\Phi}}(t_{\text{fMD}},t)\boldsymbol{x}(t) + \boldsymbol{\Phi}(t_{\text{fMD}},t)\dot{\boldsymbol{x}}(t)\right] \\ \qquad = \boldsymbol{D}_{\text{MD}}\dot{\boldsymbol{\Phi}}(t_{\text{fMD}},t)\left(B_{\text{T}}U_{\text{T}} + B_{\text{D}}U_{\text{D}} + B_{\text{M}}U_{\text{M}}\right) \end{cases} \tag{7-29}$$

在末制导反拦截问题中，防御拦截器击中目标拦截器后自动销毁，在 $t_{\text{fMD}} \leqslant t < t_{\text{fMT}}$ 时，防御拦截器消失，$U_{\text{D}} = 0$，以零控脱靶量代替脱靶量，则性能函数为

$$J = -\frac{1}{2}Z_{\text{MT}}^2(t_{\text{fMT}}) + \frac{1}{2}Z_{\text{MD}}^2(t_{\text{fMD}}) + \frac{1}{2}\int_0^{t_{\text{fMT}}}\left[b_{\text{T}}U_{\text{T}}^2(t) + b_{\text{D}}U_{\text{D}}^2(t) - U_{\text{M}}^2(t)\right]\mathrm{d}t \tag{7-30}$$

上述的微分对策模型为线性二次型微分对策模型，目标飞行器和防御拦截器通过机动合作试图使目标函数达到最大化，而目标拦截器试图使目标函数最小化，目标飞行器、防御拦截器和目标拦截器对控制量的约束是通过线性二次型约束达到近似。

借助最优控制理论进行求解如下。

(1) 构造哈密顿函数：

$$H = \lambda_1\dot{Z}_{\text{MT}}(t) + \lambda_2\dot{Z}_{\text{MD}}(t) + \frac{1}{2}\left(b_{\text{T}}U_{\text{T}}^2 + b_{\text{D}}U_{\text{D}}^2 - U_{\text{M}}^2\right) \tag{7-31}$$

(2) 伴随方程：

$$\begin{cases} \lambda_1(t) = -\dfrac{\partial H}{\partial Z_{\text{MT}}} = 0 \\ \lambda_2(t) = -\dfrac{\partial H}{\partial Z_{\text{MD}}} = 0 \end{cases} \tag{7-32}$$

(3) 终端受限问题，终端条件为

$$\begin{cases} \lambda_1(t_{\text{fMT}}) = -\dfrac{\partial J}{\partial Z_{\text{MT}}(t_{\text{fMT}})} = -a_{\text{MT}}Z_{\text{MT}}(t_{\text{fMT}}) \\ \lambda_2(t_{\text{fMD}}) = -\dfrac{\partial J}{\partial Z_{\text{MD}}(t_{\text{fMD}})} = -a_{\text{MD}}Z_{\text{MD}}(t_{\text{fMD}}) \end{cases} \tag{7-33}$$

由式(7-32)和式(7-33)，可得

$$\begin{cases}\lambda_1(t)=-a_{\mathrm{MT}}Z_{\mathrm{MT}}(t_{\mathrm{fMT}})\\ \lambda_2(t)=-a_{\mathrm{MD}}Z_{\mathrm{MD}}(t_{\mathrm{fMD}})\end{cases} \tag{7-34}$$

(4) 控制方程为

$$\frac{\partial H}{\partial U_i}=0,\quad i=\mathrm{M},\mathrm{T},\mathrm{D} \tag{7-35}$$

在 $t<t_{\mathrm{fMT}}$ 时，根据控制方程可以得到相关拦截器的最优控制解：

$$\begin{cases}U_{\mathrm{M}}^*(t)=-\left[Z_{\mathrm{MT}}(t_{\mathrm{fMT}})\dfrac{\partial\dot{Z}_{\mathrm{MT}}(t)}{\partial U_{\mathrm{M}}}-Z_{\mathrm{MD}}(t_{\mathrm{fMD}})\dfrac{\partial\dot{Z}_{\mathrm{MD}}(t)}{\partial U_{\mathrm{M}}}\right]\\ U_{\mathrm{T}}^*(t)=-\dfrac{1}{b_{\mathrm{T}}}\left[Z_{\mathrm{MT}}(t_{\mathrm{fMT}})\dfrac{\partial\dot{Z}_{\mathrm{MT}}(t)}{\partial U_{\mathrm{T}}}-Z_{\mathrm{MD}}(t_{\mathrm{fMD}})\dfrac{\partial\dot{Z}_{\mathrm{MD}}(t)}{\partial U_{\mathrm{T}}}\right]\\ U_{\mathrm{D}}^*(t)=-\dfrac{1}{b_{\mathrm{D}}}\left[Z_{\mathrm{MT}}(t_{\mathrm{fMT}})\dfrac{\partial\dot{Z}_{\mathrm{MT}}(t)}{\partial U_{\mathrm{D}}}-Z_{\mathrm{MD}}(t_{\mathrm{fMD}})\dfrac{\partial\dot{Z}_{\mathrm{MD}}(t)}{\partial U_{\mathrm{D}}}\right]\end{cases} \tag{7-36}$$

选取理想状态下的零控脱靶量为

$$\begin{cases}Z_{\mathrm{MT}}(t)=y_{\mathrm{MT}}(t)+\dot{y}_{\mathrm{MT}}(t)(t_{\mathrm{fMT}}-t)\\ Z_{\mathrm{MD}}(t)=y_{\mathrm{MD}}(t)+\dot{y}_{\mathrm{MD}}(t)(t_{\mathrm{fMD}}-t)\end{cases} \tag{7-37}$$

对式(7-37)关于时间进行微分可得

$$\begin{cases}\dot{Z}_{\mathrm{MT}}(t)=-t_{\mathrm{goMT}}d_{\mathrm{M}}U_{\mathrm{M}}(t)+t_{\mathrm{goMT}}d_{\mathrm{T}}U_{\mathrm{T}}(t)\\ \dot{Z}_{\mathrm{MD}}(t)=-t_{\mathrm{goMD}}d_{\mathrm{M}}U_{\mathrm{M}}(t)\cos(\lambda_{\mathrm{MT0}}-\lambda_{\mathrm{MD0}})-t_{\mathrm{goMD}}d_{\mathrm{D}}U_{\mathrm{D}}(t)\end{cases} \tag{7-38}$$

联立式(7-36)～式(7-38)，可得

$$\begin{cases}\dot{Z}_{\mathrm{MT}}(t)=-t_{\mathrm{goMT}}^2d_{\mathrm{M}}^2Z_{\mathrm{MT}}(t_{\mathrm{fMT}})-t_{\mathrm{goMT}}t_{\mathrm{goMD}}d_{\mathrm{M}}^2Z_{\mathrm{MD}}(t_{\mathrm{fMD}})\cos(\lambda_{\mathrm{MT0}}-\lambda_{\mathrm{MD0}})\\ \qquad -\dfrac{1}{b_{\mathrm{T}}}t_{\mathrm{goMT}}^2d_{\mathrm{T}}^2Z_{\mathrm{MT}}(t_{\mathrm{fMT}})\\ \dot{Z}_{\mathrm{MD}}(t)=t_{\mathrm{goMT}}t_{\mathrm{goMD}}d_{\mathrm{M}}^2Z_{\mathrm{MT}}(t_{\mathrm{fMT}})+t_{\mathrm{goMD}}^2d_{\mathrm{M}}^2Z_{\mathrm{MD}}(t_{\mathrm{fMD}})\cos(\lambda_{\mathrm{MT0}}-\lambda_{\mathrm{MD0}})\\ \qquad +\dfrac{1}{b_{\mathrm{D}}}t_{\mathrm{goMD}}^2d_{\mathrm{D}}^2Z_{\mathrm{MD}}(t_{\mathrm{fMD}})\end{cases} \tag{7-39}$$

分别对 $\dot{Z}_{\mathrm{MT}}(t)$、$\dot{Z}_{\mathrm{MD}}(t)$ 从 $t\to t_{\mathrm{fMT}}$，$t\to t_{\mathrm{fMD}}$ 进行积分：

$$\begin{cases}Z_{\mathrm{MT}}(t)=-\dfrac{1}{3}t_{\mathrm{goMT}}^3\left(d_{\mathrm{M}}^2+\dfrac{d_{\mathrm{T}}^2}{b_{\mathrm{T}}}\right)Z_{\mathrm{MT}}(t_{\mathrm{fMT}})\\ \qquad -\left(\dfrac{1}{3}t_{\mathrm{goMT}}^3-\dfrac{1}{2}t_{\mathrm{goMT}}^2\Delta t\right)d_{\mathrm{M}}^2\cos(\lambda_{\mathrm{MT0}}-\lambda_{\mathrm{MD0}})Z_{\mathrm{MD}}(t_{\mathrm{fMD}})\\ Z_{\mathrm{MD}}(t)=\left(\dfrac{1}{3}t_{\mathrm{goMD}}^3+\dfrac{1}{2}t_{\mathrm{goMD}}^2\Delta t\right)d_{\mathrm{M}}^2Z_{\mathrm{MT}}(t_{\mathrm{fMT}})\\ \qquad +\dfrac{1}{3}t_{\mathrm{goMD}}^3\left(d_{\mathrm{M}}^2+\dfrac{d_{\mathrm{D}}^2}{b_{\mathrm{D}}}\right)Z_{\mathrm{MD}}(t_{\mathrm{fMD}})\end{cases} \tag{7-40}$$

对其进行整理得

$$\begin{cases} Z_{\mathrm{MT}}\left(t_{\mathrm{fMT}}\right)=\dfrac{\Phi_4 Z_{\mathrm{MT}}(t)-\Phi_2 Z_{\mathrm{MD}}(t)}{\Phi_1\Phi_4-\Phi_2\Phi_3} \\ Z_{\mathrm{MD}}\left(t_{\mathrm{fMD}}\right)=\dfrac{\Phi_1 Z_{\mathrm{MD}}(t)-\Phi_3 Z_{\mathrm{MT}}(t)}{\Phi_1\Phi_4-\Phi_2\Phi_3} \end{cases} \tag{7-41}$$

$$\begin{cases} \Phi_1=-\dfrac{1}{3}t_{\mathrm{goMT}}^3\left(d_{\mathrm{M}}^2+\dfrac{d_{\mathrm{T}}^2}{b_{\mathrm{T}}}\right) \\ \Phi_2=-\left(\dfrac{1}{3}t_{\mathrm{goMT}}^3-\dfrac{1}{2}t_{\mathrm{goMT}}^2\Delta t\right)d_{\mathrm{M}}^2\cos\left(\lambda_{\mathrm{MT0}}-\lambda_{\mathrm{MD0}}\right) \\ \Phi_3=\left(\dfrac{1}{3}t_{\mathrm{goMD}}^3+\dfrac{1}{2}t_{\mathrm{goMD}}^2\Delta t\right)d_{\mathrm{M}}^2 \\ \Phi_4=\dfrac{1}{3}t_{\mathrm{goMD}}^3\left(d_{\mathrm{M}}^2+\dfrac{d_{\mathrm{T}}^2}{b_{\mathrm{T}}}\right) \end{cases} \tag{7-42}$$

取 $\Phi=\Phi_1\Phi_4-\Phi_2\Phi_3$，记 $\zeta_i=\dfrac{\Phi_i}{\Phi}\ (i=1,2,3,4)$，闭环最优控制解为

$$\begin{cases} U_{\mathrm{M}}^*(t)=\dfrac{\tau_{\mathrm{M}}(t)Z_{\mathrm{MT}}(t)}{t_{\mathrm{goMT}}^2}+\dfrac{\upsilon_{\mathrm{M}}(t)Z_{\mathrm{MD}}(t)}{t_{\mathrm{goMD}}^2} \\ U_{\mathrm{T}}^*(t)=\dfrac{\tau_{\mathrm{T}}(t)Z_{\mathrm{MT}}(t)}{t_{\mathrm{goMT}}^2}+\dfrac{\upsilon_{\mathrm{T}}(t)Z_{\mathrm{MD}}(t)}{t_{\mathrm{goMD}}^2} \\ U_{\mathrm{D}}^*(t)=\dfrac{\tau_{\mathrm{D}}(t)Z_{\mathrm{MT}}(t)}{t_{\mathrm{goMT}}^2}+\dfrac{\upsilon_{\mathrm{D}}(t)Z_{\mathrm{MD}}(t)}{t_{\mathrm{goMD}}^2} \end{cases} \tag{7-43}$$

式中，$\tau_{\mathrm{M}}(t)=\left(d_{\mathrm{M}}\zeta_4 t_{\mathrm{goMT}}-d_{\mathrm{M}}\zeta_3\cos\left(\lambda_{\mathrm{MT0}}-\lambda_{\mathrm{MD0}}\right)t_{\mathrm{goMD}}\right)t_{\mathrm{goMT}}^2$；$\tau_{\mathrm{T}}(t)=-\dfrac{d_{\mathrm{T}}}{b_{\mathrm{T}}}\zeta_4 t_{\mathrm{goMT}}^3$；$\tau_{\mathrm{D}}(t)=\dfrac{d_{\mathrm{D}}}{b_{\mathrm{D}}}\zeta_3 t_{\mathrm{goMD}}t_{\mathrm{goMT}}^2$；$\upsilon_{\mathrm{M}}(t)=\left(-d_{\mathrm{M}}\zeta_2 t_{\mathrm{goMT}}+d_{\mathrm{M}}\zeta_1\cos\left(\lambda_{\mathrm{MT0}}-\lambda_{\mathrm{MD0}}\right)t_{\mathrm{goMD}}\right)t_{\mathrm{goMT}}^2$；$\upsilon_{\mathrm{T}}(t)=\dfrac{d_{\mathrm{T}}}{b_{\mathrm{T}}}\zeta_2 t_{\mathrm{goMT}}t_{\mathrm{goMD}}^2$；$\upsilon_{\mathrm{D}}(t)=-\dfrac{d_{\mathrm{D}}}{b_{\mathrm{D}}}\zeta_1 t_{\mathrm{goMD}}^3$。

在闭环最优控制解中，$\tau_{\mathrm{M}}(t)$、$\tau_{\mathrm{T}}(t)$、$\tau_{\mathrm{D}}(t)$、$\upsilon_{\mathrm{M}}(t)$、$\upsilon_{\mathrm{T}}(t)$、$\upsilon_{\mathrm{D}}(t)$ 为航迹增益，每个航迹增益都对控制过程有着不同的影响。这里将最优解表示成以剩余时间平方项做分母的形式是为了分析在 $t\to t_{\mathrm{fMT}}$，$t\to t_{\mathrm{fMD}}$ 时各增益的趋近值，便于分析制导律的影响因素，同时也是制导律的一般形式。

(1) $\tau_{\mathrm{M}}(t)$：表示目标拦截器追赶目标飞行器的逼近增益系数，目的是在 $t<t_{\mathrm{fMT}}$ 时，减小 $Z_{\mathrm{MT}}(t)$。

(2) $\upsilon_{\mathrm{M}}(t)$：表示目标拦截器躲避防御拦截器的防御增益系数，目的是在 $t<t_{\mathrm{fMD}}$ 时，增大 $Z_{\mathrm{MD}}(t)$。

(3) $\tau_{\mathrm{T}}(t)$：表示目标飞行器躲避目标拦截器的防御增益系数，目的是在$t < t_{\mathrm{fMT}}$时，增大$Z_{\mathrm{MT}}(t)$。

(4) $\upsilon_{\mathrm{T}}(t)$：表示目标飞行器协助防御拦截器攻击目标拦截器的协助防御系数，目的是在$t < t_{\mathrm{fMD}}$时，减小$Z_{\mathrm{MD}}(t)$。

(5) $\tau_{\mathrm{D}}(t)$：表示防御拦截器协助目标飞行器远离目标拦截器的协助防御系数，因为目标拦截器在攻击目标时，会躲避防御拦截器，所以防御拦截器的机动会影响目标拦截器对目标飞行器的追赶，目的是在$t < t_{\mathrm{fMT}}$时，增大$Z_{\mathrm{MT}}(t)$。

(6) $\upsilon_{\mathrm{D}}(t)$：表示防御拦截器追赶目标拦截器的逼近增益系数，目的是在$t < t_{\mathrm{fMD}}$时，减小$Z_{\mathrm{MD}}(t)$。

7.3.3　博弈制导仿真测试

基于目标自主防御的微分博弈推导结果，以目标飞行器发射防御拦截器时刻为仿真起始时刻，此时防御拦截器和目标飞行器处于相同空间位置，选取仿真初始条件如表 7-9 所示。

表 7-9　仿真初值

参数	值	
起始位置 x、y	目标拦截器 M	(0m,0m)
	目标飞行器 T	(25000m,5000m)
	防御拦截器 D	(25000m,5000m)
速度大小	目标拦截器 M	2000m/s
	目标飞行器 T	1500m/s
	防御拦截器 D	2000m/s
初始弹道倾角	目标拦截器 M	5°
	目标飞行器 T	10°
	防御拦截器 D	30°
过载限制	目标拦截器 M	40g
	目标飞行器 T	8g
	防御拦截器 D	40g
博弈论制导参数	$b_{\mathrm{M}}=1; b_{\mathrm{T}}=1; b_{\mathrm{D}}=0.1; d_{\mathrm{M}}=1; d_{\mathrm{T}}=1; d_{\mathrm{D}}=0.1$	

(1) 目标拦截器采用比例系数为 3 的制导律攻击目标，目标飞行器和防御拦截器均采取微分博弈推导所得制导律，在此仿真条件下，仿真结果如图 7-19～图 7-22 所示。其中，图 7-19 是目标拦截器在比例导引下飞行轨迹仿真，图 7-20 是目标拦截器在比例导引下过载，图 7-21 是目标拦截器在比例导引下视线角，图 7-22 是目标拦截器在比例导引下视线角速率。

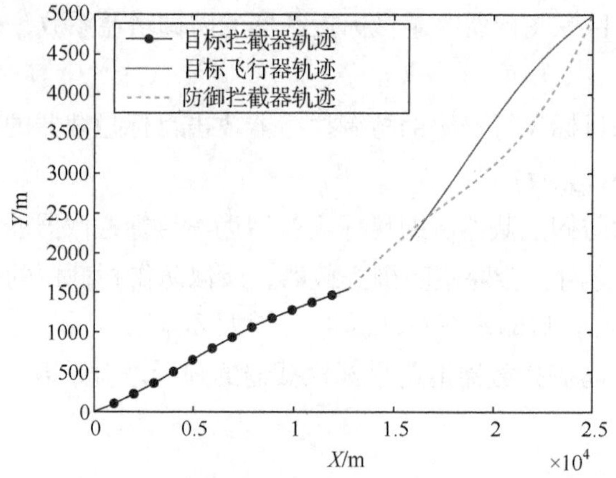

图 7-19 目标拦截器在比例导引下飞行轨迹仿真

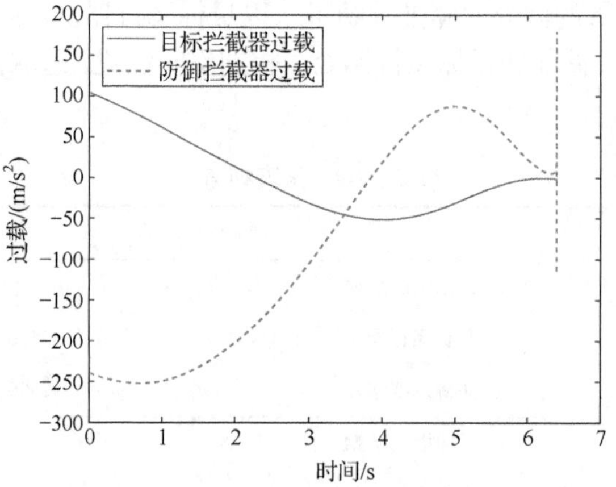

图 7-20 目标拦截器在比例导引下过载

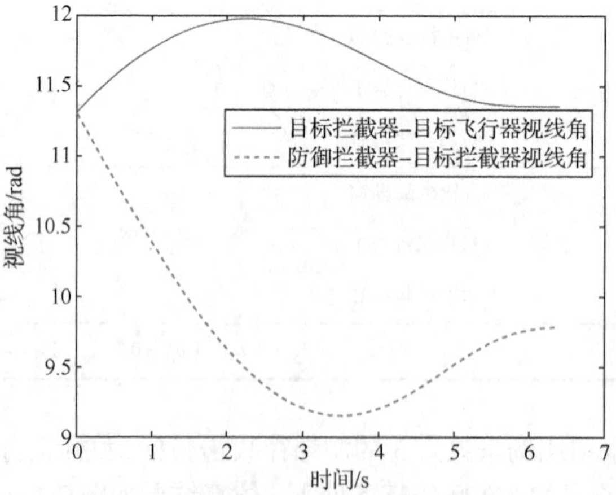

图 7-21 目标拦截器在比例导引下视线角

如图 7-19 所示，当目标飞行器和防御拦截器从相同起始位置出发，目标拦截器采取 K=3 的比例系数，在目标飞行器和防御拦截器采取微分博弈制导律的情形下，防御拦截

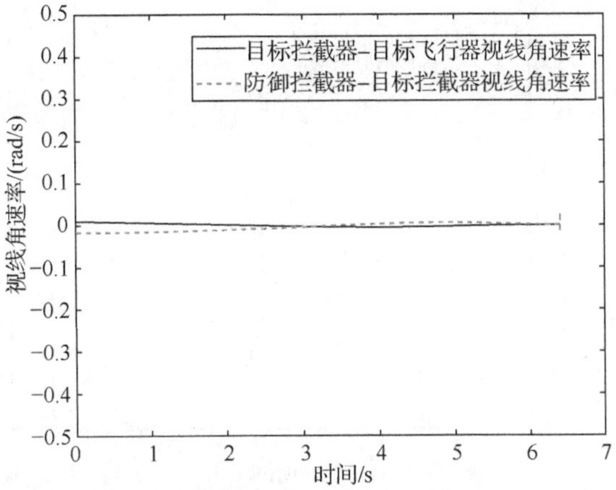

图 7-22　目标拦截器在比例导引下视线角速率

器能够实现提前命中目标拦截器的目标，从而保证目标飞行器的飞行安全，此时防御拦截器脱靶量为 0.0268m。图 7-20 表明防御拦截器过载在限制范围内且未达到饱和。图 7-21 为目标拦截器分别与目标飞行器和防御拦截器间的视线角变化情况。图 7-22 为目标拦截器分别与目标飞行器和防御拦截器间的视线角速率变化情况。仿真结果表明，在比例导引制导策略下，防御拦截器能成功达成目标。

(2) 目标拦截器、目标飞行器和防御拦截器均采取微分博弈推导所得制导律，在此仿真条件下，仿真结果如图 7-23～图 7-26 所示。其中，图 7-23 是微分博弈对抗仿真飞行轨迹，图 7-24 是微分博弈对抗仿真过载，图 7-25 是微分博弈对抗仿真视线角，图 7-26 是微分博弈对抗仿真视线角速率。

如图 7-23 所示，当目标飞行器和防御拦截器从相同起始位置出发，在目标拦截器、目标飞行器、防御拦截器均采取微分博弈制导律的情形下，相比于比例制导律，微分博弈制导律辅助目标拦截器成功逃脱防御拦截器袭击，并为进一步打击目标提供条件，此时防御拦截器脱靶量为 865.04m。图 7-24 表明在博弈过程中，防御拦截器过载和目标拦截器过载均达到了饱和状态，这也是三方博弈所产生的结果。图 7-25 为目标拦截器分别

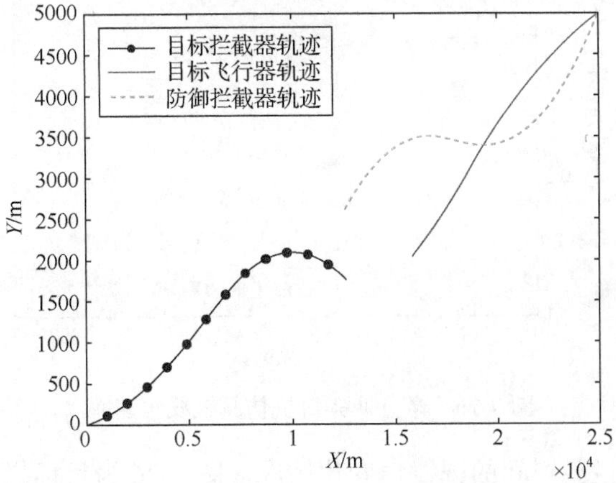

图 7-23　微分博弈对抗仿真飞行轨迹

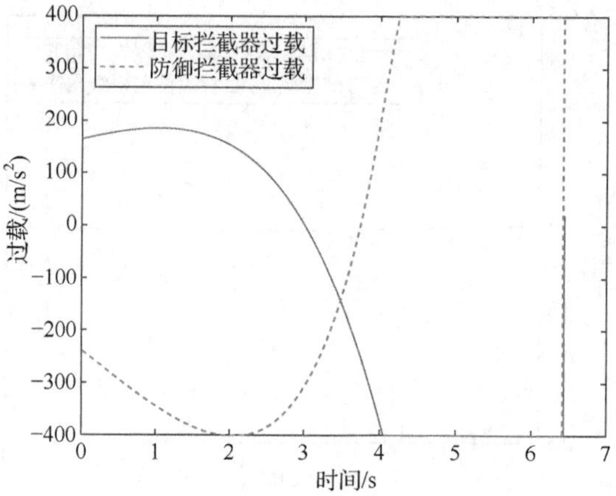

图 7-24　微分博弈对抗仿真过载

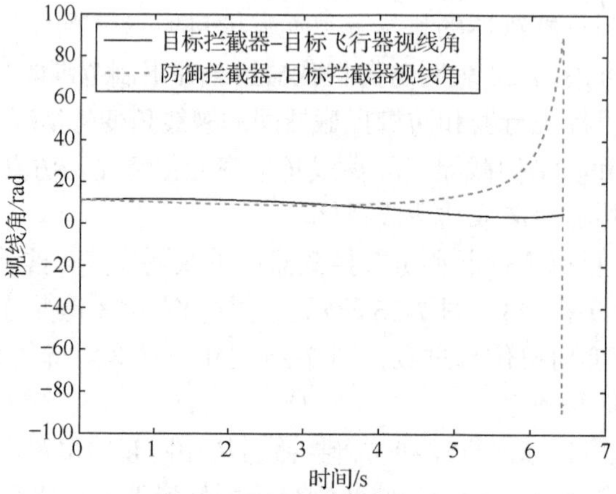

图 7-25　微分博弈对抗仿真视线角

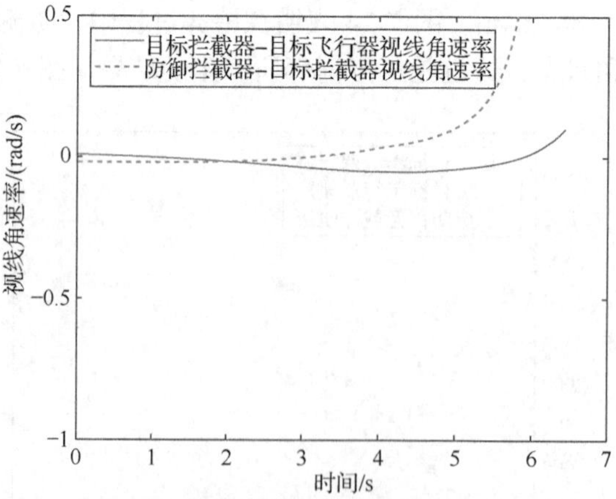

图 7-26　微分博弈对抗仿真视线角速率

与目标飞行器和防御拦截器间的视线角变化情况。图 7-26 为目标拦截器分别与目标飞行器和防御拦截器间的视线角速率变化情况。仿真结果表明，在目标拦截器采取微分博弈制导策略下，防御拦截器出现视线角速率发散的情况，相较于第一种情形，防御拦截器的表现变差，微分博弈策略提升了目标拦截器的优势。

7.4　基于近端策略优化算法的智能制导范例

近几年，伴随着人工智能技术的发展，特别是强化学习技术的发展，越来越多的学者使用强化学习方法来解决拦截器的制导问题[2]。Gaudet 等[3]提出了一种基于强化学习框架性的制导方法，最早将强化学习算法应用于制导律设计中。文献[4]提出了一种基于模型的深度元学习方法的制导律，不仅能够预测动力学模型，还能拦截具有落角约束的机动目标。张秦浩等[5]在比例制导律的基础上，通过强化学习的方法在线学习比例系数，提出了一种基于 Q 学习算法的变比例系数的制导律。但当状态维度增多时，Q 学习算法暴露出泛化能力较弱、收敛困难的问题。因此，文献[6]用深度确定性策略梯度算法，解决了弹目相对运动过程中处于连续状态空间和动作空间的问题。

虽然 DDPG 算法可以解决连续状态和连续动作空间的智能体学习问题，但由于确定性策略网络只能输出一个动作，不仅训练速度慢，同时降低了智能体的探索率，且算法的稳定性低。本节利用近端策略优化算法可以适应目标复杂机动、收敛速度快的特点，设计了一种三维空间中的拦截弹制导律。同时，针对强化学习中的奖励稀疏问题，设计了能够评价脱靶量和视线角速率抖振的奖励函数。

7.4.1　拦截器制导问题描述

7.4.1.1　拦截器运动模型

将拦截器视为质点，则其三自由度运动学方程组为

$$\begin{cases} \dot{v} = a_{x_2} - g\sin\theta \\ \dot{\theta} = \left(a_{y_2} - g\cos\theta\right)/v \\ \dot{\psi}_v = -a_{z_2}/v\cos\theta \\ \dot{x} = v\cos\theta\cos\psi_v \\ \dot{y} = v\sin\theta \\ \dot{z} = -v\cos\theta\sin\psi_v \end{cases} \tag{7-44}$$

式中，x、y、z 为拦截器在惯性坐标系中的位置；v 为飞行速度；θ 为拦截器的弹道倾角；ψ_v 为拦截器的弹道偏角；$g = 9.8\text{m}/\text{s}^2$，为重力加速度；$a_{x_2}$、$a_{y_2}$ 和 a_{z_2} 为拦截器制导加速度在弹道坐标系各轴上的分量，其数学表达式为 $\left[a_{x_2} \quad a_{y_2} \quad a_{z_2}\right]^{\text{T}} = \boldsymbol{C}_2\boldsymbol{C}_1^{\text{T}}\left[a_{x_1} \quad a_{y_1} \quad a_{z_1}\right]^{\text{T}}$，$a_{x_1}$、$a_{y_1}$、$a_{z_1}$ 为飞行器沿机体坐标系各轴的制导加速度，在制导问题中，只考虑拦截器的法向过载，即 $a_{x_1}=0$，$\boldsymbol{C}_1$、$\boldsymbol{C}_2$ 为相应的坐标转换矩阵。

在末制导阶段，为了便于制导律设计，将拦截器与目标的相对运动分解为纵向平面内的运动和侧向平面内的运动，则视线角 q_1 和 q_2 以及视线角速率 $\dot{q}_1$ 和 $\dot{q}_2$ 可以用下列公式

求得

$$
\begin{cases}
q_1 = \arctan \dfrac{y_r}{\sqrt{x_r^2 + z_r^2}} \\
q_2 = \arctan \dfrac{-z_r}{x_r} \\
\dot{q}_1 = \dfrac{\left(x_r^2 + z_r^2\right)\dot{y}_r - y_r\left(x_r\dot{x}_r + z_r\dot{z}_r\right)}{\left(x_r^2 + y_r^2 + z_r^2\right)\sqrt{x_r^2 + z_r^2}} \\
\dot{q}_2 = \dfrac{z_r\dot{x}_r - x_r\dot{z}_r}{x_r^2 + z_r^2}
\end{cases} \tag{7-45}
$$

式中，$x_r = x_t - x$；$y_r = y_t - y$；$z_r = z_t - z$；$\dot{x}_r = \dot{x}_t - \dot{x}$；$\dot{y}_r = \dot{y}_t - \dot{y}$；$\dot{z}_r = \dot{z}_t - \dot{z}$，$x_t$、$y_t$、$z_t$ 为目标在惯性坐标系中的位置。

目前常用的拦截器制导律为具有鲁棒性的变结构制导律：

$$
\begin{cases}
a_{y_1} = k_1\dot{R}\dot{q}_1 + \varepsilon_1 \operatorname{sgn}\dot{q}_1 \\
a_{z_1} = -k_2\dot{R}_1\dot{q}_2 - \varepsilon_2 \operatorname{sgn}\dot{q}_2
\end{cases} \tag{7-46}
$$

式中，R 为拦截器与目标的相对距离；$R_1 = R\cos q_1$，为拦截器与目标的相对距离在侧向平面的投影；k_1、k_2 为比例系数；ε_1、ε_2 为常值系数。

7.4.1.2 目标的运动模型

本节主要选取带有末端落角约束的高速飞行器俯冲段作为拦截目标。将俯冲段运动解耦成俯仰平面和偏航平面的运动，则俯仰平面上带有末端落角约束的制导指令为

$$
A_{\mathrm{M}} = (\lambda + k + 2)V_{\mathrm{M}}x_2 + \lambda\left(k+1\right)V_{\mathrm{M}}^2 x_1 / R + \varepsilon \operatorname{sgn} x_2 \tag{7-47}
$$

式中，$x_1 = q - q_{\mathrm{tf}}$；$x_2 = \dot{q}$，$q$ 为高速飞行器目标对打击对象的视线角，q_{tf} 为高速飞行器目标的落角约束值，$\dot{q}$ 为视线角速率；λ 为制导参数；k 和 ε 分别为高速飞行器目标制导律的比例系数、常值系数；$\operatorname{sgn} x_2$ 为符号函数项。

7.4.2 拦截器制导问题强化学习框架

马尔可夫决策过程(Markov decision process，MDP)是解决强化学习问题的基础框架，可以将问题抽象以得到一种较为统一的描述方式。MDP 通常由一个五元组$\{S, A, R, P, \gamma\}$构成。其中，S 为状态的集合，通常用智能体能够在环境中观测到的变量表示；A 为动作空间，即智能体的控制变量；R 为基于状态和动作的奖励函数；P 为状态转移概率，表示某一状态在执行某一决策后到达另一状态的概率；折扣因子 γ 为 0 到 1 之间的实数，反映了后续某一奖励对当前状态的重要程度。

在 MDP 中，智能体根据在环境中观察到的状态选择动作，环境在动作的作用下更新状态并反馈奖励，根据奖励，智能体调整策略并重复以上步骤。本小节选择使用无模型(model-free)的强化学习方法，该方法不涉及 MDP 中状态转移概率的部分，接下来结合拦

截器制导问题设计相应项。

7.4.2.1　MDP 设计

为了使被选择的状态在拦截器运动的整个过程中能很好地反映拦截器和目标的相对运动情况，且能通过约束状态实现命中目标和减小抖振的目的，选取弹目视线角、视线角速率和视线角速率变化率作为算法的状态空间：

$$\textbf{State} = \left[q_1, \dot{q}_1, q_2, \dot{q}_2\right] \tag{7-48}$$

考虑实际作战场景，为了快速接近目标，同时提高训练效率，将制导律中的导航比作为训练的动作；考虑系统的鲁棒性和光滑性，将制导参数 ε_i 作为动作，则：

$$\textbf{Action} = \left[k_1, \varepsilon_1, k_2, \varepsilon_2\right] \tag{7-49}$$

式中，k_1、$k_2 \in [3,5]$；ε_1、$\varepsilon_2 \in [0, a_{t\max}]$，$a_{t\max}$ 为目标最大机动约束值。

当 γ 取 0 时，某状态下的收获是当前状态获得的奖励，不考虑后续状态，属于“短视”行为；当 γ 取 1 时，将考虑所有的后续状态，属于有“长远眼光”，但会产生“Q 值过大”的风险；γ 一般取 0.99。

7.4.2.2　奖励函数设计

对奖励函数的设计是最重要的，合理的奖励函数不仅能够确保学习过程收敛，而且能够提高学习效率。为了使智能体高效的学习，设计的奖励包括过程奖励和终结奖励，设立过程奖励的目的在于在状态-动作的空间中，增加奖励的密度，提升智能体搜寻有效动作的效率。

为了确保拦截效果和减少抖振，本小节设计了以下三种奖励子函数。

1) 脱靶量子函数

首先考虑拦截成功情况，设置终结奖励为

$$r_{\text{ter}} = \begin{cases} \cos R_{\text{end}}, & R_{\text{end}} < \pi/2 \\ -R_{\text{end}} + \pi/2, & R_{\text{end}} \geqslant \pi/2 \end{cases} \tag{7-50}$$

在式(7-50)中，当脱靶量大于等于 $\pi/2$ 时，未完成拦截任务，奖励函数为负值，脱靶量越大，惩罚越强；当脱靶量小于 $\pi/2$ 时，奖励函数为正值，随着脱靶量靠近 0，奖励变化逐渐变小。

虽然上述最终奖励是连续的，但在未命中且距离较大的情况下，惩罚值太大，导致在智能体训练中难以收敛。终止奖励修改为

$$r_{\text{ter}} = \begin{cases} \cos R_{\text{end}}, & R_{\text{end}} < \pi/2 \\ -\ln\left(R_{\text{end}} + 1 - \pi/2\right), & R_{\text{end}} \geqslant \pi/2 \end{cases} \tag{7-51}$$

这表明拦截成功时，奖励函数为负值；拦截不成功时，惩罚值不会太大。

2) 趋近子函数

为了使制导律在运动过程中更加快速地接近目标，增加如下奖励函数：

$$r_1 = \mathrm{e}^{-|\dot{q}_1|} + \mathrm{e}^{-|\dot{q}_2|} - 2d \tag{7-52}$$

当视线角速率的绝对值增大时，奖励值减小；d 为约束项，当视线角速率增大到一定程度时，给予惩罚。

3) 削弱抖振子函数

为了抑制视线角速率出现抖振，在视线角速率改变符号时增加惩罚项：

$$r_2 = -\left(\left|\operatorname{sgn}\dot{q}_1^{t+1} - \operatorname{sgn}\dot{q}_1^{t}\right| + \left|\operatorname{sgn}\dot{q}_2^{t+1} - \operatorname{sgn}\dot{q}_2^{t}\right|\right) \tag{7-53}$$

因此，本小节的奖励函数可以表示为

$$r_t = c_{\text{ter}} r_{\text{ter}} + c_1 r_1 + c_2 r_2 \tag{7-54}$$

式中，c_{ter}、c_1、c_2 是每个奖励目标对应的权重系数。

考虑到 Actor/Critic 网络中深度神经网络的输出特性，过程奖励项 $c_1 r_1 + c_2 r_2$ 的值应限制在[−1, 1]。因此，c_1、c_2 分别选为 0.2、0.8。同时，c_{ter} 选择为 1000，以提高算法对脱靶量的敏感性。

这里给出了一个适用于一般制导问题的奖励函数的设计框架。训练前根据一般制导律的设计思路确定合适的奖励函数的形式和参数。该方法在训练过程中不需要调整奖励函数的形式和参数，可以节省训练时间。一般制导问题中奖励函数的设计思路如图 7-27 所示。

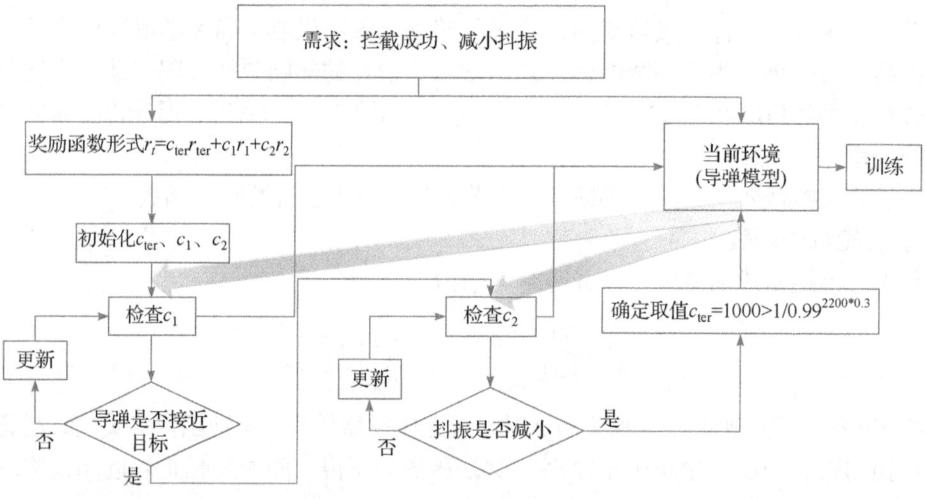

图 7-27 奖励函数的设计思路

7.4.3 近端策略优化算法

近端策略优化(proximal policy optimization，PPO)算法是一种策略梯度算法，它是学习将状态映射到动作的非线性函数，而不是选择全局最大化价值函数的动作。

近端策略优化算法采用 Actor/Critic 网络的结构，具体设计如下。

7.4.3.1 Actor/Critic 网络

Actor 网络可以由 ϑ 参数定义。通过利用裁剪的目标函数，PPO 算法能够在考虑策略调整约束的同时近似信赖域策略优化(TRPO)过程。PPO 中 Actor 网络的优化是使用此目标函数执行的：

$$J(\vartheta)=E_t\left(\min\left\{r_t(\vartheta),\mathrm{clip}\left[r_t(\vartheta),1-\chi,1+\chi\right]\right\}A_{\vartheta_{\mathrm{old}}}(s,a)\right) \tag{7-55}$$

式中，$r_t(\vartheta)=\pi_\vartheta(a|s)/\pi_{\vartheta_{\mathrm{old}}}(a|s)$，表示重要性权重，$\pi_{\vartheta_{\mathrm{old}}}(a|s)$表示在上一个时刻优化过的策略；$\chi$表示控制更新范围的超参数；$A_{\vartheta_{\mathrm{old}}}(s,a)$表示优势函数，等于动作价值函数 $Q_\pi(s_t,a_t)=E_\pi[R_t|s_t,a_t]$和价值函数 $V_\pi(s_t,a_t)=E_\pi[R_t|s_t]$之间的差。裁剪目标函数clip将新旧策略更新参数$r_t(\vartheta)$的更新范围限制在$[1-\chi,1+\chi]$。

此外，在更新期间维持策略分布之间的有限库尔贝克–莱布勒(Kullback-Leibler)散度可以有助于制导收敛。

基于式(7-55)所示的目标函数，通过递归方式在$J(\vartheta)$的梯度方向上移动策略来更新网络参数ϑ为

$$\vartheta=\vartheta_{\mathrm{old}}+\beta\nabla_\vartheta J(\vartheta) \tag{7-56}$$

式中，β表示学习率；$\nabla_\vartheta J(\vartheta)$表示 Actor 网络的策略梯度。Actor 网络根据当前状态生成制导参数。

Critic 网络可以由ω参数定义。根据玻尔兹曼方程，存在一个可以最大化动作价值函数的最优策略。PPO 应用优势函数的平方来优化 Critic 网络的目标函数：

$$J(\omega)=E\left\|A(s_t,a_t)\right\|^2 \tag{7-57}$$

基于目标函数，通过递归方式更新网络参数ω为

$$\omega=\omega_{\mathrm{old}}+\alpha\nabla_\vartheta J(\vartheta) \tag{7-58}$$

式中，α表示学习率；$\nabla_\vartheta J(\vartheta)$表示 Critic 网络的策略梯度。

7.4.3.2　算法训练

PPO 算法利用替代函数理论解决训练步长问题，保证策略模型在优化过程中单调改进，从而使模型的性能更加稳定，收敛曲线不会剧烈波动。通过重要性采样，将 on-policy 策略转化为 off-policy 策略，以较少的经验达到了与策略梯度法相同的性能。本小节提出的基于 PPO 算法的滑模制导律为

$$\begin{cases}a_{y_1}(t)=k_1(t)\dot{R}\dot{q}_1+\varepsilon_1(t)\mathrm{sgn}\dot{q}_1\\ a_{z_1}(t)=-k_2(t)\dot{R}_1\dot{q}_2-\varepsilon_2(t)\mathrm{sgn}\dot{q}_2\end{cases} \tag{7-59}$$

式中，$k_1(t)$、$k_2(t)$、$\varepsilon_1(t)$和$\varepsilon_2(t)$是 PPO 算法的训练输出动作。

7.4.4　仿真试验

末制导初始时刻拦截器在惯性坐标系中的位置为$x_{\mathrm{M}}^0=0\mathrm{m},y_{\mathrm{M}}^0=0\mathrm{m},z_{\mathrm{M}}^0=0\mathrm{m}$，拦截器的初始弹道参数$v_{\mathrm{M}}^0=1500\mathrm{m/s}$，$q_1^0$、$q_2^0$由导引公式计算得出，拦截器的弹道倾角和弹道偏角分别选取为

$$\begin{cases}\theta_{\mathrm{M}}^{0}=q_{1}^{0}+\arcsin\left[\sin\left(q_{1}^{0}+\theta_{\mathrm{T}}^{0}\right)v_{\mathrm{T}}^{0}/v_{\mathrm{M}}^{0}\right]\\ \psi_{v\mathrm{M}}^{0}=q_{2}^{0}-\arcsin\left[\sin\left(q_{2}^{0}-\psi_{v\mathrm{T}}^{0}\right)v_{\mathrm{T}}^{0}/v_{\mathrm{M}}^{0}\right]\end{cases} \tag{7-60}$$

初始时刻高速飞行器目标在惯性坐标系中的位置为 $x_t^0=6000\mathrm{m}+10\mathrm{rand1m}$，$y_t^0=10000\mathrm{m}$，$z_t^0=8000\mathrm{m}+10\mathrm{rand1m}$，rand1 为满足(0,1)分布的高斯白噪声，弹道参数为 $v_t^0=2000\mathrm{m/s}$，$\theta_t^0=-2°$，$\psi_{vt}^0=-32°$；另外，落角约束 q_{tf} 取−90°，制导参数 $k=1$，$\varepsilon=1$，$\lambda=1.3$。

经验池大小为 10000，随机抽样规模为 128；奖励目标为当训练的飞行器所得累计平均奖励值大于 900 或连续 600 个轮次平均奖励值的方差小于 0.01 时，停止训练；累计奖励大于 900 的训练保存其智能体副本；当 $r(t)<r(t+1)$，即 $\mathrm{d}R>0$ 时，视为完成一次训练任务；最大训练轮次为 2000。平均奖励值目标的选取思想：假设脱靶量小于 1m 为拦截成功，此时终结奖励为 $1000\cdot\cos1\approx540$，考虑过程奖励的影响和制导精度的需求，调整平均奖励终止值为 900。当连续 300 个轮次平均奖励值的方差较小时，平均奖励值收敛到一定范围内，为了节约算法的训练时间，此时停止训练。其余 PPO 算法训练超参数和 Critic、Actor 网络结构分别如表 7-10～表 7-12 所示。

表 7-10 PPO 算法训练超参数

超参数	Clip 参数	折扣因子	Actor 学习率	Critic 学习率
值	0.02	0.99	0.005	0.01

表 7-11 Critic 网络结构

激活层	输入层	隐含层 1	隐含层 2	隐含层 3	输出层
维数	4	128	256	128	1
激活函数	input/output	ReLU	ReLU	ReLU	input/output

表 7-12 Actor 网络结构

通道	输入		均值		方差		输出
激活层	输入层	全连接层	tanh 层	scaling 层	tanh 层	全连接层	连接层
维数	4	4	4	4	4	4	4

为了验证使用算法的稳定性，在相同初始条件下，使用 DDPG 算法、PPO 算法对拦截器制导律进行训练，如图 7-28 所示。可以看出使用 PPO 算法的收敛速度更快，且训练奖励值更高。

分别使用滑模制导律(sliding mode guidance, SMG)、基于 PPO 算法的滑模制导律(PPO-based sliding mode guidance, PPOG)进行拦截仿真，可以得到以下仿真结果。

由图 7-29 可知，基于 PPO 算法的滑模制导律能够提高一般制导律的脱靶量拦截效果，且弹道倾角和弹道偏角变化曲线更加平滑。通过对比视线角速率和加速度变化曲线，如图 7-30 和图 7-31 所示，可以看出，本节提出的制导律能够有效地改善滑模制导律中的抖

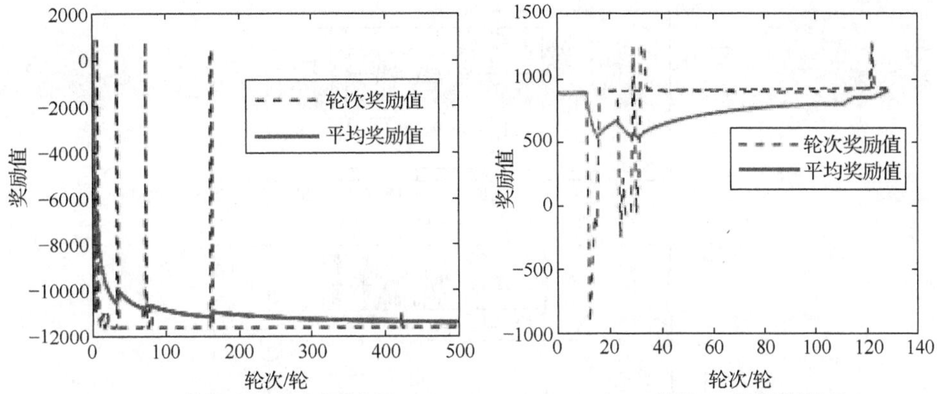

(a) 使用DDPG算法训练结果　　(b) 使用PPO算法训练结果

图 7-28　训练奖励仿真结果

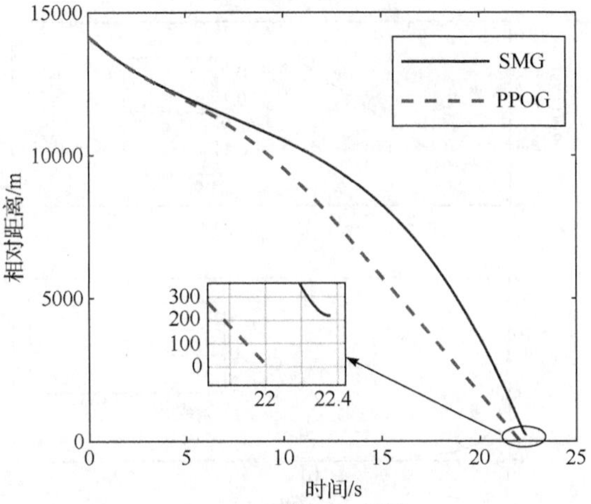

(a) 弹目相对距离

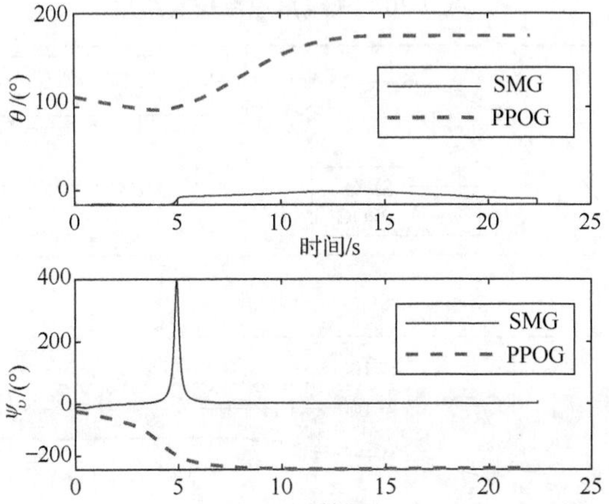

(b) 弹道倾角、弹道偏角曲线

图 7-29　拦截仿真结果

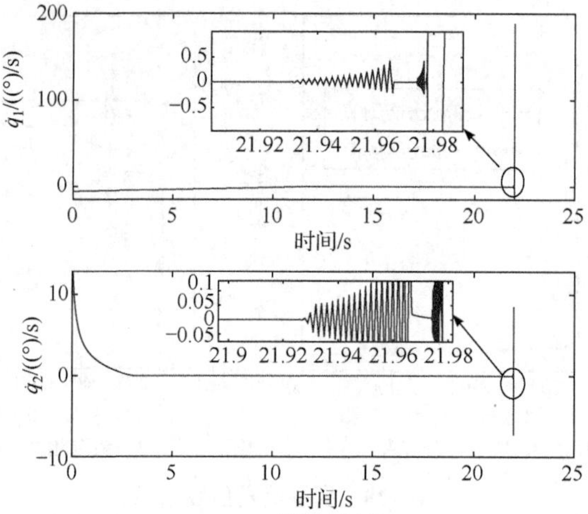

(a) 滑模制导律

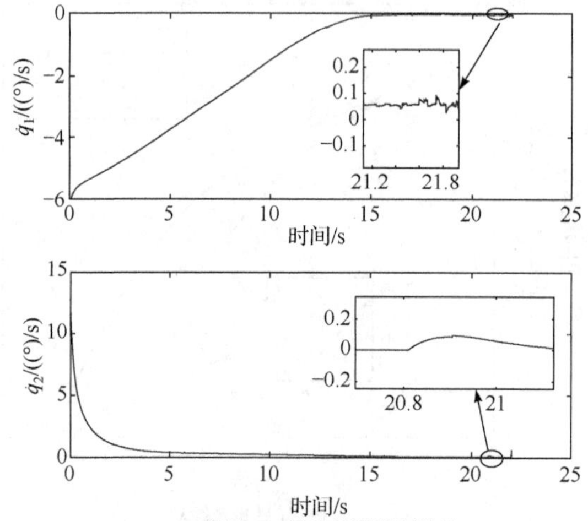

(b) 基于PPO算法的滑模制导律

图 7-30 视线角速率仿真结果

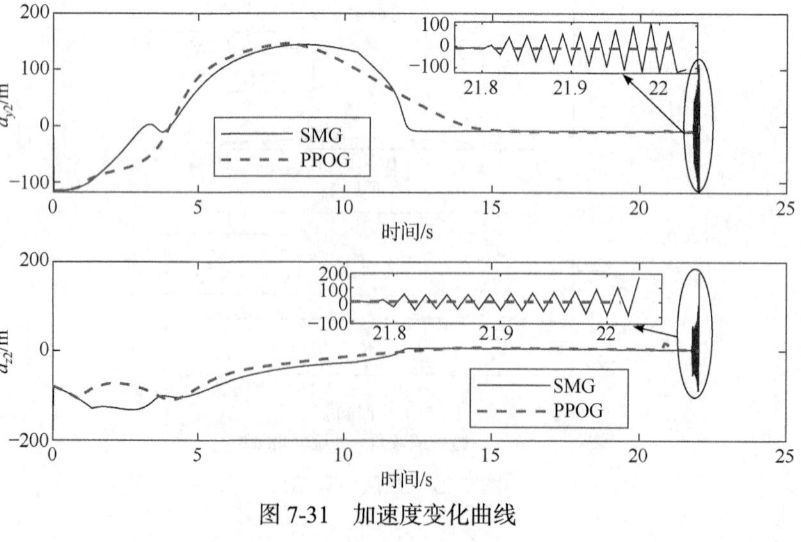

图 7-31 加速度变化曲线

振。同时，为了验证 PPO 算法对制导律的影响，对滑模制导律、基于 PPO 算法的滑模制导律分别进行 1000 次蒙特卡洛仿真，结果如表 7-13 所示，这充分说明 PPO 算法有助于提高滑模制导律的性能。

表 7-13　蒙特卡洛仿真结果

制导律	脱靶量<1m	成功率/%	均值/m	中位数/m	方差/m	圆概率偏差/m
SMG	136	13.6	9.104	9.978	7.782	8.998
PPOG	1000	100	0.768	0.878	0.039	0.073

本节通过设计能够评价脱靶量和视线角速率抖振的奖励函数，提出了一种可以适应目标复杂机动的基于强化学习技术的拦截制导律。与其他强化学习算法相比，所提出的基于近端策略优化的制导律在收敛速度上表现出更好的性能。通过仿真证明了所提出的基于 PPO 算法的滑模制导律不仅能够提高拦截效果，而且可以有效地削弱滑模控制中的抖振问题。

7.5　编队协同智能飞行控制范例

本节主要针对固定翼无人飞行器编队协同飞行控制过程中的智能性与安全性问题，研究无人飞行器编队协同智能飞行的防碰撞控制问题。

这里考虑一个由 N 个无人飞行器组成的飞行编队，在多个威胁区的环境中飞行，需要构建无人飞行器编队协同飞行控制策略，使得无人飞行器编队在飞行过程中智能自主地避开飞行环境中存在的威胁区以及避免发生飞行器间的避碰，同时也可在一定队形情况下使得无人飞行器编队具备更好的鲁棒性与适应性。

7.5.1　无人飞行器编队协同控制架构

本小节采用深度强化学习方法与基于规则的机间防撞策略构建无人飞行器编队的协同控制策略[7]。其中，基于深度强化学习方法的自学习自训练架构构建较为智能的无人飞行器编队协同控制策略，基于规则的机间防撞策略为无人飞行器编队的安全性提供较为可靠的保障。图 7-32 为无人飞行器编队协同控制架构。其中，采用深度神经网络构建无人飞行器编队的协同控制策略，其输入为无人飞行器观测状态 s，输出为控制无人飞

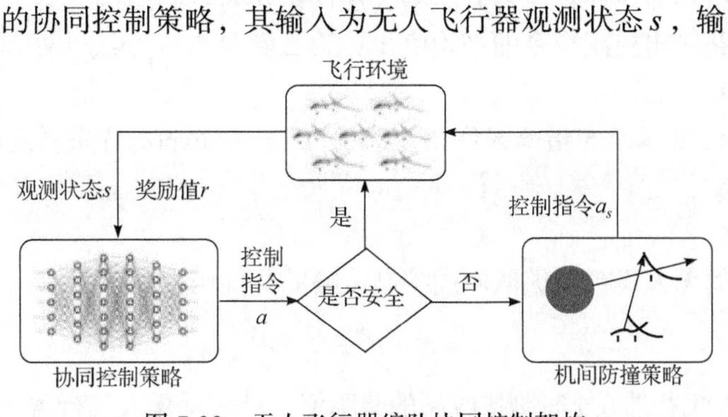

图 7-32　无人飞行器编队协同控制架构

行器运动的控制指令 a 。在每一步与环境的交互过程中，首先判断无人飞行器是否处于安全状态，若无人飞行器处于安全状态，则采用深度神经网络输出的控制指令控制无人飞行器运动；反之则采取机间防撞策略给出的控制指令 a_s 控制无人飞行器，避免无人飞行器发生碰撞。这种方式一方面可在训练过程中为无人飞行器编队协同控制策略的训练提供较高质量的交互经验；另一方面可在实际飞行过程中为无人飞行器提供可靠的安全保障。

7.5.2 基于深度强化学习方法的编队协同控制策略

在基于深度强化学习方法构建集群协同控制策略的过程中，先将集群协同控制策略构建成参数为 ξ 的深度神经网络 π_ξ ，然后通过强化学习的交互式训练方式训练网络参数 ξ ，使得编队控制策略的能力满足需求。在交互式训练过程中，无人飞行器首先从飞行环境中获得观测状态 s ，然后根据深度神经网络 π_ξ 选择控制指令 a ，无人飞行器观测到改变之后的观测状态 s' 并且获得对其动作的奖励值 r 。在强化学习框架下，编队控制策略训练的目标是学习到最优策略 $a \sim \pi_\xi(s)$ ，使得无人飞行器在一个任务周期中获得的累计折扣奖励最大。其中，累计折扣奖励值计算如下：

$$J_t = \sum_{k=0}^{\infty} \lambda^k r_{t+k+1} \tag{7-61}$$

式中，J_t 表示 t 时刻无人飞行器获得的累计折扣奖励；r_{t+k+1} 表示在 $t+k+1$ 时刻无人飞行器获得的奖励值；$\lambda(0<\lambda<1)$ 为折扣因子。

1) 观测空间与控制指令

无人飞行器的观测状态 s 主要包含 3 个部分，即无人飞行器与目标点的相对位置关系 s_1 ，无人飞行器与其邻近无人飞行器间的相对运动状态 s_2 ，无人飞行器与飞行环境中威胁区的相对位置关系 s_3 。

无人飞行器的控制指令 a 包含无人飞行器的水平速度改变量 Δv 、航向改变量 $\Delta\psi$ 和高度改变量 Δz 。

2) 网络结构

编队协同控制深度神经网络 π 将无人飞行器观测状态 s 映射为无人飞行器的控制指令 a ，其网络结构采用文献[8]的结构。该网络结构共有 3 层网络，前两层网络均为全连接网络，激活函数均为线性整流函数。第 3 层网络具有两路结构，第 1 路具有 3 个线性处理节点，这一路输出控制指令的平均值 a_1 ；第 2 路具有 3 个线性处理节点，输出控制指令的对数标准差 a_2 。

控制无人飞行器运动的指令最终由正态分布 $\mathcal{N}(a_1,\exp(a_2))$ 采样之后经双曲正切函数 tanh 变化获得。

3) 奖励函数

本节所采用的无人飞行器编队协同控制策略的奖励函数如下所示：

$$r_t = r_t^1 + r_t^2 + r_t^3 + r_t^4 \tag{7-62}$$

式中，r_t 表示无人飞行器在 t 时刻接收到的奖励值；r_t^1 表示无人飞行器与目标点相关的奖励值；r_t^2 表示无人飞行器控制指令惩罚奖励值；r_t^3 表示无人飞行器编队控制紧密一致性奖励值；r_t^4 表示碰撞惩罚奖励值。

4) 训练算法

这里采用柔性动作评价(SAC)算法训练无人飞行器编队协同控制策略，SAC 算法是一种基于最大熵强化学习方法的算法[7]。智能体在最大化累计奖励的同时最大化策略熵，即通过最大化以下性能函数获得最优的策略：

$$J(\pi)=\sum_{t=0}^{T}\mathbb{E}_{(s_t,a_t)-\rho_\pi}\left[r(s_t,a_t)+\alpha\mathcal{H}\left(\pi(\cdot|\ s_t)\right)\right] \tag{7-63}$$

式中，$\mathbb{E}$ 表示数学期望；ρ_π 表示在网络 π 下的动作状态轨迹分布；$\mathcal{H}\left(\pi(\cdot|\ s_t)\right)$ 表示网络 π 的熵；α 表示调节参数，用于平衡奖励与策略熵之间的权重。

在 SAC 算法架构下，t 时刻的状态值函数通过下式计算：

$$V(s_t)=\mathbb{E}_{a_t-\pi}\left[Q(s_t,a_t)-\ln\pi(a_t|\ s_t)\right] \tag{7-64}$$

式中，$Q(s_t,a_t)$ 表示状态–动作对 (s_t,a_t) 的值函数，也称为 Q 值函数，表示在状态为 s_t 时执行动作 a_t 之后可获得的回报值，计算如下所示：

$$Q(s_t,a_t)=r(s_t,a_t)+\gamma\mathbb{E}_{s_{t+1}-\rho_x}\left[V(s_{t+1})\right] \tag{7-65}$$

将 Q 值函数通过参数为 ϕ 的深度神经网络表示为 $Q_\phi(s,a)$。在策略训练过程中，策略网络参数 ξ 通过最小化以下损失函数更新：

$$J(\xi)=\mathbb{E}_{s_s\sim D}\left\{\mathbb{E}_{a_t\sim\pi_\xi}\left[\alpha\lg\left(\pi_\xi(a_t|\ s_t)\right)-Q_\phi(a_t,s_t)\right]\right\} \tag{7-66}$$

式中，D 表示收集到的无人飞行器与环境的交互数据集。

在基于深度强化学习架构的基础上增加基于规则的防撞策略，完成无人飞行器编队协同控制策略设计，具体算法训练流程如表 7-14 所示。

表 7-14　编队协同控制算法的训练流程

编队协同控制算法的训练流程
1. 随机初始化深度神经网络 π_ξ，Q 值函数网络 Q_ϕ
2. 初始化目标 Q 值函数网络
3. 初始化大小为 C 的交互数据集 D
4. 循环训练周期 $1,2,\cdots,E_{\max}$
5. 观测环境获得状态 s_t^i，通过网络 π_ξ 计算动作 a_t^i
6. 判断无人飞行器间是否存在碰撞的风险
7. 观测新的环境状态 s_{t+1}^i 并获得奖励 r_{t+1}^i
8. 从数据集 D 中随机采样 K 条交互经验
9. 执行动作 a_t，观测回报 r_t 和下一状态 s_{t+1}
10. 将交互数据 (s_t,a_t,r_t,s_{t+1}) 储存到数据集 D

续表

11. 更新Q值函数网络参数 ϕ
12. 更新策略网络参数 ξ
13. 更新目标值函数网络
14. end for
15. end for

7.5.3 仿真试验

为了验证本节设计无人飞行器编队协同控制方法的有效性，设计了一个由 3 架无人飞行器(UAV1、UAV2 和 UAV3)编队障碍规避场景，并以三角编队优化队形作为期望队形，期望队形如图 7-33 所示的三角队形进行编队。

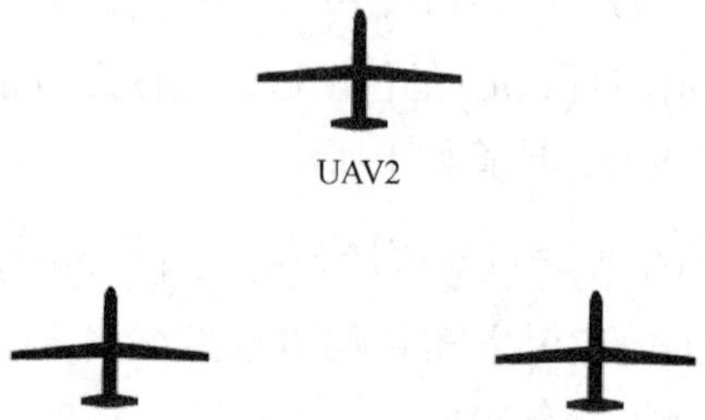

图 7-33 无人飞行器编队障碍规避场景期望队形

无人飞行器编队障碍规避场景初始位置如表 7-15 所示。

表 7-15 无人飞行器编队障碍规避场景初始位置

无人飞行器编号	x/m	y/m	z/m
UAV1	0	0	0
UAV 2	0	30	0
UAV 3	30	0	0

考虑在复杂的作战环境中，必须充分考虑各种禁飞区域的约束问题，以保证无人飞行器的安全性和任务执行的成功率。飞行障碍物通常用无限长的圆柱体表示，飞行障碍物的约束可以表示为

$$(x_i - x_{\text{ob}})^2 + (y_i - y_{\text{ob}})^2 > R_{\text{ob}}^2 \tag{7-67}$$

式中，下角标 i 表示无人飞行器编队中第 i 架无人机；x_{ob} 和 y_{ob} 表示飞行障碍物圆柱体圆心的位置；R_{ob} 表示圆柱的半径。

无人飞行器编队障碍规避场景飞行障碍位置坐标如表 7-16 所示。

表 7-16　无人飞行器编队障碍规避场景飞行障碍位置坐标

飞行障碍	x_{ob}/m	y_{ob}/m	R_{ob}/m
飞行障碍 1	550	1900	400
飞行障碍 2	750	1000	150
飞行障碍 3	1150	1100	300
飞行障碍 4	1500	2200	100
飞行障碍 5	1900	2400	100

无人飞行器编队协同控制策略的训练过程持续 1000 个训练周期，图 7-34 为障碍规避场景的无人飞行器编队协同控制 3-D 轨迹仿真图。由图可知，无人飞行器编队可以有效规避设定的飞行障碍物威胁，最终能够以期望编队队形完成飞行任务。

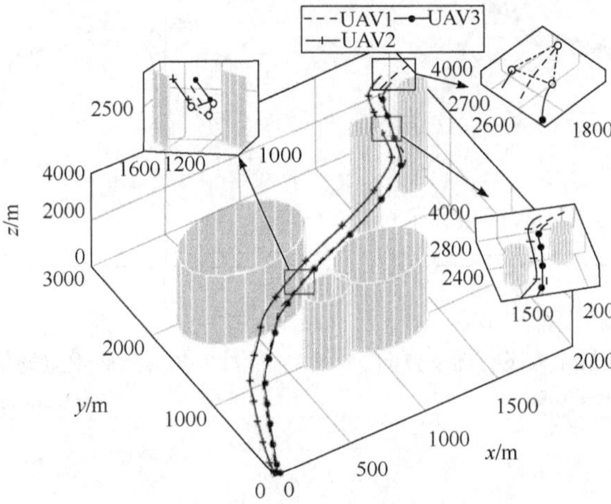

图 7-34　障碍规避场景的无人飞行器编队协同控制 3-D 轨迹仿真图

如图 7-35～图 7-40 所示，给出了障碍规避场景下编队中各无人飞行器位置和速度变化情况，随着学习训练，无人飞行器编队控制策略能够适应在防撞策略下的编队协同控制过程，验证了无人飞行器编队协同控制算法在障碍规避场景下的有效性。

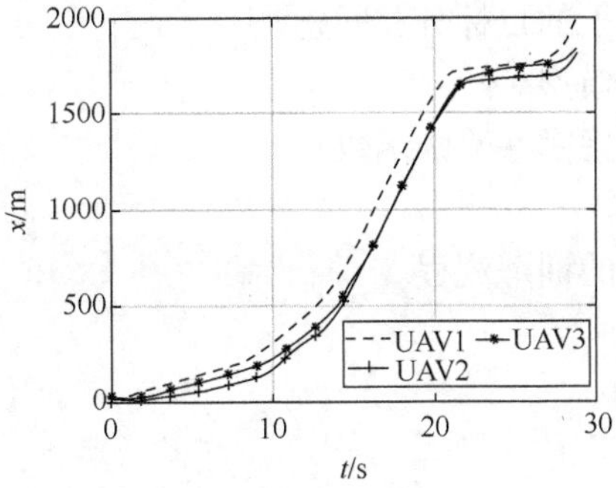

图 7-35　障碍规避场景无人飞行器 x 方向变化图

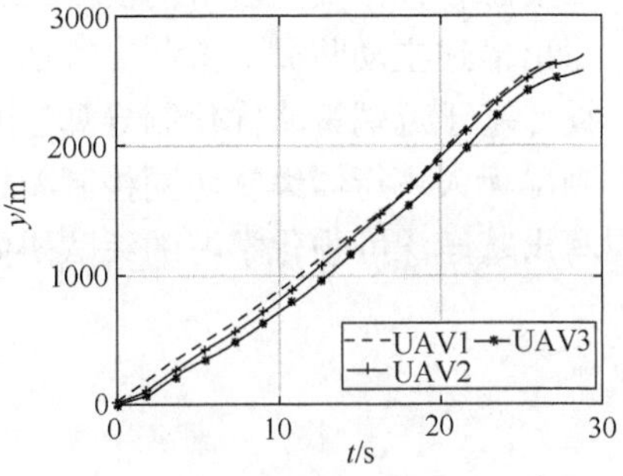

图 7-36　障碍规避场景无人飞行器 y 方向变化图

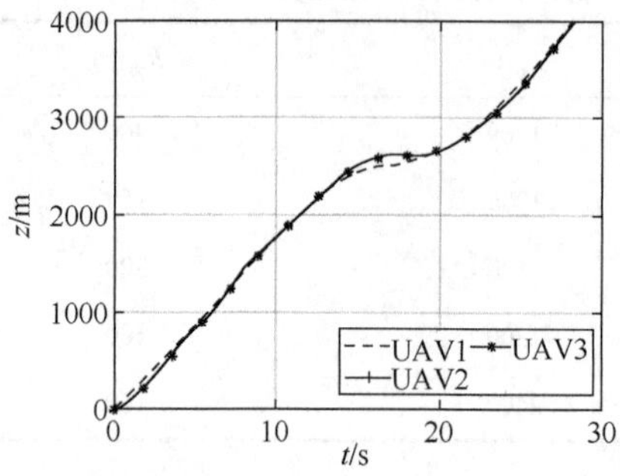

图 7-37 障碍规避场景无人飞行器 z 方向变化图

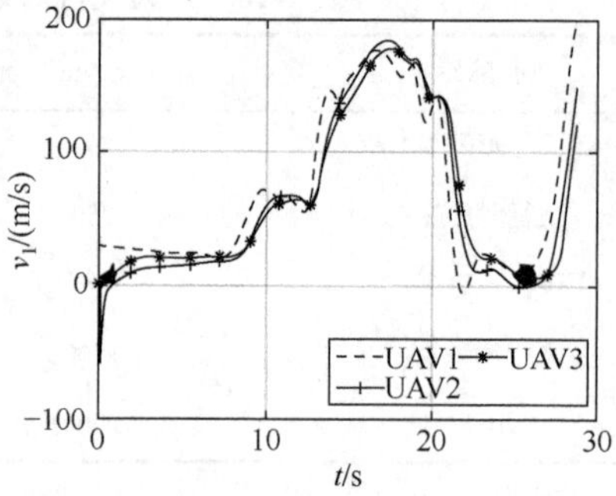

图 7-38 障碍规避场景无人飞行器 x 方向的速度变化图

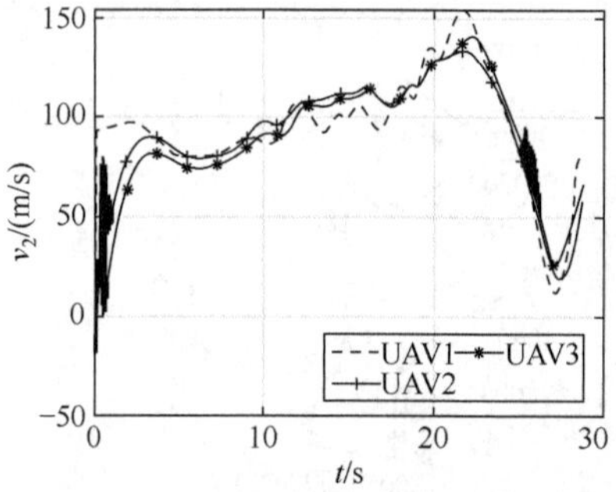

图 7-39 障碍规避场景无人飞行器 y 方向的速度变化图

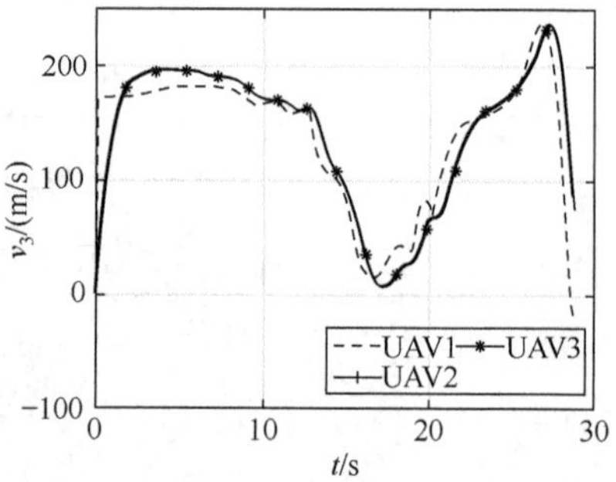

图 7-40 障碍规避场景无人飞行器 z 方向的速度变化图

思　考　题

7.1 写出 DDPG 算法的训练流程图。
7.2 给出 DDPG 算法下训练飞行器智能体规避禁飞区的方法步骤。
7.3 写出基于 DQN 算法的动态目标分配算法中马尔可夫决策过程要设计的内容。
7.4 在动态目标分配算法下需要考虑哪几种情况下的目标分配问题?
7.5 写出描述主动防御下末制导段运动学的数学模型。
7.6 设计基于近端策略优化制导算法时，需要考虑哪些奖励函数?
7.7 画出无人飞行器编队协同控制架构的结构图。
7.8 写出基于深度强化学习的编队协同控制算法的训练流程。

参考文献

[1] LILLICRA T P, HUNT J J, PRITZEL A, et al. Continuous control with deep reinforcement learning[J]. arXiv preprint arXiv:1509.02971, 2015.

[2] 李梦璇, 郭建国, 许新鹏, 等. 基于近端策略优化的制导律设计[J]. 空天防御, 2023, 6(4): 51-57.

[3] GAUDET B, FURFAROR. Missile homing-phase guidance law design using reinforcement learning[R]. AIAA 2012-4470, 2012.

[4] LIANG C, WANG W H, LIU Z H, et al. Learning to guide: Guidance law based on deep meta-learning and model predictive path integral control[J]. IEEE Access, 2019, 7: 47353-47365.

[5] 张秦浩, 敖百强, 张秦雪. Q-learning 强化学习制导律[J]. 系统工程与电子技术, 2020, 42(2): 414-419.

[6] 陈中原, 韦文书, 陈万春. 基于强化学习的多发拦截器协同攻击智能制导律[J]. 兵工学报, 2021, 42(8): 1638-1647.

[7] 蔡云鹏, 周大鹏, 丁江川. 具有防撞安全约束的无人机集群智能协同控制[J]. 航空学报, 2024, 45(5): 529683.

[8] HAARNOJA T, ZHOU A, ABBEEL P, et al. Soft actor-critic: Off-policy maximum entropy deep reinforcement learning with a stochastic actor[C].International Conference on Machine Learning, Stockholm, Sweden, 2018:1861-1870.